土建类高职高专规划教材

JIANZHU GONGCHENG GAILUN

建筑工程概论

颜高峰 主编
李正良（重庆大学） 主审

人民交通出版社
China Communications Press

内 容 提 要

本书共分五个部分：绪论部分，主要介绍建筑工程这一学科的基本常识；建筑材料，系统地讲述常用建筑材料的基本性能和用途；建筑构造，主要介绍了建筑构造的基础知识及相关规定；建筑识图部分，主要介绍有关建筑识图的基础知识及识图方法；建筑施工技术部分，重点介绍建筑施工当中各主要分部分项工程的施工方法及操作要点。

本书适用于给水排水工程、采暖通风工程、燃气工程、建筑机械工程、建筑管理工程、建筑电气工程、建筑会计、水利水电工程、公路与城市道路工程、市政工程、房地产经营与管理等土木类专业的教学，也可以作为建筑工程技术专业大一新生的专业入门教育的选修教材，同时可作为相应专业学习班教材及非工民建专业的土木类大、中专学生、工程技术人员、建筑企业管理人员的学习参考书。

图书在版编目（CIP）数据

建筑工程概论/颜高峰主编．--北京：人民交通出版社，2008.5
ISBN 978-7-114-07140-9

Ⅰ.建… Ⅱ.颜… Ⅲ.建筑工程—概论 Ⅳ.TU

中国版本图书馆 CIP 数据核字(2008)第 067391 号

土建类高职高专规划教材
书　　名：建筑工程概论
著 作 者：颜高峰
责任编辑：师　云
出版发行：人民交通出版社股份有限公司
地　　址：(100011) 北京市朝阳区安定门外外馆斜街 3 号
网　　址：http://www.ccpress.com.cn
销售电话：(010) 59757973
总 经 销：人民交通出版社股份有限公司发行部
经　　销：各地新华书店
印　　刷：北京市密东印刷有限公司
开　　本：787×1092　1/16
印　　张：15.75
字　　数：392 千
版　　次：2008 年 7 月　第 1 版
印　　次：2017 年 1 月　第 8 次印刷
书　　号：ISBN 978-7-114-07140-9
印　　数：17001-19000 册
定　　价：28.00 元

土建类高职高专规划教材
“建筑工程技术专业”教材编写委员会

前　　言

本书根据高职高专建筑工程技术专业的培养目标在建筑结构课程中所体现的知识和能力要求及有关的最新标准、规范和规程编写而成，力求反映新技术、新材料、新构造。

本书具有以下三方面的显著特色：

一是紧扣专业培养目标，注重能力的培养，注重结构知识在施工中的应用。

二是充分体现了“必需、够用”的原则。

三是注重学生“规范意识”的培养。

全书共十七章：第一章为**绪论**，主要介绍建筑工程这一学科的基本常识；第二至第四章为**建筑材料**，系统地讲述常用建筑材料的基本性能和用途；第四至第十二章为**建筑构造**，主要介绍了建筑构造的基础知识及相关规定；第十三至第十四章为**建筑识图**，主要介绍有关建筑识图的基础知识及识图方法；第十五至第十七章为**建筑施工技术**，重点介绍建筑施工当中各主要分部分项工程的施工方法及操作要点。

本书作为给水排水工程、采暖通风工程、燃气工程、建筑机械工程、建筑管理工程、建筑电气工程、建筑会计、水利水电工程、公路与城市道路工程、市政工程、房地产经营与管理等土木类专业的教学用书，也可以作为建筑工程技术专业大一新生的专业入门教育的选修教材，同时可作为相应专业学习班教材及非工民建专业的土木类大、中专学生、工程技术人员、建筑企业管理人员的学习参考书。

本书由颜高峰统稿并任主编。第五章至第十二章由湖南交通职业技术学院**颜高峰**编写；绪论和第十三章、第十四章由湖南交通职业技术学院**何山**编写；第一章至第四章由河北交通职业技术学院**刘炳华**编写，第十五章至第十七章由辽宁交通高等专科学校**王亮**编写。本书特邀重庆大学**李正良**教授担任主审，在此表示衷心地感谢。

由于编者水平有限，书中缺点错误在所难免，希望广大读者批评和指正。

编　者

2008.1

目　　录

绪　　论

[重点内容和学习目标]

本章重点讲述中国建筑发展史、建筑的分类及等级规定和基本建设程序；

通过本章学习，了解中国建筑的发展史；掌握建筑的分类方法及具体分类；掌握建筑物的等级区分；了解具体建筑施工中的基本建设程序。

建筑是人们为满足生活、生产或其他活动所需要而创造的物质的、有组织的空间环境。从广义上讲，建筑既表示建筑工程或土木工程的营建活动，又表示这种活动的成果。有时建筑也泛指某种抽象的概念，如隋唐建筑、现代建筑、哥特式建筑等。一般情况下，建筑仅指营建活动的成果，即建筑物和构筑物。**建筑物**是供人们进行生活、生产或其他活动的房屋或场所，如住宅、厂房、商场等。**构筑物**为某种工程目的而建造的、人们一般不直接在其内部进行生活和生产活动的建筑，如桥梁、烟囱、水塔等。

图 0-1 是世界第一栋高层建筑——家庭保险大楼。而我国在高层建筑上的发展则是领先于世界的，位于河北省南宫市普彤寺内的普彤塔，始建于东汉明帝永平十年（公元六七年），永平十五年正月十五日落成，距今已有一千九百多年的历史，比河南洛阳白马寺塔还早建一年，可谓“中国第一佛塔”（图 0-2 普彤塔）。

图 0-1　家庭保险大楼

图 0-2　普彤塔

一、中国建筑发展史

中国建筑艺术是世界建筑史上延续时间最长、分布地域最广、有着特殊风格和建构体系的造型艺术。古老的中国建筑体系大约发端于距今 8000 年前的新石器时期。当时，原始文明的星火遍布中华大地（图 0-3 为原始半穴居建筑复原），仰韶、龙山、河姆渡等文化创造的木骨泥墙、木结构榫卯、地面式建筑、干阑式建筑（图 0-4 为河姆渡遗址干阑式民居复原图）等建筑技术和样式，为一个伟大的建筑体系播下了种子。夏代和商代是这个体系的萌芽期，两代不仅出现了壁垒森严的城市和建于夯土台上的大殿，中国传统建筑的基本空间构成要素——廊院也产生了。到了周代和春秋战国时期，中国古代建筑体系已初步形成。周代建筑布局对称严谨，此后历代宫殿、坛庙、住宅、方格网城市等建筑群体的布局原则基本遵从周制。这一时期的建筑还追求高大、华丽和宏伟，瓦、砖、斗拱、高台建筑也出现了。

图 0-3　原始半穴居建筑复原

图 0-4　河姆渡遗址干阑式民居复原图

秦代和汉代是中国建筑艺术发展的第一个高峰。两代建筑体制宏伟，博大雄浑，如阿房宫、始皇陵（图 0-5）、万里长城（图 0 6）、建章宫……。经过魏晋南北朝的过渡，隋唐两代开始对外来文化进一步兼收并蓄。到公元 7 世纪中晚期至 8 世纪中期的盛唐，中国建筑艺术的发展达到了顶峰。至于晚唐、五代和宋、辽、金、元的建筑，则上续盛唐之余脉，下启不同之风格。其中尤以宋代建筑最为杰出，它以自己的“醇和秀美”逐步替代了唐代建筑的“雄健深沉”，清明上河图（图 0-7）五米多长的画卷

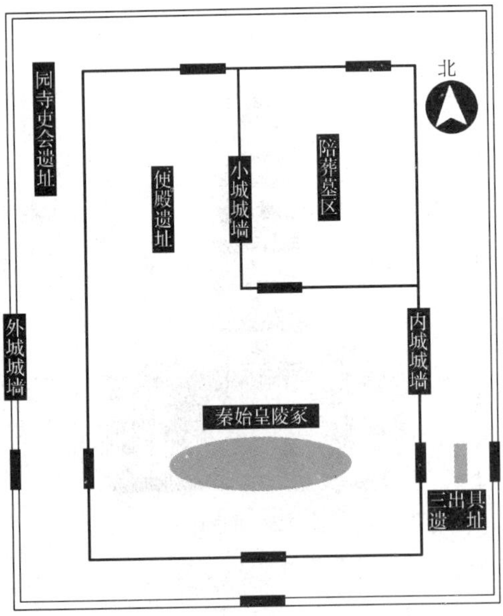

注：图中 ▬ 为城门 CH

图 0-5　秦始皇陵园遗址平面示意图

图 0-6　万里长城

图 0-7　部分清明上河图

里，共计描绘了五百五十多人物；牛、马、骡、驴等牲畜五、六十匹，车、轿二十多辆；大小船只二十多艘；房屋、桥梁、城楼等也各有特色，完整的体现了宋代建筑的特征。

进入延续 600 余年的明、清大一统时期之后，中国渐趋保守，和世界潮流相悖的价值取向，使包括建筑艺术在内的中华文明不可避免地趋向没落。但落日依然辉煌，明代的长城、南京城、北京城和北京紫禁城，清代的圆明园（图 0-8 为圆明园的安佑宫，圆明园四十景之一，是清帝御苑的皇家祖祠，主要供奉玉容画像，是一处大型的寺庙园林，占地 6.5 万平方米，建筑面积 3 600m^2）颐和园、避暑山庄（图 0-9）、天坛，都是中国建筑的瑰宝。不过，到了清末，中国传统建筑终因不能适应现代工业和生活的需要、不能满足国人求新求奇的精神需求，而逐步被西方的舶来品替代了。

图 0-8　圆明园复原图

图 0-9　承德避暑山庄

然而，一种延续了几千年的文化是不可能轻易消失的。古老的传统如何在现代获得新生？这始终是近百年来困扰中国建筑学界的大难题。于是自 20 世纪 30 年代始，就有朱启钤等创办营造学社，梁思成、刘敦桢等开展对中国古建筑的考察。一批批有识之士不计个人得失，毅然投身到研究、保护和光大祖国的传统建筑艺术这一既艰辛又寂寞的事业中来。

二、建筑的分类及等级规定

随着社会和科学技术的发展，一些建筑类型正在消失，例如教堂等；一些建筑类型正在转化，例如手工业作坊正在转化为现代化的工业厂房；而更多的新的建筑类型正在产生，例如核电站、卫星站、大型客机机场等。

到目前为止，建筑物的类型已有许许多多，而各种建筑物都有不同的使用要求和特点，因此，有必要对建筑物进行分类和分等。建筑物分类和分等的目的主要在于：

(1)便于总结各种类型建筑设计的特殊规律，以提高设计水平；

(2)便于研究由于社会生活和科学技术的发展而提出的新的功能要求，了解建筑类型发展的远景，以保证建筑设计更符合实际要求；

(3)便于根据不同类型的建筑特点，提出明确的任务，制订规范、定额、指标，以指导设计和施工；

(4)便于分析研究同类建筑的共性，以进行标准设计和工业化建造体系的设计；

(5)便于掌握建筑标准，合理控制投资，等等。

1. 建筑物分类

按建筑物的用途，大致可分为生产性建筑、居住建筑和公共建筑三类。

(1)生产性建筑

生产性建筑主要指供工农业生产用的建筑物，包括各种工业建筑和农牧业建筑。

①工业建筑

由于工业部门种类很多，如冶金、机械、食品、纺织等，各类中又有很多不同的工厂，如钢铁厂、造船厂、糖果厂、毛纺厂等。而在一个工厂中，又可按其在生产中的用途分为：

a)生产类建筑，包括各种主要生产车间；

b)仓储类建筑，包括各种材料、原料及成品仓库；

c)动力类建筑，包括热电站、煤气站、压缩空气站、变电站、锅炉房等；

d)辅助类建筑，包括机修、工具等车间。

②农牧业建筑

主要包括谷物及种子仓库、牲畜厨舍、蘑菇房、粮食与饲料加工站、拖拉机站等。

(2)居住建筑

主要指供家庭和集体生活起居用的建筑物，包括各种类型的住宅、公寓和宿舍等。

(3)公共建筑

公共建筑主要指供人们从事各种政治、文化、福利服务等社会活动用的建筑物。

建筑物分类有时还按建筑层数、规模以及主要承重结构的材料来分，例如低层建筑、多层建筑、高层建筑；大量性建筑、大型性建筑以及木结构建筑、砖石结构建筑、钢筋混凝土混合结构建筑等。

2. 建筑物分等

建筑物按其性质和耐久程度分为不同的建筑等级。设计时应根据不同的建筑等级，采用不同的标准和定额，选择相应的材料和结构。

(1)按建筑的耐火程度分等

建筑物的耐火性能标准，主要是由建筑物的重要性和其在使用中的火灾危险性来确定的。例如，具有重大政治意义的建筑物或使用贵重设备的工厂和实验楼，以及使用人数众多的大型公共建筑或使用易燃原料的车间和热加工车间等，都应采用耐火性能较高的建筑材料和结构形式。有些建筑为了保证燃烧时间 3～4h 内不发生结构倒塌，还必须在结构设计中通过耐火计算。

建筑物的耐火等级是由建筑材料的燃烧性能和建筑构件最低的耐火极限决定的。

建筑材料的燃烧性能一般分为以下三类：

①非燃烧材料，是指在空气中受到火烧或高温作用时，不起火、不微燃、不炭化的材料，如金属材料和无机矿物材料(钢、混凝土、砖、石棉等)。

②难燃烧材料，是指在空气中受到火烧或高温作用时，难起火、难燃烧、难炭化，当火源移走后，燃烧或微燃立即停止的材料，如塑化刨花板和经过防火处理的有机材料、沥青混凝土、加粉刷的灰板墙等。

③燃烧材料，是指在空气中受到火烧或高温作用时，立即起火或微燃，且火源移走后，仍能继续燃烧或微燃的材料，如木材、纸板、沥青及各种有机材料等。

耐火极限是按研究实验所规定的火灾升温曲线(图 0-10)对建筑构件进行耐火试验，即从受到火的作用时起到失掉支承能力或发生穿透、裂缝或背火一面温度升到 220℃ 时，所需要的时间(用 h 表示)。

划分建筑物耐火等级的方法，一般是以楼板为基准，例如钢筋混凝土楼板的耐火极限可达 1.50h，即以一级为 1.50h，二级为 1.00h，三级为 0.50h，四级 0.25h；然后再按构件在结构安全上所处的地位，分级选定适宜的耐火极限，如在一级耐火等级建筑中，支承楼板的梁比楼板重要，可定为 2.00h，而墙体因承受梁的重量而比梁更为重要，则可定为 2.50～3.00h 等。

大体上说，一级耐火建筑为钢筋混凝土楼板、屋顶、砌体墙组成的钢筋混凝土混合结构；二级耐火建筑和一级基本相似，但所用材料的耐火极限可较低；三级耐火建筑为木屋顶、钢筋混凝土楼板和砖墙组成的砖木结构；四级耐火建筑为木屋顶，难燃体楼板和墙组成的可燃结构，如表 0-1 所示。

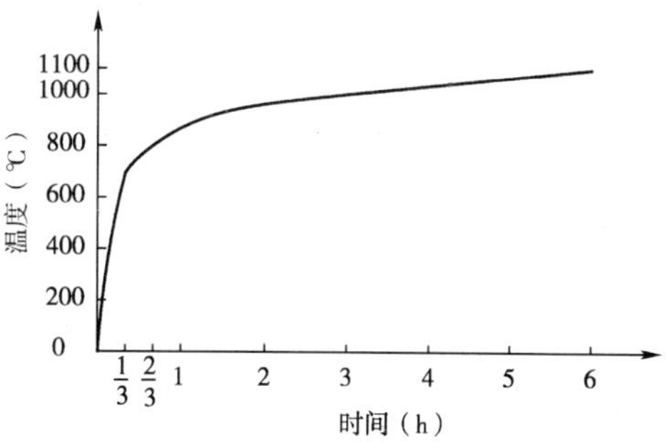

图 0-10　火灾升温曲线

建筑物的耐火等级　　表 0-1

构件名称	耐火等级			
	一级	二级	三级	四级
	燃烧性能和耐火极限(h)			
承重墙和楼梯间的墙	非燃烧体 3.00	非燃烧体 2.50	非燃烧体 2.50	难燃烧体 0.50
支撑多层的柱	非燃烧体 3.00	非燃烧体 2.50	非燃烧体 2.50	难燃烧体 0.50
支撑单层的柱	非燃烧体 2.50	非燃烧体 2.00	非燃烧体 2.00	燃烧体
梁	非燃烧体 2.00	非燃烧体 1.50	非燃烧体 1.00	难燃烧体 0.50
楼板	非燃烧体 1.50	非燃烧体 1.00	非燃烧体 0.50	难燃烧体 0.25
吊顶(包括吊顶搁栅)	非燃烧体 0.25	非燃烧体 0.25	非燃烧体 0.25	燃烧体
屋顶的承重构件	难燃烧体 1.50	非燃烧体 0.50	燃烧体	燃烧体
疏散楼梯	非燃烧体 1.50	非燃烧体 1.00	非燃烧体 1.00	燃烧体
框架填充墙	非燃烧体 1.00	非燃烧体 0.50	非燃烧体 0.50	难燃烧体 1.00
隔墙	非燃烧体 1.00	非燃烧体 0.50	难燃烧体 0.50	非燃烧体 1.00
防火墙	非燃烧体 4.00	非燃烧体 4.00	非燃烧体 4.00	非燃烧体 4.00

(2)按建筑物性质及耐久年限分等

建筑物的耐久一般包括抗冻、抗热、抗蛀、抗腐等。

耐久年限在 100 年以上，耐火等级不低于二级的国家性和国际性的高级建筑为 I 等；耐久年限在 50～100 年，耐火等级不低于三级的较高级的公共建筑和居住建筑为 II 等；耐久年限在 25～50 年，耐火等级不低于三～四级的一般公共建筑和居住建筑为 III 等；耐久年限在 5～20 年的称为简易房屋；耐久年限在 5 年以下的叫临时建筑。

三、基本建设程序

基本建设程序：指一栋房屋的建造由开始拟定计划至建成投入使用所必须遵循的程序。包括计划任务书(即设计任务书)的编制上报和审批，城镇规划管理部门同意拨地，房屋的设计，房屋的施工、设备安装等环节，现分述如下。

1. 主管部门对计划任务书的批文

这是指经上级主管部门审核，对建设单位提出的拟建报告和计划任务书的一个批复文件。该批文表明该工程项目已被正式列入了国家计划。该文件包括核定的工程建设项目的性质、内容、用途、总建筑面积、总投资、建筑标准（单位建筑面积控制造价）及房屋使用期限要求等。

2. 规划管理部门同意拨地的批文

这是经城镇规划管理部门审核同意工程项目用地的批复文件。为了加强城镇建设的统一规划与管理，一切工程项目都须事先得到城镇规划管理部门的同意后，方可进行设计。规划管理部门是根据主管部门的批文和城镇建设规划上的要求同意拨地的。该批文包括基地范围地形图及指定用地的范围，该地段周围道路等规划要求，城镇建设对该房屋建筑的设计要求及其他有关问题。

3. 房屋设计阶段的划分

有了上述两个批文后，建设单位即可据以向建筑设计部门办理设计委托手续，进入房屋的设计阶段。

关于设计阶段的划分，国家建委规定一般建设项目按两阶段进行设计，即初步设计和施工图设计。对于技术上复杂而又缺乏设计经验的项目，可增加技术设计阶段，这在上述两个阶段之间进行。

在进行建筑设计之前，应对设计任务书提出的要求进行分析研究，深入基地现场调查实际情况，如地形、水文地质、气象、交通、给排水、供电、材料供应、施工条件等。为了使设计达到技术先进、经济合理、便于施工，常在初步设计之前，在调查研究的基础上，设计出几种方案进行比较，经审查选优确定，然后再进入初步设计阶段。

（1）初步设计

根据已确定的初步方案进行初步设计，要将绘制的图纸、文件报送有关部门审批。初步设计文件包括：总平面图；建筑平面图、立面图、剖面图及简要说明；结构系统的说明；采暖通风、给排水、电气照明、煤气供应等详细的说明；主要材料用量；各项技术经济指标；总概算等。在进行初步设计的过程中，要求建筑、结构、水（给排水）、暖（采暖通风）、电（电气照明）等 各专业工种之间互相提出要求，提供资料，经共同研究协商解决矛盾，以取得各专业工种之间的协调统一，并为各工种下一阶段顺利进行施工图设计打下基础。

初步设计文件应有一定的深度，以满足设计审查、主要设备材料订货、投资控制、施工图设计的编制以及施工准备等方面的需要。

（2）施工图设计

根据批准的初步设计进行施工图设计。在施工图设计阶段，主要是将上一阶段所确定的内容进一步具体化，为满足设备材料的准备、施工图预算的编制、施工要求以及为保证施工质量、加快施工进度提供必要条件。施工图设计的内容包括绘制各专业工种的施工图、详图、说明等。

如需安排技术设计阶段时，应在初步设计和施工图设计之间进行。该阶段的任务是在已批准的初步设计的基础上，进一步具体解决各种技术问题，即经过充分协商，合理地解决存在于建筑、结构、水、暖、电等各专业技术之间的矛盾，为顺利进入施工图设计阶段做好准备。

4. 房屋的施工过程和设备安装

房屋的施工过程，大体可分为准备、主体工程和装修三个阶段。

（1）准备阶段

首先是进行“三通一平”工作，即通路（修通施工行车运输道路）、通水（引进施工用水）、通电（引进施工用电）和平整施工场地。此外，还须搭设一些临时棚屋、组织材料供应和安排施工队伍各工种的配备。最后，完成房屋的定位放线工作。

(2)主体工程阶段

以砖混结构房屋为例，本阶段包括挖基槽土方，砌基础墙、柱，吊装楼板、楼梯、屋面板等。

(3)装修阶段

装修阶段包括做屋面防水、室内外墙面抹灰、做地面、安门窗以及油漆粉刷等。各种设备系统的管线埋设安装工作，如给排水、暖气、电气照明等管线是在房屋施工的各阶段中穿插进行的。

本章小结

1)建筑物分类和分等的目的主要在于：

(1)便于总结各种类型建筑设计的特殊规律，以提高设计水平；

(2)便于研究由于社会生活和科学技术的发展而提出的新的功能要求，了解建筑类型发展的远景，以保证建筑设计更符合实际要求；

(3)便于根据不同类型的建筑特点，提出明确的任务，制订规范、定额、指标，以指导设计和施工；

(4)便于分析研究同类建筑的共性，以进行标准设计和工业化建造体系的设计；

(5)便于掌握建筑标准，合理控制投资，等等。

2)按建筑物的用途，大致可分为生产性建筑、居住建筑和公共建筑三类。

建筑物按其性质和耐久程度分为不同的建筑等级。建筑材料的燃烧性能一般分为以下三类：非燃烧材料、难燃烧材料、燃烧材料。

3)基本建设程序是指一栋房屋的建造由开始拟定计划至建成投入使用所必须遵循的程序。包括计划任务书(即设计任务书)的编制上报和审批，城镇规划管理部门同意拨地，房屋的设计，房屋的施工、设备安装等环节。

复习思考题

0-1　简单叙述中国建筑的发展史。

0-2　建筑物分类和分级的主要目的。

0-3　试叙述建筑物的分类。

0-4　试叙述建筑物的分等方法及分等的标准。

0-5　试叙述基本建设的主要环节。

第一章　建筑材料的基本性质

[重点内容和学习目标]

本章重点讲述建筑材料的基本物理性质、力学性质以及材料的耐久性。

通过本章学习，要求学生掌握材料的孔隙率、吸水性、导热性和材料的抗压、抗拉、抗剪强度以及耐久性。

第一节　材料的基本物理性质

一、与质量有关的基本物理性质

1. 密度

密度是指材料在绝对密实状态下，单位体积的质量。其计算式为：

$$\rho = \frac{m}{V} \tag{1-1}$$

式中：ρ——密度(g/cm^3)；

m——材料在干燥状态下的质量(g)；

V——材料在绝对密实状态下的体积(cm^3)。

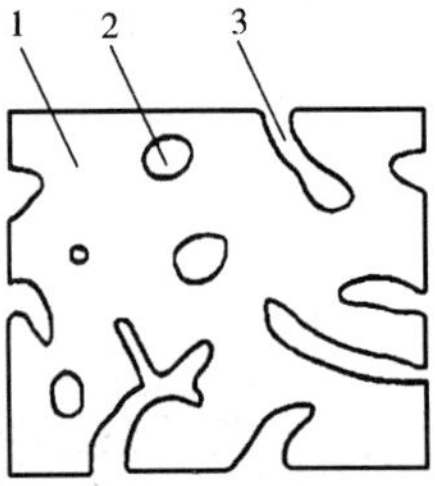

图 1-1　固体材料的体积构成
1-固体物质体积 V；2-闭口孔隙体积 V_b；3-开口孔隙体积 V_K

材料在绝对密实状态下的体积指不包括材料孔隙在内的固体实体积。在建筑工程材料中，除了钢材、玻璃等极少数材料可认为不含孔隙外，绝大多数材料内部都有孔隙(图 1-1)。为了测定有孔材料的密实体积，通常把材料磨成细粉(粒径小于 0.2mm)，以便去除其内部孔隙，干燥后用李氏瓶(密度瓶)通过排液体法测定其密实体积。材料磨得越细，细粉体积越接近其密实体积，所测得密度值也就越精确。密度是材料的基本物理性质，与材料的其他性质存在着密切关系。

2. 表观密度

表观密度是指多孔固体材料在自然状态下单位体积的质量，亦称体积密度。其计算式为：

$$\rho_0 = \frac{m}{V_0} \tag{1-2}$$

式中：ρ_0——表观密度或体积密度(kg/m^3 或 g/cm^3)；

m——材料的质量(kg 或 g)；

V_0——材料在自然状态下的体积(m^3 或 cm^3)。

材料在自然状态下的体积是指材料的固体物质体积与全部孔隙体积(包括闭口孔隙体积

和开口孔隙体积)之和。对于形状规则的体积可以直接量测计算而得(比如各种砌、块、砖);形状不规则的体积可将其表面用蜡封以后用排水法测得。

工程中常用的散状材料如砂、石,其颗粒内部孔隙极少,用排水法测出的颗粒体积(材料的密实体积与闭口孔隙体积之和,但不包括开口空隙体积)与其密实体积基本相同,因此,砂、石的表观密度可近似地当作其密度,故称视密度,又称颗粒表观密度。

当材料孔隙内含有水分时,其质量和体积均有所变化,因此测定材料表观密度时,必须注明其含水状态,如绝干(烘干至恒重)、风干(长期在空气中干燥)、含水(未饱和)、吸水饱和等,相应的表观密度称为干表观密度、气干表观密度、湿表观密度、饱和表观密度。通常所说的表观密度是指干表观密度。

3. 堆积密度

堆积密度是指粉状、颗粒状材料在堆积状态下单位体积的质量。其计算式为:

$$\rho'_0 = \frac{m}{V'_0} \tag{1-3}$$

式中:ρ'_0——堆积密度(kg/m^3);

m——材料质量(kg);

V'_0——材料的堆积体积(m^3)。

材料的堆积体积包括颗粒体积(颗粒内有开口孔隙和闭口孔隙)和颗粒间空隙的体积(图 1-2)。砂、石等散粒状材料的堆积体积,可通过在规定条件下用所填容量的容积来求得,材料堆积密度大小取决于散粒材料的视密度、含水率以及堆积的疏密程度。在自然堆积状态下称松散堆积密度,在振实、压实状态下称为紧密堆积密度。除此之外,材料的含水程度也影响堆积密度,通常指的堆积密度是在气干状态下的,称为气干堆积密度,简称堆积密度。

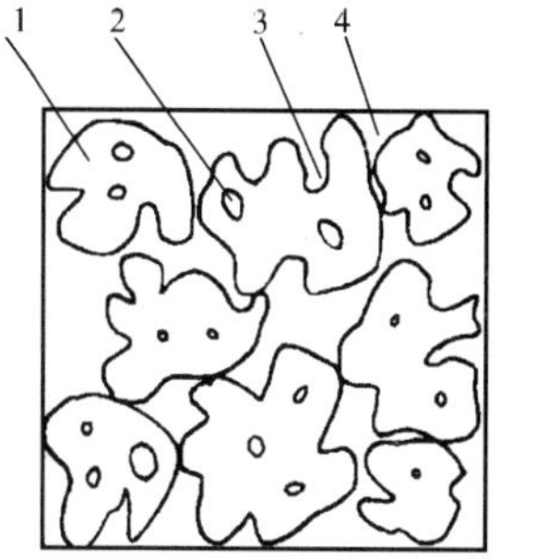

图 1-2 散料材料的堆积体积示意图

1-颗粒中固体颗粒体积;2-颗粒中的闭口体积;3-颗粒中的开口体积;4-颗粒间空隙

4. 密实度与孔隙率

(1)密实度

密实度是指材料体积内被固体物质所充实的程度。其中计算式为:

$$D = \frac{V}{V_0} \times 100\% = \frac{\frac{m}{\rho}}{\frac{m}{\rho_0}} \times 100\% = \frac{\rho_0}{\rho} \times 100\% \tag{1-4}$$

对于绝对密实材料,因 $\rho_0 = \rho$ 故 $D = 1$ 或 100%。对于大多数建筑材料,因 $\rho_0 < \rho$,故 $D < 1$ 或 $D < 100\%$。

(2)孔隙率

孔隙率是指材料体积内,孔隙体积占总体积的百分率,其计算式为:

$$\rho = \frac{V_0 - V}{V_0} \times 100\% = \left(1 - \frac{V}{V_0}\right) \times 100\% = \left(1 - \frac{\rho_0}{\rho}\right) \times 100\% = 1 - D \tag{1-5}$$

由上式可见:

$$P + D = 1 \tag{1-6}$$

孔隙率由开口和闭口孔隙率两部分组成。开口孔隙率指材料内部开口孔隙体积与材料在自然状态下体积的百分比,即被水饱和的孔隙体积所占的百分率。其计算式为:

$$P_K = \frac{V_K}{V_0} \times 100\% = \frac{m_2 - m_1}{V_0} \cdot \frac{1}{\rho_w} \times 100\% \qquad (1\text{-}7)$$

式中：P_K——材料的开口孔隙率（%）；

m_1——干燥状态下材料的质量（g）；

m_2——吸水饱和状态下材料的质量（g）；

ρ_w——水的密度（g/cm^3）。

闭口孔隙率指材料总孔隙率与开口孔隙率之差，用下式表示：

$$P_B = P - P_K \qquad (1\text{-}8)$$

材料的密实度和孔隙率是从两个不同侧面反映材料的密实程度，通常用孔隙率来表示。

建筑材料的许多性质如强度、吸水性、抗渗性、导热性及吸声性都与材料的孔隙有关。这些性质除取决于孔隙率的大小外，还与空隙的构造特征密切相关，如孔隙的大小、形状、分布、连通与否等。一般情况下，材料内部的孔隙率越高，则材料的表面密度、强度越小，抗冻性、抗渗性、耐腐蚀性、耐水性及其他耐久性越差。通常开口孔隙有利于吸水性、吸声性、透水性的增强；而闭口孔隙则有利于材料保温隔热性的提高。

在建筑工程中，计算材料的用量经常用到材料的密度、表观密度和堆积密度等数据，如表1-1所示。

常用建筑材料的密度、视密度、表密度和堆积密度数 表1-1

材 料 名 称	密度（g/cm^3）	视密度（g/cm^3）	表观密度（kg/m^3）	堆积密度（kg/m^3）
钢材	7.85	—	7 850	—
花岗岩	2.6～2.9	—	2 500～2 850	—
石灰岩	2.4～2.6	—	2 000～2 600	—
普通玻璃	2.5～2.6	—	2 500～2 600	—
烧结普通砖	2.5～2.7	—	1 500～1 800	—
建筑陶瓷	2.5～2.7	—	1 800～2 500	—
普通混凝土	2.6～2.8	—	2 300～2 500	—
普通沙	2.6～2.8	2.55～2.85	—	1 450～1 700
碎石或卵石	2.6～2.9	2.55～2.85	—	1 400～1 700
木材	1.55	—	400～800	—
泡沫塑料	1.0～2.6	—	20～50	—

5. 填充率与空隙率

（1）填充率

填充率是指散粒材料在其堆积体积中，被其颗粒填充的程度，以 D' 表示，用下式计算：

$$D' = \frac{V_0}{V'_0} \times 100\% = \frac{\rho'_0}{\rho_0} \times 100\% \qquad (1\text{-}9)$$

（2）空隙率

空隙率是指散粒材料在其堆积体积中，颗粒之间空隙体积占材料堆积体积的百分率，以 P' 表示。用下式计算：

$$P' = \frac{V'_0 - V_0}{V'_0} \times 100\% = \left(1 - \frac{\rho'_0}{\rho}\right) \times 100\% = 1 - D' \qquad (1\text{-}10)$$

即：

$$D' + P' = 1$$

填充率和空隙率是从两个不同侧面反映散粒材料的颗粒互相填充的疏密程度。空隙率可以作为控制混凝土骨料级配及计算砂率的依据。

二、材料与水有关的性质

1. 亲水性与憎水性

材料在与水接触时，不同材料遇水后和水的互相作用情况是不一样的，根据材料表面被水润湿的情况，分为亲水性材料和憎水性材料。

湿润是水在材料表面被吸附的过程。当材料在空气中与水接触时，在材料、水、空气三相交点处，沿水滴表面所作切线与材料表面所夹的角，称为湿润角。若材料分子与水分子间相互作用力大于水分子之间作用力时，材料表面就会被水润湿，此时 $\theta<90°$[图 1-3a)]，这种材料称为亲水性材料。反之，若材料分子与水分子之间相互作用力小于水分子间作用力时，则认为材料不能被水润湿，此时 $90°<\theta<180°$[图 1-3b)]，这种材料称为憎水性材料。很显然 θ 越小，材料的亲水性越好，$\theta=0°$时表明材料完全被水润湿。

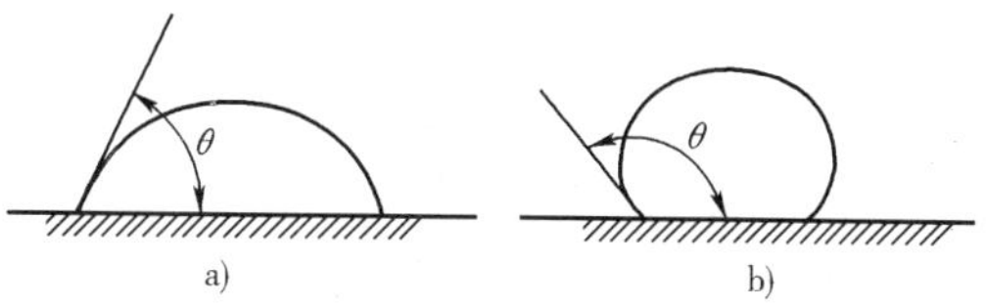

图 1-3　材料的湿润角

a）亲水材料；b）憎水材料

多数建筑材料，如石料、砖、混凝土、木材等都属于亲水性材料。沥青、石蜡、塑料等属于憎水性材料，这类材料能阻止水分渗入材料内部，降低材料吸水性。因此，憎水性材料经常作为防水、防潮材料或用作亲水性材料表面的憎水处理。

2. 吸水性

吸水性是指材料在水中吸收水分的性质，其大小用吸水率表示。吸水率有质量吸水率和体积吸水率之分。

质量吸水率：材料在吸水饱和状态下，吸收水分的质量占材料干燥质量的百分率。其计算式为：

$$w_{质}=\frac{m_{吸}-m_{干}}{m_{干}}\times 100\% \tag{1-11}$$

式中：$w_{质}$——材料的质量吸水率（%）；

$m_{吸}$——材料吸水饱和后的质量（g）；

$m_{干}$——材料在干燥状态下的质量（g）。

体积吸水率：材料吸水饱和后，吸入水的体积占干燥材料自然体积的百分率。其计算公式为：

$$w_{体}=\frac{m_{吸}-m_{干}}{V_{干}}\cdot\frac{1}{\rho_{w}}\times 100\% \tag{1-12}$$

式中：$w_{体}$——材料的体积吸水率（%）；

$m_{吸}$——材料吸水饱和后的质量（g）；

$m_{干}$——材料在干燥状态下的质量（g）；

ρ_{w}——水的密度，通常情况下 $\rho_{w}=1g/cm^{3}$；

$V_{干}$——干燥材料在自然状态下的质量（g）。

由式(1-11)和式(1-12)可知，质量吸水率与体积吸水率的关系为：

$$w_{体}=w_{质}\cdot\rho_{0} \tag{1-13}$$

计算材料吸水率时，一般用质量吸水率，但对于某些轻质多孔材料比如加气混凝土、软木等，由于具有很多开口且微小的孔隙，其质量吸水率往往超过 100%，此时常用体积吸水率来表示其吸水性。如无特别说明，吸水率通常指质量吸水率。

材料吸水率不仅与材料的亲水性、憎水性有关，而且与材料的孔隙率和孔隙构造特征有密切的关系。一般来说，密实材料或具有闭口孔隙的材料是不吸水的；具有粗大孔隙的材料因其水分不易存留，吸水率一般小于孔隙率；而孔隙率较大且有细小开口连通孔隙的亲水材料，吸水率较大。

材料吸收水分后，不仅表观密度增大、强度降低，保温、隔热性能降低，且更易受冰冻破坏，因此，材料吸水后对材质是不利的。

3. 吸湿性

干燥材料在空气中，吸收空气中水分的性质，称为吸湿性。吸湿性大小可用含水率表示，其计算式为：

$$w_{含} = \frac{m_{含} - m_{干}}{m_{干}} \times 100\% \tag{1-14}$$

式中：$w_{含}$——材料的含水率(%)；

$m_{含}$——材料含水时的质量(g)；

$m_{干}$——材料干燥至恒重时的质量(g)。

材料含水率的大小，除了与本身的性质如孔隙大小及构造有关，还与周围空气的温度湿度有关。含水率随着空气湿度大小变化，作相应的变化，当空气湿度大且温度较低时，材料的含水率就大，反之就小。当材料的含水率与空气湿度向平衡时，其含水率称为平衡含水率，当材料吸水达到饱和状态时的含水率即为吸水率。

由式(1-14)可得：

$$m_{含} = m_{干} \times (1 + w_{含}) \tag{1-15}$$

$$m_{含} = \frac{m_{含}}{1 + w_{含}} \tag{1-16}$$

式(1-15)中是根据干重计算材料湿重的公式，式(1-16)是根据湿重计算材料干重的公式，均为材料用量计算中常用的两个公式。

4. 耐水性

材料长期处于饱和水作用下不被破坏，其强度也不显著降低的性质，称为耐水性。材料的耐水性用软化系数来表示，计算式为：

$$K_{软} = \frac{f_{跑}}{f_{干}} \tag{1-17}$$

式中：$K_{软}$——软化系数；

$f_{跑}$——材料在饱和水状态下的强度(MPa)；

$f_{干}$——材料在干燥状态下的强度(MPa)。

材料处于饱和水状态下，水分侵入材料内部毛细孔，减弱了材料内部的结合力，使强度有不同程度降低，不同建筑材料的耐水性差别很大，软化系数的波动范围为 0～1。钢、玻璃、沥青等材料的软化系数基本为 1，而未经处理的生土软化系数为 0，花岗岩等密实石材的软化系数接近于。用于严重受水侵蚀或潮湿环境的材料，其软化系数应不低于 0.85，用于受潮较轻的或次要结构物的材料，则不宜小于 0.7。软化系数值越大，耐水性越好，通常认为软化系数大于 0.80 的材料为耐水材料。

5. 抗渗性

抗渗性是指材料抵抗压力水渗透的性质。渗透是指水在压力作用下，通过材料内部毛细孔的迁移过程，材料的抗渗性可以用渗透系数来表示，其表达式为：

$$K=\frac{Qd}{AtH} \tag{1-18}$$

式中：K——渗透系数(cm/h)；

d——试件厚度(cm)；

A——渗水面积(cm^2)；

Q——渗水量(cm^3)；

t——渗水时间(h)；

H——静水压力水头(cm)。

渗透系数反映了材料在单位时间内，在单位水头作用下通过单位面积及厚度的渗透水量。K 值越大，材料的抗渗性越差。

表示抗渗性另一指标是抗渗等级，用 PN 来表达。其中 N 表示试件所能承受的最大水压的 10 倍，如 $P4$、$P6$、$P8$ 分别表示材料能承受 0.4MPa、0.6MPa、0.8MPa 的水压而不透水。

材料的抗渗性与材料的孔隙率及孔隙特征有关。密实的材料及具有闭口微细小孔的材料，实际上是不透水的:具有较大孔隙及细微连通的毛细孔的亲水性材料往往抗渗性较差。

对于地下建筑及水工构筑物、压力管道等经常受压力水作用的工程所需的材料及防水材料等都应具有良好的抗渗性。

6. 抗冻性

抗冻性是指是指材料在吸水饱和状态下，经过多次冻融循环作用而不被破坏，强度也不显著降低的性质。一次冻融循环是指材料吸水饱和后，先在－15℃的温度下(水在微小的毛细管中低于－15℃才能冻结)冻结后，然后再在 20℃的水中融化。

材料经过多次冻融循环作用后，表面将出现裂纹、剥落等现象，造成质量损失及强度降低。这是由于材料孔隙内饱和水结冰时其体积增大约 9%，在孔隙内产生很大的冰胀应力使孔壁受到相应的拉应力，当拉应力超过材料的抗拉强度时，孔壁将出现局部裂纹或裂缝。随着冻融循环次数的增多，裂纹或裂缝不断扩展，最终使材料受冻破坏。

材料的抗冻性常用抗冻等级来表示。如混凝土材料用 FN 表示其抗冻等级。其中 N 表示混凝土试件经受冻融循环试验后，强度及质量损失不超过国家规定标准值时，所对应的最大冻融循环次数，如 F25、F50 等。

材料的抗冻性取决于材料的孔隙特征、吸水饱和程度以及抵抗冰胀应力的能力。如果材料具有细小的开口孔隙，孔隙率大且处于饱和水状态下材料容易受冻破坏，若孔隙中含水，但并未饱和，仍有足够的自由空间时，即使受冻也不致产生破坏；粗大的开口孔隙体积，因其水分不易存留，很难达到吸水饱和程度，所以抗冻性也较强。一般来说，密实的材料、具有闭口孔隙且强度较高的材料，有较强的抗冻能力。

抗冻性虽是衡量材料抵抗冻融循环作用的能力，但经常作为无机非金属材料抵抗大气物理作用的一种耐久性指标。抗冻性良好的材料，对于抵抗温度变化、干湿交替等风化作用的能力也强。所以，对于温暖地区的建筑物，虽无冰冻作用，但为抵抗大气的作用，确保建筑物耐久，对材料往往也提出一定的抗冻性要求。

三、材料的热工性质

在建筑物中，建筑材料除需满足强度、耐久性等要求外，还需使室内维持一定的温度，为人们的工作和生活创造一个舒适的环境，同时也为降低建筑物的使用能耗。因此在选用围护结构材料时，要求建筑材料具有一定的热工性质。

1. 导热性

当材料两侧存在温度差时，热量从材料的一侧传递至材料另一侧的性质。称为材料的导热性(图 1-4)。导热性大小可以用导热系数 λ 表示，其计算式为：

$$\lambda = \frac{Qd}{A(T_1 - T_2) \cdot t} \tag{1-19}$$

式中：λ——导热系数[W/(m·K)]；

Q——传导的热量(J)；

d——材料的厚度(m)；

A——导热面积(m^2)；

$(T_1 - T_2)$——材料两侧的温度差(K)；

t——传热时间(s)。

导热系数 λ 的物理意义：表示单位厚度的材料，当两侧温差为 1K 时，在单位时间内通过单位面积的热量。导热系数是评定建筑材料保温隔热性能的重要指标，导热系数愈小，材料的保温隔热性能愈好。

影响材料导热系数的主要因素如下。

(1)材料的化学组成与结构

导热是材料分子热运动的结果，因此，材料的化学组成与结构是影响导热性的决定因素。通常金属材料、无机材料、晶体材料的导热系数大于非金属材料、有机材料、非晶体材料。

(2)材料的表观密度(包括材料的孔隙率、孔隙的性质和大小等)

绝大多数材料是由固体物质和气体两部分组成，因此，当材料的密度一定时，表观密度越小反映材料孔隙率越大，则材料导热系数越小。孔隙率大小对材料的导热系数起着非常重要的作用。

当材料孔隙率相同而孔隙构造不同时，即使是同种材料导热系数也不相同。假想有两种材料其化学组成相同，但孔隙构造不同(图 1-5)，此时，传热的方式不单纯是导热，同时还存在孔隙中气体的对流和孔壁间的辐射传热，因而图 1-5b)所示材料的导热系数要高于图 1-5a)所示材料的导热系数。

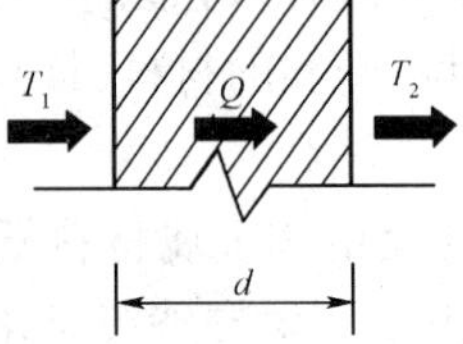

图 1-4　材料导热示意图

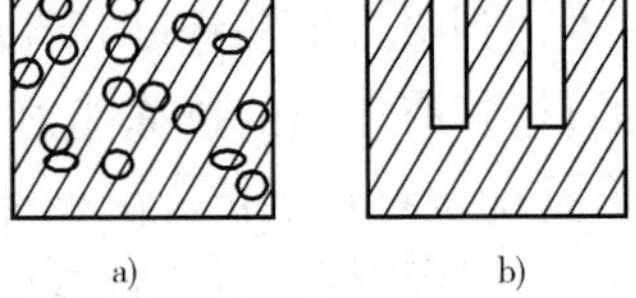

图 1-5　孔隙构造不同的材料示意图

(3)环境的温湿度

材料受气候、施工等环境因素的影响容易受潮,这将会增大材料的导热系数。其原因是材料受潮后,材料中原有的静态空气变成水分,而水的导热系数 $\lambda_{水}=0.58\text{W}/(\text{m}\cdot\text{K})$ 比静态空气的导热系数大 20 倍,而当受潮材料再受冻后,水又变成冰,冰的导热系数 $\lambda_{冰}=2.20\text{W}/(\text{m}\cdot\text{K})$ 又是水的 4 倍,即材料在不同的温、湿环境中,导热系数将会有很大的差别。由此可知,保温材料在其储存、运输、施工过程中应特别注意防潮、防冻。

表 1-2 为几种典型材料的热工性质指标。

几种典型材料的热工性质指标 表 1-2

材　料	导热系数	比　热	材　料	导热系数	比　热
铜	370	0.38	泡沫塑料	0.33	1.70
钢	58	0.46	水	0.58	4.20
花岗岩	2.90	0.80	冰	2.20	2.05
普通混凝土	1.80	0.88	密闭空气	0.023	1.00
普通黏土砖	0.57	0.84	石膏板	0.30	1.10
松木顺纹	0.35	2.50	绝热纤维板	0.05	1.46
松木横纹	0.17				

2. 热容量和比热

材料在受热时吸收热量,冷却时放出热量的性质称为材料的热容量。

质量一定的材料,温度发生变化时,则材料吸收或放出的热量与质量成正比,与温差成正比,用公式表示即为:

$$Q = cm(T_1 - T_2) \tag{1-20}$$

式中: Q——材料吸收或放出的热量(J);

c——材料比热[J/(g·K)];

m——材料质量(g);

(T_1-T_2)——材料受热或冷却前的温差(K)。

比热 c 表示 1g 材料温度升高或降低 1K 时所吸收或放出的热量,比热与材料质量的乘积为材料的热容量值。由式(1-20)可以看出,热量一定的情况下,热容量值越大,温差越小。作为墙体、屋面等围护结构材料,应采用导热系数小,热容量值大的材料,这对于维护室内温度稳定,减少热损失,节约能源起着重要作用。几种典型材料的热工性质指标如图 1-2 所示。

第二节　材料的力学性质

材料受到外力作用后,都会不同程度产生变形,当外力超过一定限度后,材料将被破坏,材料的力学性质就是指材料在外力作用下,产生变形和抵抗破坏方面的性质。

一、材料的强度

1. 材料强度

材料强度是以材料试件在静荷载作用下,达到破坏时的极限应力值来表示的。当材料受到外力作用时,在材料内部相应地产生应力,外力增大,应力也随之增大,直到应力超过材料内部质点所能抵抗的极限时,材料就发生破坏,此时的极限应力值即材料强度,也称为极限强度。

根据外力作用方式不同，材料强度有抗压、抗拉、抗剪、抗折(抗弯)强度等(图 1-6)。

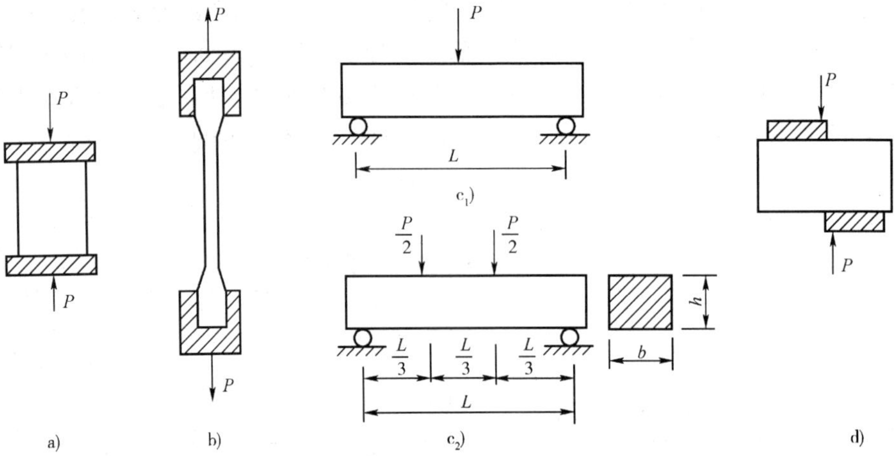

图 1-6 材料所受外力示意图

a)压缩；b)拉伸；c_1)、c_2)弯曲；d)剪切

材料的强度是在试验室按照国家规定的标准试验方法测得的。

(1)材料的抗压、抗拉、抗剪强度

材料的抗压、抗拉、抗剪强度度计算式为：

$$f=\frac{P}{A} \tag{1-21}$$

式中：f——材料的强度(MPa)；

P——材料破坏时最大荷载(N)；

A——试件的受力面积(mm^2)。

(2)材料的抗弯强度(或称抗折强度)

材料的抗弯强度与试件受力情况、截面形状及支承条件有关一般试验方法是将矩形，截面的条形试件放在两支点上，中间作用一集中荷载[图 1-6c_1)]，则抗弯强度计算式为：

$$f_{弯}=\frac{3PL}{2bh^2} \tag{1-22}$$

当在三分点上加两个集中荷载[图 1-6c_2)]则抗弯强度计算式为：

$$f_{弯}=\frac{PL}{bh^2} \tag{1-23}$$

式中：f——抗弯强度(MPa)；

P——弯曲破坏时最大集中荷载(N)；

L——两支点间距离(mm)；

b、h——试件截面的宽与高(mm)。

(3)影响材料强度的因素

①材料的组成及构造　这是影响材料强度的主要因素。凡是构造越密实、越均匀的材料，其强度越高。材料内部孔隙不仅减小了截面面积，而且孔隙边缘产生应力集中现象，因而使强度降低。如混凝土材料孔隙率每增加 1%，相应地强度要降低 3%～5%。另外具有层理或纹理构造的材料是各向异性的(不同受力方向，强度不同)。

②试验条件　试验条件不同，材料强度值就不同。如试件的采取或制作方法，试件的形状

和尺寸，试件的表面状况，试验时加荷速度，试验时环境的温、湿度，以及试验数据的取舍等，均在不同程度上影响所得数据的代表性和准确性，因此测定强度时，应严格遵守国家规定的标准试验方法。

③材料的含水状态及温度　材料含有水分时，其强度比干燥时低；温度升高时，一般材料的强度将有所降低，沥青混凝土尤为明显。

由上可知，材料的强度是在特定条件下测定的数值。为使试验结果准确，且具有可比性，国家对材料试验方法、步骤及设备有统一的规定，在测定材料强度时，必须严格按照规定的试验方法进行。

2. 强度等级

为了掌握材料的力学性质，合理选择和正确使用材料，常将建筑材料按其强度值，划分为若干个等级，即强度等级。如混凝土按其抗压强度标准值划分有 C10、C30 等。强度值与强度等级不能混淆，强度值是表示材料力学性质的指标，强度等级是根据强度值划分的级别。

3. 比强度

对于不同强度的材料进行比较，可采用比强度这个指标。比强度是按单位体积质量计算的材料强度指标，其值等于材料的强度与其表观密度之比。比强度是评价材料是否轻质的材料强度指标，其数值大，表明材料轻质高强，表 1-3 是几种主要材料的比强度值。

几种主要材料的比强度值表　　表 1-3

材　料	表观密度（kg/m^3）	抗压（拉）强度（MPa）	比　强　度
普通混凝土	2 400	40	0.017
低碳钢（抗拉）	7 850	420	0.054
松木（顺纹抗拉）	500	100	0.200
烧结普通砖	1 700	10	0.006

二、弹性和塑性

材料在外力作用下发生变形，外力撤掉后变形能完全恢复的性质，称为弹性。相应的变形称为弹性变形（或瞬时变形）。材料在外力作用下产生变形，若除去外力后仍保持变形后的形状和尺寸，并不产生裂缝的性质称为塑性。相应的变形称为塑性变形（或残余变形）。

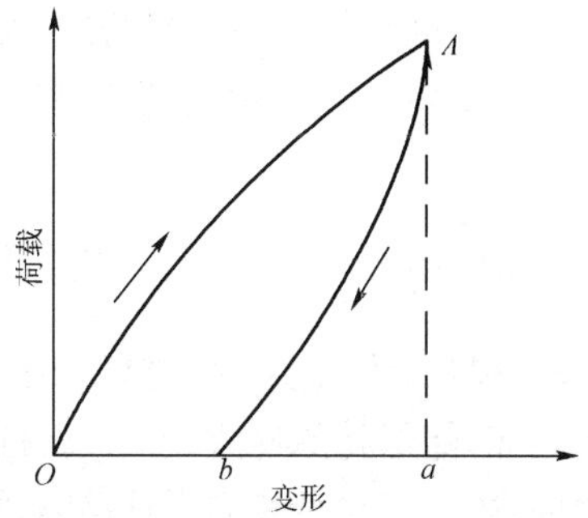

图 1-7　混凝土材料的弹、塑性变形曲线

单纯的弹性材料是没有的。有的材料受力不大时产生弹性变形。有的材料，如图 1-7 所示的混凝土，在受力时弹性变形和塑性变形同时存在如果取消外力后，弹性变形 ab 可以恢复，而塑性变形 Ob 不能恢复，通常将这种材料称为弹塑性材料。

三、脆性和韧性

材料在外力达到一定程度时，突然发生破坏，并无明显的变形，这种性质称为脆性。大部分无机非金属材料均属脆性材料，如天然石材、烧结普通砖、陶瓷、普通混凝土、砂浆等，脆性材料的破坏是突然的，危害比较大，其抵抗变形或冲击振动荷载的能力差，所以仅用于承受静压力作用的结构或构件，如柱子、墩座等。

材料在冲击或动力荷载作用下，能吸收较大能量而不破坏的性质称为韧性，如低碳钢、低合金钢、木材、钢筋混凝土等都属于韧性材料。在工程中，对于要求承受冲击和振动荷载作用的结构，如吊车梁、桥梁、路面及有抗震要求的结构均要求所用材料具有较高的韧性。

四、硬度和耐磨性

1. 硬度

硬度指材料表面的坚硬程度，是抵抗其他物体刻划、压入其表面的能力。硬度的测定方法有刻划法、回弹法、压入法等，不同材料其硬度的测定方法不同。

回弹法用于测定混凝土表面硬度，并间接推算混凝土的强度，也用于测定砖、砂浆等的表面硬度；刻划法用于测定天然矿物的硬度；压入法是用硬物压入材料表面，通过压痕的面积和深度测定材料的硬度。钢材、木材的硬度，常用钢球压入法测定。通常，硬度大的材料耐磨性较强，但不易加工。在工程中，常利用材料硬度与强度间的关系间接测定材料强度。

2. 耐磨性

材料受外界物质的摩擦作用而质量和体积减小的现象称为磨损。耐磨性是材料表面抵抗磨损的能力，材料的耐磨性用磨损率表示。计算公式如：

$$N=\frac{m_1-m_2}{A}$$

式中：N——材料的磨损率(g/cm^2)；

m_1——试件磨损前的质量(g)；

m_2——试件磨损后的质量(g)；

A——试件受磨面积(cm^2)。

试件的磨损率表示一定尺寸的试件在一定压力作用下，在磨料机上磨一定次数后，试件每单位面积上的质量损失。

材料的耐磨性与材料组成、结构及强度、硬度等有关。建筑中用于地面、踏步、台阶、路面等处的材料，应适当考虑硬度和耐磨性。

第三节　材料的耐久性

材料的耐久性是指材料在使用期间，受到各种内在的或外来因素的作用，能经久不变质、不破坏，能保持原有性能，不影响使用的性质。材料在建筑物使用期间，除受到各种荷载作用之外，还受到自身和周围环境各因素的破坏作用。这些破坏因素对材料的作用往往是复杂多变的，它们单独或相互交叉作用。一般可将其归纳为物理作用、化学作用、生物作用。物理作用包括干湿变化、温度变化、冻融循环、磨损等，这些作用使材料发生体积膨胀、收缩或导致内部裂缝的扩展，长期的、反复多次的作用使材料逐渐破坏；化学作用包括有害气体以及酸、碱、盐等液体对材料产生的破坏作用；生物作用包括昆虫、菌类的作用，使材料虫蛀、腐朽破坏。

材料的耐久性是材料抵抗上述多种作用的一种综合性质，它包括抗冻性、抗腐蚀性、抗渗性、抗风化性、耐热性、耐酸性、耐腐蚀性等各方面的内容。

一般情况下，矿物质材料如石材、混凝土、砂浆等直接暴露在大气中，受到风霜雨雪的物理作用，主要表现为抗风化性和抗冻性；当材料处于水中或水位变化区，主要受到环境水的化学侵蚀、冻融循环作用；钢材等金属材料在大气或潮湿条件下，易遭受电化学腐蚀；木材、竹材等植物纤维质材料常因腐朽、虫蛀等生物作用而遭受破坏；沥青以及塑料等高分子材料在阳光、空气、水的作用下逐渐老化。

为提高材料的耐久性，应根据材料的特点和使用情况采取相应措施，通常可以从以下几方面考虑：

(1)设法减轻大气或其他介质对材料的破坏作用，如降低湿度、排除侵蚀性物质等。

(2)提高材料本身的密实度，改变材料的孔隙构造。

(3)适当改变成分，进行憎水处理及防腐处理。

(4)在材料表面设置保护层，如抹灰、做饰面、刷涂料等。

提高材料的耐久性，对保证建筑物的正常使用，减少使用期间的维修费用，延长建筑物的使用寿命，起着非常重要的作用。

本章小结

(1)密度是指材料在绝对密室状态下，单位体积的质量。

表观密度是指多孔固体材料在自然状态下单位体积的质量，亦称体积密度。

堆积密度是指粉状、颗粒状材料在堆积状态下单位体积的质量。

(2)材料在与水接触时，不同材料遇水后和水的互相作用情况是不一样的，根据材料表面被水润湿的情况，分为亲水性材料和憎水性材料。

吸水性是指材料在水中吸收水分的性质，其大小用吸水率表示。吸水率有质量吸水率和体积吸水率之分。

(3)当材料两侧存在温度差时，热量从材料的一侧传递至材料另一侧的性质.称为材料的导热性。

(4)材料的力学性质就是指材料在外力作用下，产生变形和抵抗破坏方面的性质。

(5)材料在外力作用下发生变形，外力撤掉后变形能完全恢复的性质，称为弹性。

复习思考题

1-1　试解释下列名词：密度、表观密度、视密度、堆积密度、孔隙率、空隙率、吸水率、含水率、强度、比强度、弹性、塑性、脆性、韧性。

1-2　简述材料的孔隙率和孔隙特征与材料的表观密度、强度、吸水性、抗渗性、抗冻性及导热性等性质的关系。

1-3　材料的孔隙率与空隙率有何区别？

1-4　韧性材料和脆性材料在外力作用下，其变形性能有何区别？

1-5　何谓材料的抗冻性？材料冻融破坏的原因是什么？饱和水程度与抗冻性有何关系？

1-6　何谓材料的抗渗性？如何表示抗渗性的好坏？

1-7　评价材料热工性能的常用指标有哪几个？欲保持建筑物内温度的稳定并减少热损失，应选择什么样的建筑材料？

1-8　何谓材料的耐久性？若提高材料的耐久性，可采取哪些措施？

第二章　基本建筑材料

[重点内容和学习目标]

本章重点讲述混凝土、钢材、沥青以及常见的装饰材料。通过本章学习，要求学生掌握混凝土、钢材、沥青的基本性质。

第一节　混　凝　土

一、混凝土的分类

按表观密度分类：重混凝土、普通混凝土、轻混凝土。

按胶凝材料分类：水混凝土、石膏混凝土、沥青混凝土、聚合物混凝土、水玻璃混凝土等。

二、混凝土的特点

混凝土性能多样、用途广泛，通过调整组成材料的品种及配比，可以制成具有不同物理力学性能的混凝土以满足不同工程的要求。混凝土在凝结前，有良好的塑性，可以浇铸成任意形状、规格的整体结构或构件。混凝土组成材料中约占80%以上的集料，来源十分丰富，符合就地取材和经济的原则。与钢筋有良好的黏结性，且二者的线膨胀系数基本相同，复合成的刚劲混凝土，能互补优劣，大大拓展了混凝土的应用范围。按合理方法配置的混凝土，具有良好的耐久性，同钢材、木材相比更耐久，维护费用低。可充分利用工业废料做集料或掺和料，如粉煤灰、矿渣等，有利于环境保护。

三、普通混凝土的材料组成

普通混凝土（以下简称混凝土）是由水泥、水、砾石等几种基本组分（有时为了改善混凝土的某些性能加入适量的外加剂和外掺剂）按适当比例配制，经搅拌均匀而成的浆体，称为混凝土拌和物，再经凝结硬化成为坚硬的人造石材称为硬化混凝土。

普通混凝土的材料组成主要包括：水泥、细集料和粗集料。

四、混凝土用水

混凝土用水按水源分为饮用水、地表水、地下水、海水及经适当处理过的工业废水。拌和用水所含物质对混凝土、钢筋混凝土和预应力钢筋混凝土不应产生如下有害作用：

(1)影响混凝土的和易性及凝结；

(2)损害混凝土强度的发展；

(3)降低混凝土的耐久性，加快钢筋腐蚀及导致应力钢筋脆断；

(4)污染混凝土表面。

五、混凝土的性质

混凝土拌和物主要性质为和易性，硬化混凝土的性质为强度、耐久性和变形性能。

(1)和易性的概念

和易性是指混凝土拌和物易于施工操作(包括搅拌、运输、振捣和养护等)，并能获得质量均匀、成型密实的性能。和易性是一项综合性能，包括流动性、黏聚性、保水性三方面涵义。

流动性是指拌和物在本身自重或施工机械振捣的作用下，能产生流动并且均匀密实地填满模板的性能。流动性的大小，反映拌和物的稀稠，它直接影响着浇筑施工的难易和混凝土的质量。

黏聚性是指混凝土拌和物在施工过程中其组成材料之间有一定的黏聚力，不致产生分层离析的现象。

保水性是指拌和物保持水分不易析出的能力。混凝土拌和物中的水，一部分是保持水泥水化所需的水量；另一部分水是为保证混凝土具有足够的流动性便于浇捣所需的水量。前者以化合水的形式存在于混凝土中，水分不易析出；而后者，若保水性差则会发生泌水现象，泌水会在混凝土内部形成泌水通道，使混凝土密实性变差，降低混凝土的质量。

由上述内容可知，混凝土拌和物的流动性、黏聚性、保水性有其各自的内容，它们之间经常相互矛盾，如黏聚性好，则保水性也往往较好，但流动性差；当流动性增大时，则黏聚性和保水性往往变差。因此，和易性就是这三方面性质在特定条件下矛盾的统一体。

(2)和易性的评定

和易性的内涵比较复杂，到目前为止，还没有找到一个全面、准确的测试方法和定量指标。通常的方法是用定量方法来测定流动性的大小，再辅以直观经验来评定拌和物的黏聚性和保水性。根据《普通混凝土拌和物性能试验方法标准》(GB/T 50080—2002)规定，拌和物的流动性大小用坍落度与坍落扩展度法和维勃稠度法测定。坍落度与坍落扩展度法适用于集料最大粒径不大于40mm，坍落值不小于1mm的塑性和流动性混凝土拌和物；维勃稠度法适用于集料最大粒径不大于40mm，维勃稠度值在5～30s之间的干硬性混凝土拌和物。

①坍落和坍落扩展度的测定

将拌和物按规定的方法装入坍落度筒内，并均匀插捣，装满刮平后，将坍落度筒垂直提起，移到混凝土拌和物一侧，拌和物在自重作用下向下坍落，量出筒高与混凝土试体最高点之间的高度差(mm)，即为坍落度值(用 T 表示)，坍落度值越大，表示流动性越大。

黏聚性的评定，是用捣棒在已坍落的混凝土锥体侧面轻轻敲打，此时如果锥体保持整体均匀，逐渐下沉，则表示黏聚性良好，若锥体突然倒塌，部分崩裂或出皿离析现象，则表示黏聚性不好。

保水性的评定，是以混凝土拌和物稀浆析出的程度来评定，坍落度筒提起后如有较多的稀浆从底部析出，锥体部分的混凝土也因失浆而集料外露，则表明此拌和物保水性能不好；如坍落度筒提起后无稀浆或仅有少量稀浆自底部析出，则表示此混凝土拌和物保水性良好。

坍落度在10～220mm对混凝土拌和物的稠度具有良好的反映能力，但当坍落度大于220mm时，由于粗集料的堆积的偶然性，坍落度就不能很好地代表拌和物的稠度，需做坍落扩展度试验。

坍落扩展度试验是在做坍落度试验的基础上，当坍落度值大于 220mm 时，测量混凝土扩展后最终的最大直径和最小直径，在最大直径和最小直径的差值小于 50mm 时，用其算术平均值作为其坍落扩展度值。

对于混凝土坍落度大于 220mm 的混凝土，如免振捣自密实混凝土，抗离析性能的优劣至关重要，将直接影响硬化后混凝土的各种性能，包括混凝土的耐久性，应引起我们足够重视。抗离析性能的优劣，从坍落扩展度的表观形状中就能观察出来。抗离析性能强的混凝土，在扩展过程中，始终保持其匀质性，不论是扩展的中心还是边缘，粗集料的分布都是均匀的，也无浆体从边缘析出。如果粗集料在中央集堆、水泥浆从边缘析出，这是混凝土在扩展的程中产生离析而造成的。说明混凝土抗离析性能很差。

②维勃稠度的测定

将混凝土拌和物按规定方法装入坍落度筒内，将坍落度筒垂直提起后，将透明有机玻璃圆盘覆盖在拌和物锥体的顶面。开启振动台的同时用秒表计时，记录下当透明圆盘下面布满水泥浆时，所经历的时间(以 s 计)，称为维勃稠度(用 V 表示)。维勃稠度越大，表示混凝土的流动性越小。

(3)影响混凝土和易性的因素

①水泥浆量

水泥浆量是指单位体积混凝土内水泥浆的数量。在水泥比一定的条件下，水泥浆量越多，包裹在砂石表面的水泥浆层越厚，对砂石的润滑作用越好，拌和物的流动性越大。但水泥浆量过多，则会产生流浆、泌浆、离析和分层等现象，使拌和物黏聚性、保水性变差，而且是混凝土强度、耐久性降低，干缩、徐变增大；水泥浆量过少，不能填满砂石间空隙，或不能很好地包裹集料表面，同样会使拌和物流动性降低，黏聚性降低，故拌和物中水泥浆量既不能过多，也不能过少，以满足流动性要求为宜。

单位体积混凝土内水泥浆的含量，在水灰比不变的条件下，可以用单位体积用水量(1mm 混凝土用水量)来表示。因此，水泥浆量对拌和物流动性的影响，实质上就是用水量对拌和物流动性的影响。

②水灰比

在水泥品种、水泥用量一定的条件下，水灰比越小，水泥浆就越稠，拌和物流动性越小。当水灰比过小时，混凝土过于干涩，会使施工困难，且不能保证混凝土的密实性；水灰比增大，流动性加大，但水灰比过大，会由于水泥浆过稀，而使黏聚性、保水性变差，并严重影响混凝土的强度和耐久性，水灰比的大小应根据混凝土的强度和耐久性合理选用。

需要指出的是无论是水泥浆数量的影响，还是水灰比大小的影响，实质是水量的影响。混凝土拌和物的流动性主要取决于混凝土拌和物用水量的多少。实践证明，在配制混凝土时，当混凝土拌和物的用水量一定时，即使水泥用量增减 50～100kg/m^3，则拌和物的流动性基本保持不变，这种关系称为混凝土的“固定用水量法则”。利用这个法则可以在用水量一定时，采用不同的水灰比配制出流动性相同但强度不同的混凝土。

砂率指混凝土中砂占砂、石总量的百分率，可用下式来表示。

$$\beta_s = \frac{m_s}{m_s + m_g} \times 100\%$$

式中：β_s——砂率(%)；

m_s——砂的质量(kg)；

m_g——石子的质量(kg)。

砂率的变动会使骨料的空隙率和集料总表面积有显著的变化，因而对混凝土拌和物的和易性有很大的影响。图 2-1 是砂率对坍落度的影响，在一定砂率范围之内，砂与水泥形成的水泥砂浆，在粗集料间起润滑作用，砂率越大，润滑作用愈加明显，流动性可提高。但砂率过大，即砂用量过多，石子用量过少，集料的总表面积增大，需要包裹集料的水泥浆增多，在水泥浆量一定的条件下，集料表面的水泥浆层相对减薄，导致拌和物流动性降低。砂率过小，虽然总表面积减小，但空隙率很大，填充空隙所用水泥浆量增多，在水泥浆量一定的条件下，集料表面的水泥浆层同样不足，使流动性降低，而且严重影响拌和物的黏聚性和保水性，产生分层、离析、流浆、泌水等现象。

因此，在进行混凝土配合比设计时，为保证和易性，应选择最佳砂率或合理砂率。合理砂率是指在水泥量、水量一定的条件下，能使混凝土拌和物获得最大的流动性而且保持良好的黏聚性和保水性的砂率(图 2-1)；或者是使混凝土拌和物获得所要求的和易性的前提下，水泥用量最小的砂率(图 2-2)。

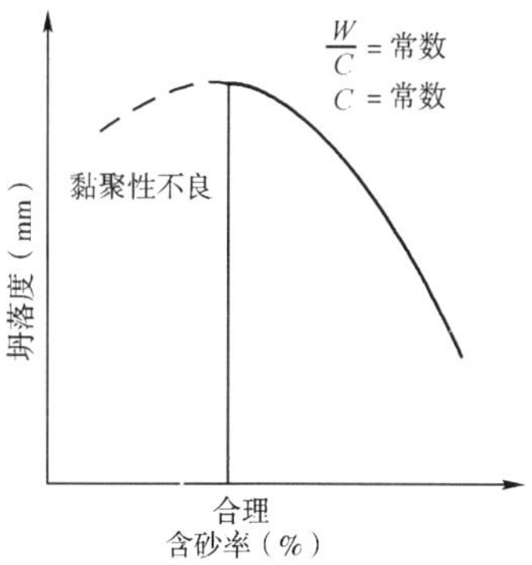

图 2-1　砂率与流动性关系

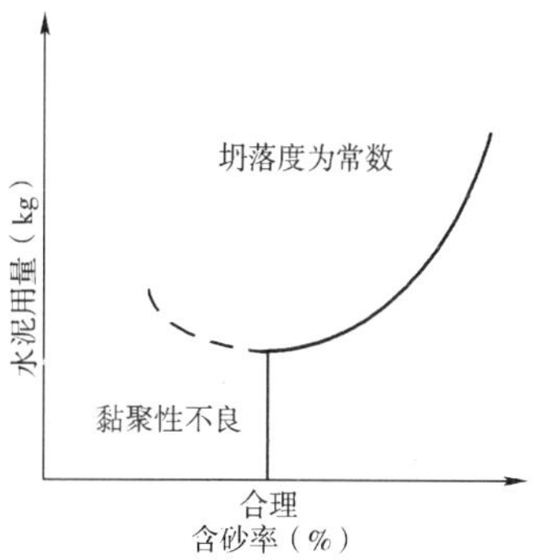

图 2-2　砂率与水泥用量关系

③水泥品种及细度

不同的水泥品种，其标准稠度需水量不同，对混凝土的流动性有一定的影响。如火山灰水泥的需水量大于普通水泥的需水量，在用水量和水灰比相同的条件不，火山灰水泥的流动性相应就小。另外，不同的水泥品种，其特性上的差异也导致混凝土和易性的差异。例如在相同的条件下，矿渣水泥的保水性较差，而火山灰水泥的保水性和黏聚性好，流动性小。

水泥颗粒越细，其表面积越大，需水量越大，在相同的条件下，表现为流动性小，但黏聚性和保水性好。

④集料的性质

级配良好的膏料，其拌和物流动性较大，黏聚性和保水性较好；表面光滑的集料，其拌和物流动性较大。若杂质含量多，针片状颗粒含量多，则其流动性变差。

⑤环境因素、施工条件、时间

环境温度的变化会影响到混凝土的和易性。因为环境温度的升高，水分蒸发及水化反应加快。坍落度损失也变快，图 2-3 为温度对混凝土拌和物坍落度的影响。从图中可看出，温度每升高 10℃，坍落度就减少 20 mm，因此，在施工中为保证混凝土拌和物的和易性，要考虑温度影响，并采取相应措施。

拌和物拌制后，随着时间的延长而逐渐变得干稠，流动性减小。其原因是时间延长，会有一部分水被集料吸收，一部分水蒸发，从而使得流动性变差。施工中应考虑到混凝土拌和物随时间延长对流动性影响这一因素。图 2-4 是时间对拌和物坍落度的影响。

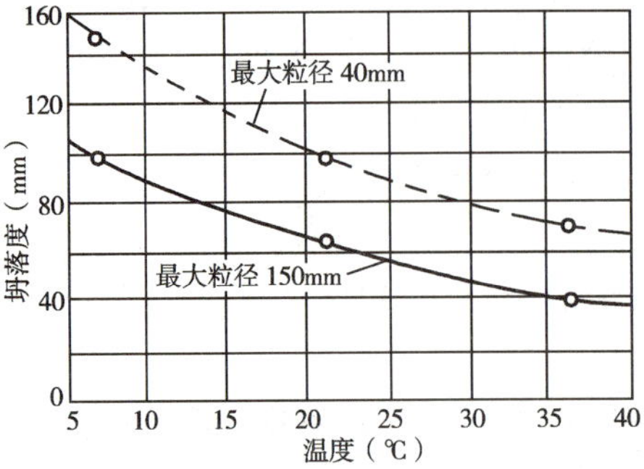

图 2-3 温度对混凝土拌和物坍落

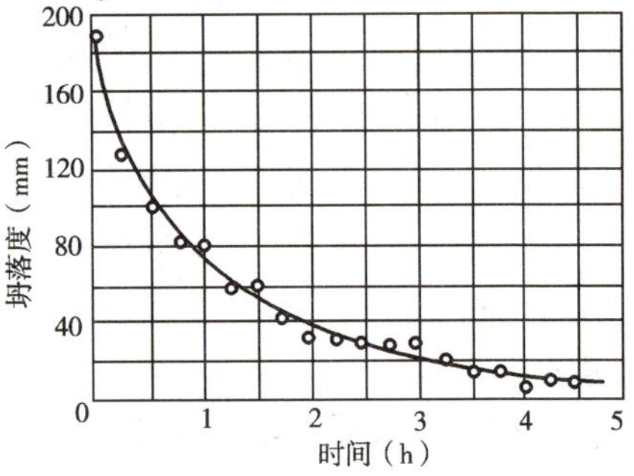

图 2-4 时间对拌和物坍落度的影响

采用机械搅拌的混凝土拌和物和易性好于人工拌和的。

⑥外加剂

在拌制混凝土时，加入很少量的外加剂，如引气剂、减水剂等，能使混凝土拌和物在不增加水量的条件下，获得很好的和易性，增大流动性和改善黏聚性、降低泌水性。

掺入粉煤灰、硅灰、磨细沸石粉等掺合料，也可改善拌和物的和易性。

六、混凝土的变形性能

混凝土在硬化和使用过程中，受外界各种因素的影响会产生变形，变形是使混凝土产生裂缝的重要原因之一。混凝土的变形包括非荷载作用下的变形和荷载作用下的变形。非荷载作用下的变形包括混凝土的化学收缩、干湿变形及温度变形；荷载作用下的变形分为短期荷载作用下的变形、长期荷载作用下的变形——徐变。

1. 非荷载作用下的变形

(1)化学收缩

混凝土在硬化过程中，水泥水化产物的体积小于水化前反应物体积，从而使混凝土产生收缩，即为化学收缩。化学收缩是不可恢复的，其收缩量随混凝土硬化龄期的延长而增加。一般在混凝土成型后 40d 内增长较快，以后逐渐趋于稳定。化学收缩值很小，一般对混凝土结构没有破坏作用，但在混凝土内部可能产生细微裂缝。

(2)干缩湿胀

混凝土的干缩湿胀是指由于外界湿度变化，致使其中水分变化而引起的体积变化。

混凝土在有水侵入的环境中，由于凝胶体中胶体粒子表面的水膜增厚，使胶体粒子间距离增大，混凝土表现出湿胀现象。混凝土在干燥过程中，毛细孔中的自由水分首先蒸发，使混凝土产生收缩，当毛细孔中的自由水分蒸发完后，凝胶吸附水开始蒸发，引起收缩。干缩后的混凝土再遇到水，部分收缩变形是可恢复的，但有 30%～50%是不可恢复的(图 2-5)。

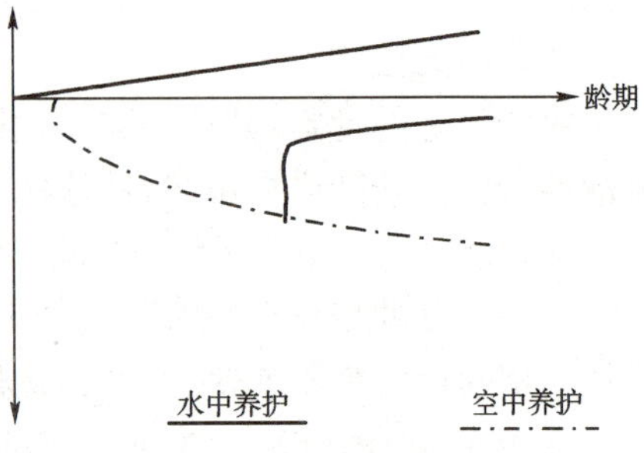

图 2-5 混凝土的干湿变形

混凝土的湿胀变形很小，一般无破坏作用，但图 2-5 混凝土的干湿变形混凝土过大的干缩变形会对混凝土产生较大的危害，使混凝土的表面产生较大的拉应力而引起开裂，严重影响混凝土的耐久性。

混凝土的干缩主要是由水泥石的干缩产生的。因此影响干缩的主要因素是水泥用量及水灰比的大小。除此之外，水泥品种、用水量、集料种类及养护条件也是影响因素。现分述如下：

①水泥用量、细度品种　水泥用量越多，干燥收缩越大。水泥颗粒越细，需水量越多，则其干燥收缩越大。使用火山灰水泥干缩较大，而使用粉煤灰水泥其干缩较小。

②水灰比　水灰比愈大，硬化后水泥的孔隙越多，其干缩越大，混凝土单位用水量越大，干缩率大。

③集料种类　弹性模量大的集料，干缩率小，吸水率大；含泥量大的集料干缩率大。另外集料级配良好，空隙率小，水泥浆量少，则干缩变形小。

④养护条件潮湿养护时间长可推迟混凝土干缩的产生与发展，但对混凝土干缩并无影响，采用湿热养护可降低混凝土的干缩率。

2. 温度变形

混凝土与普通的固体材料一样呈现热胀冷缩现象，相应的变形为温度变形，混凝土的温度变形系数为$(1\sim1.5)\times10^{-5}/℃$，即温度升降 1℃，每米胀缩 0.01～0.015 mm，温度变形对大体积混凝土或大面积混凝土以及纵向很长的混凝土极为不利，易使这些混凝土产生温度裂缝。

在混凝土硬化初期，水泥水化放热量较高，且混凝土又是热的不良导体，散热很慢，造成混凝土内外温差很大，有时可达 50～70℃，这将使混凝土产生内胀外缩，在混凝土表面产生拉应力，拉应力超过混凝土的极限抗拉强度时，使混凝土产生微细裂缝。在实际施工中可采取低热水泥，减少水泥用量，采用人工降温和沿纵向较长的钢筋混凝土结构设置温度伸缩缝等措施。

3. 荷载作用下的变形

(1)短期荷载作用下的变形

①混凝土的弹塑性变形

混凝土是种非匀质的复合材料，属于弹塑性体。在静力试验的加荷过程中，若加荷至任一点 A，然后将荷载逐渐卸去，则卸荷时的应力—应变曲线如 AC 所示。它在受力时，既产生可以恢复的弹性变形又产生不可以恢复的塑性变形，混凝土的应力—应变关系（图 2-6）。

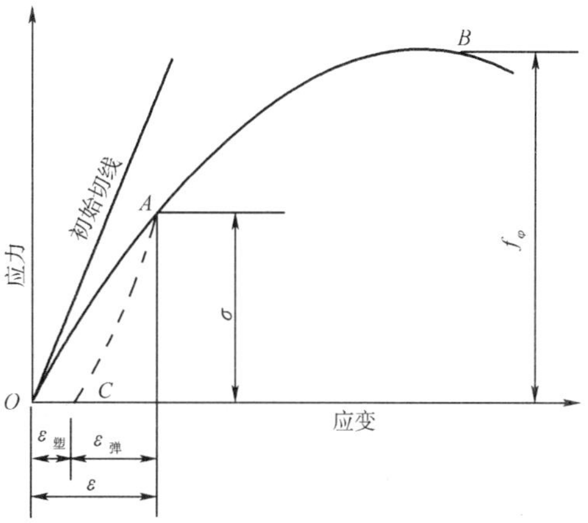

图 2-6　混凝土在压力作用下的应力—应变曲线

在应力—应变曲线上任一点的应力与应变的比值，叫做混凝土在该应力状态下的变形模量。它反映混凝土所受应力与所产生应变之间的关系。在计算钢筋混凝土的变形、裂缝开展及大体积混凝土的温度应力时，均需知道此时混凝土的变形模量。在混凝土结构或钢筋混凝土结构设计中，常用到混凝土的静力弹性模量。

②混凝土的弹性模量

根据《普通混凝土力学性能试验方法标准》(GB/T 50081—2002)规定，采用 150mm×150mm×300mm 的棱柱体作为标准试件，使混凝土的应力在 0.5MPa 和 $1/3f_{cp}$之间经过至少两次预压(详细测试方法参见上述标准),在最后一次预压完成后,应力与应变关系基本上成为直线关系,此时测得的变形模量值即为该混凝土弹性模量。

混凝土的弹性模量随集料与水泥石的弹性模量而异。在材料质量不变的条件下,混凝土的集料含量较多、水灰比较小、养护条件较好及龄期较长时,混凝土的弹性模量就较大。另外混凝土的弹性模量一般随强度提高而增大。通常当混凝土的强度等级由 C10 增加到 C60 时,其弹性模量为由 1.75×10^4MPa 增加到 3.60×10^4MPa。

(2)长期荷载作用下的变形——徐变

混凝土在长期不变荷载作用下,随时间增长的变形称为徐变。图 2-7 为混凝土在长期荷载用下变形与荷载作用间关系;混凝土在加荷的瞬间,荷载作用间关系。混凝土在加荷的瞬间,产生瞬时变形,随着荷载持续时间的延长,逐渐产生徐变变形。混凝土徐变在加荷早期增长较快,然后逐渐减慢,一般要 2～3 年才趋于稳定。当混凝土卸荷后,一部分变形瞬间恢复,其值小于在加荷瞬间产生的瞬时变形,在卸荷后的一时间内变形还会继续恢复,称为徐变恢复;最后残存的不能恢复的变形称为残余变形。

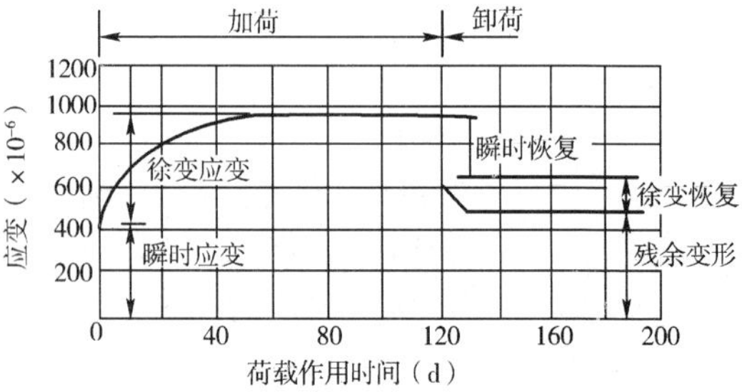

图 2-7 混凝土的徐变与徐变恢复

产生徐变的原因,一般认为是由于水泥石中凝胶体在长期荷载作用下的黏性流动,向毛细孔内迁移的结果。早期加荷时,水泥尚未充分熟化,所含凝胶体较多且水泥石中毛细较多,凝胶体易流动,所以徐变发展较快,而在后期由于凝胶体的移动及水化的进行,毛孔逐渐减少,且水化物结晶程度不断提高,因此黏性流动变难,徐变的发展减缓。

影响混凝土徐变的因素主要有:

①水泥用量与水灰比　水泥用量越多,水灰比越大,混凝土徐变越大。

②集料的弹性模量与集料的规格与质量。集料的弹性模量越大,混凝土的徐变越小;集料级配越好、杂质含量越少,则混凝土的徐变越小。

③养护龄期　混凝土加荷作用时间越早,徐变越大。

④养护湿度　养护湿度越高,混凝土的徐变越小。

徐变对钢筋混凝土及大体积混凝土有利,它可消除或减少钢筋混凝土内的应力集中,使应力重新分布,从而使局部应力集中得到缓解,并能消除或减少大体积混凝土由于温度变形所产生的破坏应力,但对预应力钢筋混凝土不利,它使钢筋的预应力值受到损失。

七、混凝土配合比设计

混凝土配合比是指混凝土中水泥、粗细集料和水等各项组成材料用量之间的比例关系。

1. 混凝土配合比设计的表示方法

(1)以每 $1m^3$ 混凝土中各项材料的质量表示,如水泥 300kg,水 190kg,砂 700kg,石子 1 200kg。

(2)以水泥的质量为 1,用各材料间的质量比来表示,如上述数据换算成质量比可写成水泥∶砂子∶石子=1∶2.3∶4.0,水灰比 0.63。

2. 混凝土配合比设计的应满足基本要求

(1)混凝土结构设计要求的强度等级；

(2)施工方面要求的混凝土拌和物易性；

(3)与使用环境相适应的耐久性要求(如抗冻等级、抗渗等级和抗侵蚀性等)；

(4)在满足以上三项技术性质的前提下，尽量做到节约水泥和降低混凝土成本，符合经济原则。

3. 混凝土配合比设计的三个重要参数

普通混凝土配合比设计，实质是确定水泥、水、砂、石子用量间的三个比例关系。即水与水泥之间的比例关系，常用水灰比(W/C)表示；砂与石子之间比例关系，常用砂率(β_s)表示；水泥浆与集料之间的比例关系，常用单位用水量($1m^3$ 混凝土的用水量)来反映。混凝土配合比的三个重要参数就是指水灰比、砂率、单位用水量。

三个参数与混凝土基本要求密切相关。水灰比的大小直接影响混凝土的强度和耐久性，因此确定水灰比的原则必须是同时满足强度和耐久性的要求；用水量的多少，是控制混凝土拌和物流动性大小的重要参数，确定单位用水量的原则是以拌和物达到要求的坍落度为准；砂率反映了砂石的配合关系，砂率的改变不仅影响拌和物的流动性，而且对黏聚性和保水性也有很大的影响影响，确定砂率的原则是必须选定合理砂率，以获得需要的流动性且节约水泥。

4. 配合比设计的基本资料

在进行混凝土配合比设计之前，必须详细掌握下列基本资料。其中工程要求和施工条件必须要了解，并且掌握设计要求的强度等级、混凝土流动性要求、混凝土耐久性要求(抗渗，抗冻，抗侵蚀等)、工程特征(工程所处的环境、结构断面、钢筋最小净距)、施工采用的搅拌、振捣方法、施工质量水平等。

5. 减少水剂的主要经济技术效果

(1)减少用水量；(2)提高流动性；(3)提高强度；(4)节约用水；(5)改善混凝土的其他性能；(6)减少拌和物的泌水、离析现象。

八、其他品种混凝土

(1)轻混凝土：轻集料混凝土、多孔混凝土、打孔混凝土；(2)大体积混凝土；(3)商品混凝土；(4)泵送混凝土；(5)绿色高性能混凝土；(6)高性能混凝土；(7)粉煤灰混凝土；(8)再生混凝土；(9)纤维混凝土。

第二节　钢　　材

建筑钢材是指建筑工程中使用的各种钢材，包括钢结构用的各种型钢、钢板，以及钢筋混凝土结构用的钢筋、钢丝、钢绞线。

一、钢材的特点及其在建筑工程中的应用

钢材具有以下优点：材质均匀，性能可靠，抗拉、抗压、抗弯、抗剪切强度都很高，具有一定的塑性和韧性，常温下能承受较大的冲击和振动荷载；具有良好的加工性能，可以铸造、锻压、焊接、铆接或螺栓连接，便于装配等。其缺点是：易锈蚀，维修费用大，耐火性差。

建筑钢材是一种重要的建筑工程材料。建筑上由各种型钢组成的钢结构安全性大，自重

较轻，适用于大跨度和高层结构。钢筋与混凝土组成的钢筋混凝土结构，虽然自重大，但节省钢材，同时由于混凝土的保护作用，很大程度上克服了钢材易锈蚀、维修费用高的缺点。

钢是由生铁冶炼而成，我国常用的炼钢方法有转炉炼钢法、平炉炼钢法和电炉炼钢法。

二、钢的分类

(1)按冶炼方法分：转炉炼钢、平炉炼钢、电炉炼钢。

(2)按脱氧程度分：沸腾钢、半镇静钢、镇静钢。

(3)按压力加工方式分：热加工钢材、冷加工钢材。

(4)按化学成分分：碳素钢、合金钢。

(5)按质量分：普通碳素钢、优质碳素钢、高级碳素钢。

(6)按用途分：结构钢、工具钢、特殊钢。

三、建筑材料的主要技术性能

钢材的性能主要包括力学性能、工艺性能和化学性能。只有了解、掌握钢材的各种性能，才能正确、经济、合理地选择和使用钢材。

1. 力学性能

钢材的力学性能是指钢材在受力过程中表现出的性能。本书主要讲述拉伸性能、冲击韧性、疲劳强度、硬度等力学性能。

2. 拉伸性能

拉伸是建筑钢材的主要受力形式，所以拉伸性能是表示钢材性能和选用钢材的重要依据。

低碳钢由于其含碳量低，强度低而塑性好，因此便于观察拉伸过程中应力与应变的变化关系。图 2-8 为低碳钢拉伸过程的应力一应变关系曲线，钢材的拉伸性能可以通过该图来阐明。从图中可以看出，低碳钢拉伸过程经历了 4 个阶段：弹性阶段、屈服阶段、强化阶段和颈缩阶段。

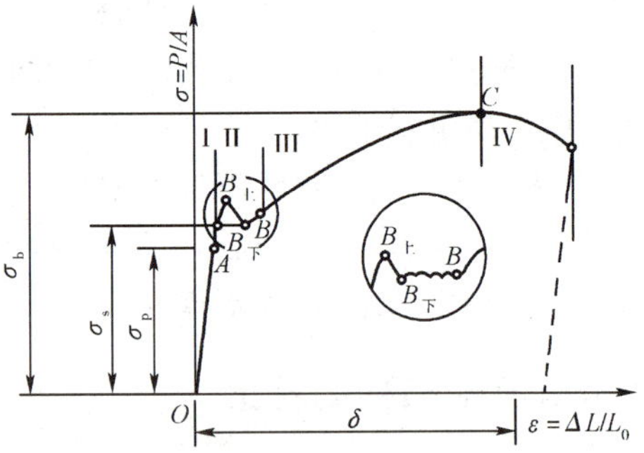

图 2-8 低碳钢受拉的应力一应变图

(1)弹性阶段(O→A)

该阶段钢材表现为弹性，在该阶段，若卸去外力，试件能恢复原来的形状。图形中 OA 段是一条直线，应力与应变成正比。弹性阶段的最高点 A 点所对应的应力值称为弹性极限，用 σ_p。表示。应力与应变的比值为常数，即弹性模量，用 E 表示，$E=\sigma/\varepsilon$。弹土性模量反映钢材抵抗弹性变形的能力，是计算钢材在受力条件下变形的重要指标。

(2)屈服阶段(A→B)

在该阶段，钢材在荷载作用下，开始丧失对变形的抵抗能力，并产生明显的塑性变形。图形中 AB 段为一段上下波动的曲线，当应力达到 B 上点(上屈服点)后，瞬时下降至 B 下点(下屈服点)，变形迅速增加，外力则大致在恒定的位置波动，直到 B 点，这就是所谓的“屈服现象”，似乎钢材不能承受外力而屈服。国家标准规定，以下屈服点 B 下点所对应的应力作为钢材的屈服强度，也称为屈服点。

(3)强化阶段(B→C)

在该阶段，钢材抵抗外力的能力重新提高。其原因是由于当应力超过屈服强度后，钢材内部组织中的晶格发生了畸变，阻止了晶格进一步滑移，钢材得到强化，抵抗塑性变形的能力又重新提高。图形中 BC 段为一段上升曲线，对应于最高点 C 点的应力值，称为抗拉强度或强度极限。

(4)颈缩阶段($C \to D$)

试件受力达到最高点 C 点后，其抵抗变形的能力明显降低，变形迅速发展，应力逐渐下降，试件被拉长，在有杂质或缺陷处，断面急剧缩小，直至断裂，故 CD 段称为颈缩阶段。在低碳钢拉伸过程中，可以计算出钢材的弹性极限 、弹性模量 E，屈服强度 σ_s，抗拉强度 、伸长率 s，断面收缩率等指标，其中屈服强度、抗拉强度、伸长率这三项指标对于如此来说具有重要意义，现分述如下。

(5)屈服强度(也称为屈服点)

屈服强度按下式计算：

$$\sigma_s = \frac{F_s}{A_0}$$

式中：σ_s——钢材的屈服强度(MPa)；

F_s——钢材拉伸达到屈服点时的屈服荷载(N)；

A_0——钢材试件的初始横截面积(mm^2)。

屈服强度对钢材的使用有着重要的意义。当钢材的实际应力达到屈服强度时，将产生不可恢复的永久变形，即塑性变形，这在结构上是不允许的，因此屈服强度是确定钢材容许应力的主要依据。

①抗拉强度(也称为强度极限)

抗拉强度按下式计算：

$$\sigma_b = \frac{F_b}{A_0}$$

式中：σ_b——钢材的抗拉强度(MPa)；

F_b——钢材的极限荷载(N)；

A_0——钢材试件的初始横截面积(mm)。

抗拉强度是钢材受拉时所能承受的最大应力值。

屈服强度与抗拉强度之比值称为屈强比。屈强比的大小反映了钢材的利用率和结构的安全可靠程度；屈强比越小，其结构的安全可靠程度越高，但屈强比过小，又说明钢材强度的利用率偏低，造成钢材浪费。建筑结构用钢合理的屈强比一般为 0.60～0.75。

②伸长率

伸长率按下式计算：

$$\delta = \frac{L_1 - L_0}{L_0} \times 100\%$$

式中：δ——伸长率(当 $L_0 = 5d_0$ 时，为 δ_5；当 $L_0 = 10d_0$ 时，为 δ_{10}；

L_1——试件拉断后标距间的长度(mm)；

L_0——试件原标距间长度($L_0 = 5d_0$ 或 $L_0 = 10d_0$)(mm)(图 2-9)。

伸长率 s 是衡量钢材塑性的重要指标，其越大说明钢材的塑性越好。对于钢材来说，一定的塑性变形能力，可保证应力重新分布；避免应力集中，从而使钢材用于结构的安全性越大。钢材的塑性主要取决于其组织结构、化学成分和结构缺陷等，此外还与标距的大小有关，对于同一种钢材，其 $6s$ 大于中碳钢与高碳钢(硬钢)的拉伸曲线与低碳钢不同，屈服现象不明显，难以测定屈服点，则规定产生残余变形为原标距长度的 0：20％时所对应的应力值，作为硬钢的屈服强度，称为条件屈服点，用 $\delta_{0.2}$ 表示（图 2-10）。

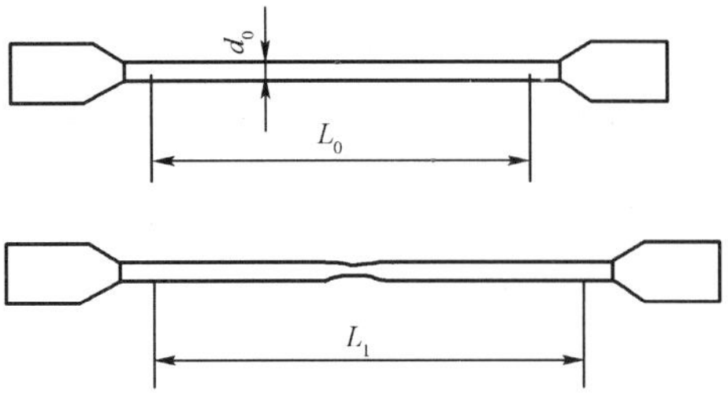

图 2-9　材料拉伸试件

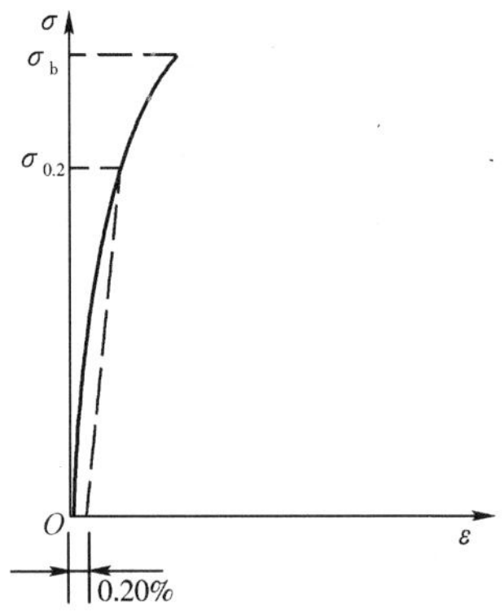

图 2-10　中碳钢、高碳钢的图

3. 冲击韧性

冲击韧性是指钢材抵抗冲击荷载而不破坏的能力（图 2-11），用试验机摆锤冲击带有 V 形缺口的标准试件的背面，将其折断后，计算试件单位截面积上所消耗的功、作为钢材的冲击韧性指标，以 a_k（J/cm^2）表示。a_k 值越大，则冲断试件消耗的能量越多，或者说钢材断裂前吸收的能量越多，表明钢材的冲击韧性越好。

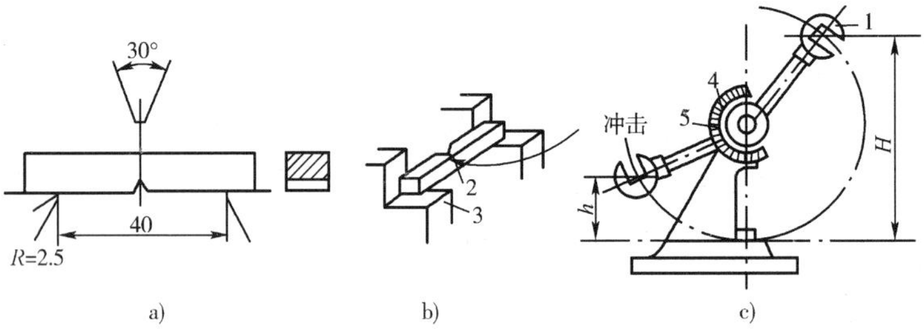

图 2-11　冲击韧性试验图

a）试件尺寸；b）实验装置；c）实验机

1-摆锤；2-试件；3-试验台；4-刻度盘；5-指南针

影响钢材冲击韧性的因素很多，钢的化学成分、组织状态，以及冶炼、轧制、焊接质量都会影响冲击韧性。如钢中磷、硫含量较高，存在非金属夹杂物，脱氧不完全和焊接中形成的微裂纹等都会使冲击韧性显著降低。

此外，钢材的冲击韧性还受温度的影响。试验表明，冲击韧性随温度的降低而下降，开始时下降缓和，当达到一定温度范围时，突然下降很多而呈脆性，这种性质称为钢材的冷脆性。

这时的温度称为脆性临界温度（图 2-12）。它的数值越低，钢材的低温冲击韧性越好。所以，在负温下使用的结构，应当选用脆性临界温度较使用温度低的钢材。由于脆性临界温度的测定较复杂，故规范中通常是根据气温条件规定－20℃或－40℃的负温冲击韧性指标。

钢材随时间的延长，其强度、硬度提高，而塑性、冲击韧性降低的现象称为时效。因时效作用，冲击韧性还将随时间的延长而下降。钢材的时效是普遍而长期的过程，通常完成时效的过程可达数十年，但钢材如经冷加工或使用中受振动或反复荷载的影响，时效可迅速发展。因时效导致钢材性能改变的程度称为时效敏感性。时效敏感性越大的钢材，经过时效后冲击韧性的降低就越显著。为了保证安全，对于承受动荷载的重要结构，应当选用时效敏感性小的钢材。

4. 疲劳强度

钢材在交变应力作用下，应力在远低于抗拉强度的情况下突然破坏，这种破坏称为疲劳破坏。钢材疲劳破坏的应力指标用疲劳强度（或称疲劳极限）来表示，它是指试件在交变应力的作用下，不发生疲劳破坏的最大应力值。一般把钢材承受交变荷载 1×10 周次时不发生破坏所能承受的最大应力作为疲劳强度。设计承受交变荷载且须进行疲劳验算的结构时，应当了解所用钢材的疲劳强度。

5. 硬度

硬度是指钢材抵抗较硬物体压入产生局部变形的能力，亦即钢材表面抵抗塑性变形的能力。

测定钢材硬度常用布氏法（图 2-13），用直径为 D 的硬质钢球，在荷载（N）的作用下压入钢材试件表面，经规定的时间后卸去荷载，用读数放大镜测出压痕直径 d，以压痕表面积（mm，）除荷载，即为布氏硬度值 HB。HB 值越大，表示钢材越硬。

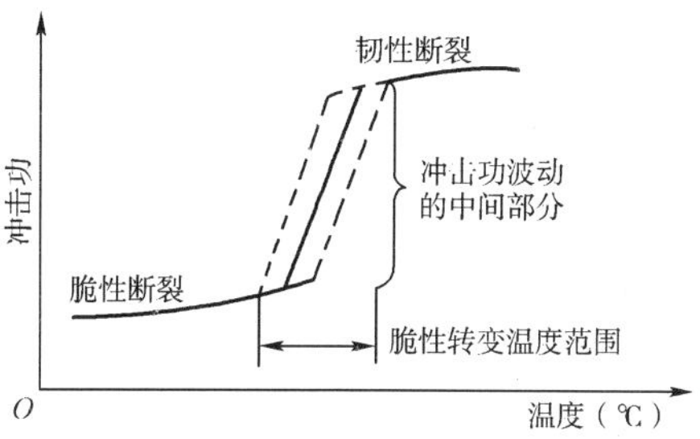

图 2-12　钢的脆性转变材料

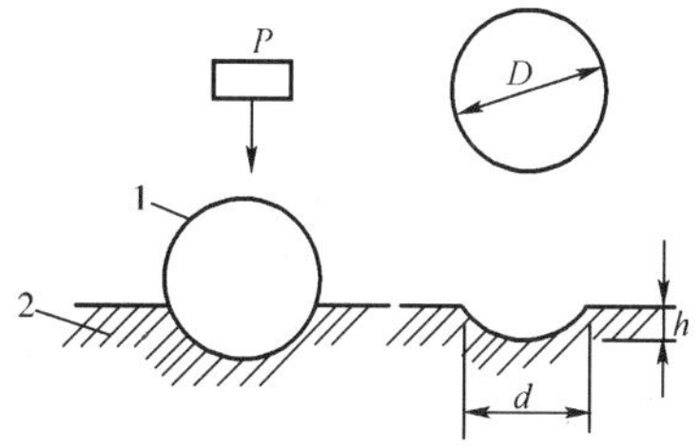

图 2-13　布氏硬度测试示意图

1-钢球；2-试件；P-施加于钢球上的荷载；

D-钢球直径；d-压痕直径；h-压痕深度

各类钢材的 HB 值与其抗拉强度之间有较好的相关关系。材料的强度越高，抵抗塑性变形的能力越强，硬度值也就越大。由试验得出碳素钢的 HB 值与其抗拉强度 之间存在以下经验关系式：

$$当\ HB<175\ 时，\sigma_b \approx 3.6HB$$

$$当\ HB>175\ 时，\sigma_b \approx 3.5HB$$

根据这一关系，可以直接测出钢材的 HB 值，来估算钢材的 σ_b。

四、工艺性能

钢材的工艺性能是指钢材在加工过程中表现出的性能，它直接影响钢材的加工质量。

1. 冷弯性能

冷弯性能是指钢材在常温下承受弯曲变形的能力，用弯曲的角度。弯心直径 d 与试件直径（或厚度）的比值 d/a 来表示。弯曲角度 α 越大，d/a 越小，说明试件冷弯性能越好，见图 2-14 和图 2-15。

钢材的冷弯性能通过冷弯试验来检验：按规定的弯曲角度（90°或 180°）和弯心直径进行试验，试件的弯曲处不发生裂纹、裂断或起层，即认为冷弯性能合格。如有一种及以上的现象出现，则冷弯性能不合格。

伸长率和冷弯性能都反映钢材的塑性，但冷弯试验是对钢材塑性更严格的检验。因为伸长率是测定钢材在均匀荷载作用下的变形，而冷弯试验是测定钢材在不均匀荷载作用下产生的不均匀变形，更有利于暴露钢材的某些内在缺陷，如内部组织不均匀、夹杂物、裂纹等。同时冷弯试验对焊接质量也是一种严格的检验，能揭示焊件在受弯表面存在的未熔合、微裂纹及夹杂物等缺陷。

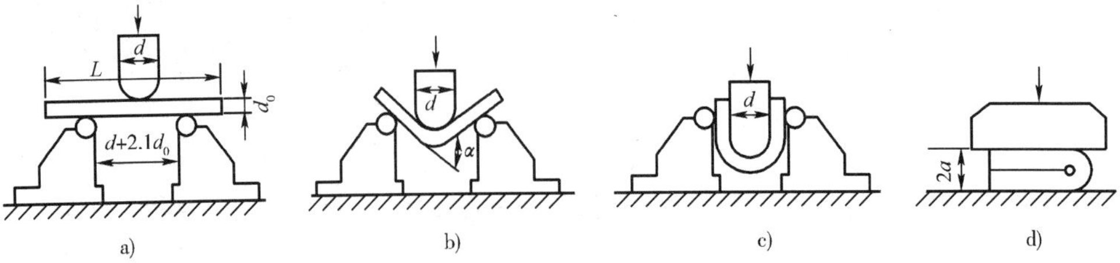

图 2-14　钢材冷弯

a)试件安装；b)弯曲 90°；c)弯曲 180°；d)弯曲至两面重合

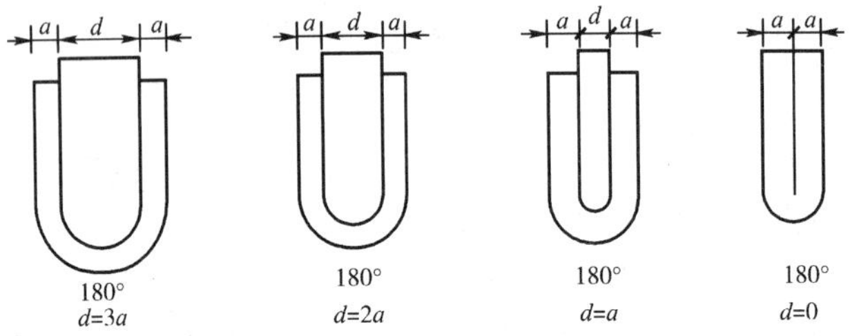

图 2-15　钢材冷弯规定弯心

对于重要结构和需要加工的钢材，其冷弯性能必须合格。

2. 冷加工强化及时效

（1）冷加工强化

钢材在常温下，经过以超过其屈服强度但不超过抗拉强度的应力进行加工，产生一定塑性变形，屈服强度、硬度提高，而塑性、韧性及弹性模量降低，这种现象称为冷加工强化。

钢材冷加工的方式有冷拉、冷拔、冷轧、刻痕等。以钢材的冷拉为例，图 2-16 中 $OABCD$ 为未经冷拉时的应力应变曲线。将试件拉至超过屈服点 B 的 K 点，然后卸去荷载，由于试件已经产生塑性变形，所以曲线沿 KO' 下降而不能回到原点。若将此试件立即重新拉伸，则新的应力应变曲线为 $O'KCD$ 虚线，即 K 点成为新的屈服点，屈服强度得到了提高，而塑性、韧性降低。

（2）时效

钢材经冷加工后时效可迅速发展。时效处理的方式有两种，自然时效和人工时效。钢材经冷加工后，在常温下存放 15～20d，为自然时效；加热至 100～2 000℃保持 2h 左右，为人工时效。

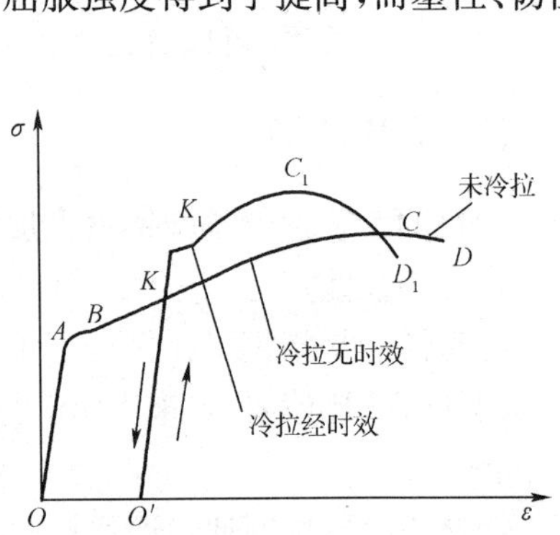

图 2-16　钢筋经冷拉时效后应力—应变图的变化

图 2-16 所示，钢材经冷拉后若不是立即重新拉伸，而是经时效处理后再拉伸，则应力应变曲线将成为 $O'KK'_1C_1D_1$，这表明经冷拉后的钢材再经时效后，屈服强度、硬度进一步提高，钢筋经冷拉时效后拉应力也得到

提高，而塑性和韧性进一步降低。

钢材经过冷加工后，一般进行时效处理，通常强度较低的钢材宜采用自然时效，强度较高的钢材则应采用人工时效。

(3)冷加工在建筑工程中的应用

建筑工程中常采用对钢筋进行冷拉和对盘条进行冷拔的方法，以达到节约钢材的目的。钢筋冷拉后屈服强度可提高15%～20%，盘条冷拔后屈服强度可提高40%～60%。冷拔是将外形为光圆的盘条从硬质合金拔丝模孔中强行拉拔(图2-17)，由于模孔直径小于盘条直径：盘条在拔制过程中既受拉力又受挤压力，强度大幅度提高，但塑性显著降低。

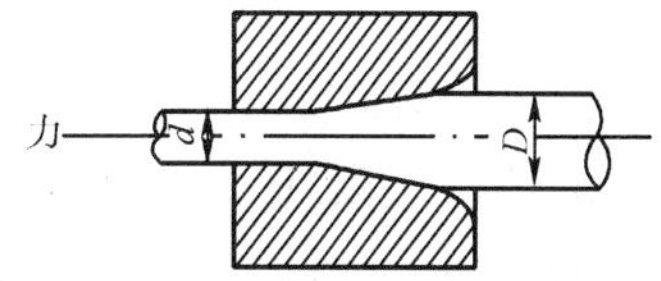

图 2-17　冷拔模孔

工程中对钢筋进行冷拉还可以同时起到开盘、矫直、除锈的作用。钢筋的冷拉可采用控制应力和控制冷拉率两种方法。

在建筑工程中，对于承受冲击、振动荷载的钢材，不得采用冷加工钢材。因焊接的热影响会降低钢材的性能，因此冷加工钢材的焊接必须在冷加工前进行，不得在冷加工后进行焊接。

3. 焊接性能

焊接是钢材重要的连接方式。焊接的质量取决于焊接工艺、焊接材料和钢材的可焊性能。

钢材的可焊性是指钢材是否适应通常的焊接方法与工艺的性能。可焊性好的钢材易于用一般焊接方法和工艺施焊，在焊缝及附近过热区不产生裂缝，焊接后的力学性能，特别是强度不低于原有钢材，硬脆倾向小。

钢材可焊性的好坏，主要取决于化学成分及其含量。碳、硫、合金元素、杂质等含量的增加，都会使可焊性降低。低碳钢具有良好的可焊性。

一般焊接结构用钢应选用含碳量较低的氧气转炉或平炉镇静钢。对于高碳钢以及合金钢，为了改善焊接后的硬脆性；焊接时要采用焊前预热及焊后热处理等措施。

钢材在焊接之前，应注意清除焊接部位的铁锈、熔渣、油污等。

五、钢的化学成分对钢材性能的影响

钢中除铁、碳两种基本元素外，还含有其他的一些元素，它们对钢的性能和质量有一定的影响。

1. 碳(C)

碳是决定钢材性能的主要元素。如图2-18所示，随着含碳量的增加，钢的强度、硬度提高，塑性、韧性降低。但当含碳量大于1.0%时，由于钢材变脆，抗拉强度反而下降。此外，钢材含碳量提高，还会使焊接性能、耐锈蚀性能下降，并增加钢的冷脆性和时效敏感性。含碳量超过0.3%时，钢的焊接性能显著降低。

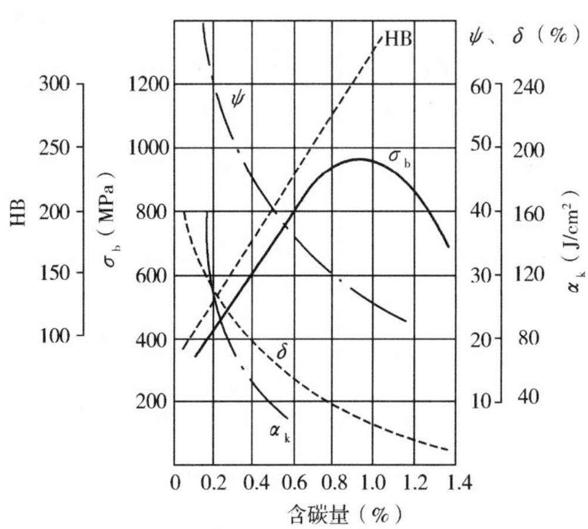

图 2-18　含碳量对热轧碳素钢性能的影响

2. 硅(Si)、**锰**(Mn)

硅和锰是钢材中的有益元素。硅和锰都是炼钢时为了脱氧加入硅铁和锰铁而留在钢中的，合金元素。加入的硅、锰可以与钢中有害成分 FeO、FeS 分别形成 SiO_2、MnO 和 MnS 而进入钢渣被排出，起到脱氧、降硫的作用。

硅是钢的主要合金元素，含量常在 1 %以内，可提高钢材的强度，对塑性和韧性没有明显影响。但含硅量超过 1%时，钢材冷脆性增加，可焊性变差。

锰也是钢的主要合金元素，当含量为 0.8%～1%时，可显著提高钢的强度和硬度，含碳量对热轧碳素几乎不降低塑性及韧性。当其含量大于 1%时，在提高强度的同时，塑性及韧性有所下降，可焊性变差。

3. 硫(S)、**磷**(P)

硫和磷是钢材中主要有害元素，由炼钢原料带入。硫不溶于铁，而是以 FeS 的形式存在，FeS 和 Fe 形成低熔点的共晶体。当钢材的温度升至 1 000℃以上进行热加工时，共晶体熔化，晶粒分离，使钢材沿晶界破裂，这种现象称为热脆性、热脆性严重降低了钢材的热加工性和可焊性。硫的存在还使钢材的冲击韧性、疲劳强度、可焊性及耐蚀性降低。

磷能使钢材的强度、硬度、耐蚀性提高，但显著降低钢材的塑性和韧性，特别是低温状态的冲击韧性下降更为明显，使钢材容易脆裂，这种现象称为冷脆性。冷脆性使钢材的冲击韧性以及焊接等性能都下降。

4. 氧(O)、**氮**(N)

氧和氮是钢材中的有害元素，它们是在炼钢过程中进入钢液的。这些元素的存在降低了钢材的强度、冷弯性能和焊接性能。氧使钢材的热脆性增加，氮使钢材的冷脆性及时效敏感性增加。

5. 铝(Al)、**钛**(Ti)、**钒**(V)、**铌**(Nb)

铝、钛、钒、铌等元素是钢材的有益元素，它们均是炼钢时的强脱氧剂，也是合金钢常用的合金元素。适量的这些元素加入钢材内，可改善钢材的组织，细化晶粒，显著提高强度和改善韧性。

六、建筑材料的常用钢材

建筑工程中需要消耗大量钢才，应用最广泛的钢种主要有碳素结构钢和低合金高强度结构钢，另外在钢丝中也部分使用了优质碳素结构钢。

七、钢筋混凝土用钢材

钢筋混凝土结构用钢材包括钢筋、钢丝和钢绞线，主要品种有钢筋混凝土用热轧钢筋、冷轧带钢筋、预应力混凝土用热处理钢筋、低碳钢热轧圆盘条、预应力混凝土用钢丝及钢绞线等。

八、钢材的锈蚀

钢材的锈蚀是指钢材的表面与周围介质发生化学作用活电化学作用遭到侵蚀而破坏的过程。

锈蚀不仅造成钢材的受力截面减小、表面不平整导致应力集，降低钢材的承载能力，而且当钢材受到冲击荷载、循环交变荷载作用时，将产生锈蚀疲劳现象，使钢材疲劳强度大为降低，尤其是显著降低钢材的冲击韧性，使钢材出现脆性断裂。此外，混凝土中的钢筋锈蚀后，产生体积膨胀，使混凝土顺筋开裂。因此，为了确保钢材在工作过程中不产生锈蚀，必须采取防腐措施。

由于钢材锈蚀的作用机理不同，一般把锈蚀分为化学锈蚀和电化学锈蚀两类。

1. 化学锈蚀

化学锈蚀是指钢材直接与周围介质发生化学反应而产生的锈蚀。

2. 电化学锈蚀

电化学锈蚀是指钢材与电解质溶液相接触而产生电流，形成原电池作用而发生的锈蚀。它是钢材主要的锈蚀形式。

为确保钢材在使用中不锈蚀，应根据钢材的使用状态及锈蚀环境采取以下措施。

3. 保护层法

利用保护层使钢材与周围介质隔离，从而避免或减缓外界腐蚀性介质对钢材的锈蚀作用。例如，在钢材的表面喷刷涂料搪瓷、塑料等，或以金属镀层作为保护膜，如锌、锡、铬等。

4. 制成合金钢

在钢中加入合金元素铬、镍、钛、铜等，制成不锈钢，可以提高钢材的耐锈蚀能力。对于钢筋混凝土中的钢筋，防止其锈蚀的经济而有效的方法是严格控制混凝土质量，使其具有较高的密实度和碱度，施工时确保钢筋有足够的保护层，防止空气和水分进入而产生电化学锈蚀，同时严格控制氯盐外加剂的掺量。

对于重要的预应力承重结构，可加入防锈剂，必要时采用钢筋镀锌、镍等方法。

第三节　其他建筑材料

一、建筑砂浆

建筑砂浆是由胶凝材料、细集料和水按一定比例配制而成的建筑材料。它与混凝土的主要区别是组成材料中没有粗集料，因此建筑砂浆也称为细集料混凝土。

建筑砂浆主要用于以下几个方面：在结构工程中，用于块砖、石、砌块等胶结成砌体，砖墙的勾缝、大中型墙板及各种构件的接缝；在装饰工程中用于墙面、地面及梁、柱等结构表面的抹灰，镶贴天然石材、人造石材、瓷砖、陶瓷锦砖、马赛克等。

根据所有胶凝材料的不同，建筑砂浆分为水泥砂浆、石灰砂浆和混合砂浆等；根据用途又可分为砌筑砂浆、抹面砂浆、防水砂浆、装饰砂浆及特种砂浆。

1. 砌筑砂浆

将砖、石、砌块等黏结成为砌体的砂浆称为砌筑砂浆。砌筑砂浆的作用主要是：把分散的块状材料胶结成坚固的整体，提高砌体的强度、稳定性；使上层块状材料所受的荷载能够均匀地传递到下层；填充块状材料之间的缝隙，提高建筑物的保温、隔声、防潮等性能。

保水性指砂浆保持水分的能力，即搅拌好的砂浆在运输、存放、使用的过程中，水与胶凝材料及集料分离快慢的性质。保水性良好的砂浆水分不易流失，易于摊铺成均匀密实的砂浆层；反之，保水性差的砂浆，在施工过程中容易泌水、分层离析，使流动性变差；同时由于水分易被彻底吸收，影响胶凝材料的正常硬化，从而降低砂浆的黏结强度。

砂浆的保水性用砂浆分层度筒测定。保水性好的砂浆分层度以 10～30mm 为宜。分层度小于 10mm 的砂浆，虽保水性良好，无分层现象，但往往是由于胶凝材料用量过多，或砂过细，以至于过于黏稠不易施工或易发生干缩裂缝，尤其不宜做抹面砂浆；分层度大于 30mm 的砂浆，保水性差，易于离析，不宜采用。

(1)砂浆的强度和强度等级

砂浆的强度是以6个70.7mm×70.7mm×70.7mm的立方体试块，在标准条件下养护28d后，用标准试验方法测得的抗压强度(MPa)平均值来确定的。砂浆的强度等级划分为M20、M15、M10、M7.5、M5、M2.5共6个等级。

砌筑砂浆的强度等级应根据工程类别及不同砌体部位选择。在一般建筑工程中，办公楼、教学楼及多层商店等工程宜用M5～M10的砂浆；平房宿舍、商店等工程多用M2.5～M5的砂浆；食堂、仓库、地下室及工业厂房等多用M2.5～M10的砂浆；检查井、雨水井、化粪池等可用M5砂浆。特别重要的砌体才使用M10以上的砂浆。

(2)砂浆的黏结力

砌筑砂浆应有足够的黏结力，以便将块状材料黏结成坚固的整体。一般来说，砂浆的抗压强度越高，其黏结力越强。砌筑前，保持基层材料一定的润湿程度也有利于提高砂浆的黏结力。此外，黏结力大小还与砖石表面状态、清洁程度及养护条件等因素有关。粗糙的、洁净的、湿润的表面黏结力较好。

(3)砂浆的耐久性

砂浆的耐久性指砂浆在使用条件下经久耐用的性质，包括抗冻性、抗渗性等。抗冻性指砂浆抵抗冻融循环的能力。影响砂浆抗冻性的因素有砂浆的密实度、内部孔隙特征及水泥品种、水灰比等。渗性指砂浆抵抗压力水渗透的能力。它主要与砂浆的密实度及内部孔隙的大小和构造有关。

2. 抹面砂浆

抹面砂浆也称抹灰砂浆，以薄层涂抹在建筑物内外表面。既可以保护墙体不受风雨、潮气等侵蚀，提高墙体的耐久性；同时也使建筑表面平整、光滑、清洁美观。与砌筑砂浆不同，对抹面砂浆的要求不是抗压强度，而是和易性以及与基地材料的黏结力。

为了保证抹灰层表面平整，避免开裂脱落，通常抹面砂浆分为底层、中层和面层。各层所用的砂浆各不相同。

底层砂浆主要起于基层黏结作用，要求沉入度较大(10～12cm)。砖墙底层抹灰多用石灰砂浆；用防水、防潮时要求用水泥砂浆；混凝土底层抹灰多用水泥砂浆或混合砂浆；板条墙及顶棚的底层抹灰多用混合砂浆或石灰砂浆。

中层砂浆(主要用于中高级抹灰，有时可省去)主要起找平作用，多用混合砂浆或石灰砂浆，沉入度比底层稍小(7～9cm)。

面层砂浆主要起保护装饰作用，多用细砂配制的混合砂浆、麻刀石灰砂浆、纸筋石灰砂浆；在容易碰撞或潮湿的部位的面层，如墙裙、踢脚板、雨篷、水池、窗台等均应采用细砂配制的水泥砂浆(沉入度7～8cm)。

3. 其他砂浆

(1)防水砂浆

用作防水层的砂浆叫做防水砂浆，防水砂浆又叫刚性防水层，适用于不受振动和具有一定刚度的混凝土或砖石砌体工程，应用于地下室、水塔、水池等防水工程。常用的防水砂浆主要有以下三种。

①多层抹面的防水砂浆

多层抹面防水砂浆是指通过人工多层抹压做法(即将砂浆分几层抹压)，以减少内部连通毛细孔隙，增大密实度，以达到防水效果的砂浆。其水泥宜选用强度等级32.5级以上的普通硅酸盐水泥，砂子宜采用洁净的中砂或粗砂，水灰比控制在 0.40～0.50，体积配合比控制在 1∶2～1∶3(水泥∶砂)。

②掺加各种防水剂的防水砂浆

常用的防水剂有氯化物金属盐类防水剂、水玻璃防水剂和金属皂类防水剂等。在水泥砂浆中掺入防水剂，可促使砂浆结构密实，填充和堵塞毛细管道和孔隙，提高砂浆的抗渗能力。配合比控制与上述相同。

③膨胀水泥或无收缩水泥配制的防水砂浆

这种砂浆的抗渗性主要是由于膨胀水泥或无收缩水泥具有微膨胀或补偿收缩性能，提高了砂浆的密实性，具有良好的防水效果。砂浆配合比为水泥∶砂=1∶2.5(体积比)，水灰比为 0.4～0.5，常温下配制的砂浆必须在 1h 内用完。

防水砂浆的施工操作要求较高，配制防水砂浆时先将水泥和砂干拌均匀，再把量好的防水剂溶于拌和水中与水泥、砂搅拌均匀后即可使用。涂抹时，每层厚度约 5mm 左右，共涂抹 4～5 层，厚 20～30mm。在涂抹前先在润湿清洁的底面上抹一层纯水泥浆，然后抹一层 5mm 厚的防水砂浆，在初凝前用木抹子压实一遍，第二、三、四层都是同样的操作方法，最后一层进行压光。抹完后要加强养护，保证砂浆的密实性，以获得理想的防水效果。

(2)装饰砂浆

涂抹在建筑物内外墙表面，以增加建筑物美观效果的砂浆称为装饰砂浆。装饰砂浆与抹面砂浆的主要区别在面层。装饰砂浆的面层应选用具有一定颜色的胶凝材料和集料并采用特殊的施工操作方法，以使表面呈现出各种不同的色彩线条和花纹等装饰效果。

装饰砂浆所采用的胶凝材料有普通水泥、矿渣水泥、火山灰水泥、白水泥和彩色水泥，以及石灰、石膏等。集料常用大理石、花岗岩等带颜色的细石渣或玻璃、陶瓷碎粒等。常用装饰砂浆的施工操作方法有：拉毛、水刷石、干黏石、水磨石、斩假石等。

(3)特种砂浆

①绝热砂浆；②吸声砂浆；③聚合物砂浆。

二、木材

木材是最古老的建筑材料之一，现代建筑所用承重构件，早已被钢材或混凝土等替代，但是仿古建筑和一般建筑工程中仍使用广泛，如门窗、室内外装饰装修或脚手架、模板等。

木材具有很多优点，如自重轻、强度高、弹性、任性和吸收振动及冲击的性能好，木纹自然悦目，表面易于着色和油漆，热工性能好，容易加工，结构构件简单。木材的缺点主要是材质不均匀、各向异性、吸水性高而且胀缩显著，容易变形、容易腐朽、虫蛀及燃烧，有天然疵病等，但经过一定的加工处理，这些缺点可以得到减轻。

木材的构造决定木材的性质。由于树种的不同和树木生长环境的差异使其构造差别很大。木材的构造分为宏观构造和微观构造。

1. 木材的含水率

木材的含水率是指木材所含水分的质量占木材干燥质量的百分数。含水率是木材的主要性质。木材中的水分主要有三种，即自由水、吸附水和结合水。自由水是存在于木材细胞腔和细胞间隙中的水分，吸附水是被吸附在细胞壁内细纤维之间的水分。自由水的变化只影响木材的表观密度，而吸附水的变化影响木材强度和胀缩变形。结合水是形成细胞的化合水，常温下对木材性质无影响。

当木材中没有自由水，而细胞壁内充满吸附水，达到饱和状态时，此时的含水率称为纤维饱和点。木材的纤维饱和点随树种而异，一般介于25%～35%，平均值为30%。它是木材物理力学性质是否随含水率而发生变化的转折点。

木材的含水率与周围空气相对湿度达到平衡时，称为木材的平衡含水率。木材的平衡含水率随所在地区不同以及温度和湿度环境变化而不同，我国北方地区约为12%，南方地区约为18%，长江流域一般为15%。

2. 木材的湿胀与干缩

木材具有显著的湿胀干缩性，这是由于细胞壁内吸附水含量变化所引起的。当木材的含水率在纤维饱和点以下时，随着含水率的增大木材细胞壁内的吸附水增多，体积膨胀；随着含水率的减小，木材体积收缩；而当木材含水率在纤维饱和点以上，只是自由水增减变化时，木材的体积不发生变化。

木材的湿胀干缩变形随树种的不同而异，一般情况表观密度大的、夏材含量多的木材，胀缩变形较大。木材各方向的收缩也不同，顺纤维方向收缩很小，径向较大，弦向最大。

木材的湿胀干缩对其实际应用带来不利影响。干缩会造成木结构拼缝不严、榫卯松弛、翘曲开裂，湿胀又会使木材产生凸起变形，因此必须采取相应的防范措施。最根本的方法是在木材制作前将其进行干燥处理，使含水率与使用环境常年平均平衡含水率相一致。

3. 木材的强度

木材的强度按照受力状态分为抗拉、抗压、抗弯和抗剪4种。而抗拉、抗压、抗剪强度又有顺纹和横纹之分。顺纹（作用力方向与纤维方向平行）和横纹（作用力方向与纤维方向垂直）强度有很大差别。木材各种强度的关系见表2-1。

木材各种强度间的关系 表2-1

抗压		抗拉		抗弯	抗剪	
顺纹	横纹	顺纹	横纹		顺纹	横纹
1	1/10～1/3	2～3	1/20～1/3	2/3～2	1/7～1/3	1/2～1

木材的顺纹抗拉强度最高，但在实际应用中木材很少用于受拉构件，这是因为木材天然疵病对顺纹抗拉强度影响较大，使实际强度值变低。另外受拉构件在连接节点处受力较复杂，使其先于受拉构件而遭到破坏。

木材的强度除与自身的树种构造有关之外，还与含水率、疵病、负荷时间、环境温度等外在因素有关。含水率在纤维饱和点以下时，木材强度随着含水率的增加而降低；木材的天然疵病，如节子、构造缺陷、裂纹、腐朽、虫蛀等都会明显降低木材强度；木材在长期荷载作用下的强度会降低，只有极限强度的50%～60%（称为持久强度）；木材使用环境的温度超过50℃或者受冻融作用后也会降低强度。

三、木材的应用

1. 木材产品

木材按照加工程度和用途的不同分为原条、原木、锯材和枕木4类，如表2-2所示。

木　材　分　类　　　　表 2-2

分类说明	说　明	主要用途
原条	系指去皮、根、树梢的木材，但尚未按一定尺寸加工成规定直径和长度的材料	建树工程的脚手架、建筑用材、家具等
原木	系指已经除去皮、根、树梢的木材并已按一定尺寸加工成规定直径和长度的材料	(1)直接使用的原木：用于建筑工程(如屋架、檩、椽、等)、庄木、电杆、抗木等； (2)加工原木：用于胶合板、造船、车辆、机械模型及一般加工用料等
锯材	系指已经加工锯解成材的木料。凡宽度为厚度 3 倍或 3 倍以上的，称为板材，不足 3 倍的称为方料	建筑工程、桥梁、家具、造船、车辆、包装箱板等
枕木	系指按枕木断面和长度加工面而成的成料	铁路工程

常用锯材按照厚度和宽度分为薄板、中板、厚板。针叶树和阔叶树锯材按照其缺陷程度进行分等。

2. 人造板材

我国是木材资源贫乏的国家，为了保护和扩大现有森林面积，促进环保事业，必须合理地、综合地利用木材。充分利用木材加工后的边角废料以及废木材，加工制成各种人造板材是综合利用木材的主要途径。

人造板材幅面宽、表面平整光滑、不翘曲、不开裂，经加工处理后还具有防水、防火、防腐、耐酸等性能。常用的人造板材有如下几种。

(1)胶合板

胶合板是用原木旋切成薄片，按照奇数层并且相邻两层木纤维互相垂直重叠，经胶粘热压而成。胶合板最多层数有 15 层，一般常用的是三合板或五合板。

胶合板材质均匀、强度高，不翘曲、不开裂，木纹美丽、色泽自然、幅面大，使用方便，装饰性好，应用十分广泛。

胶合板厚度为 2.7mm、3.0mm、3.5mm、4.0mm、5.0mm、5.5mm、6.0mm，自 6mm 起按 1mm 递增。胶合板的幅宽有 915mm、1 220mm 两种，长度有 915～2 440mm 多种规格。

(2)细木工板

细木工板也称复合木板，它由三层木板粘压而成。上、下两个面层为旋切木质单板，芯板是用短小木板条拼接而成。一般为厚度 20mm、长 2 000mm、宽 1 000mm，表面平整，幅面宽大，可代替实木板，使用非常方便。

(3)纤维板

纤维板是将树皮、刨花、树枝等木材加工的下脚碎料，经破碎浸泡、研磨成木浆，加入一定胶粘剂，经热压成型、干燥处理而成的人造板材。根据成型时温度和压力的不同分为硬质、半硬质、软质三种。生产纤维板可使木材的利用率达 90%以上。纤维板构造均匀，克服了木材各向异性和有天然疵病的缺陷，不易翘曲变形和开裂，表面适于粉刷各种涂料或粘贴装裱。

表观密度大于 800kg/m³ 的硬质纤维板，强度高，可代替木板，用于室内壁板、门板、地板、家具等。半硬质纤维板表观密度为 400～800kg/m³，常制成带有一定图形的盲孔板，表面施以白色涂料，这种板兼具吸声和装饰作用，多用作会议室、报告厅等室内顶棚材料。软质纤维板表观密度小于 400kg/m³，适合用作保温隔热材料。

(4)刨花板、木丝板、木屑板

刨花板、木丝板、木屑板是用木材加工时产生的刨花、木屑和短小废料刨制的木丝等碎渣，经干燥后拌入胶料，厂再经热压成型而制成的人造板材。所用胶结料可为合成树脂胶，也可用水泥、菱苦土等无机胶结料。这类板材表观密度小，强度较低，主要用作绝热和吸声材料。有的表层作了饰面处理，如粘贴塑料贴面后，可用作装饰或家具等材料。

本章小结

(1)混凝土拌和物主要性质为和易性，硬化混凝土的性质为强度、耐久性和变形性能。

(2)和易性的评定通常的方法是用定量方法来测定流动性的大小，再辅以直观经验来评定拌和物的黏聚性和保水性。

影响混凝土和易性的因素有：水泥浆量、水灰比、水泥品种及细度、骨料的性质、环境因素、施工条件、时间、外加剂。

(3)混凝土的变形包括非荷载作用下的变形和荷载作用下的变形。

(4)普通混凝土配合比是指混凝土中水泥、粗细集料和水等各项组成材料用量之间的比例关系。

(5)拉伸是建筑钢材的主要受力形式，所以拉伸性能是表示钢材性能和选用钢材的重要依据。

复习思考题

2-1　试述普通混凝土组成材料的作用如何？

2-2　对混凝土用砂为何要提出颗粒级配合粗细程度要求？当两种砂的细度模数相同时，其级配是否相同？反之，如果级配相同，其细度模数是否相同？

2-3　影响混凝土和易性主要因素是什么？它们是怎样影响的？

2-4　如何确定混凝土的强度等级？混凝土强度等级如何表示？普通混凝土划分为几个强度等级？

2-5　混凝土的抗压强度与其他各种强度之间有无相关性？混凝土的立方体抗压强度与棱体抗压强度及抗拉强度之间存在什么关系？

2-6　影响混凝土强度的主要因素有哪些？其中最主要的因素是什么？为什么？

2-7　何谓混凝土的耐久性，一般指哪些性质？

2-8　什么是钢材的冷弯性能和冲击韧性？有何实际意义？

2-9　什么是钢材的冷加工和时效处理？它对钢材性质有何影响？工程中如何利用？

2-10　钢筋锈蚀的原因有哪些？如何防锈？

第三章　防水、保温与吸声材料

[重点内容和学习目标]

本章重点讲述常见防水、保温及吸声材料的性质和特点。通过本章学习，要求学生掌握沥青的特点和应用。

第一节　沥　　青

沥青是一种有机胶凝材料，它是复杂的高分子碳氢化合物及非金属（氧、硫、氮等）衍生物的混合物。它在常温下呈现固体、半固体或液体状态，颜色由棕褐色至黑色，能溶于多种有机溶液中（二硫化碳、四氯化碳、苯、汽油、三氯甲烷二一丙酮等），具有不导电、不吸水、耐酸、耐碱、耐腐蚀等性能。沥青在土木建筑工程中，主要作为防水、防潮、防腐蚀和其他制品材料，用于屋面、地下防水工程、防腐蚀工程、铺筑道路，以及储水池、浴池、桥梁等防水防潮层；还用来制造防水卷材、防水涂料、胶粘剂等。目前工程中常用的主要是石油沥青，另外还有少量的煤沥青。

一、石油沥青

石油沥青是指由石油原油分馏提炼出各种轻质油品（汽油、煤油、柴油等）及润滑油后的残渣，再经过加工炼制而得到的产品。建筑上使用建筑石油沥青制成的各种防水制品，有时现场也直接使用一部分石油沥青。道路工程使用的主要是道路石油沥青。

二、石油沥青组分与结构

1. 石油沥青的组分

由于沥青的化学组成复杂，进行组成分析非常困难，所以一般不作沥青的化学分析。通常从使用角度出发，将其化学成分和物理力学性质相近的成分划分为若干组，称为组分。沥青中各组分含量的多寡与沥青的技术性质有着直接的关系。沥青的组分主要有油分、树脂和地沥青质。

（1）油分　油分为淡黄色至红褐色的黏性液体，密度为 0.7～1.0g/cm^3，含量为 40％～60％，能溶于大多数有机溶剂，如丙酮、苯、三氯甲烷等，但不溶于酒精。油分赋予沥青以流动性，但含量多时，沥青的温度稳定性差。

（2）树脂　树脂为黄色至黑褐色的黏稠状半固体，密度为 1.0～1.1g/cm^3，含量为 15％～30％，能溶于汽油、三氯甲烷和苯等有机溶剂，难溶于酒精、丙酮。树脂赋予沥青塑性和黏结性。

(3)地沥青质　地沥青质是深褐色至黑褐色的固体，密度为 1.1～1.5g/cm^3，含量为 10%～30%，能溶于二硫化碳、三氯甲烷和苯，但不溶于汽油、酒精。地沥青质赋予沥青黏性和温度稳定性，地沥青质含量高时，温度稳定性好，但其塑性降低，硬脆性增加。

此外，石油沥青中常含有一定量的固体石蜡，它会降低沥青的黏滞性、塑性、温度稳定性，所以石蜡是沥青中的有害成分。

2. 石油沥青的结构

石油沥青中油分和树脂可以互相溶解，树脂能浸润地沥青质。石油沥青的结构是以地沥青质为核心，周围吸附部分树脂和油分的互溶物而构成的胶团，无数胶团分散在油分中而形成的胶体结构。

石油沥青的各组分相对含量不同，形成的胶体结构也不同：

(1)溶胶结构　油分和树脂含量较多，胶团间的较大，引力较小，相对运动较容易。这种结构的特点是流动性、塑性和温度敏感性小，黏性小，开裂后自行愈合能力强。

(2)凝胶结构　沥青质含量较多油分与树脂含量较少，胶团间的距离小，引力增大，相对移动较困难。这种结构的特点是黏性大，塑性和温度敏感性小。开裂后自行愈合能力差。建筑石油沥青多属于这种结构。

(3)溶—凝胶结构　沥青质含量适宜，胶团间的距离较近，相互间有一定的引力。形成介于溶胶结构和凝胶结构之间的结构。这种结构的性质也介于溶胶和凝胶之间。道路石油沥青属于这种结构。

①黏滞性

石油沥青的黏滞性又称黏性，它是反映石油沥青在外力作用下，抵抗变形的能力。石油沥青的黏滞性与其组分及所处环境的温度有关。一般的沥青质含量增大，其黏滞性增大；温度升高，其黏滞性降低。液态石油沥青的黏滞性用黏滞度表示，半固体或固体沥青的黏滞性用针入度表示。针入度是石油沥青划分牌号的主要依据。

黏滞性是指液体沥青在一定温度(25℃或 60℃)下经规定直径的孔洞(3.5mm 或 10mm)漏下 50mL 所需要的秒数。黏滞度常以符号 C_t^d 表示。其中 d 为孔洞直径，t 为温度。黏滞度越大，表示液态沥青在流动时内部阻力越大，即黏滞性越大。

针入度是在温度为 25℃的条件下，以质量为 100g 的标准针，经 5s 沉入沥青中的深度(每深入 0.1mm 称为 1 度)。针入度值越大，说明半固态或固态体沥青的黏滞性越小。

根据针入度，道路石油沥青的牌号分为 200 号、180 号、140 号、100 号甲、100 号乙、60 号甲、60 号乙；建筑石油沥青的牌号分为 30 号和 10 号；普通石油沥青的牌号分为 75 号、65 号、55 号。

②塑性

塑性是指石油沥青在外力作用下产生变形而不破坏，去除外力后，仍能保持变形后的除去外力后形状性质。塑性是石油沥青的主要性质之一。

石油沥青的塑性与其组分、温度及拉伸速度等因素有关。树脂含量较多，塑性较大；温度升高，塑性增大；拉伸速度越快，塑性越大。

在常温下，塑性较好的沥青在产生裂缝时，由于自身特有的塑性而自行愈合，故塑性也反映了沥青开裂后的自愈能力。

石油沥青的塑性用延伸度表示。延伸度是将石油沥青标准试件在规定温度(25℃)和规定速度(5cm/min)的条件下在沥青延伸仪上进行拉伸，延伸度以试件拉断时的伸长值(cm)表示。石油沥青的延伸度越大，则塑性越好。

③温度敏感性

温度敏感性是指石油沥青的黏滞性和塑性随温度升降而变化的性能。温度敏感性较小的沥青黏滞性、塑性随温度的变化较小。温度敏感性与其组分及含蜡量有关。沥青中地沥青质含量较多，其温度敏感性较小。在实际使用时往往加入滑石粉、石灰石粉等矿物填料，以减小其温度敏感性。沥青中含蜡量较多，则在温度较高时就发生流淌，在温度较低时又易变硬开裂。

温度敏感性用软化点来表示，即沥青受热由固态转变为具有一定流动性膏体时的温度。可通过环球法测定。将沥青试样装入规定尺寸的铜环中，上置规定尺寸和质量的钢球，放在水或甘油中，以每分钟升高 5℃的速度加热至沥青软化下垂达 25mm 时的温度（℃），即为沥青的软化点。软化点越高，表明沥青的温度敏感性越小。

另外，石油沥青的脆化点是反映温度敏感性的另一个指标，它是指沥青从高弹态向玻璃态转变的温度，该指标主要反映沥青的低温变形能力。

石油沥青的软化点不能太低，否则夏季易产生变形，甚至流淌；但也不能太高，否则品质太硬，不易施工，冬季易发生脆裂现象。在实际应用中希望得到高软化点和低脆化点的沥青，提高沥青的耐热性和耐寒性。

④大气稳定性

大气稳定性是指石油沥青在热、阳光、氧气和潮湿等大气因素长期综合作用下，抵抗老化的性能。沥青在大气因素的长期综合作用下，逐渐失去黏滞性、塑性而变硬变脆的现象称为沥青的老化。沥青的大气稳定性可以通过测定加热损失、加热前后针入度、软化点等性质的改变值来表示。

以上 4 种性质是石油沥青材料的主要性质。此外，溶解度、闪点、燃点等也是评价石油沥青性质的依据。

溶解度是指石油沥青在三氯乙烯、四氯化碳或苯中溶解的百分率，以表示石油沥青中有效物质的含量，即纯净程度。石油沥青的不溶物会降低其性能。

闪点是指沥青加热至挥发出的可燃气体和空气的混合物，在规定条件下与火焰接触，初次闪火（有蓝色光）时的温度。

燃点是指沥青加热至挥发出的可燃气体和空气的混合物，与火焰接触能持续燃烧 5s 以上时的温度。

闪点和燃点的高低，表明沥青引起火灾或爆炸的可能性的大小，它关系到运输、储存和加热使用方面的安全。各种沥青的最高加热温度都必须低于其闪点和燃点，为安全起见，沥青加热时还应与火焰隔离。

三、技术标准和选用

按石油沥青技术标准，建筑石油沥青、道路石油沥青和普通石油沥青划分为多种牌号（表 3-1）。三种石油沥青的牌号主要是依据针入度指标来划分的，并且每个牌号还必须同时满足相应的延伸度和软化点等指标的要求。牌号越大，则针入度越大（黏性越小），延伸度越大（塑性越好），软化点越低（温度敏感性越大）。

表 3-1

石油沥青技术指标

项目	道路石油沥青(SH 1661—92)							建筑石油沥青(GB 494—85)		普通石油沥青(SY 1665—77)		
	200	180	140	100 甲	100 乙	60 甲	60 乙	30	10	75	65	55
针入度(25℃,100g),0.1mm	201～300	161～200	121～160	91～120	81～120	51～80	41～80	25～40	10～25	75	65	55
延伸度(25℃,cm),不小于	～	100	100	90	60	70	40	3	1.5	2	1.5	1
软化点(环球法)(℃),不低于	30～45	35～45	38～48	42～52	42～52	45～55	45～55	70	95	60	80	100
溶解度(三氯乙烯、三氯甲烷、四氯化碳或苯)(%),不小于	99.0	99.0	99.0	99.0	99.0	99.0	99.0	99.5	99.5	98	98	98
蒸发损失(160℃,5h)(%),不大于	1	1	1	1	1	1	1	1	1	～	～	～
蒸发后针入度比(%),不小于	50	60	60	65	65	65	70	65	65	～	～	～
闪点(开口)(℃),不低于	180	200	230	230	230	230	230	230	230	230	230	230

选用沥青材料时，应根据工程性质、当地气候条件及所处环境来选用。建筑石油沥青常用来制造油纸、油毡、防水涂料等，主要用于屋面、地下防水及沟槽防水、防腐蚀等工程。一般屋面用的沥青，软化点应比本地区屋面可能达到的最高温度高 20～25℃，以避免夏季流淌。道路石油沥青主要用来拌制沥青混凝土或沥青砂浆，用于道路路面或车间地面等工程。道路石油沥青的牌号较多，选用时应注意不同的工程要求、施工方法和环境温度差别等。普通石油沥青含有较多的蜡，温度稳定性差，与软化点相同的建筑石油沥青相比，针入度较大、塑性较差，故在建筑工程上不宜直接使用，必须经过适当的改性处理后才能使用。

四、沥青的改性

建筑上使用的沥青应具备较好的综合性能，如在高温条件下有足够的强度和稳定性；在低温条件下有良好的弹性和塑性；在加工和使用条件下具有抗老化能力；与各种矿物填充料和结构表面有较强的黏附力；对基层变形有一定的适应性和耐疲劳性。但通常沥青本身不能完全满足这些要求，必然会影响到沥青防水材料的使用和寿命。所以通过对沥青进行氧化、乳化、催化，或加入橡胶、树脂和矿物填充料等对沥青进行改性处理。改性沥青可以分为矿物填充料改性沥青、橡胶改性沥青、树脂改性沥青和橡胶树脂共混改性沥青等。

1. 矿物填充料改性

在沥青中加入一定量的矿物填充料，可以提高沥青的黏滞性和耐热性，减小沥青的温变敏感性，同时也可以减少沥青的用量。常用的矿物填充料有粉状和纤维状两类。粉状的有滑石粉、石灰石粉、白云石粉、粉煤灰、硅藻土和云母粉等；纤维状的有石棉绒、石棉粉等。矿物填充料的掺量一般为 20％～40％。

粉状矿物填充料易被沥青润湿，可直接混入沥青中，以提高沥青的大气稳定性和降低温度敏感性，常用来生产具有耐酸、耐碱、耐热和绝缘性能较好的沥青制品。

石棉绒呈纤维状，富有弹性，具有耐酸、耐碱、耐热性能，是热和电的不良导体，内部有很多微孔，吸油(沥青)量大，故可提高沥青的抗拉强度和热稳定性。

2. 树脂改性

用树脂改性石迪沥青，可以改善沥青的强度、塑性、耐热性、耐寒性、黏结性和抗老化性等。用于石油沥青改性的树脂主要有聚丙烯(APP)、聚氯乙烯(PVC)、聚乙烯(PE)、古马隆树脂等。

3. 聚丙烯(APP)改性沥青

APP 改性沥青具有良好的弹塑性、低温柔韧性、耐老化性和抗冲击等性能，容易与沥青混溶。它主要用于屋面防水卷材。

4. 环氧树脂改性沥青

这类沥青改性后具有热固性材料的性质，强度和黏结力大大提高，但延伸性改变不大。一般用于屋面和厕所、浴室的修补。

5. 古马隆树脂改性沥青

古马隆树脂呈黏稠液态或固态，浅黄色至黑色，易溶于氯化烃、脂类、硝基苯等。将沥青加热脱水，在 150～160℃情况下，把古马隆树脂加入到熔化的沥青中，并不断搅拌，再升温至 185～190℃，保持一定时间，使之充分混合均匀，即得到古马隆树脂改性沥青。古马隆树脂掺量约为 40％，这种沥青的黏性较大，可以和 SBS 等材料一起用于自黏结油毡和沥青基胶黏剂。

6. 橡胶改性

沥青与橡胶相溶性较好，改性后的沥青高温变形小，低温时具有一定的塑性。所用的橡胶有天然橡胶、合成橡胶(如氯丁橡胶、丁基橡胶、丁苯橡胶等)和再生橡胶。

(1)丁基橡胶改性

丁基橡胶改性沥青具有优异的耐分解性，并具有较好的耐热性和低温抗裂性。多用于道路路面工程和制作密封材料与涂料等。

(2)氯丁橡胶改性

氯丁橡胶可以使沥青的气密度、低温柔性、耐化学腐蚀性、耐光、耐臭氧性、耐候性和耐燃烧性大大改善。

(3)再生橡胶改性

再生橡胶改性沥青具有一定的弹性、塑性、耐光、耐臭氧性、良好的黏结性、气密性、低温柔韧性和抗老化等性能，而且价格低廉。主要用于制作防水卷材、片材、密封材料、胶粘剂涂料等。

(4)SBS改性沥青

SBS改性沥青具有塑性好、抗老化性能好、热不黏冷不脆等特性。SBS的掺量一般为5%～10%，主要用于制作防水卷材，也可用于密封材料或防水涂料等，是目前世界上应用最广的改性沥青材料之一。

7. 橡胶和树脂改性

橡胶和树脂用于沥青改性，使沥青同时具有橡胶和树脂的特性，且橡胶和树脂的混溶性较好，故改性效果良好。

橡胶和树脂共混改性沥青采用不同的原料品种、配比、制作工艺，可以得到不同性能的产品，主要用于防水卷材、片材、密封材料和涂料等。

第二节　绝热材料

建筑物采用适当的绝热材料，不仅能满足人们对居住环境的要求而且有着明显的节能效果。采用适当的吸声材料，可以保持室内良好的音响效果和减少噪声污染。应用绝热材料和吸声材料，对提高人们的生活质量有重要意义。

绝热材料是用于减少结构物与环境热交换的一种功能材料。是保温材料和隔热材料的总称。在建筑工程中绝热材料主要用于墙体、屋顶的保温隔热；热工设备、热力管道的保温；有时也用于冬期施工的保温；一般在空调房间、冷藏室、冷库等的围护结构上也大量使用。

建筑工程中使用的绝热材料，一般要求其导热系数不宜大于0.17W/(m·K)，表观密度不大于600kg/m^3，抗压强度不小于0.3MPa。在具体选用时，还要根据工程的特点，考虑材料的耐久性、耐火性、耐侵蚀性等是否满足要求。

一、影响材料绝热性能的因素

热量传递的三种方式有：传导、对流和辐射。传导是指热量由高温物体流向低温物体或者由物体的高温部分流向低温部分；对流是指液体或气体通过循环流动传递热量的方式；辐射是指靠电磁波传递热量的方式。在热传递过程中，往往同时存在两种或三种传热方式，但因绝热材料通常都是多孔的，孔壁之间的热辐射和孔隙中空气的对流作用与热传导相比，所占的比例很小，所以在建筑热工设计时通常主要考虑热传导。材料的导热能力用导热系数来表示。导热系数是指单位厚度的材料，当两相对侧面温差为 1K 时，在单位时间内通过单位面积的热量。导热系数愈小，保温隔热性能愈好。导热系数受材料的组成、孔隙率及孔隙特征、所处环境的温度及热流方向等的影响。

1. 材料的组成

材料的导热系数受自身物质的化学组成和分子结构影响。化学组成和分子结构简单的物质比结构复杂的物质导热系数大。一般金属导热系数较大，非金属次之，液体较小，气体更小。

2. 孔隙率及孔隙构造

固体材料的导热系数比空气的导热系数大得多，一般来说，材料的孔隙率越大，导热系数就越小。材料的导热系数不仅与孔隙率有关，而且还与孔隙的大小、分布、形状及连通情况有关。

3. 湿度

材料受潮吸湿后，其导热系数会增大，若受冻结冰后，则导热系数会增大更多。这是由于水的导热系数[$\lambda=0.58$W/(m·K)]比密闭空气的导热系数[$\lambda=0.023$W/(m·K)]大 20 多倍，而冰的导热系数[$\lambda=2.33$W/(m·K)]约为密闭空气的导热系数的 100 倍。故绝热材料在使用时特别要注意防潮、防冻。

4. 温度

材料的导热系数随温度的升高而增大，因为温度升高，材料固体分子的热运动增强，同时材料孔隙中空气的导热和孔壁间的辐射作用也有所增加。

5. 热流方向

对于各向异性材料，如木材等纤维质材料，当热流平行于纤维方向时，热流受到的阻力小；而热流垂直于纤维方向时，受到的阻力就大。

二、常用绝热材料及其性能

绝热材料根据化学成分可以分为无机材料和有机材料两大类，根据结构形式又可分为纤维状材料、散粒状材料和多孔材料。

1. 无机纤维状绝热材料

(1)石棉及其制品

石棉是一种天然矿物纤维材料，主要成分是含水硅酸镁、硅酸铁，是由天然蛇纹石或角闪石经松解而成，具有耐火、耐热、耐酸碱、绝热、防腐、隔声及绝缘等性能。除用作填充材料外、还可与水泥、碳酸镁等结合制成石棉制品绝热材料，用于建筑工程的高效保温及防火覆盖等。

(2)矿棉及其制品

岩棉和矿渣棉统称为矿棉。矿渣棉的原料主要是工业废料矿渣；岩棉的主要原料为天然岩石，经熔融后，用喷吹法或离心法制成。矿棉具有轻质、不燃、绝热和电绝缘等性能，且原料来源丰富，成本较低。可制成矿棉板、矿棉毡及管套等，可用于建筑物的墙壁、屋顶、天花板等处的保温材料及热力管道的保温材料。

(3)玻璃棉及其制品

玻璃棉是用玻璃原料或碎玻璃经熔融后制成的一种纤维状材料，包括短棉和超细棉两种。短棉可制成沥青玻璃棉毡、板等制品；超细棉可制成普通超细棉毡、板，也可制作无碱超细玻璃棉毡等，用于房屋建筑中的保温及管道保温。

(4)陶瓷纤维

陶瓷纤维以氧化硅、氧化铝为原料，经高温熔融、喷吹制成。可制成毡、毯、纸、绳等制品，最高使用温度可达1 100～1 300℃，用于高温绝热。

2. 无机散粒状绝热材料

(1)膨胀蛭石及其制品

膨胀蛭石是将天然蛭石经破碎、煅烧膨胀后制得的松散颗粒状材料，$\lambda=0.046\sim0.070$W/(m·K)，最高使用温度为1 000～1 100℃，主要用于填充墙壁、楼板及平屋顶保温等，使用时应注意防潮。

膨胀蛭石除用作填充材料外，也可与水泥、水玻璃等胶凝材料配合制成砖、板、管件等用于围护结构及管道保温。

(2)膨胀珍珠岩

膨胀珍珠岩是由天然珍珠岩经破碎、煅烧膨胀后制得，呈蜂窝泡沫状的白色或灰白色颗粒材料。导热系数$\lambda=0.074\sim0.070$W/(m·K)，最高使用温度可达800℃，最低使用温度为-200℃，质轻、吸湿性好、化学稳定性好、不燃烧、耐腐蚀、施工方便。广泛用于建筑工程的围护结构、低温和超低温制冷设备、热工设备等的绝热保温。

膨胀珍珠岩制品是用膨胀珍珠岩配以适量胶凝材料(水泥、水玻璃等)，经拌和、成型、养护而成的板、砖、管件等制品。

3. 无机多孔类绝热材料

(1)硅藻土

硅藻土是一种被称为硅藻的水生植物的残骸。硅藻土是由微小的硅藻壳构成，硅藻壳内又包含大量极细小的微孔。硅藻土的孔隙率为50%～80%，因而具有很好的保温绝热性能。其导热系数0.060W/(m·K)，最高使用温度约为900℃，硅藻土常用作填充料或制作硅藻土砖等。

(2)微孔硅酸钙制品

微孔硅酸钙制品是用硅藻土、石灰、石英砂、纤维增强材料及水等经拌和、成型、蒸压处理和干燥等工序制成。导热系数为0.047～0.056W/(m·K)，最高使用温度为650～1 000℃，用于建筑物的围护结构和管道保温，效果比水泥膨胀珍珠岩和水泥膨胀蛭石好。

(3)泡沫玻璃

泡沫玻璃是用碎玻璃加入一定量的发泡剂，经粉磨、混合、装模，在800℃下煅烧生成具有大量封闭气泡的多孔材料。泡沫玻璃具有导热系数小、抗压强度高、抗冻性好、耐久性好等特点，并且可锯切、钻孔、黏结，是一种高级绝热材料。可用来砌筑墙体，也可用于冷藏设备的保温，或用作漂浮过滤材料。

(4)泡沫混凝土和加气混凝土(详见第五章第七节其他品种混凝土)

4. 有机绝热材料

(1)泡沫塑料

泡沫塑料是以合成树脂为基料，加入一定剂量的发泡剂、催化剂、稳定剂等辅助材料经过加热发泡而制成的新型轻质、保温、防震材料，目前我国生产的有聚苯乙烯泡沫塑料、聚氯乙烯泡沫塑料、聚氨酯泡沫塑料及脲醛泡沫塑料等。可用于屋面、墙面保温、冷库绝热和制成夹心复合板。

(2)植物纤维类绝热板

以植物纤维为主要成分的板材，常用作绝热材料，包括各种软质纤维板。

①软木板　软木板是用栓皮栋树或黄菠萝树皮为原料，经破碎后与皮胶溶液拌和，加压成型，在80℃的干燥室中干燥一昼夜而制成的。具有表观密度小、导热系数小、抗渗和防腐性能好的特点。

②蜂窝板　蜂窝板是由两块较薄的面板，牢固地黏结在一层较厚的蜂窝状芯材两面制成的板材，也称作蜂窝夹层结构。蜂窝状芯材通常是用浸渍过合成树脂（酚醛、聚酯等）的牛皮纸、玻璃布或铝片经过加工粘合成六角形空腹的整块芯材，芯材的厚度可根据使用要求确定。常用的面板为浸渍过树脂的牛皮纸、玻璃布或不经浸渍的胶合板、纤维板、石膏板等。面板与芯材必须用合适的胶黏剂牢固地黏合在一起。蜂窝板的特点是强度大、导热系数小、抗震性好，可以制成轻质高强的结构用板材，也可以制成绝热性能良好的非结构用板材和隔声材料。

第三节　吸声材料

吸声材料是指能在一定程度上吸收由空气传递的声波能量的材料。广泛用在音乐厅、影剧院、大会堂、语音室等内部的墙面、地面、天棚等部位，适当采用吸声材料，能改善声波在室内传播的质量，获得良好的音响效果。

一、材料的吸声原理

声音源于物体的振动，它迫使邻近的空气跟着振动而形成声波，并在空气介质中向四周传播。声音在室外空旷处传播过程中，一部分声能因传播距离增加而扩散；一部分因空气分子的吸收而减弱。但在室内体积不大的房间，声能的衰减不是靠空气，而主要是靠墙壁、天花板、地板等材料表面对声能的吸收。

当声波遇到材料表面时，一部分被反射，一部分穿透材料，其余部分则被材料吸收。这些被吸收的能量（包括穿透部分的声能）与入射声能之比，称为吸声系数 a，即：

$$\partial = \frac{E_1 + E_2}{E_0}$$

式中：∂——材料的吸声系统；

E_1——材料吸收的声能；

E_2——穿透材料的声能；

E_0——入射的全部声能。

材料的吸声性能除与材料本身性质、厚度及材料的表面特征有关外，还与声音的频率及声音的入射方向有关。为了全面反映材料的吸声性能、通常采用125Hz、250Hz、500Hz、1 000Hz、2 000Hz、4 000Hz6个频率的吸声系数表示材料吸声的频率特征。任何材料均能不同程度的吸收声音，通常把6个频率的平均吸声系数大于0.2的材料，称为吸声材料。

二、影响材料吸声性能的主要因素

1. 材料的表观密度

对同一种多孔材料来说，当其表观密度增大（即孔隙率减小时），对低频的吸声效果有所提高，而对高频的吸声效果则有所降低。

2. 材料的厚度

增加厚度，可以提高低频的吸声效果，而对高频吸声没有多大影响。

3. 材料的孔隙特征

孔隙愈多愈细小，吸声效果愈好。如果孔隙太大，则吸声效果较差。互相连通的开放的孔隙愈多，材料的吸声效果越好。当多孔材料表面涂刷油漆或材料吸湿时，由于材料的孔隙大多被水分或涂料堵塞，吸声效果将大大降低。

4. 吸声材料设置的位置

悬吊在空中的吸声材料，可以控制室内的混响时间和降低噪声。多孔材料或饰物悬吊在空中其吸声效果比布置在墙面或顶棚上要好，而且使用和安置也较为便利。

三、建筑上常用的吸声材料

建筑上常用吸声材料的吸声系数及其安装方法见表 3-2。

建筑常用吸声材料 表 3-2

名称	厚度(cm)	各种材料下的吸声系数						装置情况
		125	250	500	1 000	2 000	4 000	
1. 无机材料								
石膏板(有花纹)	—	0.03	0.05	0.06	0.09	0.04	0.06	贴实
水泥蛭石板	4.0	—	0.14	0.46	0.78	0.50	0.60	贴实
石膏砂浆(掺水泥玻璃纤维)	2.2	0.24	0.12	0.09	0.30	0.32	0.83	墙面粉刷
水泥膨胀珍珠岩板	5.0	0.16	0.46	0.64	0.48	0.56	0.56	
水泥砂浆	1.7	0.21	0.16	0.25	0.40	0.42	0.48	
砖(清水墙面)		0.02	0.03	0.04	0.04	0.05	0.05	
2. 有机材料								
软木板	2.5	0.05	0.11	0.25	0.63	0.07	0.70	贴实钉在木龙骨上，后面留 10cm 和 5cm 空气层两种
木丝板	3.0	0.10	0.36	0.62	0.53	0.71	0.90	
三夹板	0.3	0.21	0.73	0.21	0.19	0.08	0.12	
穿孔五夹板	0.5	0.01	0.25	0.55	0.30	0.16	0.19	
木花板	0.8	0.03	0.02	0.03	0.03	0.04	—	
木质纤维板	1.0	0.06	0.15	0.28	0.30	0.33	—	
3. 多孔材料								
泡沫玻璃	4.0	0.11	0.32	0.52	0.44	0.52	0.33	贴实
脲醛泡沫塑料	5.0	0.22	0.29	0.40	0.68	0.95	0.94	贴实
泡沫水泥(外粉刷)	2.0	0.18	0.05	0.22	0.48	0.22	0.32	紧靠粉刷
吸声蜂窝板	—	0.27	0.12	0.42	0.86	0.48	0.30	紧贴墙面
泡沫塑料	1.0	0.03	0.06	0.12	0.41	0.85	0.67	
4. 纤维材料								
矿棉板	3.13	0.10	0.21	0.60	0.95	0.85	0.72	贴实
玻璃棉	5.0	0.06	0.08	0.18	0.44	0.72	0.82	贴实
酚醛玻璃纤维板	8.0	0.25	0.55	0.80	0.92	0.98	0.95	贴实
工业毛毡	3.0	0.10	0.28	0.55	0.60	0.60	0.56	紧靠墙面

四、隔声材料

隔声是指材料阻止声波透过的能力。隔声性能的好坏用材料的入射声能与透过声能相差的分贝数表示，差值越大，隔声性能越好。

通常要隔绝的声音按照传播途径可分为空气声（由于空气的振动）和固体声（由于固体的撞击或振动）两种。对于隔绝空气声，根据声学中的“质量定律”，墙或板传声的大小，主要取决于其单位面积的质量，质量越大，越不易振动，隔声效果越好，故应选择密实、沉重的材料（如烧结普通砖、钢筋混凝土、钢板等）作为隔声材料。对于隔绝固体声最有效的措施是采用不连续的结构处理，即在墙壁和承重梁之间、房屋的框架和墙板之间加弹性衬垫，如毛毡、软木、橡皮等材料或在楼板上加弹性地毯。

本章小结

(1)沥青的组分主要有油分、树脂和地沥青质。

(2)改性沥青可以分为矿物填充料改性沥青、橡胶改性沥青、树脂改性沥青和橡胶树脂共混改性沥青等。

(3)建筑热工设计时通常主要考虑热传导。

(4)绝热材料根据化学成分可以分为无机材料和有机材料两大类，根据结构形式又可分为纤维状材料、散粒状材料和多孔材料。

(5)影响材料吸声性能的主要因素：材料的表观密度、材料的厚度、材料的孔隙特征、吸声材料设置的位置。

复习思考题

3-1 何谓绝热材料？影响材料绝热性能的主要因素有哪些？

3-2 为什么使用绝热材料时要特别注意防水防潮？

3-3 常用的绝热材料有几类？试举出几种常用的绝热材料，并说明它们各自的特点？

3-4 何谓吸声材料？材料的吸声性能用什么指标来表示？

3-5 影响吸声材料吸声效果的因素有哪些？

第四章　装 饰 材 料

[重点内容和学习目标]

本章重点讲述陶瓷、玻璃及金属等装饰材料的性质和特点。通过本章学习，要求学生掌握玻璃、陶瓷锦砖、铝合金的特点和应用。

第一节　装饰材料的基本概念

建筑装饰材料是指用于建筑物内外墙面、地面、顶棚和室内空间装饰装修所用的材料。装饰材料可以大大提高和改善建筑物的艺术效果，给人以美和舒适的享受。这类材料还兼有保温绝热、吸声隔声、防火、防潮等功能，起到保护主体结构、延长建筑物使用寿命的作用。在一般建筑物中，装饰材料的费用占整个材料费的50%左右，而一些装饰标准较高的工程如宾馆、高级的写字楼和住宅等建筑物中，所占的比例可达70%或更高。

随着建筑装饰工程的不断发展，装饰材料品种日益增多，质量逐步提高。除在前面有关章节已讲到的装饰材料如石材、石膏、木材、涂料等之外，本章介绍建筑玻璃、建筑陶瓷、铝合金门窗及金属装饰板材。

第二节　常见的装饰材料

一、玻璃及其制品

玻璃是以石英砂、纯碱、长石和石灰石等为主要原料，在100℃高温下熔融成液态，经拉制或压制而成的非结晶透明状的无机材料。

随着现代建筑发展的要求，玻璃正朝着多功能方向发展，除了用作一般采光材料外，经过深加工的玻璃制品还具有可控制光线、隔热、隔声、节能、安全和艺术装饰等功能。建筑中使用的玻璃制品种类很多，其中主要有平板玻璃、安全玻璃、特种玻璃和其他玻璃。

1. 平板玻璃

平板玻璃是指未经再加工的，表面平整光滑透明的板状玻璃，主要用于装配建筑物门窗，起采光、遮挡风雨、保温和隔声等作用。平板玻璃也可用作进一步深加工或具有特殊功能的基础材料。平板玻璃的生产方法通常分为两种，即传统的引拉法和浮法。用引拉法生产的平板玻璃称为普通平板玻璃。浮法是目前最先进的生产工艺，采用浮法生产平板玻璃，不仅产量大、工效高，而且表面平整、厚度均匀，光学等性能都优于普通平板玻璃，称为浮法玻璃。

(1)平板玻璃的规格、质量标准

按照《普通平板玻璃》(GB 4871—85)和《浮法玻璃》(GB 11614—89)规定，平板玻璃厚度有以下几种：引拉法玻璃厚度分为 2mm、3mm，4mm、5mm、6mm 5 种，长宽比不大于 2.5，其中 2mm、3mm 厚玻璃尺寸不小于 400mm×300mm，4mm、5mm、6mm 厚玻璃尺寸不小于 600mm×400mm。浮法玻璃厚度分为 3mm、4mm、5mm、6mm、8mm、10mm、12mm7 种，其尺寸一般不小于 1 000mm×1 200mm，但也不大于 2 500mm×3 000mm。浮法玻璃按照光学性质和外观质量分为优等品、一级品和合格品三个等级，见表 4-1。

浮法玻璃的等级指标 表 4-1

缺陷名称	说明	优等品	一级品	合格品
光学变形	光入射角	厚 3mm，55°； 厚≥4mm，60°	厚 3mm，50°； 厚≥4mm，55°	厚 3mm，40°； 厚≥4mm，45°
气泡	长 0.5～1mm， 每平方米允许个数	3	5	10
	长≥1mm， 每平方米允许个数	长 1～1.5mm，2	长 0.5～1mm，3	长 0.5～1mm，4 长>1.5～5mm，2
夹杂物	长 0.3～1m， 每平方米允许个数	1	2	3
	长>1mm， 平方米允许个数	长 1～1.5mm， 50mm 边部，1	长 1～1.5mm，1	长 1～2mm，2
划伤	宽≤0.1mm， 每平方米允许条数	长≤50mm，1	长≤50mm，2	长≤100mm，6
	宽>0.1mm， 每平方米允许条数	不许有	宽 0.1～0.5mm， 长≤50mm，1	宽 0.1～1mm， 长≤100mm，3
线道	正面可以看到的，每片玻璃允许条数	不许有	50mm 边部，1	2
雾斑（沾锡、麻点与光畸变点）	表面擦不掉的点，每平方米允许数	肉眼看不出		斑点状，直径 2mm，4 个条纹状，宽≤2mm，长≤50mm，2 条

（2）平板玻璃的计量和保管

平板玻璃应采用木箱或者集装箱（架）包装。厚度为 2mm 的平板玻璃，$10m^2$ 为一标准箱，一标准箱的质量为 50kg 时称为一质量箱。对于其他厚度规格的玻璃计量时按表 4-2 进行标准箱或者质量箱的换算。

平板玻璃标准箱和质量箱换算系数 表 4-2

厚度（mm）	折合标准箱		折合质量箱	
	每 $10m^2$ 折合标准箱	每一标准箱折合 m^2 数	每 $10m^2$ 折合 kg 数	每 10kg 折合质量箱
2	1.0	10.00	50	1
3	1.65	6.06	75	1.5
5	3.5	2.85	125	2.5
6	4.5	2.22	150	3
8	6.5	1.54	200	4
10	8.5	1.17	250	5

平板玻璃属于易碎品，在运输和储存时，必须箱盖向上，垂直立放，入库或入棚保管，注意防雨防潮。

2. 安全玻璃

玻璃是脆性材料，当外力超过一定数值时即碎裂成具有尖锐棱角的碎片，破坏时几乎没有塑性变形。为了减少玻璃的脆性，提高强度，改变玻璃碎裂时带尖锐棱角的碎片飞溅，容易伤人的现象，对普通的平板玻璃进行增强处理，或者与其他材料复合，这类玻璃称为安全玻璃，常用的有以下几种。

(1)钢化玻璃

常见的钢化玻璃是采用物理钢化法制得的。即将平板玻璃加热到接近软化温度（约650℃），然后用冷空气喷吹使其迅速冷却，表面形成均匀的预加压应力，从而提高了玻璃的强度、抗冲击性和热稳定性。

钢化玻璃的抗弯强度提高3～5倍，达200MPa以上，韧性提高约5倍，热稳定性高，最大安全工作温度为288℃，能承受204℃的温差变化。钢化玻璃一旦受损破坏，便产生应力崩溃，破碎成无数带钝角的小块，不易伤人。

钢化玻璃可用作高层建筑的门窗、幕墙、隔墙、屏蔽、桌面玻璃、炉门上的观察窗以及车船玻璃。钢化玻璃不能切割、磨削。使用时需按现成尺寸规格选用或按设计要求定制，钢化玻璃搬运时须注意保护边角不受损伤。

(2)夹丝玻璃

夹丝玻璃是在平板玻璃中嵌入金属丝或金属网的玻璃。夹丝玻璃一般采用压延法生产，在玻璃液进入压延辊的同时，将经过预热处理的金属丝或金属网嵌入玻璃板中而制成。夹丝玻璃的表面有压花的或光面的，颜色有无色透明的或彩色的，厚度一般都在5mm以上。

夹丝玻璃的耐冲击性和耐热性好，在外力作用或温度剧变时，玻璃裂而不散粘连在金属丝网上，避免碎片飞出伤人。发生火灾时夹丝玻璃即使受热炸裂，仍能固定在金属丝网上，起到隔绝火势的作用。

夹丝玻璃适用于振动较大的工业厂房门窗、屋面、采光天窗，建筑物的防火门窗或仓库、图书库门窗。

(3)夹层玻璃

夹层玻璃是在两片或多片玻璃之间嵌夹透明塑料膜片，经加热、加压粘合而成。

生产夹层玻璃的原片可采用平板玻璃、钢化玻璃、热反射玻璃、吸热玻璃等。玻璃的厚度可为2mm、3mm、5mm、6mm、8mm。常用的塑料膜片为聚乙烯醇缩丁醛。夹层玻璃的层数最多可达9层，这种玻璃也称防弹玻璃。

夹层玻璃按形状可分为平面和曲面两类。夹层玻璃的抗冲击性能比平板玻璃高出几倍，破碎时只产生裂纹而不分离成碎片，不致伤人。夹层玻璃适用于安全性要求高的门窗，如高层建筑或银行等建筑物的门窗、隔断，商品或展品陈列柜及橱窗等防撞部位，车、船驾驶室的风挡玻璃。

3. 节能玻璃

(1)吸热玻璃

吸热玻璃是能吸收大量红外线辐射能，并保持较高可见光透过率的平板玻璃。

吸热玻璃是有色的，其生产方法有两种：一是在玻璃原料中加入一定量的有吸热性能的着色剂，如氧化铁、氧化镍、氧化钴以及硒等；另一种是在平板玻璃表面喷镀一层或多层金属氧化物镀膜而制成。吸热玻璃的颜色有灰色、茶色、蓝色、绿色、青铜色、粉红色和金黄色等。厚度有 2mm、3mm、5mm 和 6mm4 种规格。

吸热玻璃能吸收 20%～80%的太阳辐射热，透光率为 40%～75%。吸热玻璃除能够吸收红外线外，还能防眩光和减少紫外线的射入，降低紫外线对人体和室内装饰及家具的损害。

吸热玻璃适用于既需要采光，又需要隔热之处，尤其是炎热地区需设置空调、避免眩光的大型公共建筑的门窗、幕墙、商品陈列窗、计算机房及车船玻璃，还可以制成夹层、夹丝或中空玻璃等制品。

(2)热反射玻璃

热反射玻璃是具有较强的热反射能力而又保持良好透光性的玻璃。它是采用热解、真空蒸镀、阴极溅射等方法，在玻璃表面镀上一层或几层例如金、银、铜、镍、铬、铁及上述金属的合金或金属氧化物薄膜，或采用电浮法等离子交换方法，以金属离子置换玻璃表面原有离子而形成热反射膜。热反射玻璃又称镀膜玻璃或镜面玻璃，有金色、茶色、灰色、紫色、褐色、青铜色和浅蓝等色。

热反射玻璃对太阳光具有较高的热反射能力，一般热反射率都在 30%以上，最高可达 60%。玻璃本身还能吸收一部分热量，使透过玻璃的总热量更少。热反射玻璃的可见光部分透过率一般在 20%～60%，透过热反射玻璃的光线变得较为柔和，能有效地避免眩光，从而改善室内环境，是有效的防太阳辐射玻璃。镀金属膜的热反射玻璃还具有单向透像的作用，即在玻璃的迎光面具有镜子的功能，在背光面则又如普通玻璃可透视。所以在白天能从室内看到室外景物，而从室外却看不到室内的景象，只能看见玻璃对周围景物的影像。

热反射玻璃主要用作公共或民用建筑的门窗、门厅或幕墙等装饰部位，不仅能降低能耗，还能增加建筑物的美感，起到装饰作用。

(3)中空玻璃

中空玻璃是将两片或多片平板玻璃相互间隔 6～12mm，四周用间隔框分开，并用密封胶或其他方法密封，使玻璃层间形成有干燥气体空间的产品。

中空玻璃可以根据要求选用各种不同性能和规格的玻璃原片，如浮法玻璃、钢化玻璃、夹层玻璃、夹丝玻璃、压花玻璃、彩色玻璃、热反射玻璃、吸热玻璃等。玻璃片厚度可分为 3mm、4mm、5mm 和 6mm，中空玻璃总厚度为 12～42mm。

中空玻璃具有良好的保温隔热性能，如双层中空玻璃(3＋12A＋3)mm 的隔热效果与 100mm 厚混凝土墙效果相当，而中空玻璃的质量只有 100mm 厚混凝土墙的 1/16。再如 3 层中空玻璃(3＋12A＋3＋12A＋3)mm 的隔热效果与 370mm 烧结普通砖墙相当，而自重只有砖墙的 1/20。因此在隔热效果相同的条件下，用中空玻璃代替部分砖墙或混凝土墙，不仅可以增加采光面积、透明度和室内舒适感，而且可以减轻建筑物自重，简化建筑结构。中空玻璃有良好的隔声效果，可降低室外噪声 25～30dB。另外，中空玻璃可降低表面结露温度。

中空玻璃主要用于需要采暖、空调、防止噪声、防结露及要求无直接阳光和特殊光的建筑物上，如住宅、写字楼、学校、医院、宾馆、饭店、商店、恒温恒湿的实验室等处的门窗、天窗或玻璃幕墙。

4. 其他玻璃制品

(1)磨砂玻璃

磨砂玻璃又称毛玻璃，是采用机械喷砂、手工研磨或氢氟酸溶蚀等方法将普通的平板玻璃表面处理成均匀的毛面。磨砂玻璃表面粗糙，使透过光产生漫射而不能透视，灯光透过后变得柔和而不刺目。所以这种玻璃还具有避免眩光的特点。

磨砂玻璃可用于会议室、卫生间、浴室等处，安装时毛面应朝向室内或背向淋水的一侧。磨砂玻璃也可制成黑板或灯罩。

(2)压花玻璃

压花玻璃是将熔融的玻璃液在急冷中通过带图案花纹的辊轴压延而成的制品。可以一面压花，也可以两面压花。若在原料中着色或在玻璃表面喷涂金属氧化物薄膜，可制成彩色压花玻璃。由于压花面凹凸不平，当光线通过时产生漫射。所以通过它观察物体时会模糊不清，产生透光不透视的效果。压花玻璃表面有多种图案花纹或色彩，具有一定艺术装饰效果，多用于办公室、会议室、卫生间、浴室以及公共场所分离室的门窗和隔断等处，安装时应将花纹朝向室内。

(3)空心玻璃砖

空心玻璃砖是由两个半块玻璃砖组合而成，中间具有空腔而周边密封。空腔内有干燥空气并存在微负压。空心玻璃砖有单腔和双腔两种。形状多为正方形或长方形，外表面可制成光面或凹凸花纹面。

由于空心玻璃砖内部有密封的空腔，因此具有隔声、隔热、控光及防结露等性能。空心玻璃砖可用于写字楼、宾馆、饭店、别墅等门厅、屏风、立柱的贴面、楼梯栏板、隔断墙和天窗等不承重的墙体或墙体装饰，或用于必须控制透光、眩光的场所及一些外墙装饰。

空心玻璃砖不能切割，可用水泥砂浆砌筑。施工时可用固定间隔框或用$\phi 6$拉结筋结合固定框的方法进行固定。由于空心玻璃砖的热胀系数与烧结普通砖、混凝土和钢结构不相同，因此砌筑时在玻璃砖与烧结普通砖、混凝土或钢结构连接处应加弹性衬垫，起缓冲作用。若是大面积砌筑时在连接处应设置温度变形缝。

(4)玻璃锦砖

玻璃锦砖又称玻璃马赛克，是内部含有石英砂颗粒的乳浊或半乳浊状彩色玻璃制品。它的规格尺寸与陶瓷锦砖相似，多为正方形，一般尺寸为 20mm×20mm、30mm×30mm、40mm×40mm、厚 4～6mm，背面有槽纹利于与基面黏结，为便于施工，出厂前将玻璃锦砖按设计图案反贴在牛皮纸上，贴成 305.5mm×305.5mm 见方，称为一联。

玻璃锦砖质地坚硬、性能稳定、颜色丰富、雨天能自涤，经久常新，是一种较好的外墙装饰材料。

建筑装饰工程中用到的玻璃还有釉面玻璃、镭射玻璃、刻花玻璃、冰花玻璃、镜面玻璃、晶质玻璃等。

二、建筑陶瓷

建筑陶瓷是用作建筑物墙面、地面以及园林仿古建筑和卫生洁具的陶瓷制品材料。它是现代装修工程中大量广泛使用的一类材料。

建筑陶瓷质地均匀致密，有较高的强度和硬度，耐水、耐磨、耐化学腐蚀，耐久性好，易清洗。可制成多种花色品种，表面花纹图案绚丽多彩。由于选用原料不同，建筑陶瓷的坯体分为陶质、炻质、瓷质三类。

(1)陶质　主要原料是塑性较高的易熔或难熔黏土。坯体烧结强度不高，呈多孔状，吸水率>10%。断面粗糙无光，不透明，敲击声音粗哑，表面可施釉或不施釉。根据其原料中杂质含量的不同，可分为精陶(白色或浅黄色)和粗陶(深色)。建筑陶瓷中的釉面内墙砖、卫生洁具等多属于精陶类。

(2)炻质　是以耐火黏土为主要原料制成，断面较致密，颜色从白色、浅黄色至其他深色，吸水率为3%～5%。炻质是介于陶与瓷之间的制品。建筑中墙地砖多属炻质。

(3)瓷质　是以较纯的高岭土(瓷土)为原料，经1 250～1 450℃温度下烧成。坯体致密，呈半透明状，几乎不吸水，色白，耐酸、碱腐蚀，耐急冷急热，坚硬耐磨，瓷质中的精品用于生产艺术瓷、旧用瓷或特殊的工业瓷器。一般品质的或粗瓷可用于生产建筑陶瓷制品。

常用的建筑陶瓷有釉面内墙砖、墙地砖、陶瓷锦砖、琉璃制品等。

1. 釉面内墙砖

釉面内墙砖简称釉面砖，又称瓷砖或瓷片。釉面砖主要用作厨房、浴室、卫生间、盥洗间、实验室、精密仪器车间和医院等室内墙面、台面等处的饰面材料，既清洁卫生，又美观耐用。

釉面砖按釉面色彩分为单色(如白色)、套色和图案砖三种。按形状分为正方形、长方形和异形配件砖。主要尺寸有98mm×98mm×5mm至297mm×247mm×5mm等多种规格。釉面砖背面有凹槽以便增强与砂浆的黏结力，凹槽深度应不小于0.2mm。釉面砖由过去白色小面积的单一品种，向各种花色和图案砖发展，其装饰效果更佳。

釉面砖不宜用于室外，因其吸水率较大(＜22%)，吸水后坯体产生膨胀，而表面釉层的湿胀很小，若用于室外经常受到大气温、湿度变化的影响，会导致釉层产生裂纹或剥落，尤其是在寒冷地区，会大大降低其耐久性。

釉面砖铺贴前须浸水2h以上，然后取出阴干至表面无明水，才可进行粘贴施工。否则将严重影响粘贴质量。在粘贴用的砂浆中掺入一定量的108胶，不仅可以改善灰浆的和易性，延长水泥凝结时间，以保证铺贴时有足够的时间对所贴砖进行拔缝调整，也有利于提高粘贴强度，提高质量。

2. 墙地砖

墙地砖包括建筑物室内外墙面、柱面和地面装饰铺贴用砖，由于这类砖可墙地两用，故称为墙地砖。主要品种有彩釉墙地砖、无釉墙地砖、劈离砖、彩胎砖等。

(1)彩釉墙地砖

彩色釉面陶瓷墙地砖坯体多为陶质或炻质，面层施以彩釉，简称彩釉砖。彩釉砖色彩图案多样，表面有的平滑光亮，有的布有凸起的花纹或小麻点可防滑。吸水率≤10%，坚固耐磨、易清洗，主要用于建筑物的外墙面及地面装饰或一些公共建筑的室内墙裙，一般铺地用砖质地较厚些。

(2)无釉墙地砖

无釉墙地砖简称无釉砖，是表面没有施釉的吸水率＜6%的较密实的陶瓷面砖。按其表面状况分为无光和有光两种，后者为前者经磨光或抛光而制成。无釉砖颜色及品种多样，表面可制成平面或带有沟条及图案等形式。无釉砖坚固、耐磨、抗冻、耐腐蚀、易清洗，适用于地面或外墙面等处。

(3)劈离砖

劈离砖是坯体成型时双砖背联，待烧成后再劈离成两块，故称劈离砖。劈离砖品种规格多样，花色丰富柔和自然，表面质感有细质的和粗质的，有上釉的也有不上釉的。

劈离砖适用于各类建筑物的外墙装饰，也适用于各类公共建筑的室内地面或室外停车场、人行道等人流或活动场所地面铺贴。

(4)彩胎砖

彩胎砖是瓷质表面无釉本色的饰面砖，坯体经一次烧成后即呈多彩细花纹的表面，具有天然花岗岩的纹理，颜色有红、绿、黄、蓝、灰、棕等基色，多为浅色调，纹理细腻、色调柔和莹润、质朴高雅。

彩胎砖表面有平面和浮雕型两种，又有无光、磨光、抛光之分。

3. 陶瓷锦砖

陶瓷锦砖也称马赛克，是用优质瓷土烧制而成，具有多种色彩和不同形状的小块砖。边长一般<50mm。陶瓷锦砖的计量单位是联，它是将正方形、长方形、六边形等薄片状小块瓷砖，按设计图案反粘在牛皮纸上拼贴组成，称为一联。砖联有正方形、长方形或根据特殊要求定制的形式，品种有单色和拼花两种。

(1)陶瓷锦砖的基本形状

陶瓷锦砖的几种基本拼花图案(图 4-1)。

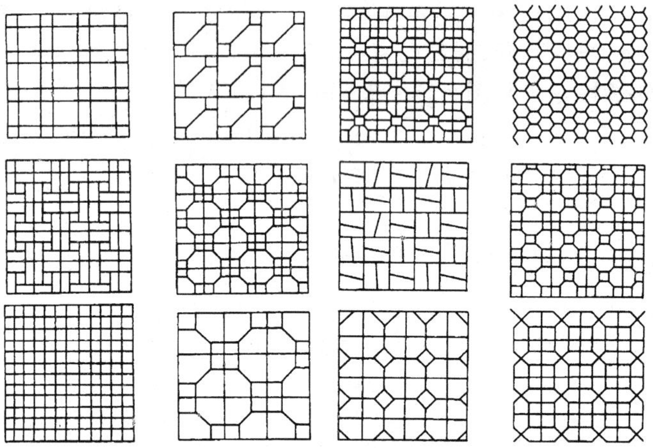

图 4-1　陶瓷锦砖的基本拼花图案

(2)陶瓷锦砖的质量等级和技术要求

根据陶瓷锦砖的行业标准(JC 456—92)规定，陶瓷锦砖按尺寸允许偏差和外观质量分为优等品和合格品两个等级。其尺寸允许偏差和主要技术要求见表 4-3 和表 4-4。

陶瓷锦砖尺寸及允许偏差　　表 4-3

项目		尺寸(mm)	允许偏差(mm)	
			优等品	合格品
单块锦砖	长度	≤25.0 25.0	0.5	0.1
	厚度	4.0 4.5 >4.5	0.2	0.4
每联锦砖	线路	2.0～5.0	0.6	1.0
	联长	284.0 295.0	+2.5	+3.0
		305.0 325.0	−0.5	−1.0

注：①线路是指相邻两块锦砖之间的距离；

②特殊要求的尺寸偏差可由供需双方协商。

陶瓷锦砖的主要技术要求　　表 4-4

品　　种	吸　水　率	耐急冷急热性	脱 纸 时 间
无釉锦砖	≤0.2%	不作要求	≤40min
有釉锦砖	≤1.0%	经急冷急热试验不裂	

(3)陶瓷锦砖的特点和应用

陶瓷锦砖色彩多样，色泽牢固，图案美观，质地坚实，抗压强度高，耐磨，耐腐蚀，不易污染，不吸水，不滑，易清洁，坚固耐用，造价较低。可用于洁净车间、化验室、门厅、走廊、餐厅、厨房、盥洗间、浴室等处的地面或墙面，也可用于建筑物的外墙饰面。另外利用不同色彩和花纹的锦砖，按照预先的设计可拼贴出大面积的图案或壁画。

4. 建筑琉璃制品

琉璃制品是用难熔黏土经制坯、干燥、素烧、施釉、釉烧而成。建筑琉璃制品质地致密，表面光滑，不易污染，经久耐用，色彩绚丽，造型古朴，是具有我国民族传统特色的建筑材料，常用色彩有金黄、翠绿、宝蓝等色。主要制品有琉璃瓦、琉璃砖、琉璃兽以及琉璃花窗、栏杆等各种装饰制件，还有陈设用的建筑工艺品，如琉璃桌、绣墩、鱼缸、花盆、花瓶等。建筑琉璃制品主要用于仿古建筑、园林建筑或纪念性建筑。

三、铝合金门窗及金属装饰板材

金属是建筑装饰装修中不可缺少的重要材料之一。金属装饰板材易于成型，能够满足造型方面的要求，同时又有防火、耐磨、耐腐蚀等优点，还有独特的金属质感，丰富多彩的色彩与图案，因而得到了广泛的应用。金属装饰材料的主要形式有各种板材，如花纹板、波纹板、穿孔板等。

1. 建筑装饰用铝合金制品

建筑装饰工程中常用的铝合金制品主要有铝合金门窗、各种装饰板等。

(1)铝合金门窗

铝合金门窗是将经表面处理的铝合金门窗框料，经下料、钻孔、铣槽、攻丝、配制等一系列工艺装配而成。

铝合金门窗造价较高，但因其长期维修费用低，并且在造型、色彩、玻璃镶嵌、密封和耐久性方面均比钢、木门窗有着明显的优势，所以在高层建筑和公共建筑中应用特别广泛，目前随着我国人民生活水平的提高，也越来越多的应用于家庭装修方面。

(2)铝合金门窗的特点

①自重轻　铝合金门窗断面多是空腹薄壁组合断面，用料省，重量轻。每平方米耗材平均8～12kg，而钢门窗一般则需耗材 17～20kg。

②密封性好　由于加工精度高、型材断面尺寸精确、配件精度高及采用较好的弹性防水密封材料封缝等，所以铝合金门窗气密性、水密性、隔声性、隔热性都优于其他类型的门窗。

③装饰性好　铝合金门窗框有银白色、古铜色、暗灰色、黑色等多种颜色，且有金属光泽，玻璃的颜色也可以选配，使得建筑物表面光洁、简洁明亮，富有层次感。

④耐久性好　铝合金门窗不锈蚀、不褪色、不用油漆、维修费用少、整体强度高、刚度好、经久耐用。

(3)铝合金门窗的构造及性能

铝合金门窗按结构与开闭方式分为推拉式、平开式、回转式、固定窗、悬挂窗、纱窗等。铝合金门窗使用前需检测强度、气密性、水密性、开闭力、隔声性、隔热性等指标，以上几项均合格才能安装使用。铝合金门窗根据风压强度、气密性、水密性三项性能指标，分为 A、B、C 三类，每类又分为优等品、一等品和合格品。

2. 铝合金装饰板材

铝合金装饰板材具有价格便宜、加工方便、色彩丰富、质量轻、刚度好、耐大气腐蚀、经久耐用等特点，适用于宾馆、商场、体育馆、办公楼等建筑的墙面和屋面装饰。建筑中常用的铝合金装饰板材主要有如下几种。

(1)铝合金花纹板

铝合金花纹板是采用防锈铝合金坯料，用特殊的花纹轧辊轧制而成。花纹美观大方、筋高适中，不易磨损、防滑性好、防腐蚀性能强、便于冲洗，通过表面处理可以获得各种美丽的色彩。花纹板板材平整，裁剪尺寸精确，便于安装，广泛应用于现代建筑的墙面装饰及楼梯踏板等处。

铝合金浅花纹板花纹精巧别致，色泽美观大方，除具有普通铝合金板的优点外，刚度提高 20%，抗污垢、抗划伤、抗擦伤能力均有提高。铝合金浅花纹板对白光反射率达 75%～90%，热反射率达 85%～95%，对酸的耐腐蚀性良好，通过表面处理可得到不同色彩和立体图案的浅花纹板。

(2)铝合金波纹板

铝合金波纹板有多种颜色，自重轻，有很强的反光能力，防火、防潮、防腐，在大气中可使用 20 年以上。主要用于建筑墙面和屋面装饰。

(3)铝合金压型板

铝合金压型板质量轻、外形美、耐腐蚀、经久耐用，经表面处理可得到各种优美的色彩，主要用作墙面和屋面。

(4)铝合金冲孔平板

铝合金冲孔平板是用各种铝合金平板经机械冲孔而成。孔型根据需要有圆孔、方孔、长圆孔、长方孔、三角孔、大小组合孔等，是一种能降低噪声并兼有装饰作用的新产品。

铝合金冲孔板材质轻、耐高温、耐高压、耐腐蚀、防火、防潮、防震、化学稳定性好，造型美观，立体感强，装饰效果好，组装简单。可用于大中型公共建筑及中、高级民用建筑中以改善音质条件，也可作为各类车间厂房等降噪措施。

3. 装饰用钢板

装饰用钢板有：不锈钢钢板、彩色不锈钢钢板、彩色涂层钢板、彩色压型钢板。

(1)不锈钢钢板

装饰用不锈钢板主要是厚度小于 4mm 的薄板、用量最多的是厚度小于 2mm 的板材。常用的有平面钢板和凹凸钢板两类。前者通常是经研磨、抛光等工序制成，后者是在正常的研磨、抛光之后再经辊压、雕刻、特殊研磨等工序制成。平面钢板又分为镜面板（板面反射率＞90%）、有光板（反射率＞70%）、亚光板（反射率＜50%）三类。凹凸板也有浮雕板、浅浮雕花纹板和网纹板三类。不锈钢薄板可作内外墙饰面、幕墙、隔墙、屋面等面层。

(2)彩色不锈钢板

彩色不锈钢板是在不锈钢板上再进行技术和艺术加工，使其成为各种色彩绚丽的装饰板。其颜色有蓝、灰、紫、红、青、绿、金黄、茶色等。彩色不锈钢钢板不仅具有良好的抗腐蚀性，耐磨、耐高温等特点，而且其彩色面层经久不褪色，并且色泽随着光照角度不同会产生色调变幻，增强装饰效果。常用作厅堂墙板、顶棚、电梯厢板、外墙饰面等。

(3)彩色涂层钢板

彩色涂层钢板的涂层分有机、无机和复合层三大类。这种钢板的原板为热轧钢板和镀锌钢板，常用的有机涂层为聚氯乙烯、聚丙烯酸酯、环氧树脂、醇酸树脂等。彩色涂层钢板具有耐污染性强、洗涤后表面光泽、色差不变，热稳定性好、装饰效果好、易加工、耐久性好等优点。可用作外墙板、壁板、屋面板等。

(4)彩色压型钢板

彩色压型钢板是以镀锌钢板为基材，经成型轧制，并敷以各种耐腐蚀涂层与彩色烤漆而成的装饰板材。其性能和用途与彩色涂层钢板相同。

本章小结

(1)建筑装饰材料是指用于建筑物内外墙面、地面、顶棚和室内空间装饰装修所用的材料。

(2)玻璃主要有平板玻璃、安全玻璃、特种玻璃和其他玻璃。

(3)建筑陶瓷是用作建筑物墙面、地面以及园林仿古建筑和卫生洁具的陶瓷制品材料。

(4)金属装饰材料的主要形式有各种板材，如花纹板、波纹板、穿孔板等。

复习思考题

4-1 常用平板玻璃从生产工艺上分有哪几种？质量上有何差别？

4-2 平板玻璃如何计量？

4-3 安全玻璃有哪些种类？各有何特点？适用于何处？

4-4 节能玻璃有哪些种类？各适用于何处？

4-5 建筑陶瓷饰面砖有哪几种？各有哪些性能、特点和用途？

4-6 铝合金门窗有何特点？按结构和开闭方式分有哪些种类？

第五章　基础与地下室

[重点内容和学习目标]

本章重点讲述基础与地下室的作用和构造，以及基础的常见类型。

通过本章学习，要求学生掌握常见地基基础类型和地下室防水防潮的构造要求。

第一节　概　　述

一、地基与基础的基本概念

基础是建筑物地面以下的承重构件（图5-1），它承受建筑物上部结构传递下来的全部荷载，并把这些荷载和自身的重量一起传递到地基上。地基则是基础下面的那部分土层。地基不作为建筑物的组成部分，但它直接影响整个建筑物的安全。

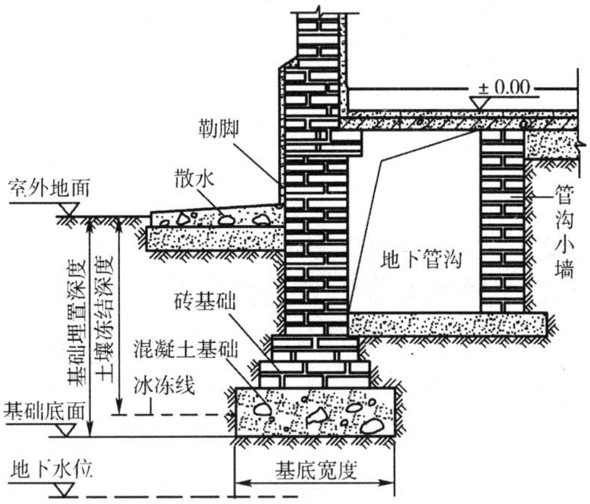

图5-1　外墙基础剖面

地基按土层性质不同，分为天然地基和人工地基两大类。

天然地基：凡天然土层具有足够的承载力，不需经人工加固或改良便可作为建筑物地基。

人工地基：当建筑物上部的荷载较大或地基的承载力较弱，须预先对土壤进行人工加固或改良后才能作为建筑物地基。主要加固方法有表面压实、重锤夯实、碾压法、换土法和桩基。

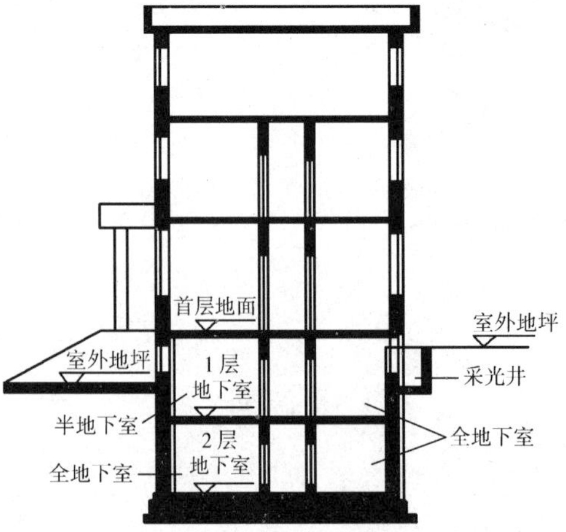

图5-2　地下室示意图

二、地下室的类型

一些多层与高层建筑常设有地下室。地下室是在建筑物处于室外地面以下的室内空间，可设一层、两层或多层（图5-2）。它是为满足结构的需要和空间有效利用而设置的，也可以作为人防使用。地下室一般由墙、底板、顶板、门窗、楼梯和采光井六部分组成。

1. 按使用性质分类

可分为普通地下室和人防地下室。

2. 按埋入地下深度分类

地下室地坪面低于室外地坪面的高度超过该

房间净高 1/3，且不超过 1/2 的，称为半地下室；超过 1/2 的，则称为全地下室。

第二节　常见基础类型

一、基础的埋置深度

由室外设计地面到基础底面的垂直距离，称为基础的埋置深度，简称基础的埋深（图 5-1）。通常把位于天然地基上、埋置深度小于 5m 的一般基础（柱基或墙基）以及埋置深度虽超过 5m，但小于基础宽度的大尺寸基础（如箱形基础），统称为天然地基上的浅基础。位于地基深处承载力较高的土层上，埋置深度大于 5m 或大于基础宽度的基础，称为深基础。当基础直接做在地表上时，称为不埋基础。

决定基础的埋置深度因素主要有：地基土质的好坏、地下水位的高低、冻土线的深度以及相邻基础的深度等。在保证坚固和安全的前提下，从经济和施工的角度考虑，对一般民用建筑基础应尽量设计为浅基础，但最小埋深不得小于 0.5m。

二、基础的类型

基础的类型有很多种，主要按上部结构形式、荷载大小及地基情况确定。

按基础的受力性能可分为刚性基础和柔性基础。按基础使用的材料可分为砖基础、毛石基础、混凝土基础、毛石混凝土基础、灰土基础和钢筋混凝土基础。按基础的构造可分为条形基础、独立基础、井格式基础、筏式基础、箱形基础和桩基础等。

1. 条形基础

当建筑物上部结构采用砖墙或石墙承重时，基础沿墙体底部连续设置成长条状（图 5-3），这种基础称为条形基础或称带形基础。条形基础是砌体结构建筑基础的基本形式。条形基础的材料一般为砖、石、灰土、三合土等。

2. 独立基础

当建筑物上部为框架结构或单独柱子承重，且柱距较大时，基础常用方形或矩形的单独基础（图 5-4），这种基础称为独立基础或柱式基础。如果柱子为预制时，则基础做成杯口状，然后将柱子嵌固在杯口内，称为杯形基础。

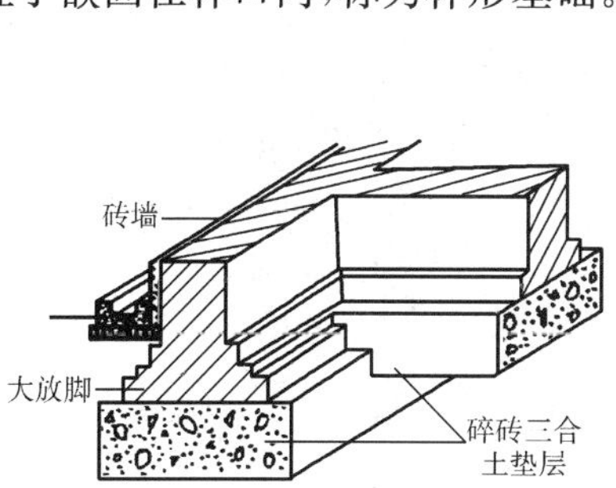

图 5-3　条形基础

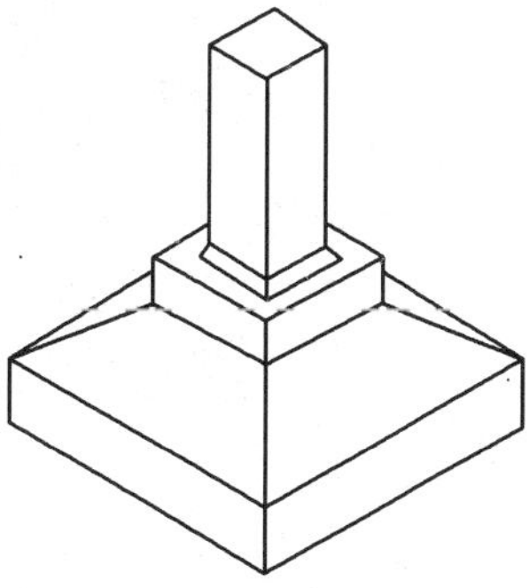
图 5-4　独立基础—杯形

3. 井格式基础

当框架结构处于地基条件较差的情况下，为提高建筑的整体性，以免各柱子间产生不均匀沉降，常将柱下基础沿纵、横方向连接起来，做成十字交叉的井格状(图 5-5)，这种基础称为井格式基础或十字带形基础。

4. 筏式基础

当建筑物上部荷载较大，而所在地地基承载力又较弱，这时采用简单的条形基础或井格式基础已不能适应地基变形的需要，可将墙下或柱下基础连成一片，使整个建筑物的荷载承受在一块整板上(图 5-6)，这种基础称为筏式基础。

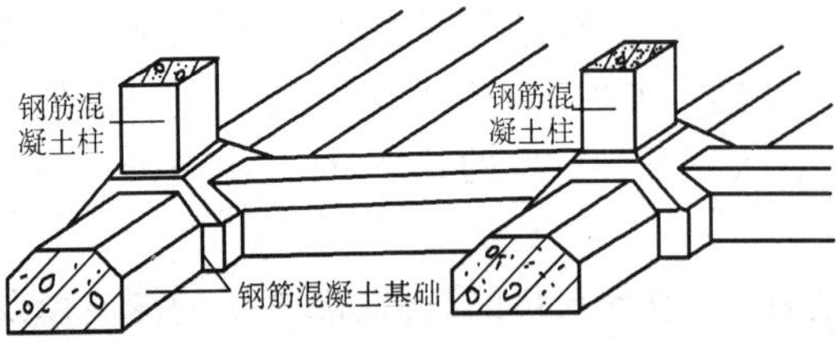

图 5-5　井格式基础

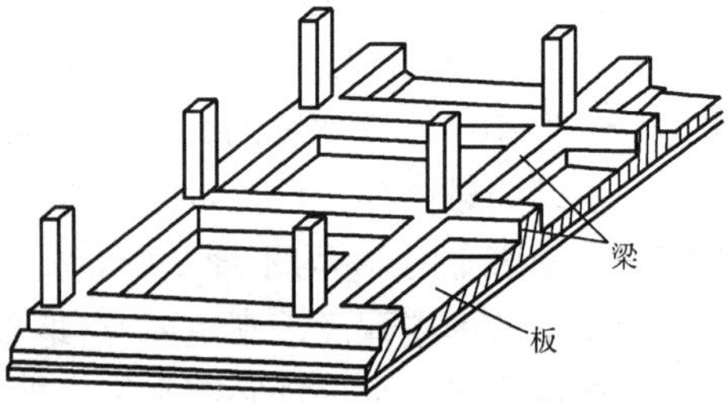

图 5-6　筏式基础

5. 箱形基础

当建筑物上部荷载很大、高度较高，且地基承载力较小时，基础需要深埋。为减少基础回填土方工程量及充分利用地下空间，常用钢筋混凝土将基础四周的底板、顶板和纵横墙浇筑整体刚度很大的盒子状(图 5-7)，图 5-6 筏式基础以对抗地基的不均匀沉降，这种基础称为箱形基础。

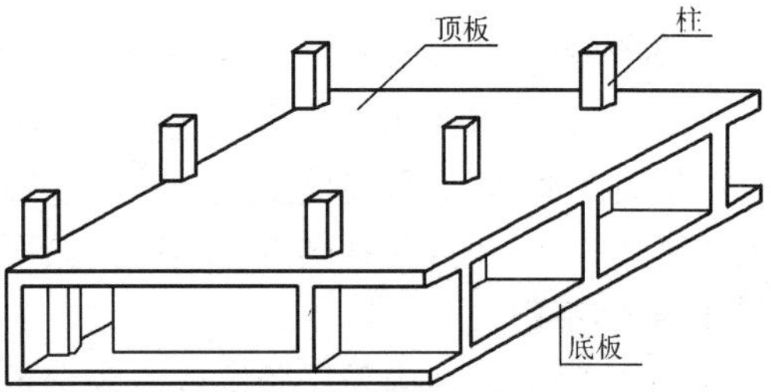

图 5-7　箱形基础

6. 桩基础

当建造比较大的工业与民用建筑时，如果地基的土层较弱较厚，采用浅埋基础不能满足地基强度和变化要求，做其他人工地基没有条件或不经济时，常采用桩基础。桩基础的作用是将荷载通过桩传递给埋藏较深的坚硬土层，或通过桩周围的摩擦力传给地基。前者称为端承桩，后者称为摩擦桩(图 5-8)。

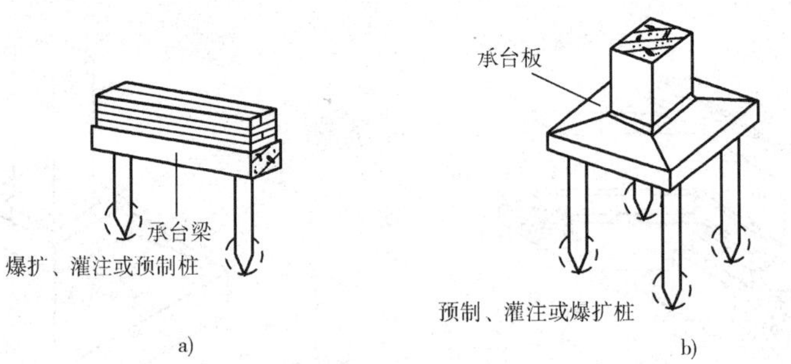

图 5-8　桩基础

a)墙下桩基础；b)柱下桩基础

桩基础按施工方法分为预制桩和灌注桩两大类。灌注桩又可分为振动灌注桩、钻孔灌注桩和爆扩灌注桩三种。

第三节　地下室防潮、防水构造

地下室的墙身、底板处于地面以下，经常受到下渗的地面水、土层中的潮气和地下水的侵蚀，会造成室内墙面粉刷层脱落，甚至使地下室无法正常使用，严重时还会影响到建筑物的耐久性。因此，防潮、防水问题是地下室构造中必须解决的重要问题。

一、地下室防潮

当设计最高地下水位低于地下室地坪且无滞水可能时，地下水不能直接侵入室内，墙体和地坪仅受到土层中与土壤结合的水的影响。这时只需做防潮处理。其构造是在地下室外墙外侧设置垂直防潮层和水平防潮层，使整个地下室防潮层连成整体（图 5-9）。

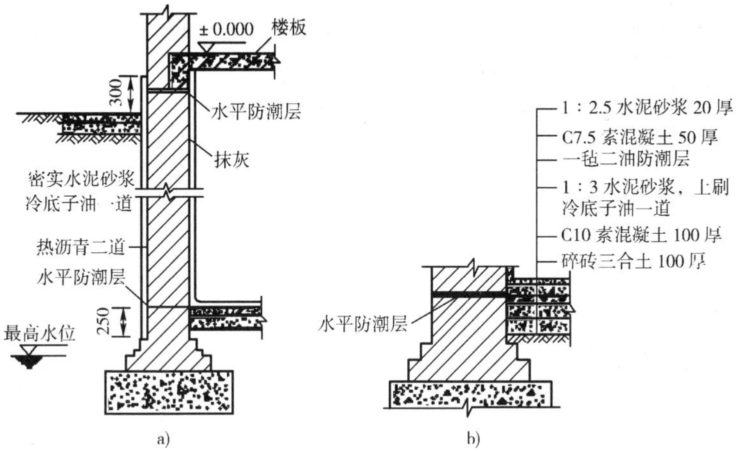

图 5-9　地下室防潮处理（尺寸单位：mm）

a）墙身防潮；b）地坪防潮

垂直防潮层：先在地下室外墙外侧抹一层 20mm 厚的 1：3 水泥砂浆找平层（高出散水 300mm 以上），然后涂一道冷底子油和两道热沥青（至散水底），最后在防潮层外侧回填 500mm 以上宽度的低渗透土壤，如黏土、2：8 的灰土等，并逐层夯实。

水平防潮层：必须设置两道。一道设在地下室地坪附近，一般设在地坪的结构层之间；另一道设在室外地面散水坡以上 150～200mm 的位置，以防地潮沿地下墙身或勒脚处墙身侵入室内。

地下室为砖砌体结构时，应做防潮处理；地下室为混凝土结构时，混凝土可起到防潮的作用，不必再做防潮处理。

二、地下室防水

当设计最高地下水位高于地下室地坪时，地下室的外墙和地坪都浸泡在水中，地下室的外墙受到地下水的侧压力作用，地坪则受到浮力作用，而且地下水位高出地下室地坪的高度越大，侧压力和浮力就越大，渗水的可能性就越大。因此，必须考虑地下室外墙和地坪做防水处理。

地下室防水方法主要有防水混凝土防水、柔性防水。

1. 防水混凝土防水

当地下室墙体和地坪采用钢筋混凝土时，可在混凝土中掺入一定量的加气剂或密实剂以提高抗渗性能；或者采用不同粒径的骨料进行级配，提高水泥砂浆的含量，以提高混凝土的密实性。

防水混凝土外墙、底板均不宜太薄，一般厚度均在 200mm 以上，否则会影响抗渗效果。为防止地下水对混凝土的侵蚀，在墙外侧应抹水泥砂浆找平，然后外涂防水材料或刷冷底子油一道、热沥青两道（图 5-10）。

2. 柔性防水

柔性防水一般用于地下室外墙为砌体材料的场合，以卷材防水应用最多，分为外包和内包防水。外包防水是将防水层贴在外墙的外表面，对防水较为有利，但维修困难；内包防水是将防水层贴在外墙的内表面，对施工较为有利，便于维修，但对防水不太有利，多用于修缮工程。

柔性防水的构造要求：

（1）底板防水面：做好地下室底板垫层后，满铺防水层延伸到外墙与底板相接处，并留出搭接长度，以便与墙体防水层形成闭合的防水构造。

（2）墙体防水面：做好地下室底板、砌筑墙体后，将底板防水面防水卷材接头与墙体防水卷材连接成整体粘贴于墙体外表面。粘贴前，先在地下室外墙外侧墙面抹 20mm 厚的 1∶3 水泥砂浆找平层，涂刷冷底子油一道，然后分层粘贴防水卷材，并高出设计最高水位 0.5～1.0m，其上部做防潮处理（图 5-11）。

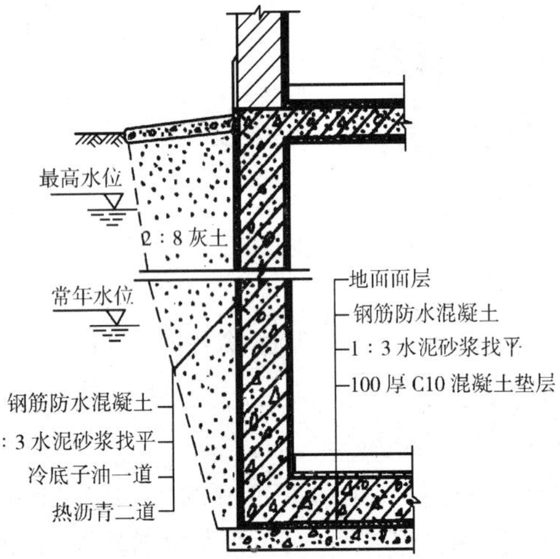

图 5-10　防水混凝土做地下室的处理

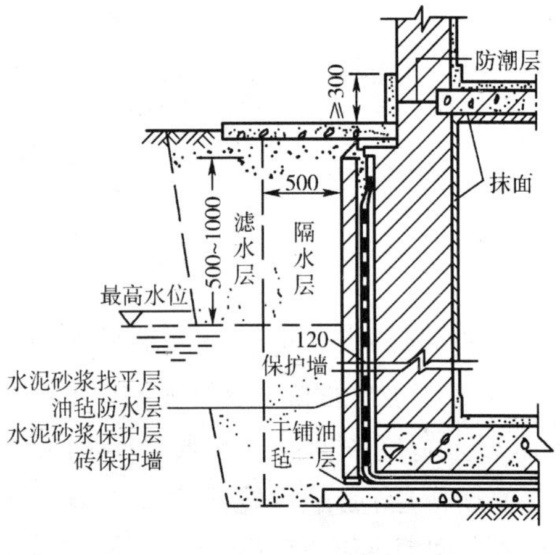

图 5-11　地下室的柔性防水构造（尺寸单位：mm）

（3）保护层：防水层外应做保护层，以防止建筑物沉降造成卷材与土壤之间的摩擦而使防水层被破坏。一般以半砖墙进行保护，应砌筑在底板垫层之上。

（4）防水层层数：应满足表 5-1 的要求。

防水层的卷材层数　　表 5-1

最大计算水头（m）	卷材所受经常压力（MPa）	卷材层数	最大计算水头（m）	卷材所受经常压力（MPa）	卷材层数
<3	0.01～0.05	3	6～12	0.1～0.2	5
3～6	0.05～0.1	4	>12	0.2～0.5	6

随着新型高分子合成防水材料的不断涌现，地下室的防水构造也在更新，如我国目前使用的三元乙丙橡胶卷材，能充分适应防水基层的伸缩及开裂变形，拉伸强度高，拉断延伸率大，能承受一定的冲击荷载，是耐久性极好的弹性卷材；又如聚氨酯涂膜防水材料，有利于形成完整的防水涂层，对在建筑内有管道、转折和高差等特殊部位的防水处理极为有利。

除上述防水方法外，还可以采用人工降排水的方法，消除地下水对地下室的影响。

人工降排水法分为外排水和内排水法。外排水法指当地下水位高出地下室地面以上时，在建筑物四周设置永久性降排水设施，通常采用盲沟排水，使地下水位降低到地下室底板以下，变有压水为无压水[图 5-12a)]。城市总排水管高于盲沟时，则采用人工排水泵将积水排出。内排水法是将渗入地下室内的水，通过永久性自流排水系统如集水沟排至集水井再用排水泵排出[图 5-12b)]。

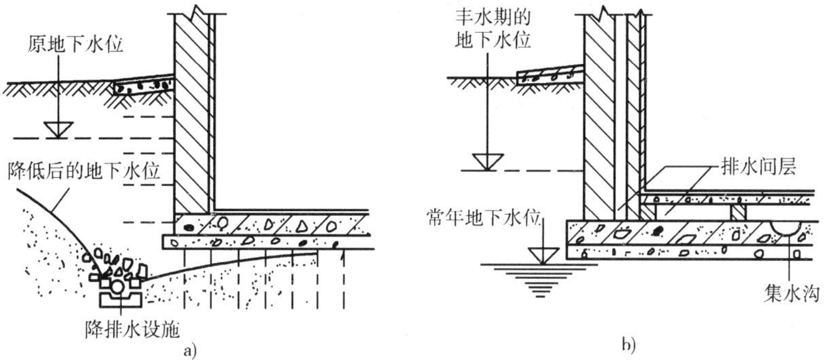

图 5-12　人工降排水措施

a)盲沟排水；b)集水井排水

本章小结

(1)基础是建筑物地面以下的承重构件，是建筑物的组成部分。地基则是基础下面的那部分土层。地基不作为建筑物的组成部分，但它直接影响整个建筑物的安全。

地基分为天然地基和人工地基。

(2)由室外设计地面到基础底面的垂直距离称为基础的埋深。深浅基础的分界为 5m。

(3)基础的类型按构造可分为：条形基础、独立基础、井格式基础、筏式基础、箱形基础和桩基础。

(4)地下室防潮构造是在地下室外墙外侧设置垂直防潮层和水平防潮层，使整个地下室防潮层连成整体。

(5)地下室防水方法主要有防水混凝土防水、柔性防水。

复习思考题

5-1　基础和地基有何区别和联系？

5-2　什么叫基础的埋深？决定基础的埋置深度因素主要有哪些？

5-3　常见基础类型有哪些？其主要特征又如何？

5-4　半地下室和全地下室是怎样区分的？

5-5　为什么要地下室做防潮、防水处理？

5-6　地下室防潮、防水构造要点有哪些？

第六章　墙　　体

[重点内容和学习目标]

本章重点讲述墙体的基本概念、砖墙的构造要求和隔墙与隔断的构造区别。通过本章的学习，要求学生掌握砖墙的细部构造和隔墙与隔断构造类型。

第一节　墙体的类型及承重布置方案

一、墙体的类型

墙是房屋的承重构件，也是围护构件。

按墙的位置，墙分为内墙、外墙。内墙位于建筑物内部主要是起分隔房间的作用；外墙是建筑物外界四周的墙，是外围护结构，起着围护室内房间不受侵袭的作用。

按墙的布置方向，墙分为纵墙、横墙和山墙。沿建筑物长轴方向布置的墙称为纵墙；而沿短轴方向布置的称为横墙，外墙横墙称为山墙(图 6-1)。

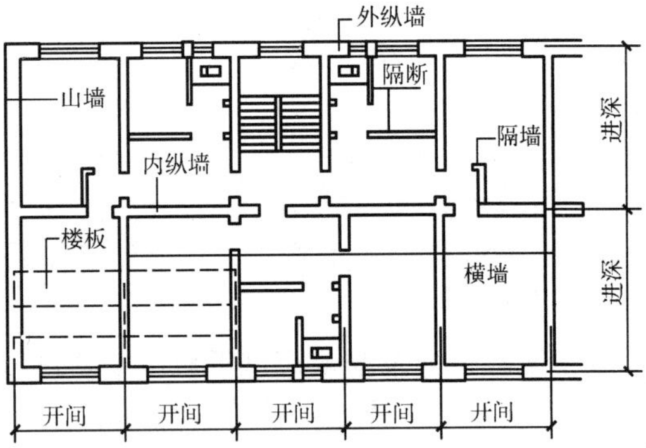

图 6-1　墙体的名称

按受力状况分为承重墙、非承重墙。直接承受上部传来荷载的墙称为承重墙；而不承受上部荷载的墙称为非承重墙，非承重墙又包括隔墙、填充墙和幕墙。自身重力由楼板或梁承受，只起分隔内部空间作用的墙称为隔墙；框架结构中填充柱子之间的墙称为框架填充墙；支承或悬挂在骨架、楼板间的外墙又称为幕墙。

按材料不同分为土墙、石墙、砖墙和混凝土墙等。

二、墙体的承重布置方案

墙体在结构布置上有横墙承重、纵墙承重、纵横墙混合承重和部分框架承重等几种承重布置方案。

横墙承重时，纵墙只起增强纵向刚度、围护和承受自重的作用。这种方案的优点是：建筑整体性好，刚度大，对抵抗风力、地震作用等水平荷载有利。适用于房间开间尺寸不大、墙体位置比较固定的建筑，如宿舍、旅馆、住宅等[图 6-2a)]。

纵墙承重时，可使房间平面布置较为灵活，但建筑物刚度较差。适用于有较大空间要求的建筑物，如教学楼、图书馆等[图 6-2b)]。

混合承重时，平面布置较为灵活、建筑物刚度也较好，但板的类型偏多，板的铺设方向也不一致，给施工造成麻烦。适用于开间、进深尺寸变化较多的建筑物，如医院、幼儿园等[图 6-2c)]。

部分框架承重时，梁一端搁在墙上，另一端搁在柱上。适用于建筑物内需要较大空间的情况，如大型超市、餐厅等[图 6-2d)]。

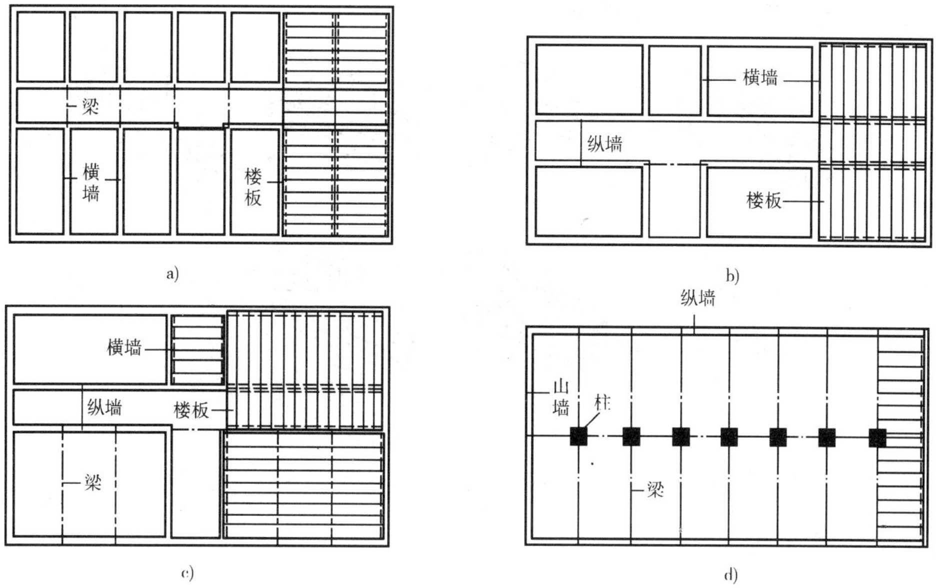

图 6-2　墙体承重布置方案

a)横墙承重结构；b)纵墙承重结构；c)混合承重结构；d)部分框架结构

第二节　砖墙的构造

砖墙是用砂浆将一块块砖按一定规律砌筑而成的砌体。其主要材料是砖与砂浆。但在砖墙构造中，还有部分混凝土和钢筋混凝土构件。

一、墙体的组砌方式

组砌是指砖块在砌体中的排列方式。标准砖的规格为 53mm×115mm×240mm(厚×宽×长)。以灰缝为 10mm 进行组合，它以砖厚加灰缝、砖宽加灰缝与砖长间的比为 1∶2∶4(图 6-3)，即(4 块砖厚＋3 个灰缝)＝(2 块砖宽＋1 个灰缝)＝1 块砖长。常见的墙体厚度名称见表 6-1。

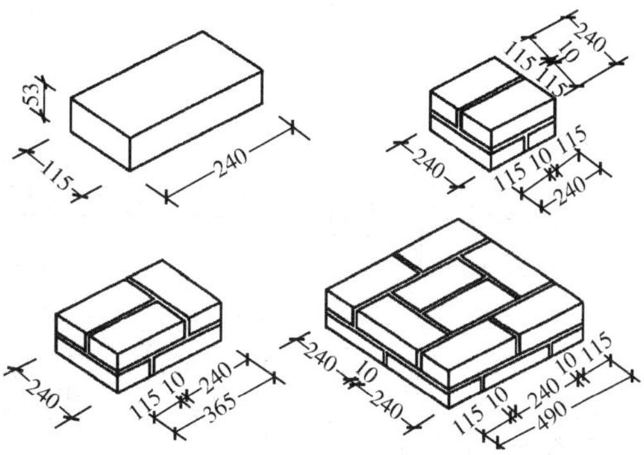

图 6-3　标准砖的尺寸关系(尺寸单位：mm)

墙　厚　名　称　　　　表 6-1

墙 厚 名 称	习 惯 称 呼	实际尺寸(mm)	墙 厚 名 称	习 惯 称 呼	实际尺寸(mm)
半砖墙	12 墙	115	一砖半墙	37 墙	365
3/4 砖墙	18 墙	178	二砖墙	49 墙	490
一砖墙	24 墙	240	二砖半墙	62 墙	615

组砌时砖缝必须横平、竖直，错缝搭接，避免通缝，错缝长度不小于 60mm。砂浆必须饱满、厚薄均匀。砌墙时，错缝的基本方法是将丁砖(砖的宽度沿墙面)和顺砖(砖的长度沿墙面)交替砌筑。常用的组砌方式有一顺一丁式、多顺一丁式、十字式(梅花丁式)、三三一式、全顺式(走砖式)及两平一侧式(18 墙)(图 6-4)。

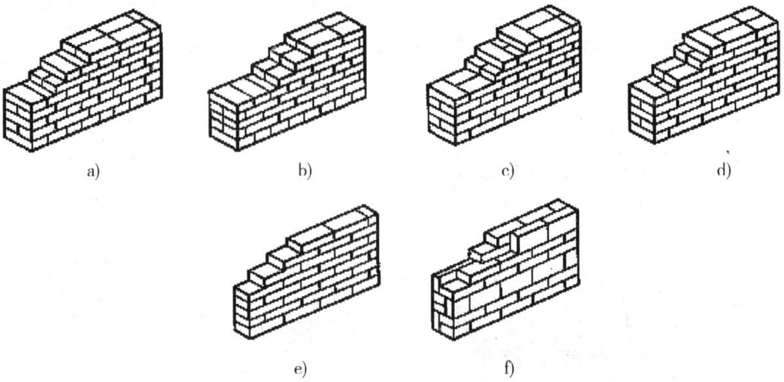

图 6-4　砖墙的组砌方式

a)一顺一丁式；b)多顺一丁式；c)十字式(梅花丁式)；d)三三一式；e)全顺式；f)18 墙砌法

二、墙体的细部构造

墙体的细部构造包括勒脚、散水、明沟、窗台、门窗过梁、圈梁等。

1. 勒脚

勒脚是建筑物四周与室外地面接近的那部分墙体。通常其高度为室内地坪与室外地面高差部分，有时也将勒脚提高到底层窗台，起到保护墙身和美化建筑立面的作用。由于易受外界的碰撞和雨雪的侵蚀，所以必须在构造上采取相应的防护措施，包括抹灰、贴面和石砌(图 6-5)。

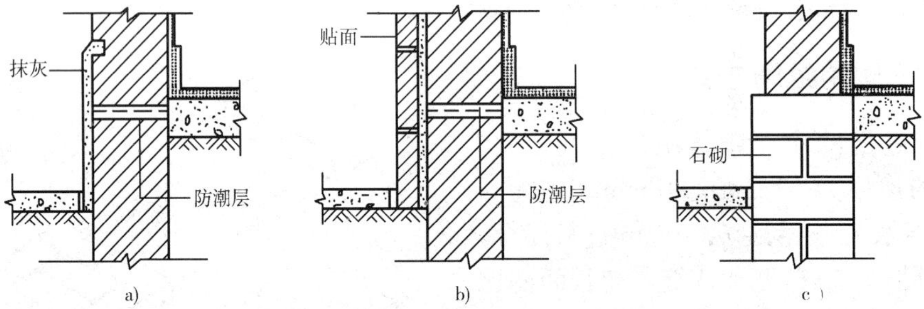

图 6-5　勒脚的做法

a)抹灰；b)贴面；c)石材

2. 散水和明沟

为了防止雨水对墙基的侵蚀，常在外墙四周将地面做成向外倾斜的坡面，以便将雨水排至远处，这一坡面称散水或护坡。散水坡度向外设3%～5%，宽度 600～1 000mm，并要求出檐 200mm (图 6-6)。

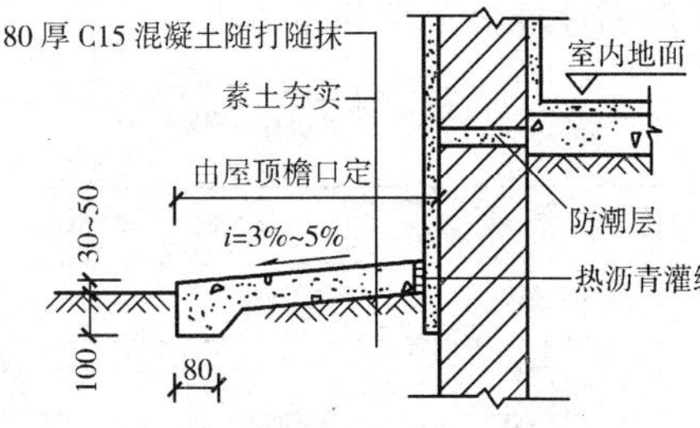

图 6-6　散水构造(尺寸单位：mm)

明沟又称阳沟，位于外墙四周，将雨水有组织地导向地下排水井，并通过下水道排走，起到保护墙基的作用。明沟断面通常有矩形、梯形和半圆形，底面应有不小于 1%的纵向排水坡度。构造做法有砖砌明沟、石砌明沟、混凝土明沟等(图 6-7)。

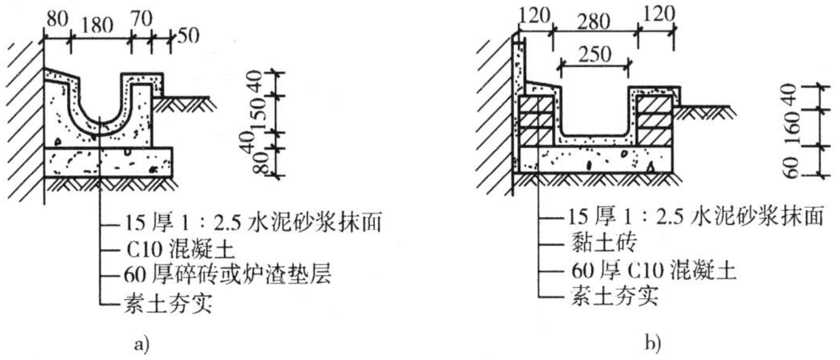

图 6-7 明沟(尺寸单位:mm)

a)混凝土明沟;b)砖砌明沟

3. 窗台

窗台的作用是避免雨水顺窗面流下后聚集并渗入室内或浸入墙身。窗台要有向外一定的坡度,且要挑出外墙面至少 60mm,窗台下缘做滴水槽。处于内墙、阳台或外廊等处的窗户,一般不必挑出墙面(图 6-8)。

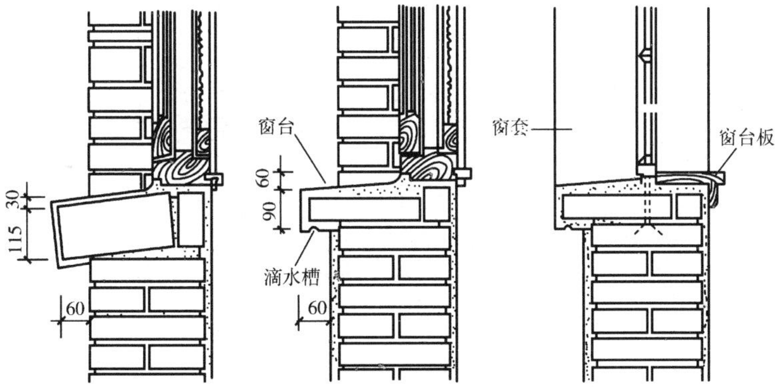

图 6-8 窗台构造(尺寸单位:mm)

4. 门窗过梁

当墙体上开设门、窗洞孔时,为了支撑洞孔上部砌体传来的荷载,并将这些荷载传给窗间墙,常在门、窗洞孔上设置横梁,这种梁称为过梁。

常见的过梁有砖拱过梁、钢筋砖过梁和钢筋混凝土过梁等。

砖拱过梁有平拱、弧拱和圆拱。砖砌平拱是我国传统做法,用砖立砌或侧砌成对称于中心而倾向两边的拱。砌筑时将灰缝做成上宽下窄,同时将中部砖块提高约跨度的 1/50,即为起拱,待受力下陷后即成水平。其跨度最大可达 1. 2m,当过梁上有集中荷载或振动荷载时,不宜采用(图 6-9)。

钢筋砖过梁是在平砌的砖缝中配置适量的钢筋,形成可承受弯矩的加筋砖砌体。过梁的高度不小于 5 皮砖,且不小于门窗洞口宽度的 1/4,用不低于 M5 级砂浆砌筑。钢筋砖过梁多用于跨度在 2m 以内的清水墙的门窗洞口上(图 6-10)。

钢筋混凝土过梁一般不受跨度的限制。所以目前应用很普遍。过梁高度为 60mm 的倍数,常用 60mm、120mm、180mm、240mm。过梁宽度与墙厚相同。过梁的截面形式有矩形、L 形及它们的组合形式(图 6-11)。

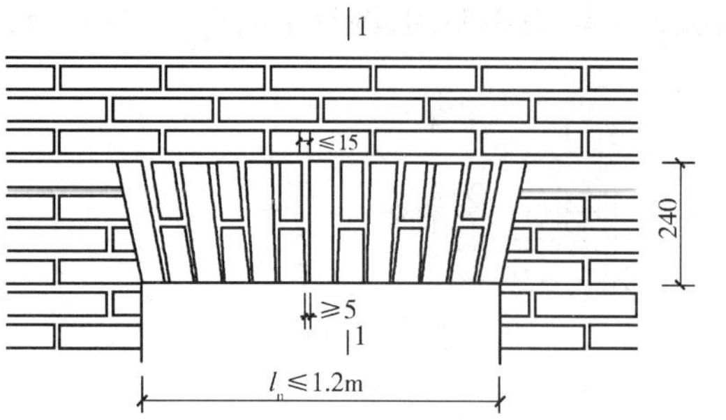

图 6-9　平拱砖过梁(尺寸单位:mm)

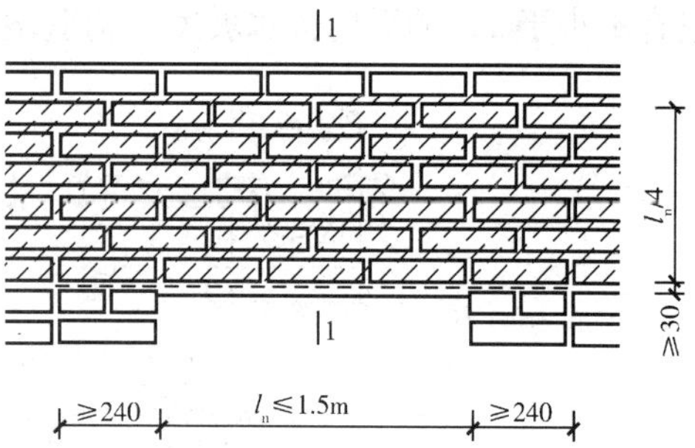

图 6-10　钢筋砖过梁(尺寸单位:mm)

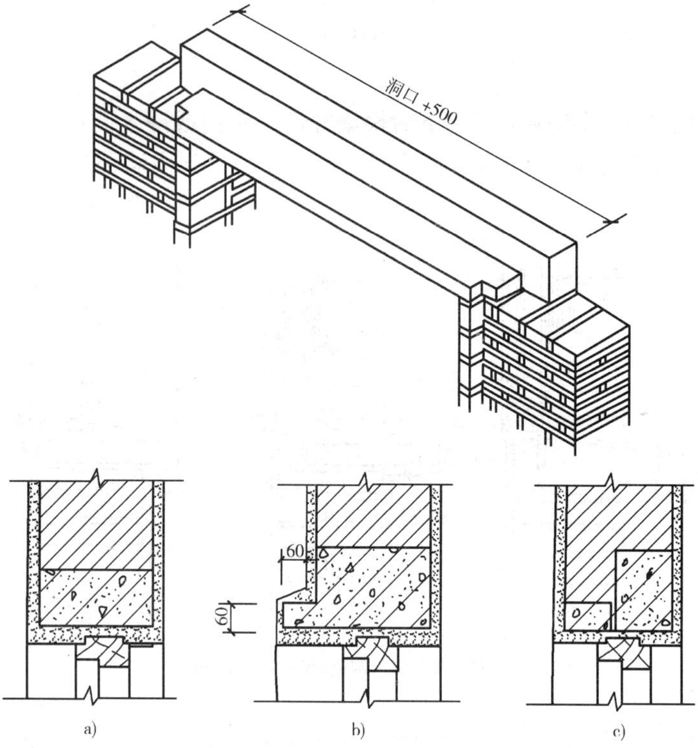

图 6-11　钢筋混凝土过梁(尺寸单位:mm)

a)矩形截面;b)L 形截面;c)组合截面

5. 圈梁

圈梁又称腰箍,是沿外墙四周和部分内横墙中设置的连续而封闭的梁。圈梁配合楼板可增强建筑物的整体刚度,减少地基不均匀沉降引起的墙体开裂,提高建筑物的抗震性能。

圈梁分钢筋砖圈梁和钢筋混凝土圈梁两种。

钢筋砖圈梁多用于非抗震地区,结合钢筋砖过梁使其沿外墙围成闭合梁。其高度一般为4~6 皮砖,宽度与墙厚相同,用不低于 M5 级砂浆砌筑(图 6-12)。

钢筋混凝土圈梁的宽度与墙厚相同,高度一般不小于 120mm(图 6-13)。

当遇到门窗洞口致使圈梁不能交圈时,应在洞口上部或下部设置一道不小于圈梁截面的附加圈梁。附加圈梁的搭接长度 l 应不小于 2h,且不小于 1.0m(图 6-14)。

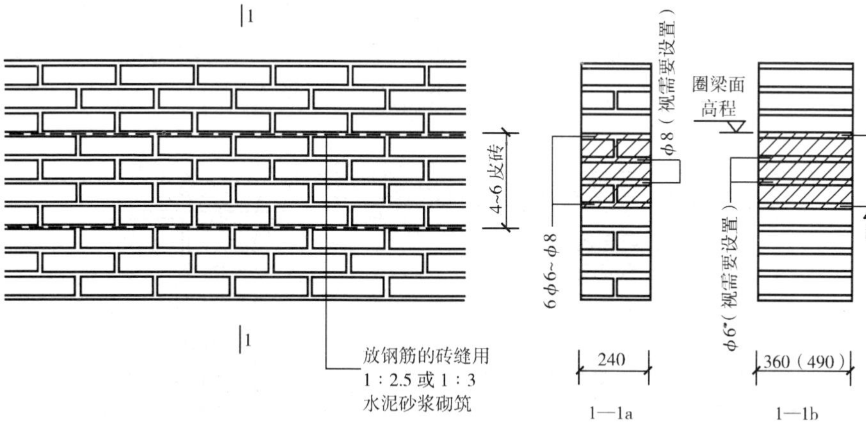

图 6-12　钢筋砖圈梁（尺寸单位：mm）

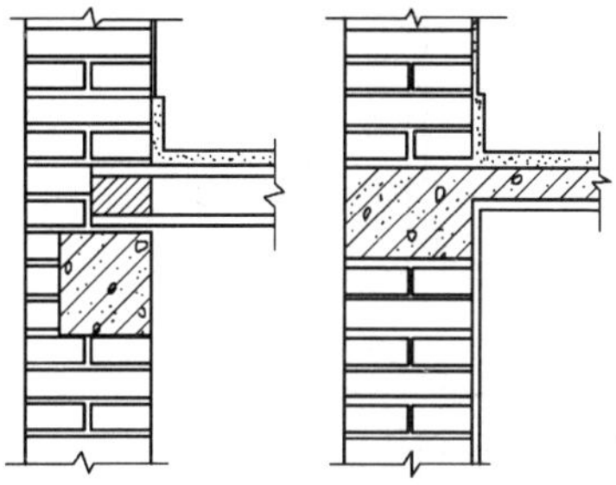

图 6-13　钢筋混凝土圈梁

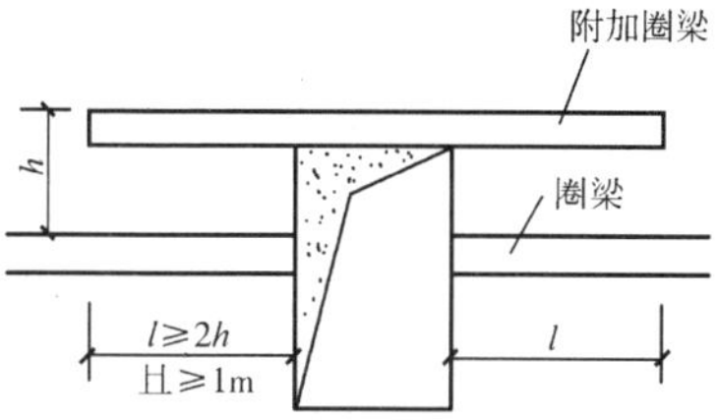

图 6-14　附加圈梁示意

第三节　隔墙与隔断

隔墙与隔断都是分隔建筑物内部空间的非承重墙，它们的区别是：隔墙到顶，隔断不到顶，上部通透。

一、隔墙

隔墙不承受上部结构的荷载，自重由楼板或小梁承担。对隔墙的要求是自重轻、厚度薄，便于装拆，有一定的隔声能力。对于有特殊要求的房间，一般要求满足防潮、防火的能力。常见隔墙有砌筑隔墙、轻骨架隔墙和条板隔墙。

1. 砌筑隔墙

砌筑隔墙包括普通黏土砖隔墙和砌块隔墙等。

(1)普通黏土砖隔墙

普通黏土砖隔墙分为：用砖顺砌为半砖墙；侧砌 1/4 砖墙（图 6-15）。

对半砖隔墙，当采用 M2.5 级砂浆砌筑时，高度不宜超过 3.6m，长度不宜超过 5m；当采用 M5 级砂浆砌筑时，高度不宜超过 4m，长度不宜超过 6m。在构造上应与承重墙牢固搭接外，还应在墙身上每隔 1.2m 高加 2φ6 拉结钢筋予以加固。

对 1/4 砖墙，高度一般不应超过 2.8m，长度不超过 3m，宜用 M5 级砂浆砌筑。常用于厨房与卫生间之间的分隔。由于墙体较薄，除墙身必须加固外，一般不宜用于有门窗的部位。

(2)砌块隔墙

砌块隔墙常用粉煤灰硅酸盐、加气混凝土、混凝土、水泥煤渣等制成实心或空心砌块砌筑而成。墙厚由砌块尺寸而定，一般为 90～120mm。由于墙体稳定性较差，也需要对墙身进行加固处理，通常沿墙身横向配置钢筋，对空心砌块，有时也可竖向配筋(图 6-16)。

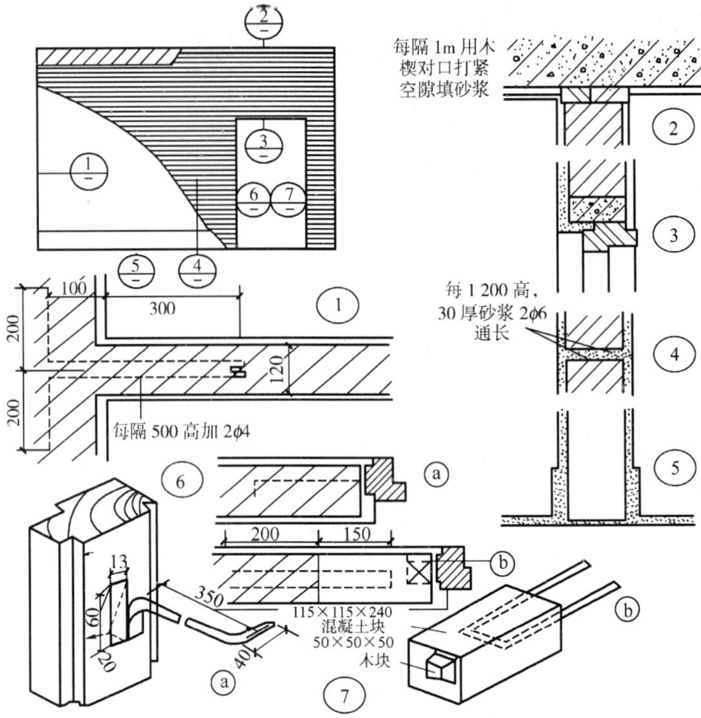

图 6-15　砖隔墙(尺寸单位：mm)

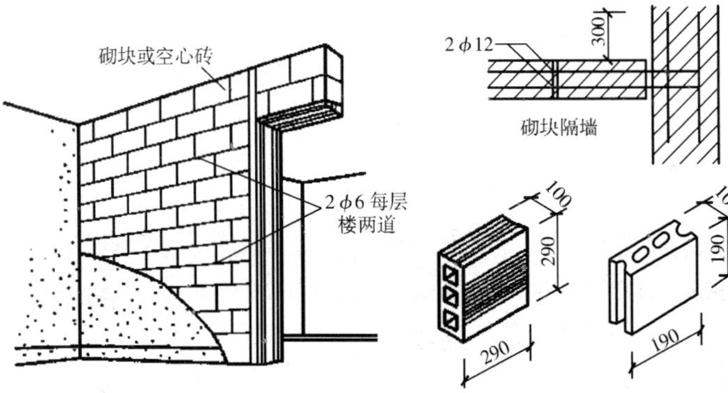

图 6-16　砌块隔墙(尺寸单位：mm)

2. 轻骨架隔墙

轻骨架隔墙分为：木筋骨架隔墙和轻钢骨架隔墙两类。

(1)木筋骨架隔墙

木筋骨架隔墙常见的有灰板条隔墙、装饰板隔墙和镶板隔墙等许多种类。由于自重轻、构造简单而应用较广。其构造包括骨架和饰面两部分。

木骨架由上槛、下槛、墙筋、斜撑及横撑等构成。墙筋靠上下槛固定。一般上下槛及墙筋截面尺寸为 50mm×70mm 或 50mm×100mm。墙筋之间沿高度方向每隔 1.2m 左右设一道斜撑或横撑。

饰面就是在骨架上铺饰各种饰面材料，包括灰板条抹灰、装饰吸声板、钙塑板、纸面石膏板、水泥刨花板、水泥石膏板及各种胶合板、纤维板等(图 6-17)。

(2)轻钢骨架隔墙

轻钢骨架隔墙是在金属骨架外铺钉面板而成的隔墙，具有节约木材、质量轻、强度高、刚度大、结构整体性强、拆装方便等特点。骨架由各种形式的薄壁型钢加工而成。钢板厚度 0.6～1.0mm，经冷压成型为槽钢截面，尺寸为 75mm×45mm 或 100mm×50mm。骨架包括上槛、下槛、墙筋和横挡。

饰面多采用胶合板、纤维板、石膏板和水泥板等，用镀锌螺钉、自攻螺钉、膨胀铆钉或金属夹子牢固在骨架上(图 6-18)。

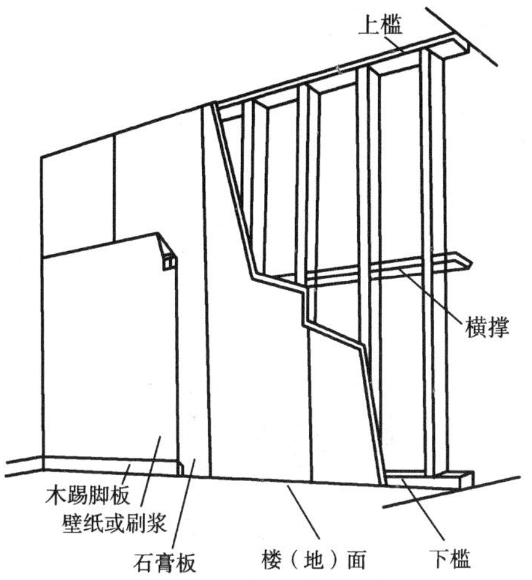

图 6-17　木骨架

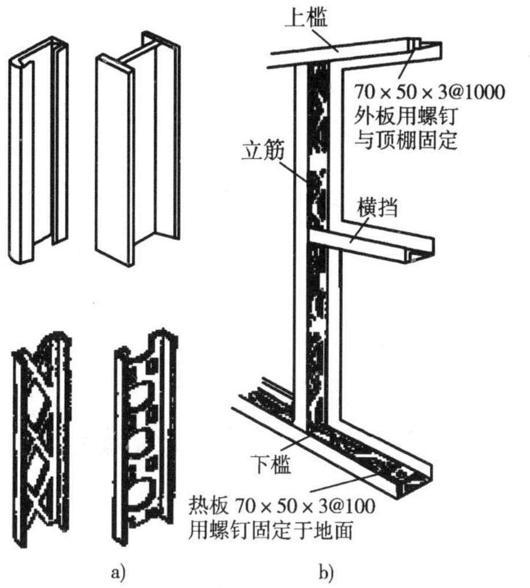

图 6-18　金属骨架隔墙

a)薄壁金属墙筋形式；b)骨架组合

3. 条板隔墙

条板隔墙指采用各种轻质材料制成的预制薄板材而安装成的隔墙。常见的板材有加气混凝土条板、石膏条板、碳化石灰板、石膏珍珠岩板及各种复合板等。其自重轻、安装方便。

条板的安装、固定主要靠各种黏结剂和黏结砂浆完成。安装后，进行表面装饰(图 6-19)。

二、隔断

隔断是指分隔室内空间的装饰构件，增加空间变化或遮挡视线，是装饰工程常用的处理方法。常见的隔断有屏风式隔断、镂空式隔断、玻璃隔断、家具式隔断等。

1. 屏风式隔断

屏风式隔断通常不隔到顶，使空间通透性增强。常用于办公室、餐厅、展览馆及门诊部的门诊室、厕所、淋浴间等。隔断的高度一般为 1 050mm、1 350mm、1 500mm、1 800mm。屏风式隔断有固定式和活动式两

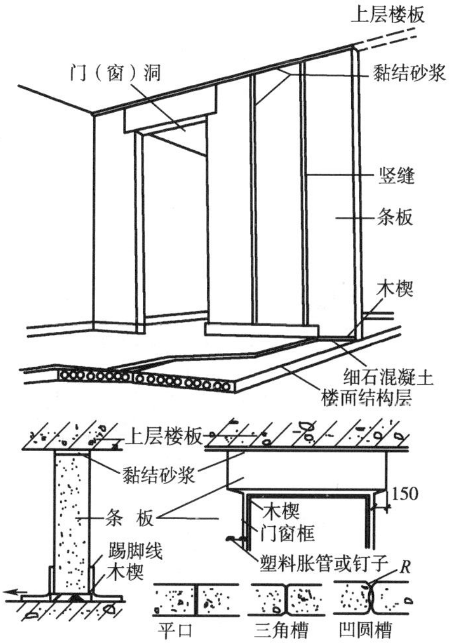

图 6-19　条板隔墙(尺寸单位:mm)

种(图 6-20)。

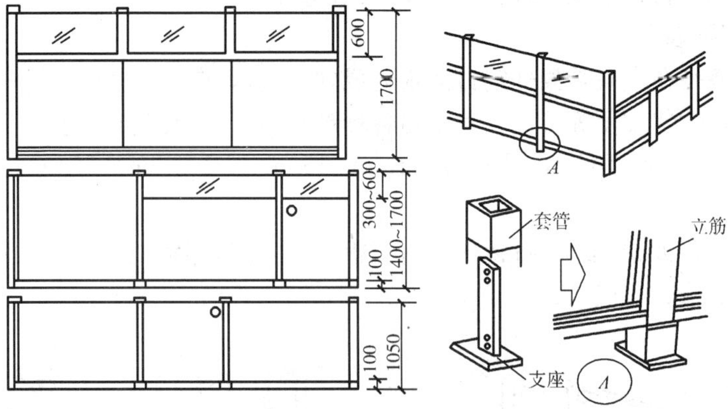

图 6-20　屏风式隔断(尺寸单位:mm)

2. 镂空式隔断

镂空式隔断是公共建筑门厅、客厅等处分隔空间常用的一种形式,有竹、木制的,也有用混凝土预制的,形式丰富多样(图 6-21)。

图 6-21　镂空式隔断

3. 玻璃隔断

玻璃隔断有玻璃砖隔断和空透式隔断两种。玻璃砖隔断采用玻璃砖砌筑而成,常用于公共建筑的接待室、会议室等处。空透式隔断是采用普通平板玻璃、磨砂玻璃、刻花玻璃、压花玻璃、彩色玻璃及各种颜色的有机玻璃等嵌入木框或金属框的骨架中,具有透光性(图 6-22)。

4. 家具式隔断

家具式隔断是利用各种适用的家具来分隔空间的一种设计处理方式。它把空间分隔与功能使用及家具配套巧妙地结合起来,既节约费用,又节省面积;既提高了空间组合的灵活性,又使家具布置与空间相协调。这种方式多用于住宅的室内装饰设计及办公室的分隔。

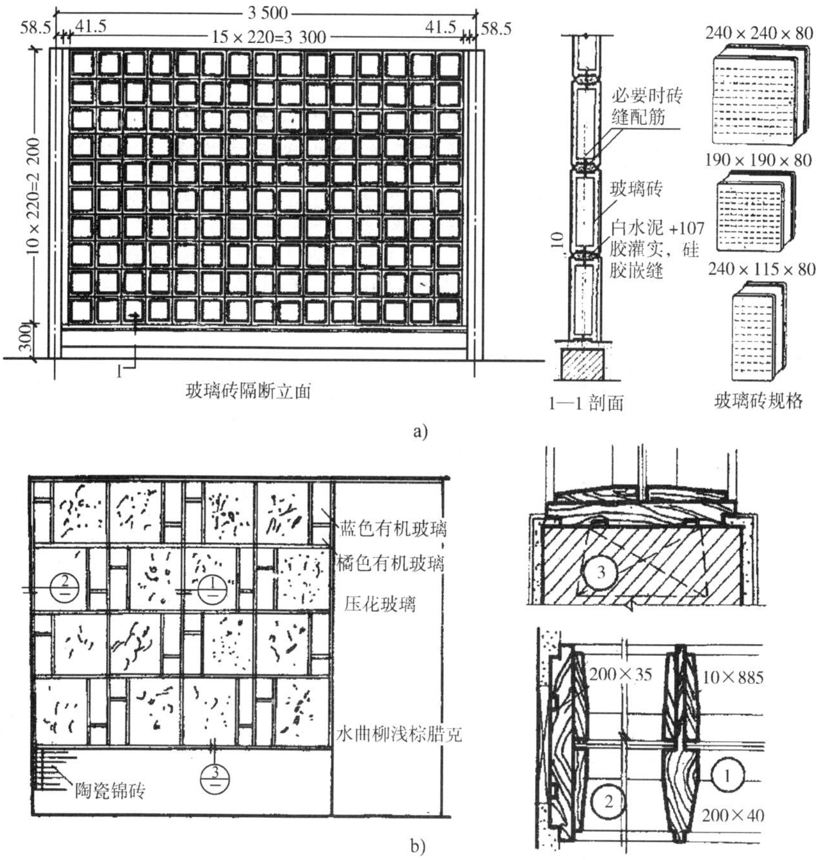

图 6-22　玻璃隔断(尺寸单位:mm)

a)玻璃砖隔断;b)空透式隔断

本章小结

(1)墙是房屋的承重构件,也是围护构件。按墙的位置分为内墙、外墙;按墙的布置方向分为纵墙、横墙和山墙;按受力状况分为承重墙、非承重墙;按材料不同分为土墙、石墙、砖墙和混凝土墙等。

(2)砖墙是用砂浆将一块块砖按一定规律砌筑而成的砌体。其主要材料是砖与砂浆。标准砖的规格为 53mm×115mm×240mm(厚×宽×长)。以灰缝为 10mm 进行组合,它以砖厚加灰缝、砖宽加灰缝与砖长间的比为 1∶2∶4。常用的组砌方式有一顺一丁式、多顺一丁式、十字式(梅花丁式)、三三一式、全顺式(走砖式)及两平一侧式。

(3)墙体的细部构造包括勒脚、散水、明沟、窗台、门窗过梁、圈梁。

(4)隔墙与隔断都是分隔建筑物内部空间的非承重墙,它们的区别是:隔墙到顶,隔断不到顶,上部通透。

(5)常见隔墙有砌筑隔墙、轻骨架隔墙和条板隔墙;常见的隔断有屏风式隔断、镂空式隔断、玻璃隔断、家具式隔断。

复习思考题

6-1 墙体按位置、布置方向、受力情况和材料的不同可分为哪几类?

6-2 横墙承重、纵墙承重、纵横墙混合承重和部分框架承重布置方案各有什么特点?

6-3 常见的砖墙组砌方式有哪些?

6-4 门窗过梁有几种? 各有什么特点?

6-5 简述勒脚、散水、明沟、窗台、门窗过梁、圈梁的作用。

6-6 常见隔墙类型有哪些? 其构造如何?

6-7 隔断的作用和常见方式是什么?

第七章　楼板与地面

[重点内容和学习目标]

本章重点讲述楼板层、地坪、地面、阳台和雨篷的构造。

通过本章学习，要求学生掌握钢筋混凝土楼板的结构特点、构造要求；掌握常见地面的构造特点；阳台和雨篷的构造要求。

第一节　钢筋混凝土楼板

楼板层是多层房屋水平方向的承重构件，除承受楼面上的荷载外，还要具有一定的隔声、防水、防火功能，同时，建筑物中的管线也将安装或通过楼板层。因此，楼板是建筑的重要构件之一。

一、楼板的组成和类型

1. 楼板的基本组成

楼板主要由面层、结构层、附加层和顶棚层组成(图 7-1)。

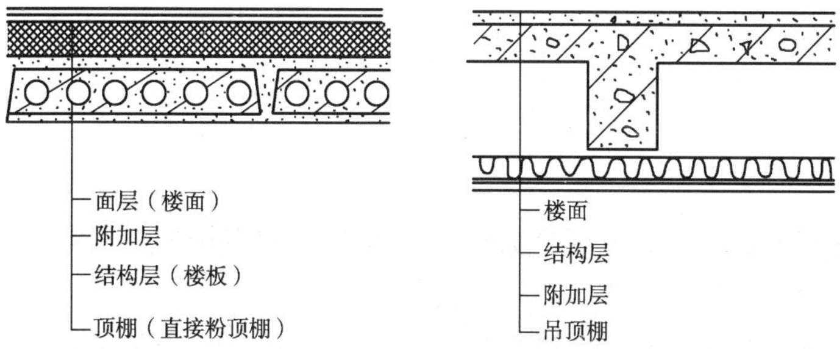

a)　　　　b)

图 7-1　楼板层的基本组成

a)预制钢筋混凝土楼板层；b)现浇钢筋混凝土楼板层

(1)面层又称楼面或地面，是楼板层的上表面部分。起着保护楼板层、分布荷载、绝缘和室内装修的作用。

(2)结构层又称楼板，是楼板的承重部分，包括板和梁。承受楼层上的全部荷载，并将荷载传递给墙或柱；对墙身起水平支撑的作用，帮助墙身抵抗和传递由风或地震产生的水平荷载，增加建筑的整体刚度。

(3)附加层又称功能层，是供隔声、防水、保温等使用功能要求而设置的层次。

(4)顶棚层是楼板层的最下面部分。起着保护楼板层、安装灯具、遮掩各种管线设备及室内装修的作用。在构造上分为直接式顶棚和吊顶棚等形式。

2. 楼板的类型

按楼板所用材料的不同,可分为木楼板、砖拱楼板、钢筋混凝土楼板及压型钢板与钢梁组合的楼板等多种形式(图 7-2)。

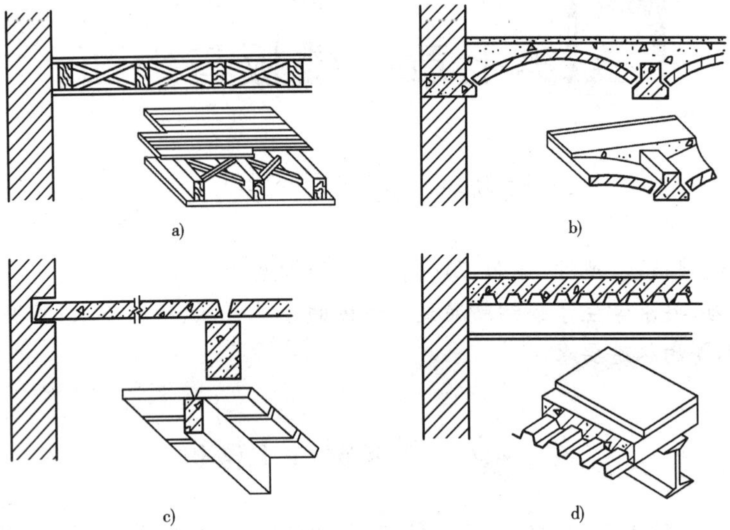

图 7-2 楼板的类型

a)木楼板 b)砖拱楼板;c)钢筋混凝土楼板;d)压型钢板组合楼

(1)木楼板具有自重轻、构造简单等优点,但不耐火,耐久性也较差。为节约木材,现在很少使用。

(2)砖拱楼板可节约钢材、水泥和木材,曾在缺乏钢材、水泥的地区使用过。但其承载力差、不利于抗震,再加上施工麻烦、空间不完整,现在也很少使用。

(3)钢筋混凝土楼板具有强度高、刚度好,既耐久、又防火,并且便于工业化生产和机械化施工等特点,是目前应用最广泛的类型。由于压型钢板在建筑上的应用,于是出现了以压型钢板为底膜的钢衬板楼板。

二、钢筋混凝土楼板

钢筋混凝土楼板按施工方法不同分为现浇整体式、预制装配式和装配整体式三类。

1. 现浇整体式钢筋混凝土楼板

这种楼板是在施工现场支模、绑扎钢筋、浇筑混凝土、养护、拆模等施工过程而成的。由于是整体浇筑而成的,所以整体性能好,因此可以适应各种平面形式、有管道穿过楼板的房间及形状不规则的房间;缺点是湿作业、工序繁多、需要养护、施工工期长。

现浇整体式钢筋混凝土楼板按受力和传力情况分为板式楼板、梁板式楼板、无梁楼板和压型钢板组合楼板。

(1)板式楼板

在墙体承重的建筑中,若房间的尺度较小,楼板上的荷载直接靠楼板传递给墙体,这种楼板结构称为板式楼板。它多用于跨度较小的房间,如住宅的厨房、卫生间,以及公共建筑的走廊等。

(2)梁板式楼板

当房间的跨度较大时,为了使楼板结构的受力与传力更合理,常在楼板下设梁,以减小板的跨度,从而减少了板的厚度和板内配筋。这种楼板结构称为梁板式楼板(图 7-3)。

梁有主次之分:主梁应沿房间跨度方向布置,搁置在柱或墙上;次梁沿垂直主梁方向布置,由主梁支承,板又由次梁支承,次梁的间距就是板的跨度。主梁跨度一般为 5～8m,次梁跨度一般为 4～6m,板的跨度一般为 1.7～2.5m,板厚不应小于 60mm。

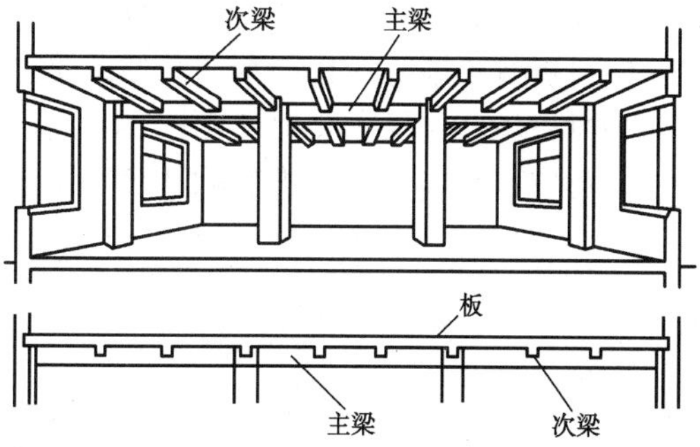

图 7-3　梁板式楼板

当柱网或房间接近方形,且跨度在 10m 左右时,常采用主次梁相同截面的格子形等间距的梁板结构,通常称其为井字梁楼板(图 7-4),一般用于公共建筑物的门厅。

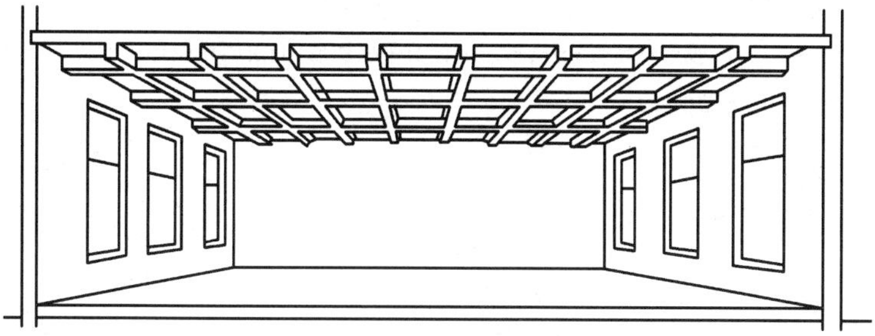

图 7-4　井字梁楼板

(3)无梁楼板

无梁楼板是框架结构中将楼板直接支承在柱子和墙上不设梁的结构(图 7-5)。为了增加柱子的支承面积,减小板的跨度,需要在柱的顶部设柱帽和托板。无梁楼板的柱子应尽量布置成方形网格。

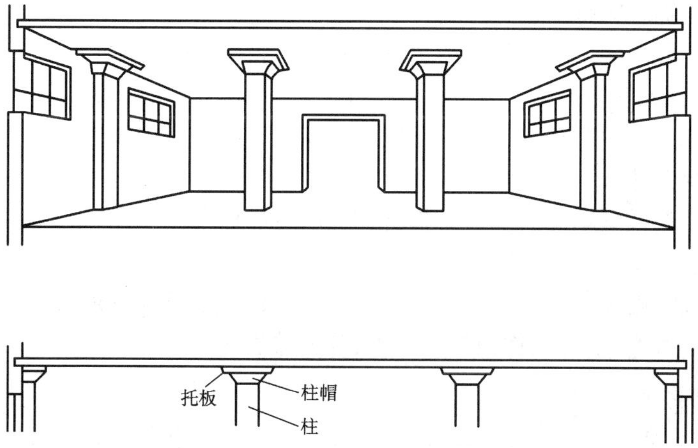

图 7-5　无梁楼板

无梁楼板与梁板式楼板比较,具有顶棚平整、室内净空大、采光通风好、施工较简单的优点。多用于楼板上荷载较大的商店、仓库、展览馆等建筑中。

(4)压型钢板组合楼板

压型钢板组合楼板实质上是一种钢与混凝土组合的楼板,是用凹凸相间的压型薄钢板做衬板与现浇混凝土浇筑在一起,搁置在钢梁上构成整体型楼板的支承结构。这种结构适用于大空间、多层民用建筑及大跨度工业厂房中。

钢衬板有单层钢衬板和双层孔格式钢衬板两种(图 7-6)。

钢衬板组合楼板主要由楼面层、组合板与钢梁等几部分构成,也可以根据需要设吊顶棚。常见的单层钢衬板组合楼板的构造见图 7-7。

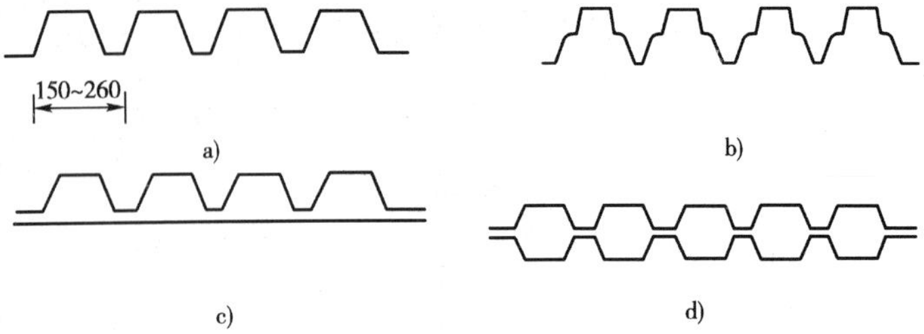

图 7-6　压型钢板的形式

a)楔形(肋形)压型板;b)肢形压型板;c)楔形压型板与平板构成;d)由两块楔形压型板构成孔格衬板

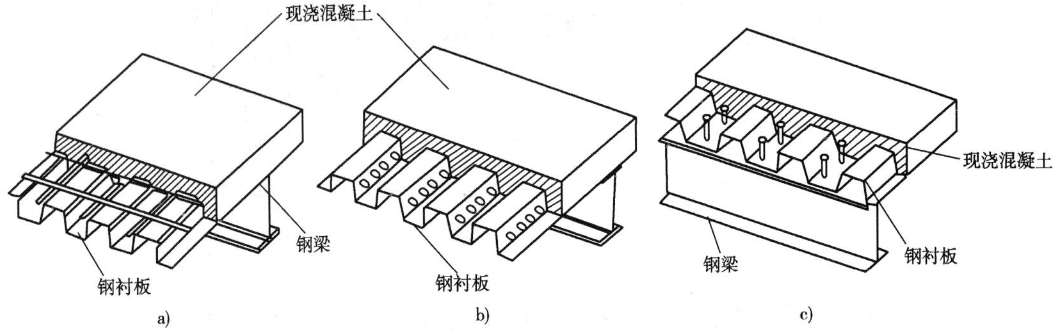

图 7-7　单层钢衬板组合楼板

a)上层配有钢筋;b)在衬板上加肋条或压出凹槽,作抗剪连接;c)在钢梁上焊接抗剪栓钉

2. 预制装配式钢筋混凝土楼板

预制装配式钢筋混凝土楼板是把楼板分成若干构件,在预制构件加工厂或施工现场预先制作,然后在现场安装的钢筋混凝土楼板。这样可节省模板,改善施工条件,加快施工进度。但整体性较现浇式差。预制构件分为预应力和非预应力两种。预应力构件能节约钢材和混凝土,使自重减轻,降低造价。

预制楼板构件的类型主要有实心平板、槽形板、空心板等。

(1)实心平板

实心平板跨度一般为 2.5m 以内,板厚 60～100mm,板宽 500～600mm。一般用于住宅的过道、厨房、卫生间等处,也可以作为架空隔板、管道盖板(图 7-8)。

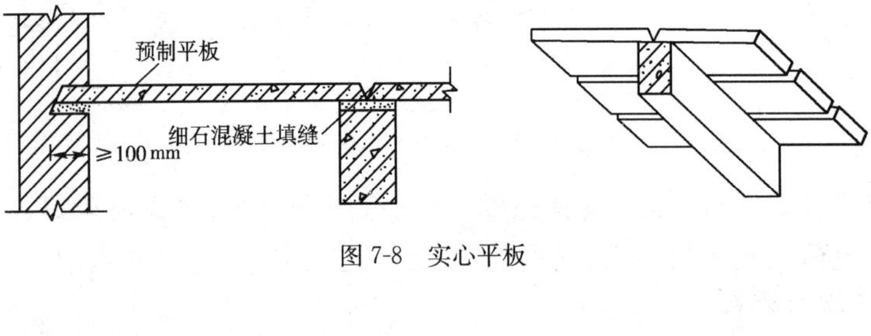

图 7-8　实心平板

(2)槽形板

槽形板是一种梁板合一的构件,荷载主要由两侧的纵肋承受。跨度一般为 3～7.2mm,板厚 30～40mm,板宽 500～1 200mm,肋高 150～300mm。

为了加强槽形板的刚度和便于搁置，常在两纵肋间增加横肋；为避免板被墙压坏，在板端伸入砖墙部分用砖块填实，或将板的两端以端肋封闭（图 7-9）。

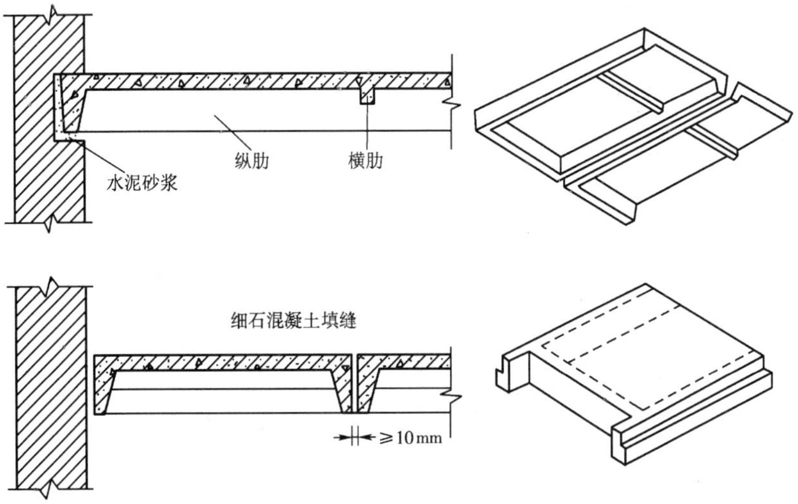

图 7-9　槽形板

(3)空心板

空心板以板内的抽孔形状不同，分为方孔、椭圆孔和圆孔。以圆孔最为常见。空心板跨度可达 7.5m，板厚 120～240mm，板宽 600～1 500mm（图 7-10）。

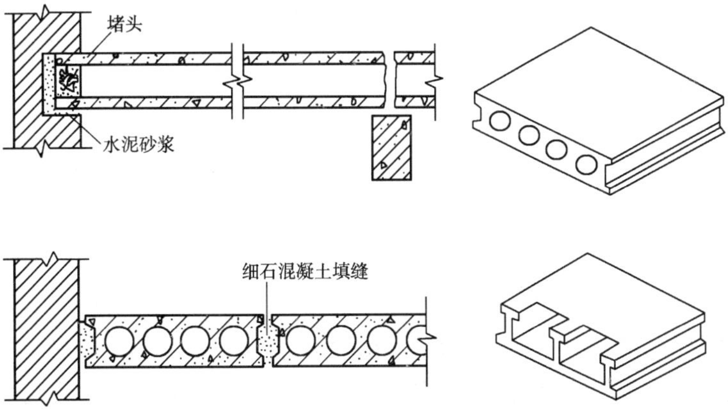

图 7-10　空心板

3. 装配整体式钢筋混凝土楼板

装配整体式钢筋混凝土楼板是一种预制装配和现浇结合的楼板类型。主要有叠合式楼板、密肋空心砖楼板和预制小梁现浇板。

(1)叠合式楼板是在预制板吊装就位后再现浇一层钢筋混凝土，使两者成为一个整体（图 7-11）。

(2)密肋空心砖楼板是把空心砖或空心矿渣混凝土块作为肋间的填块形成紧密的板肋，然后现浇而成（图 7-12）。

(3)预制小梁现浇板是在预制小梁上现浇混凝土板，小梁截面小而密排（图 7-13）。

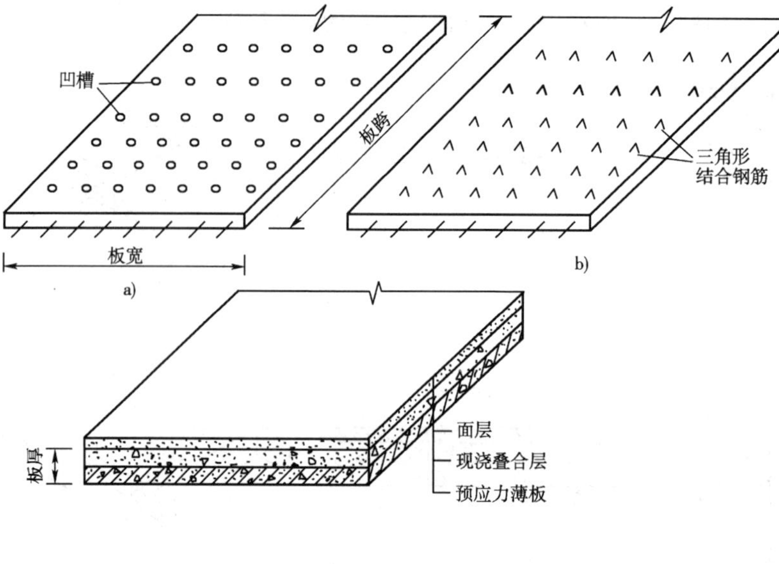

图 7-11　叠合式楼板

a)薄板面刻凹槽;b)薄板面外露三角形结合钢筋

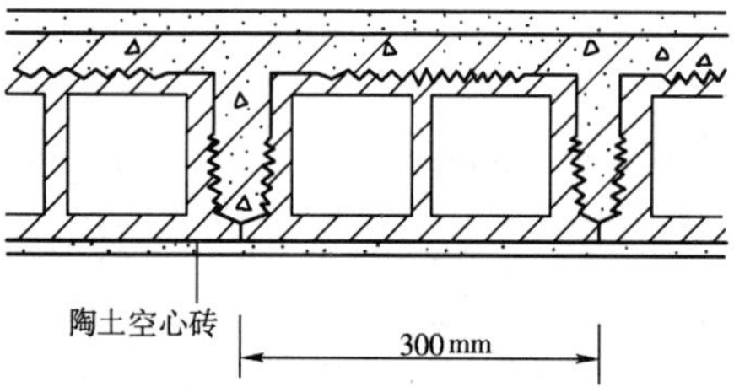

图 7-12　密勒空心砖楼板

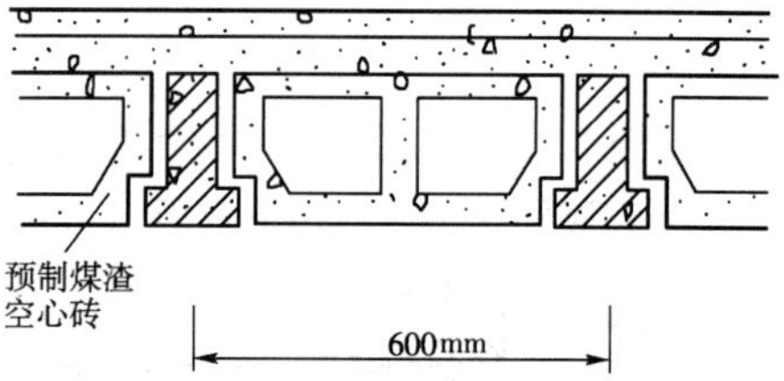

图 7-13　预制小梁现浇板

第二节　地坪与地面

一、地坪构造

地坪是指建筑物底层与土壤接触的水平结构部分,承受地面上的荷载,并均匀地传递给地基。地坪由面层、垫层(起承重和传力作用)和基层组成,对有特殊要求的地坪,常在面层和垫层之间设置附加层(图 7-14)。

二、地面构造

楼板层的面层和地坪的面层统称地面,均属于室内装修范畴,其构造和要求相似。地面是人们日常生活、工作和生产时必须接触的部分,也是直接承受荷载,经常受到摩擦、清扫和冲洗的部分,所以要求具有足够的坚固耐久性、舒适安全、外形美观,有特殊用途的地面还应有相应的要求,如防水、防潮、防火、隔声等。

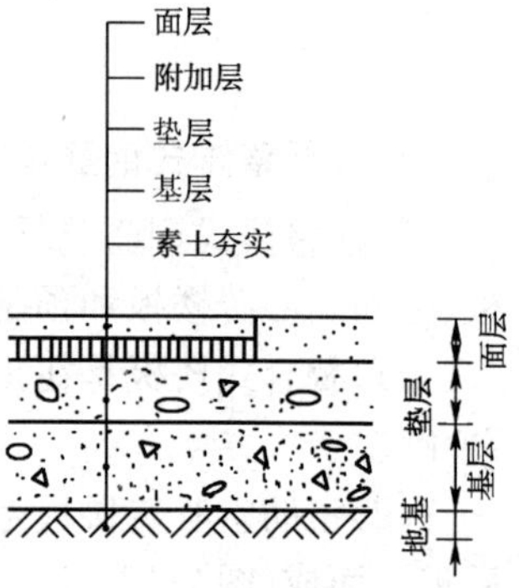

图 7-14　地坪的组成

地面构造按面层所用材料和施工方法不同,可分为以下几种。

1. 整体类地面

整体类地面包括水泥砂浆地面、细石混凝土地面及水磨石地面等。

(1)水泥砂浆地面

水泥砂浆地面简称水泥地面,它坚固耐磨,防潮、防水,构造简单,施工方便,造价低廉,是现在使用最普遍的低档地面。但水泥砂浆地面导热系数大、吸水性差、容易起灰、不易清洁。构造做法有单、双层两种,以双层水泥砂浆地面居多(图 7-15)。

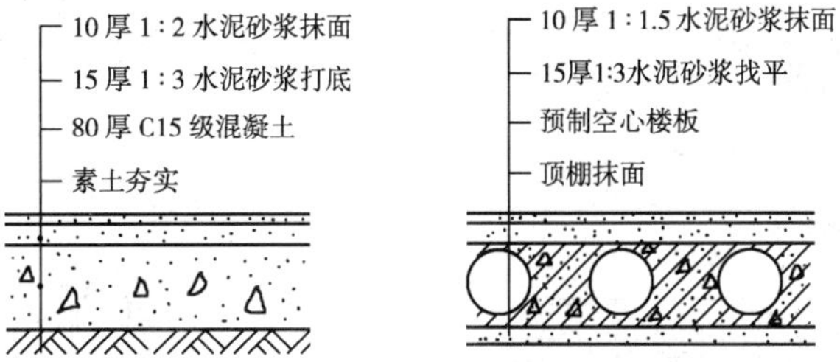

a)　　b)

图 7-15　水泥砂浆地面

a)底层地面;b)楼板层地面

(2)水磨石地面

水磨石地面又称磨石子地面,性能与水泥砂浆地面相似,但耐磨性更好,表面光洁,不易起灰,耐水性较高。造价却是水泥砂浆地面的 2 倍。常用于卫生间、公共建筑的门厅、走廊、楼梯间及标准较高的房间。

水磨石地面是分层制作的,底层用 10～15mm 厚 1∶3 水泥砂浆打底找平,面层用 1∶1.5～1.2 水泥、石渣粉面。工艺过程包括“二浆三磨”即打磨三次,补浆两次,然后用草酸溶液擦洗,最后打蜡保护(图 7-16)。

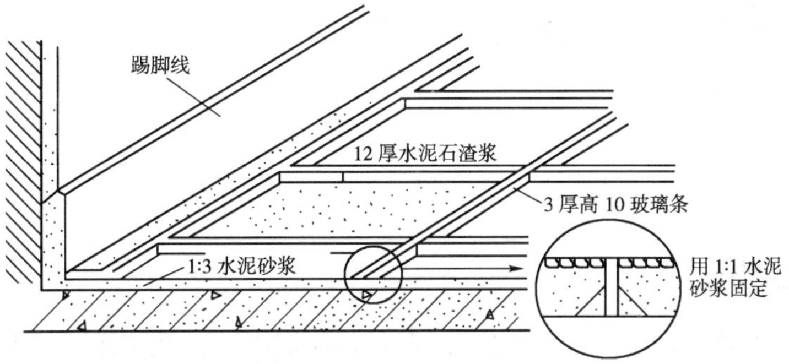

图 7-16　水磨石地面

2. 块材类地面

块材类地面是利用各种人造或天然的预制块材、板材镶铺在基层上的地面。块材的类型较多,包括缸砖、陶瓷地砖、陶瓷锦砖、人造石板、天然石板和木地板等。它借助胶结材料铺砌或粘贴在结构层或垫层上。胶结材料既起黏结作用,又起找平作用。常用的胶结材料有水泥砂浆、沥青胶及各种聚合物改性黏结剂(图 7-17)。

3. 卷材类地面

卷材类地面主要是用各种卷材、半硬质块材粘贴的地面。常见的有塑料卷材、橡胶毡卷材及无纺织地毡卷材等。

4. 涂料类地面

涂料类地面是水泥砂浆、混凝土地面的表面处理形式。它对解决水泥地面易起灰和美观的问题起了重要作用。常见涂料包括水乳型、水溶型和溶剂型三类。

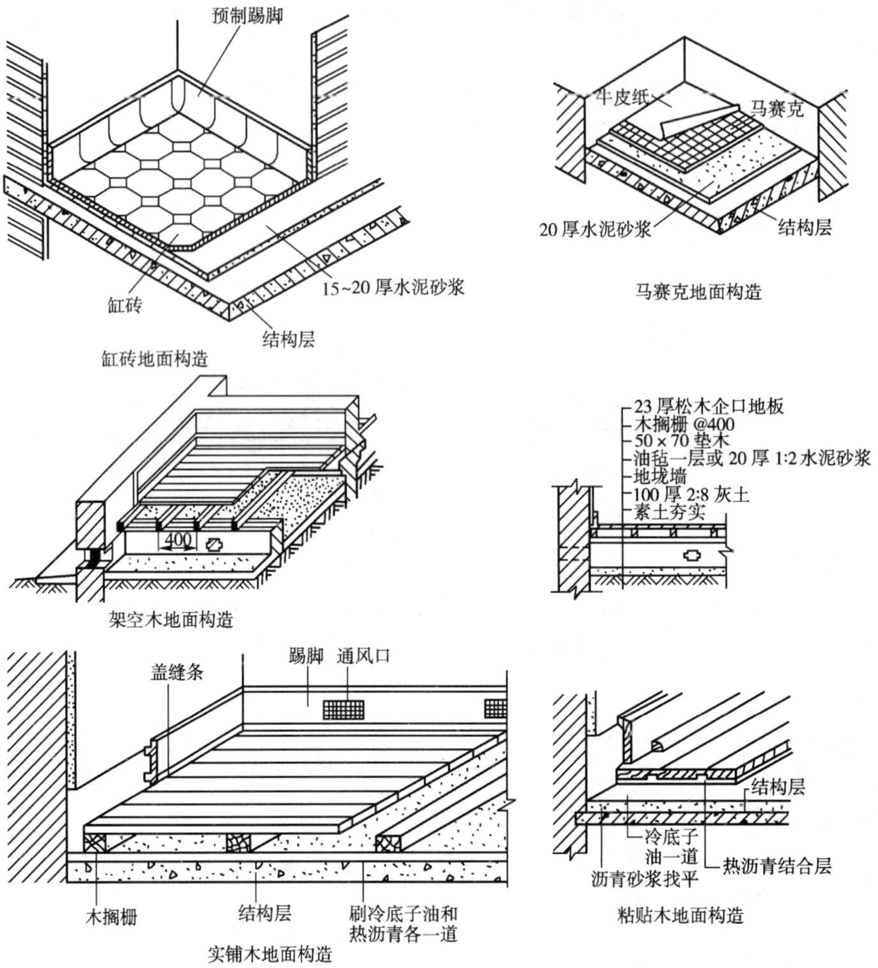

图 7-17　块材地面

三、踢脚板构造

地面与墙面交接处的垂直部位称为踢脚板，也叫踢脚线。在构造上通常按地面的延伸部分来处理。它的主要功能是保护墙面，防止墙面因受外界的碰撞而损坏，或在清洗地面时，弄脏墙面。踢脚板的材料一般与地面面层材料相同，高度一般为 100～200mm(图 7-18)。

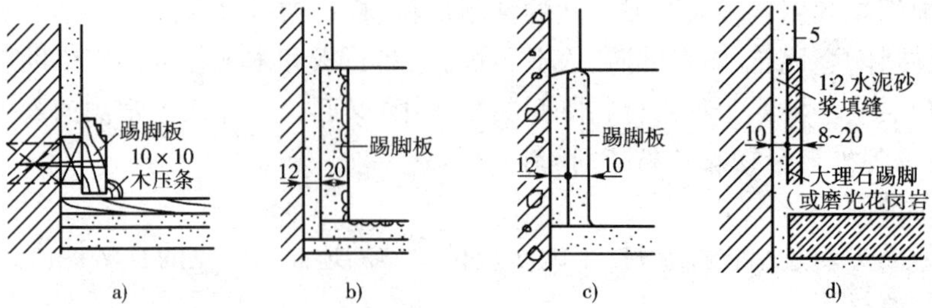

图 7-18　踢脚板构造(尺寸单位：mm)

a)木踢脚板；b)预制水磨石踢脚板；c)水泥砂浆踢脚板；d)大理石踢脚板

第三节　阳台与雨篷

一、阳台

阳台是楼房建筑中各层房间与室外接触的平台。人们可以在阳台上休息、乘凉、晾晒衣物或进行其他活动。按阳台与外墙相对位置和结构处理的不同，可分为挑阳台、凹阳台、半挑半凹阳台等几种形式（图 7-19）。

阳台的细部构造包括栏杆、扶手和排水孔。

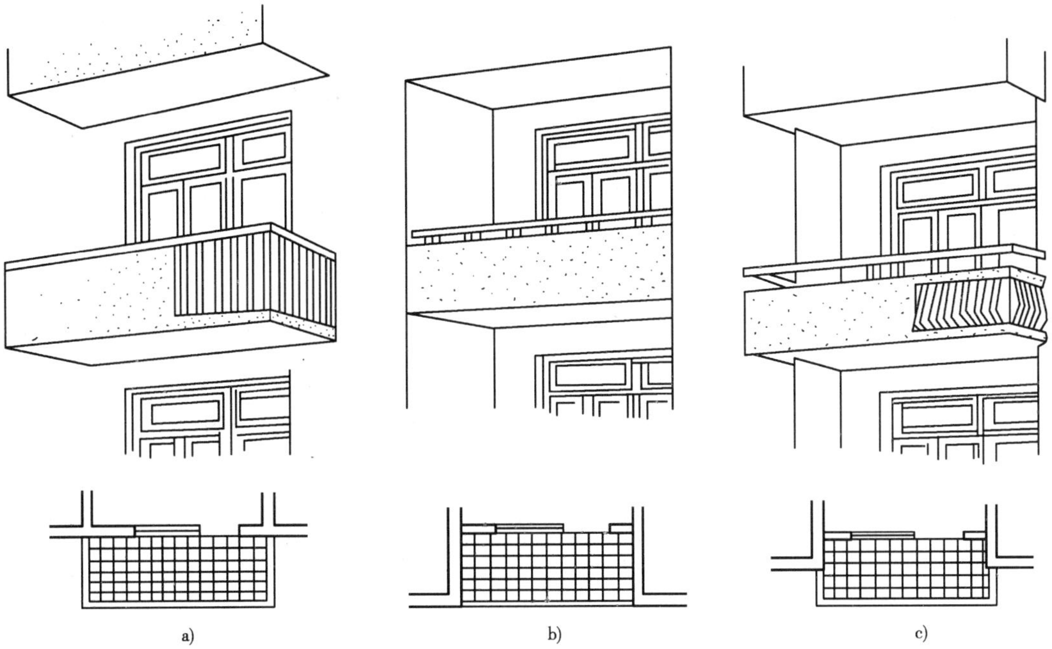

图 7-19　阳台形式

a）挑阳台；b）凹阳台；c）半挑半凹阳台

栏杆是阳台外围设置的垂直构建，用来承担人们倚扶的侧向推力，保障人身安全；也是对建筑起装饰作用。净高不得小于 1m。按材料分为砖砌栏杆、钢筋混凝土栏杆和金属栏杆（图 7-20）。

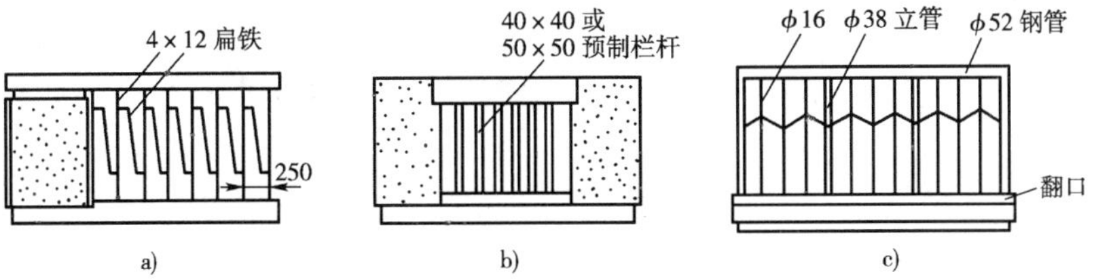

图 7-20　栏杆的形式（尺寸单位：mm）

a）钢筋混凝土栏板、铁栏杆；b）预制钢筋混凝土栏杆；c）钢铁栏杆

由于阳台外露，为防止雨水从阳台泛入室内，阳台地面高程应低于室内地面 20～30mm，设 1％的坡度，坡向两侧，并在阳台一侧栏杆下设水舌（图 7-21）。水舌用 ϕ40～ϕ50mm 的镀锌钢管或塑料管，向外挑出至少 80mm，防止排水溅到下层阳台。高层建筑则采用雨水管排水。

二、雨篷

雨篷是建筑物入口处位于外门上部用以遮挡雨水、保护外门免受雨水侵害的水平构件。雨篷是悬挑构件，多采用钢筋混凝土悬臂板，悬挑长度一般为1～1.5mm，为防止倾覆，常将雨篷与门的过梁或圈梁浇筑在一起。也可以采用其他结构形式，如扭壳等，其伸出尺寸可以更长。

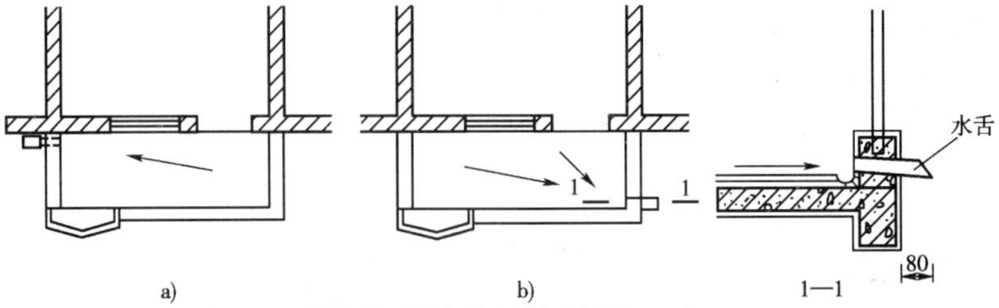

图7-21 阳台排水（尺寸单位：mm）

a）雨水管排水；b）水舌排水

由于雨篷承受的荷载不大，因此其厚度较薄，一般板外沿厚50～70mm，通常采用变截面。雨篷有板式和梁板式两种类型（图7-22）。

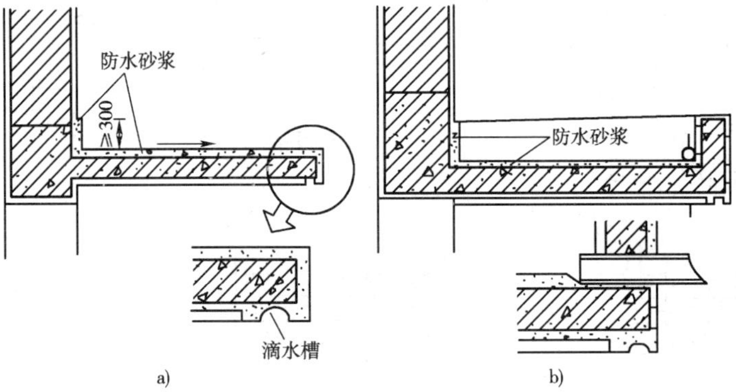

图7-22 雨篷构造（尺寸单位：mm）

a）板式；b）梁板式

本章小结

（1）楼板层是多层房屋水平方向的承重构件，楼板主要由面层、结构层、附加层和顶棚层组成。

（2）按楼板所用材料的不同，可分为木楼板、砖拱楼板、钢筋混凝土楼板及压型钢板与钢梁组合的楼板。

（3）钢筋混凝土楼板按施工方法不同分为现浇整体式、预制装配式和装配整体式三类。

（4）现浇整体式钢筋混凝土楼板按受力和传力情况分为板式楼板、梁板式楼板、无梁楼板和压型钢板组合楼板。

预制楼板构件的类型主要有实心平板、槽形板、空心板等。

装配整体式钢筋混凝土楼板是一种预制装配和现浇结合的楼板类型。主要有叠合式楼板、密肋空心砖楼板和预制小梁现浇板。

（5）地坪是指建筑物底层与土壤接触的水平结构部分，承受地面上的荷载，并均匀地传递给地基。楼板层的面层和地坪的面层统称地面。

(6)地面构造按面层所用材料和施工方法不同，可分为整体类地面、块材类地面、卷材类地面和涂料类地面。

(7)整体类地面包括水泥砂浆地面、细石混凝土地面及水磨石地面。

(8)踢脚板的材料一般与地面面层材料相同，高度一般为100～200mm。

(9)按阳台与外墙相对位置和结构处理的不同，阳台可分为挑阳台、凹阳台、半挑半凹阳台。阳台的细部构造包括栏杆、扶手和排水孔。

(10)雨篷有板式和梁板式两种类型。

复习思考题

7-1　楼板层由哪几部分组成？各有什么作用？

7-2　按楼板所用材料的不同，楼板的常见类型有哪些？

7-3　现浇整体式钢筋混凝土楼板按受力和传力情况分为哪些类型？各有什么特点？

7-4　地坪由哪几部分组成？常用的地面有几种？其构造如何？

7-5　阳台有哪几种类型？排水是如何处理的？

7-6　雨篷有几种类型？其构造如何？

第八章　楼梯与台阶

[重点内容和学习目标]

本章重点讲述钢筋混凝土楼梯的构造、台阶和坡道的构造。通过本章学习，要求学生掌握楼梯的组成及其功能；常见楼梯的形式；楼梯段的宽度、坡度以及楼梯有关的净空高度；钢筋混凝土楼梯的特点、结构形式以及细部处理；台阶与坡道的构造要求。

第一节　概　　述

楼梯是建筑内部垂直交通设施。虽然一些大型的多层民用建筑经常设置电梯或自动扶梯及坡道，但同时也必须设置楼梯，因为它是楼层人员疏散必经之路。一般设置在建筑物的主要出入口附近。

一、楼梯的组成及尺寸

楼梯一般由梯段、平台、栏杆组成（图 8-1）。

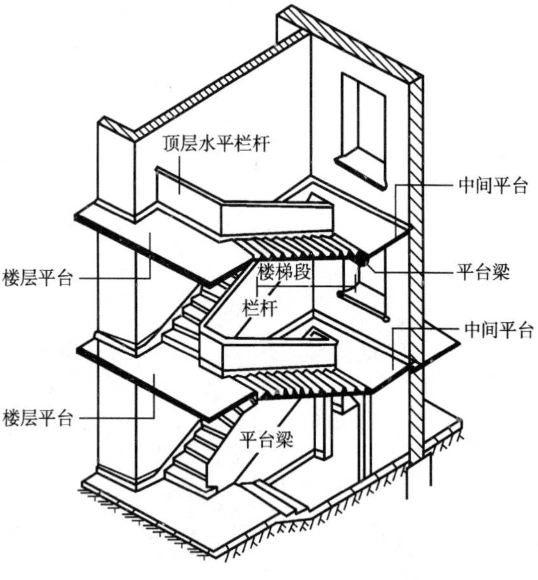

图 8-1　楼梯的组成

1. 梯段

梯段是由若干个踏步组成的倾斜构件，是楼梯的主要承重部分。梯段宽度为：供单人通行时不小于 900mm，供双人通行时为 1 100～1 400mm，供三人通行时为 1 650～2 100mm；住宅建筑不小于 1 100，公共建筑不小于1 400mm。

每个梯段的踏步数量一般不应超过 18 级，也不应少于 3 级。楼梯的坡度一般取 23°～45°，30°左右比较舒适；当坡度小于 23°时，应采用坡道；超过 45°时，宜采用爬梯。楼梯的坡度实质与楼梯踏步密切相关，踏步高与宽之比就构成了楼梯坡度。而踏步高度与人的步距有关，宽度与人的脚长应相适应。

民用建筑中，楼梯踏步的最小宽度与最大高度限制见表 8-1。

2. 平台

平台是联系两个倾斜梯段之间的水平构件，由平台梁和平台板等组成。主要作用是供人

楼梯踏步最小宽度与最大高度(mm)　　表 8-1

楼梯类别	踏步最小宽度	踏步最大高度
住宅共用楼梯	260	175
幼儿园、小学等楼梯	260	150
电影院、剧场、体育馆、医院、疗养院等楼梯	280	160
其他建筑物楼梯	260	170
专用服务楼梯、住宅户内楼梯	220	200

行走时缓冲疲劳和转换梯段方向。与楼层高程一致的平台称为楼层平台或正平台，介于两个楼层之间的平台称为中间平台或半平台。其宽度不得小于楼梯段的净宽度，为方便扶手转弯，平台宽度应取梯段宽度再加 1/2 踏步宽。住宅楼梯平台净宽不应小于 1.2m。

3. 栏杆和栏杆扶手

栏杆是设置在梯段及平台临空边缘的安全保护构件，也是室内装饰部分。分为实心栏杆和漏空栏杆两类。实心栏杆又称栏板。栏杆的顶部配件称为扶手。

扶手的高度为踏步前缘至扶手顶面的竖直高度(图 8-2)。根据建筑物的使用性质不同，扶手高度也不同。如成人用 900～1 000mm 高，儿童用 500～600mm 高。梯段宽度超过 1.4m 时，应设双面扶手，超过 2.4m 时，梯段中间应另设扶手。

扶手的宽度一般取 60～80mm。

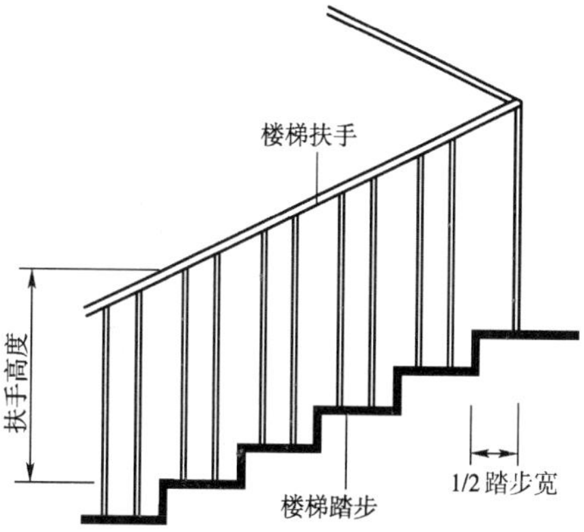

图 8-2　楼梯扶手高度

4. 楼梯的净空高度

楼梯的净空高度是指梯段的任何一级踏步前缘至上一梯段结构下缘的垂直高度；或平台面(或底层底面)至上部平台底(或平台梁)的垂直距离。楼梯的净空高度不仅关系到行走安全，而且涉及楼梯下面的空间利用及通行的可能性。净高在平台处不应小于 2 000mm；在梯段处不应小于 2 200mm(图 8-3)。

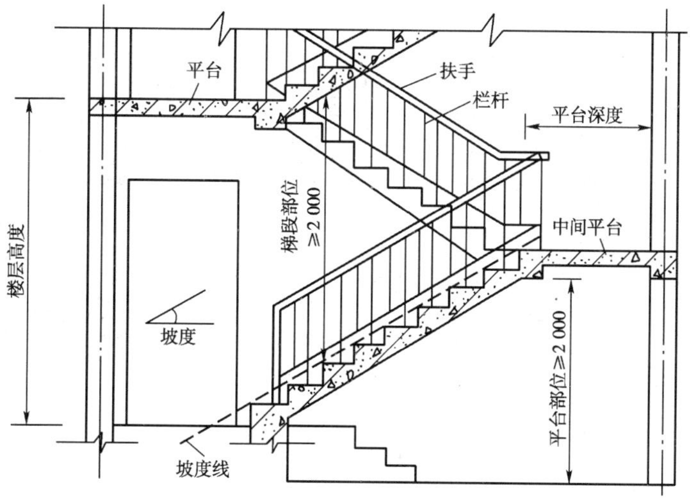

图 8-3　楼梯净空高度(尺寸单位：mm)

二、楼梯的类型

楼梯的类型较多。

按位置分：有室内楼梯、室外楼梯。

按性质分：有主要楼梯、次要楼梯、内部专用楼梯、安全疏散楼梯。

按材料分：有木楼梯、钢筋混凝土楼梯、钢楼梯、其他金属楼梯。

按防火要求分：有开敞楼梯、封闭楼梯、防烟楼梯。

按施工方式分：有预制装配式钢筋混凝土楼梯（包括梁承式、墙承式、悬臂式等）、现浇钢筋混凝土楼梯。

按形式分：有直跑楼梯、双跑楼梯、三跑楼梯、交叉楼梯、剪刀楼梯、螺旋楼梯等（图 8-4）。其中双跑楼梯使用最多，因为它最容易布置。

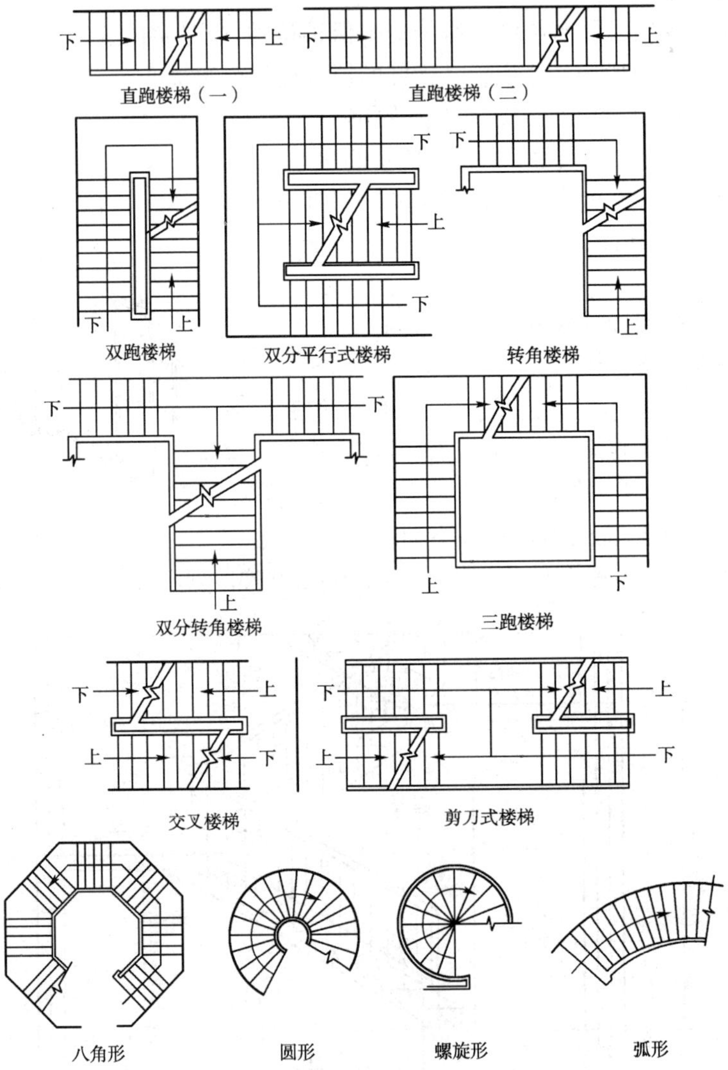

图 8-4　楼梯的形式

第二节　钢筋混凝土楼梯构造

钢筋混凝土楼梯具有坚固、耐久、耐火等优点，是应用最广泛的楼梯形式。按施工方法分为预制钢筋混凝土楼梯和现浇钢筋混凝土楼梯。

一、预制装配式钢筋混凝土楼梯

预制装配式钢筋混凝土楼梯施工速度快、湿作业少、节约模板，是目前建筑施工中应用较广的一种形式。按组成构件的大小分为小型构件装配式和大型构件装配式楼梯两大类。

1. 小型构件装配式楼梯

小型构件装配式楼梯一般是指踏步和支承构件分开预制。其特点是构件小而轻，容易制作，便于安装，但安装速度较慢，适用于机械化较低的工地。

(1)预制踏步

预制踏步的截面形式有一字形、L形和三角形三种(图8-5)。

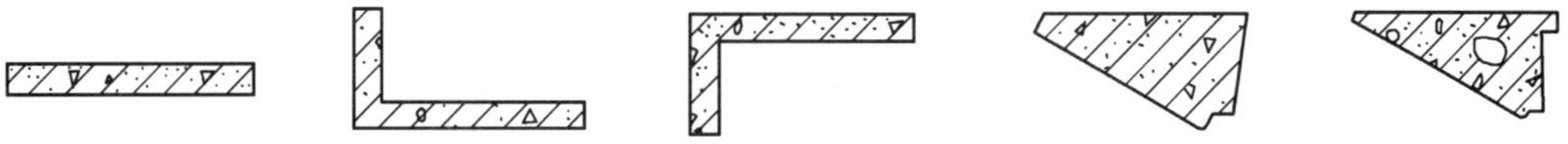

图8-5　预制踏步的形式

一字形踏步制作方便，踏步的高宽较自由，可用立砖作踢面，也可以露空，适用较广；L形踏步分为正反两种，一种是踢板在踏板的下面，另一种在踏板的上面。这种踏步节省材料，自重较轻，但拼装后梯段底面呈锯齿状，不平整容易积灰；三角形踏步安装后底面平整，但踏步尺寸较难调整，为减轻自重，三角形可抽孔，多用简支。

(2)预制支承构件

根据支承方式不同，可分为梁承式、墙承式、悬臂式。

①梁承式

梁承式是预制踏步搁置在斜梁上组成梯段，梯段斜梁搁置在平台梁上，而平台梁搁置在两边的墙或柱上(图8-6)。

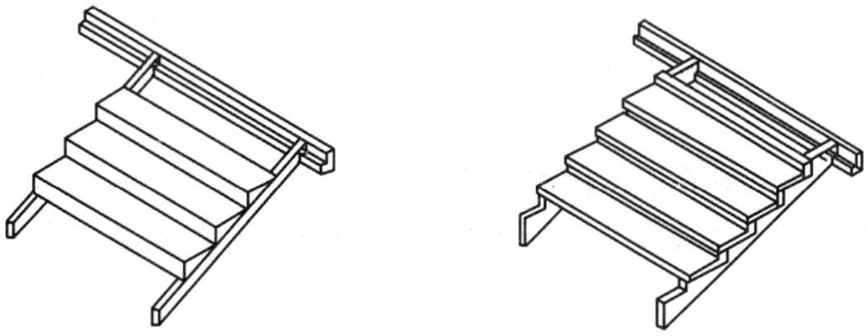

矩形斜梁　　　　锯齿形斜梁

图8-6　预制梁承式楼梯

梯段梁有矩形、L形和锯齿形三种。

梁承式楼梯具有整体性好、施工方便，以及装配化程度高等优点，故被广泛采用。

②墙承式

墙承式是整个梯段由一个个单独的踏步板组成，踏步板多为L形，两端直接支承在墙上，省去了平台梁和斜梁，故构造简单，施工方便，多用于高程较低的建筑中(图 8-7)。这种楼梯的宽度一般在 1.5m 左右。

③悬臂式

悬臂式是整个梯段的踏步板为一端固定，一端悬空的悬臂构件，固定端可嵌固在墙上或梁上。当嵌固在楼梯间侧墙上时，不需设斜梁和平台梁。悬臂的挑出尺寸一般控制在 1.2～1.5m，最大不得超过 1.8m，不宜用于地震区的建筑(图 8-8)。

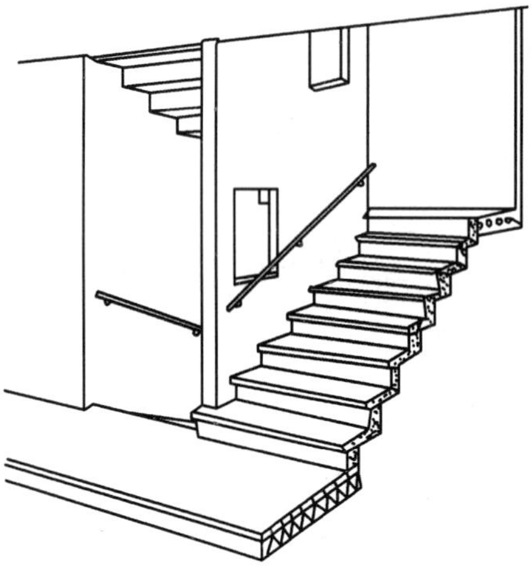

图 8-7 墙承式预制踏步楼梯

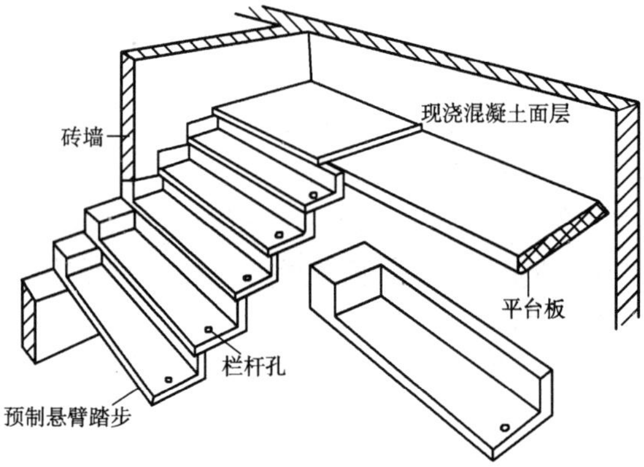

图 8-8 悬臂踏步楼梯

2. 大型构件装配式楼梯

大型构件装配式楼梯是将楼梯段和楼梯平台分别预制成整体构建，利用起重设备在现场进行拼装。它采用机械化吊装，能简化施工过程、加快施工进度、减轻劳动强度，因此常用于机械化较高的工地(图 8-9)。

楼梯段的形式主要有板式、梁板式、双梁折板式等类型。

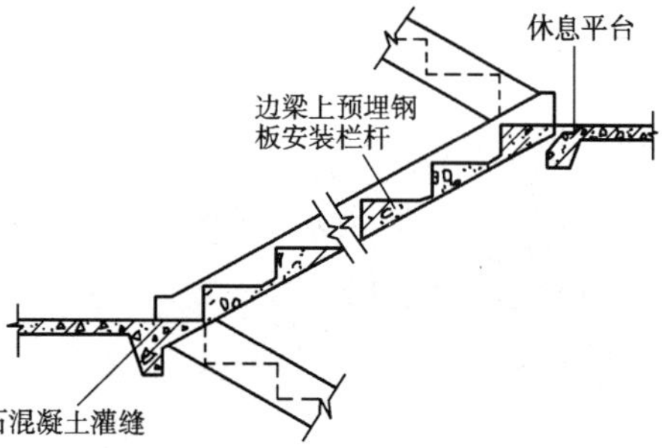

图 8-9 大型预制构件装配式楼梯

二、现浇钢筋混凝土楼梯

现浇钢筋混凝土楼梯刚度大，整体性好。但施工速度慢，模板耗费多。适用于抗震要求较高的建筑。其结构形式有板式和梁板式两种。

1. 板式楼梯

板式楼梯是由梯段板承受该梯段的全部荷载，梯段板与平台板相连，平台板端部设置一根平台梁支承上下梯段及平台板，平台梁支承在墙上(图 8-10)。

这种楼梯底面平整、外形简洁、模板简单，但梯段板厚度大，自重沉，材料消耗多，不经济，适用于楼梯荷载小的住宅等建筑。

2. 梁板式楼梯

梁板式楼梯是由踏步板支承在斜梁上，斜梁又支承在平台梁上(图 8-11)。为节约材料和模板，常在梯段靠墙一侧不设斜梁，板一边搁置在墙上，一边搁置在斜梁上。梁板式楼梯与板式楼梯比较，可以缩小板的跨度，减小板的厚度。

梁板式楼梯有两种形式，一种为斜梁在踏步下面，上面踏步明露，称为明步，较为明快，但板下露出梁的阴角，容易积灰；另一种为斜梁上翻，下面平整，踏步包在梁内，称为暗步，在进行清扫时，灰尘和污水不致下落，且板底平整，便于粉刷。

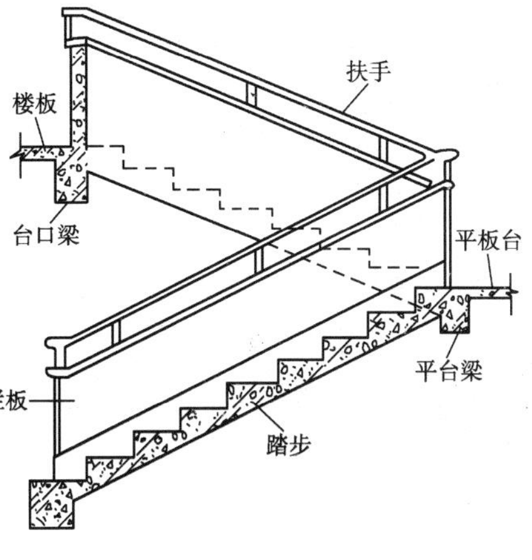

图 8-10　现浇钢筋混凝土板式楼梯

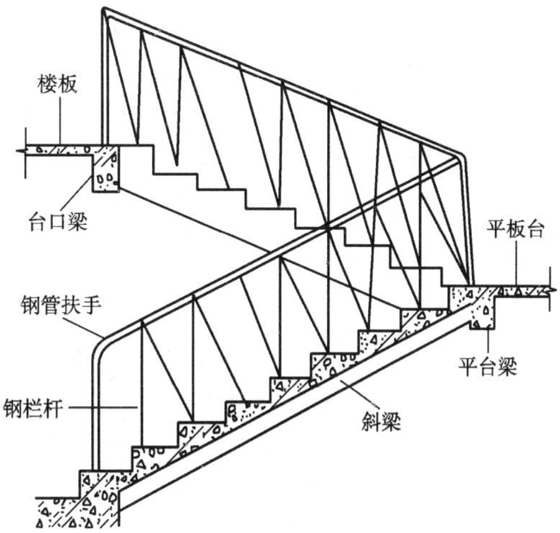

图 8-11　现浇钢筋混凝土梁板式楼梯

第三节　台阶与坡道

一、台阶

台阶处于建筑物的出入口，用以解决室内外地坪高差的联系与过渡，如同楼梯一样，台阶也是由踏步和平台组成(图 8-12)。平台的表面应比底层室内地面的高程略低，向外倾斜1%～4%的坡度，以防雨水流进室内。台阶的踏步应比楼梯平缓，每级踏步高度一般为 100～150mm，踏步宽度为 300～400mm。台阶的级数应根据室内外地坪高差来确定，但不宜少于2 级。

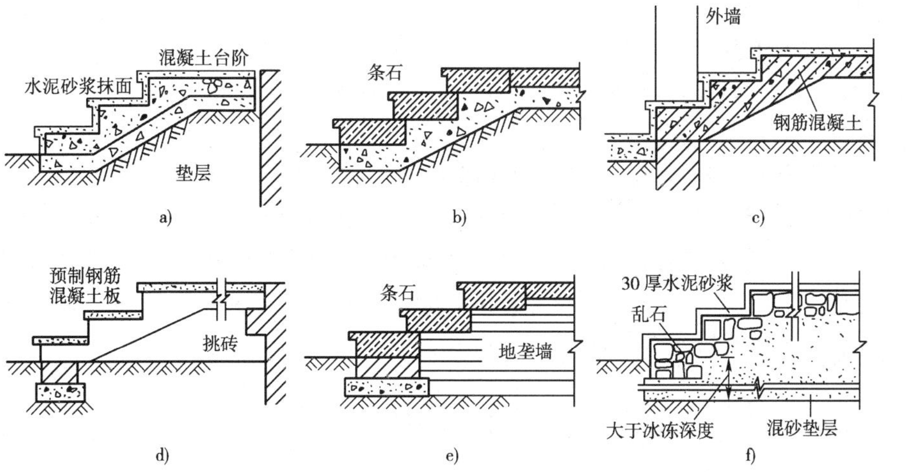

图 8-12　台阶构造类型

a)混凝土台阶；b)天然台阶；c)与建筑结合的内台阶；d)预制钢筋混凝土台阶；e)条石支在地垄墙上的台阶；f)换土地基台阶

台阶宜用抗冻性能好和表面结实耐磨的材料建造，如天然石、混凝土、缸砖等。建造时先将原土夯实，铺设碎砖三合土、灰土或混凝土垫层，然后在上面做台阶。

二、坡道

建筑物出入口处，为便于老人、残疾人及车辆进出，常做坡道，有的建筑将台阶与坡道同时设置，坡道供车辆使用(图 8-13)。坡道的坡度一般取 1∶6～1∶12，以 1∶10 较为舒适。大于 1∶8 时，须做防滑处理，一般做成锯齿形或有采用防滑条设置。

坡道采用的材料和台阶的材料相同。

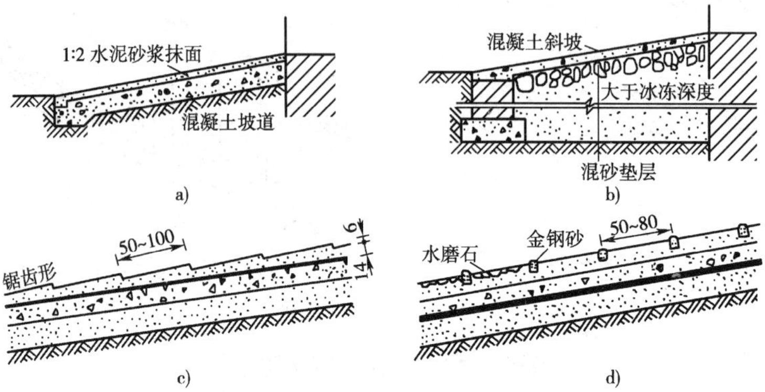

图 8-13 坡道构造(尺寸单位：mm)

a)混凝土坡道；b)换土地基坡道；c)锯齿形坡道；d)防滑条坡道

本章小结

(1)楼梯是建筑内部垂直交通设施，一般由梯段、平台、栏杆组成。按施工方式分有预制装配式钢筋混凝土楼梯和现浇钢筋混凝土楼梯。

(2)楼梯的净空高度不仅关系到行走安全，而且涉及楼梯下面的空间利用及通行的可能性。净高在平台处不应小于 2 000mm；在梯段处不应小于 2 200mm。

(3)预制装配式钢筋混凝土楼梯按组成构件的大小分为小型构件装配式和大型构件装配式楼梯两大类。

现浇钢筋混凝土楼梯结构形式有板式和梁板式两种。

(4)台阶也是由踏步和平台组成，台阶的踏步应比楼梯平缓，每级踏步高度一般为 100～150mm，踏步宽度为 300～400mm。台阶的级数应根据室内外地坪高差来确定，但不宜少于 2 级。

(5)坡道的坡度一般取 1∶6～1∶12，以 1∶10 较为舒适。大于 1∶8 时，须做防滑处理，一般做成锯齿形或采用防滑条设置。

复习思考题

8-1 楼梯是由哪几部分组成的？各组成部分的作用是什么？

8-2 常见的楼梯有哪几种形式？

8-3　楼梯为什么要设置栏杆？栏杆的扶手高度一般是多少？

8-4　楼梯的净高指的是什么？一般净高是多少？

8-5　预制装配式钢筋混凝土楼梯有哪两大类？各有何特点？

8-6　现浇钢筋混凝土楼梯有哪些类型？各有何特点？

8-7　台阶与坡道的形式有哪些？

第九章　屋　　顶

[重点内容和学习目标]

本章主要讲述屋顶的作用和构造，重点是屋顶的防水构造。通过本章学习，要求学生掌握屋顶的常用坡度和排水方式；各类屋顶的构造层次和细部构造。

第一节　概　　述

屋顶是房屋最上层覆盖的外维护结构，其主要作用是抵御自然界的风霜雪雨、太阳辐射、气温变化和其他外界的不利因素，使屋顶覆盖下的空间有一个良好的使用环境。因此，要求屋顶在构造上解决防水、保温、隔热、隔声及防火等问题。

在结构上，屋顶又是房屋上层的承重结构，支承着自重和屋顶上的各种活荷载，同时还起着对房屋上部的水平支承作用。因此，要求屋顶结构满足强度、刚度和整体空间稳定性的需要。

一、屋顶的组成与类型

屋顶主要由屋面和支承结构组成。常见的屋顶类型有平屋顶和坡屋顶。此外还有曲面等形式的屋顶(图 9-1)。

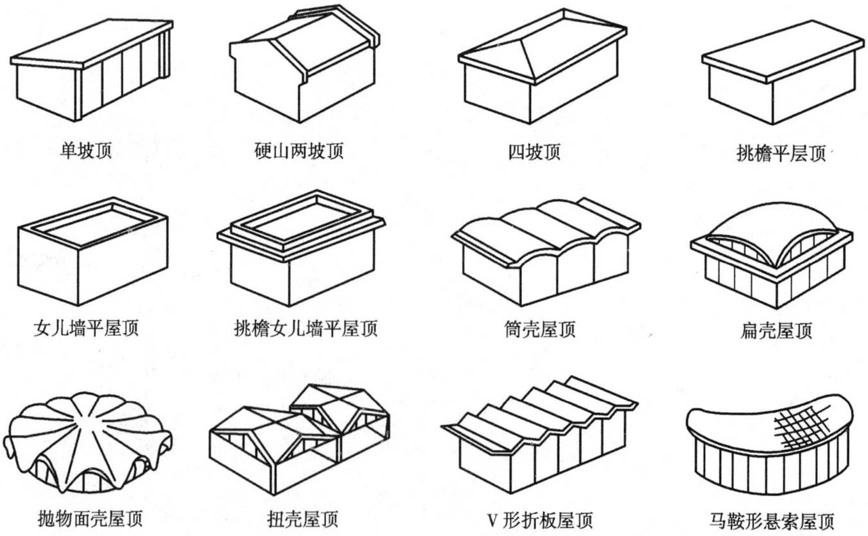

图 9-1　屋顶类型

二、屋面的常用坡度

屋面的坡度是由多方面的因素决定的。它与屋面材料、地理气候条件、屋顶结构形式、施工方法、构造组合方式、建筑造型要求以及经济等方面的影响都有一定的关系。其中屋面覆盖材料与屋面坡度的关系比较大。一般情况下，屋面覆盖材料的面积越小厚度越大，屋面的排水坡度就越大。反之，则屋面排水坡度就越平缓。

通常坡度＞10％的称为坡屋顶，≤10％的称为平屋顶。

第二节　屋 顶 构 造

一、平屋顶

平屋顶构造简单，适用于各种平面形状的房屋。除具有屋顶的一般功能外，还可以作为屋顶阳台、屋顶花园等，是民用建筑屋顶的主要类型。

1. 平屋顶的组成

平屋顶主要由屋面层(防水层)、结构层和顶棚层组成。此外，还要根据需要设置保温层、隔热层、保护层、找平层等。

2. 平屋顶的排水

为了迅速地排除屋面的雨水，应选择适宜的排水坡度和恰当的排水方式。

从排水角度考虑，排水坡度越大越好；但从结构上、经济上及上人等角度考虑，又要求坡度越小越好。一般坡度的大小是由屋面材料的防水性能和功能需要来确定。上人屋面一般采用1％～2％，不上人屋面一般采用2％～3％。

平屋顶的排水坡度较小，要把屋面的雨雪水尽快地排除，就要组织好屋顶的排水系统，选择恰当的排水方式。

屋顶的排水方式分为无组织排水和有组织排水两大类(图9-2)。

(1)无组织排水

无组织排水又称为自由落水。是利用屋面伸出外墙，形成挑出的外檐，使屋面的雨水通过外檐自由地落到地面。这种做法构造简单、经济，但落水时，雨水会溅湿勒脚，有风时排水还会冲刷墙面。一般适用于低层和雨水较少的地区。

(2)有组织排水

有组织排水是将屋面划分成若干个排水区域，按一定的排水坡度把屋面雨水有组织地排到檐沟或雨水口，通过雨水管排到室外地面或明沟中。对年降水量较大地区或较高、较重要的建筑采用有组织排水。

有组织排水可分为外排水和内排水两种。外排水是雨水管沿外墙设置，其美观性较差，但施工方便。大量民用建筑多采用这种方式。外排水视檐口做法不同可分为檐沟外排水和女儿墙(屋顶上的高1.2～1.5m的矮墙)外排水。内排水是雨水管沿内墙或柱设置，建筑美观性好，但施工麻烦。一般用于对建筑美观性较高的建筑和冬季严寒地区的建筑。

雨水口的最大间距：檐沟外排水为24m，女儿墙外排水为18m。雨水管直径一般为100mm。

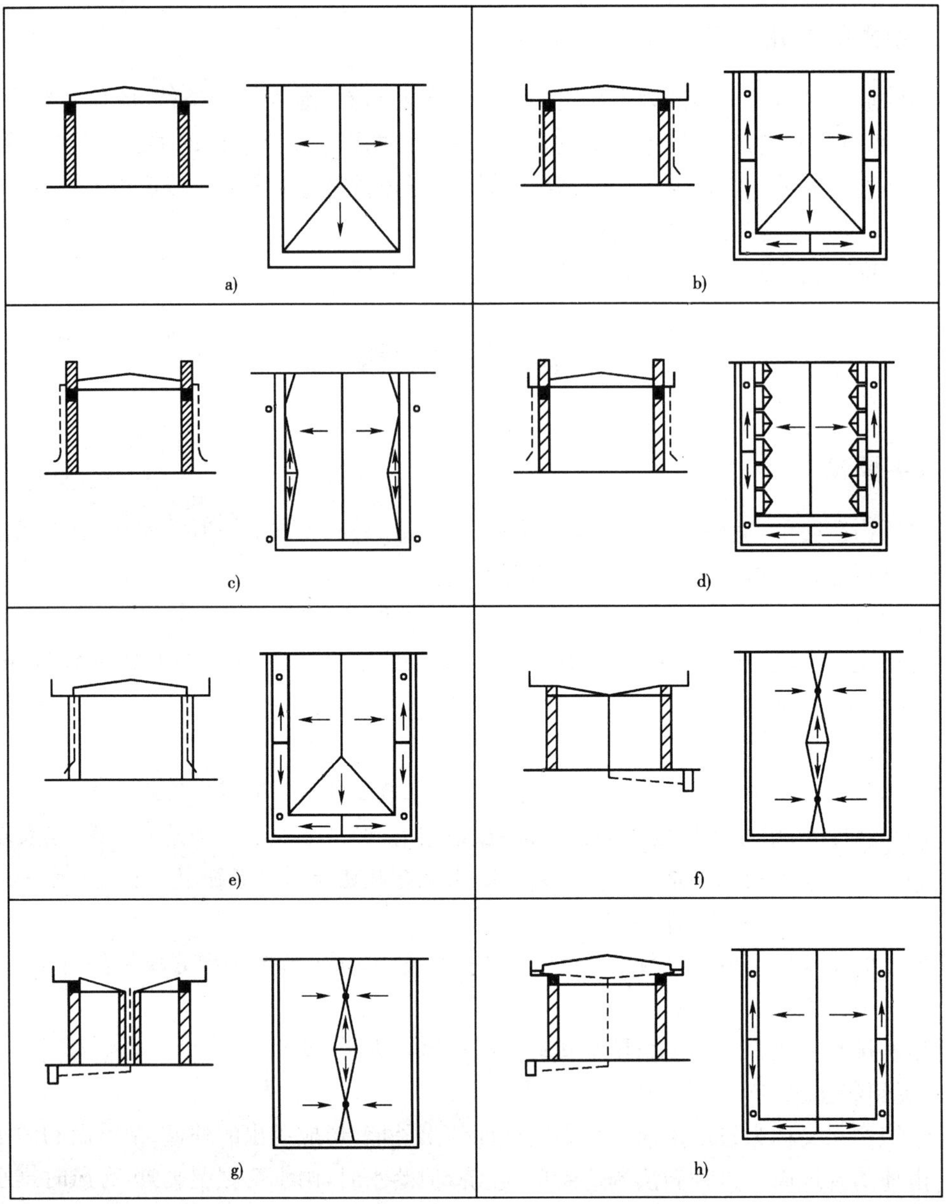

图 9-2 屋面排水方式

a)无组织排水；b)檐沟外排水；c)女儿墙外排水；d)檐沟女儿墙外排水；e)外墙暗管排水；f)明管内排水；g)管道井暗管内排水；h)吊顶水平暗管内排水

3. 平屋顶的构造

平屋顶的构造主要以屋面层(防水层)构造做法差异最大，其余构造层次做法变化不大。

(1)卷材防水屋面

卷材防水是将柔性的防水卷材用胶结材料粘贴在屋面上，形成一个大面积的封闭防水覆盖层。这种防水层具有一定的延伸性，能适应由温度变化而引起的屋面和结构的变形，也称为柔性变形。

防水卷材的类型主要有：沥青防水卷材、高聚物改性沥青防水卷材、合成高分子防水卷材等。

卷材防水屋面的基本构造层次有：找平层、结合层、防水层和保护层(图 9-3)。

卷材防水屋面的细部构造主要有:泛水、天沟、雨水口、檐口、变形缝。如果处理不当就很容易出现漏水现象。

泛水是指屋面与垂直墙面交接处的防水处理,如屋面与女儿墙、高低屋面间的立墙、出屋面的烟道或风道与屋面的交接处、屋面变形缝处均应做泛水处理(图 9-4)。

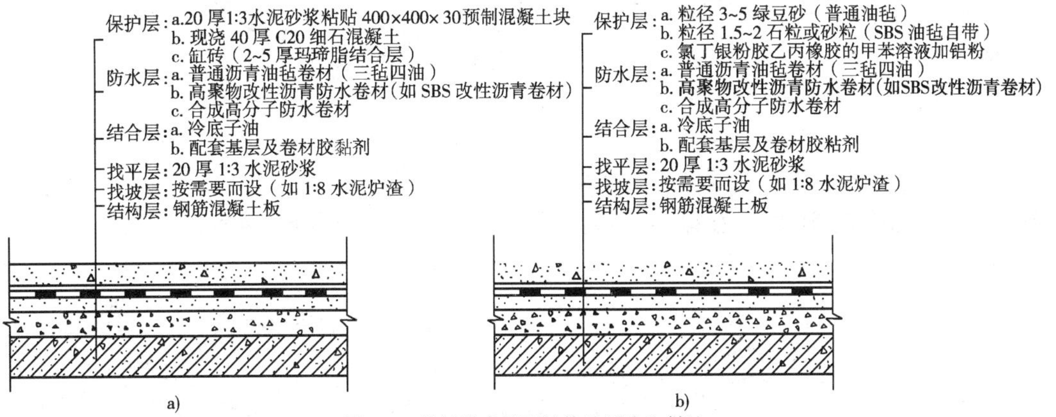

图 9-3 卷材防水屋面的构造层次和做法

a)上人屋面;b)不上人屋面

(2)刚性防水屋面

刚性防水屋面是以刚性材料作为防水层的屋面。如采用防水砂浆抹面或用密实混凝土浇筑成面层的屋面。刚性防水屋面的主要优点是构造简单、施工方便、造价较低;缺点是易开裂,对气温变化和屋面基层变形的适应性较差。

刚性防水屋面的基本构造层次有:防水层、隔离层、找平层、承重层及顶棚等(图 9-5)。隔离层的作用是减少结构变形对防水层的不利影响。

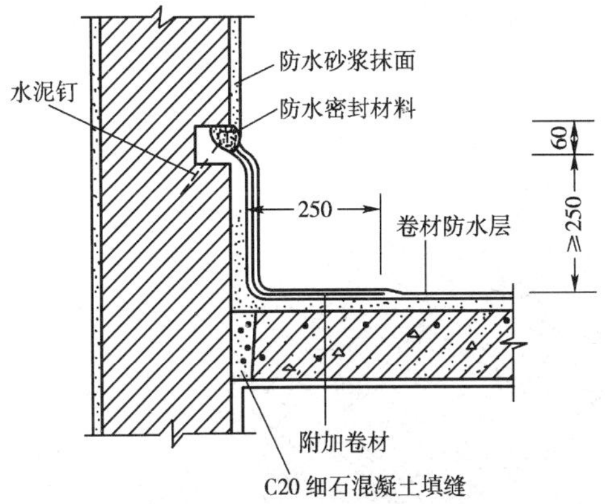

图 9-4 卷材防水屋面泛水构造(尺寸单位:mm)

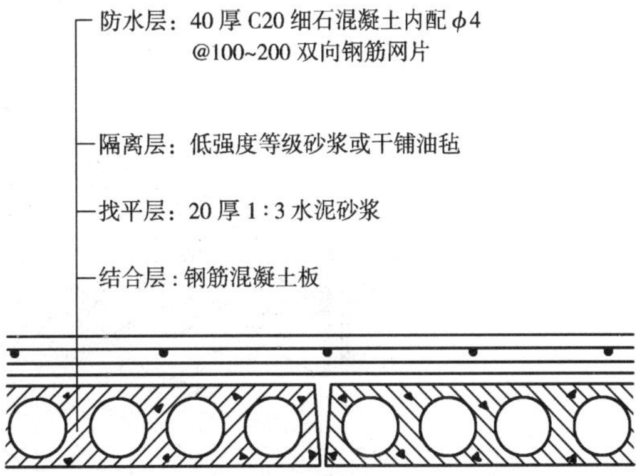

图 9-5 刚性防水屋面的构造层次

刚性防水屋面的细部构造除同卷材防水屋面的细部构造外,还要做好分隔缝构造。分隔缝是设在刚性防水层中的变形缝,其主要作用是防止因温度变化或结构变形造成屋面板伸缩或翘曲而使防水层开裂。分隔缝的位置一般设在结构层的支座处(图 9-6),宽度为 20~40mm。

(3)涂料防水屋面

涂料防水又称涂膜防水,是用可塑性和黏结力较强的高分子防水涂料直接涂刷在屋面基层上,形成一层满铺的不透水薄膜层,以达到屋面防水的目的。常见的有乳化沥青类、氯丁橡胶类、丙烯酸树脂类、聚氨酯类等。涂膜的基层为混凝土或水泥砂浆,涂膜的表面一般须撒细砂作保护层。

(4)粉剂防水屋面

粉剂防水又称拒水粉防水，是以硬脂酸为主要原料的憎水性粉剂来做防水处理。一般在平定屋顶的基层结构上先抹水泥砂浆或细石混凝土找平层，铺上 5～10mm 厚的粉剂，再做保护层即成。

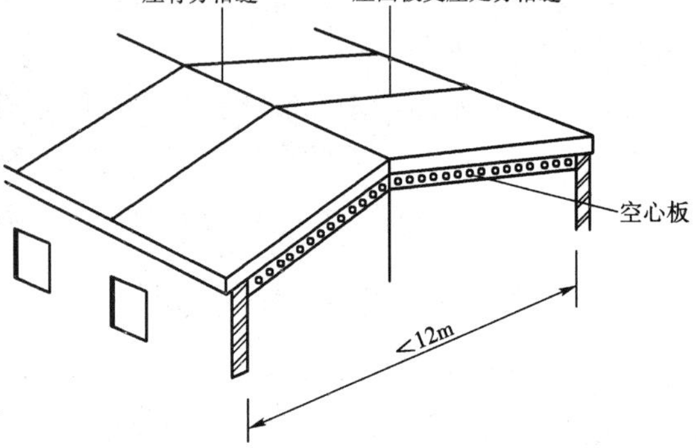

图 9-6　分格缝位置

二、坡屋顶

坡屋顶是由带有坡度的倾斜面相互交错而成的。斜面相交的阳角称为脊，阴角称为沟(图 9-7)。

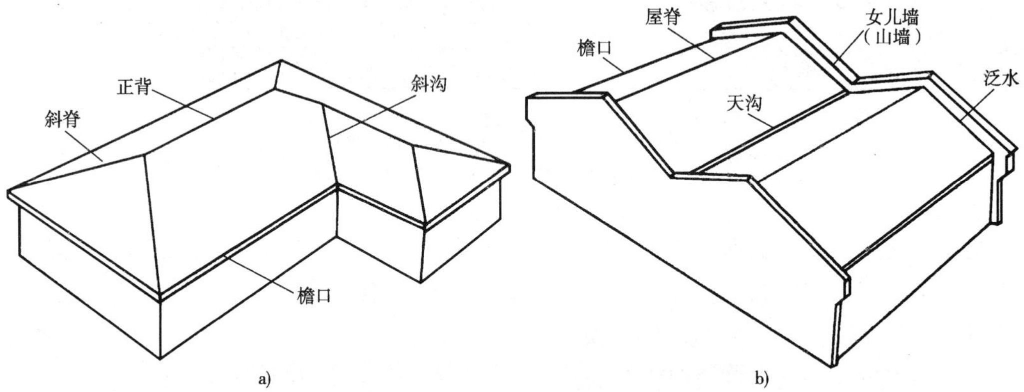

图 9-7　坡屋顶坡面组织名称

a)四坡屋顶;b)并立双坡屋顶

坡屋顶是由承重结构、屋面和顶棚等组成(图 9-8)。

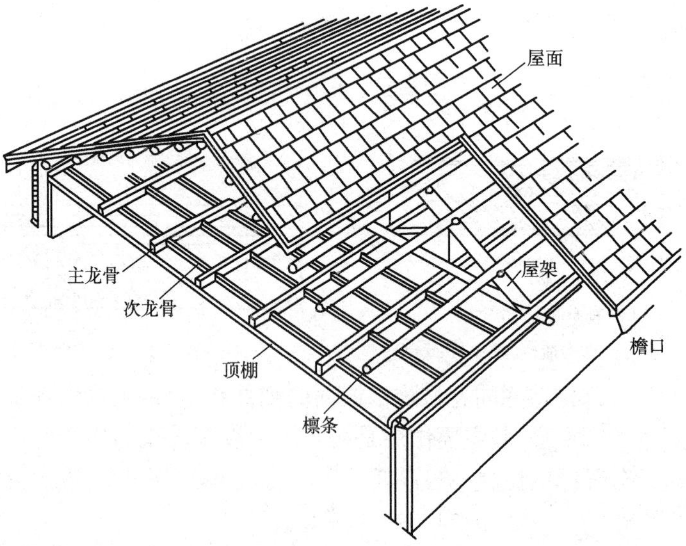

图 9-8　坡屋顶的组成

1. 坡屋顶承重结构

坡屋顶承重结构一般由椽子、檩子、屋架(或大梁)等构件组成。类型有山墙承重、屋架承重和梁架承重等。

椽子是屋面基层的最底层构件，垂直安放在檩子之上，以支持屋顶盖材料的木杆。

檩子是架跨在房梁上起托住椽子或屋面板作用的小梁，也称檩条或桁条(图 9-8)。

(1)山墙承重

檩条直接搁置在山墙砌成的坡形面上的结构方式称为山墙承重结构(图 9-9)。这种做法简单经济，适合多数相同开间并列的房屋，如宿舍、办公室、旅店等。

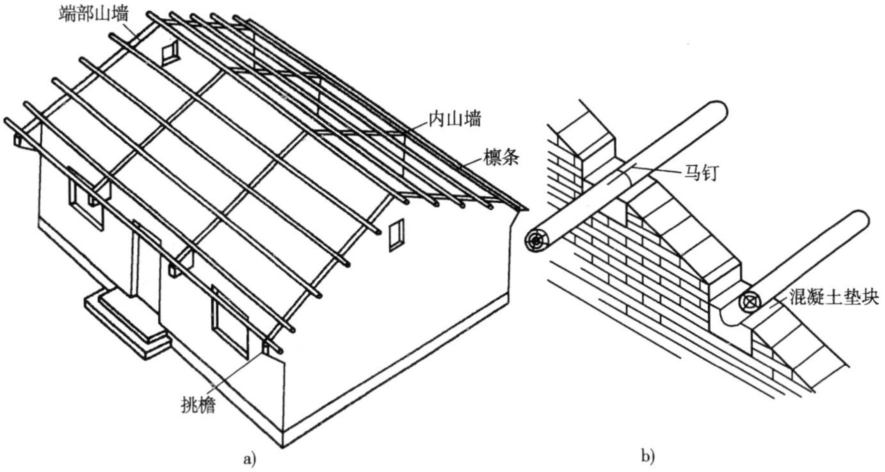

图 9-9　山墙支承檩条屋面

a)山墙支檩屋顶；b)檩条在山墙上的搁置形式

(2)屋架承重

用三角形屋架来架设檩条的结构方式称为屋架承重结构(图 9-10)。通常屋架搁置在外纵墙或柱墩上，使建筑有一个较大的空间。

(3)梁架承重

以柱和梁形成梁架来支承檩条的结构方式称为梁架承重结构。梁架使得房屋形成一个整体骨架。墙只起维护和分隔作用，不承受荷载。

2. 坡屋顶屋面构造

屋面由防水材料和基层构成。防水材料一般有瓦材(小青瓦、平瓦、波形瓦等)金属薄板(镀锌铁皮、压型钢板、铝合金屋面板等)和大型钢筋混凝土自防水构件。

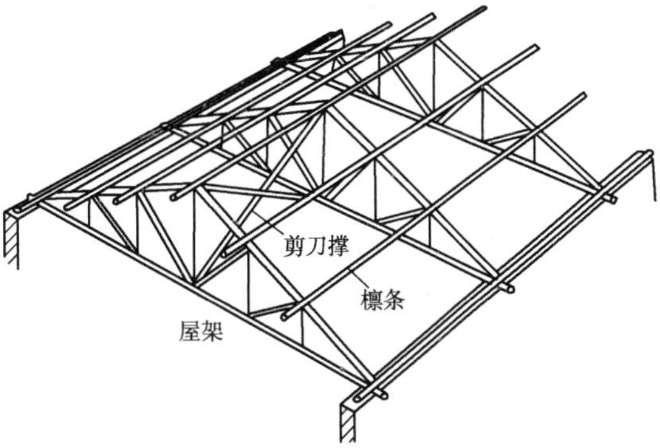

图 9-10　屋架支承檩条的屋顶

(1)瓦屋面

瓦屋面优点是瓦材块小、单块重量轻，施工简便，可就地取材，故在过去应用较多。瓦屋面的缺点是防水层接缝较多、易渗水、坡度较大、结构高度较高、构造复杂，消耗的材料较多(图 9-8)。一般适用于住宅建筑。

(2)金属屋面

相对瓦屋面具有单片面积大，接缝严密、防水性能好、有利于工业化生产等优点(图9-11)。适用于大型公共建筑的屋面。

(3)大型钢筋混凝土自防水屋面

主要用于工业厂房或仓库等类型建筑。民用建筑较少用到(图 9-12)。

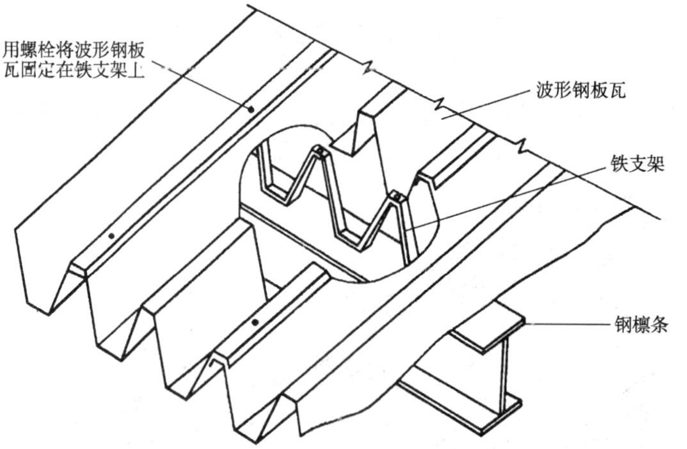

图 9-11　金属屋面的组成

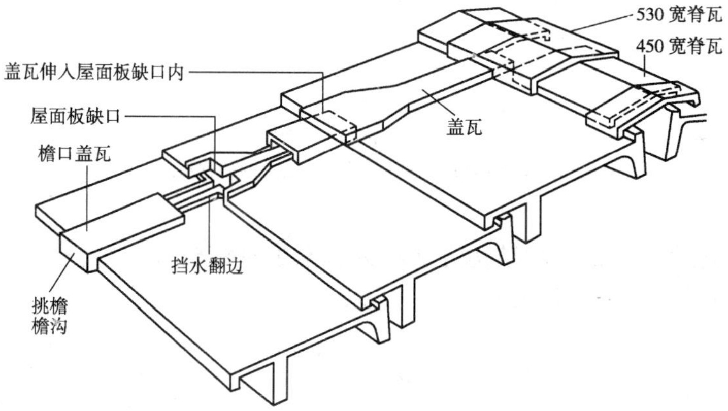

图 9-12　构件自防水屋面

3. 坡屋顶的檐口构造

屋顶与墙身顶部交接处为檐口,其作用是保护墙身和建筑装饰。檐口的做法有挑檐口和女儿墙檐口两种。

(1)砖挑檐

砖挑檐适用于出檐较小的檐口,用砖叠砌的出挑长度一般为墙厚的 1/2,并不大于 240mm。檐口第一排瓦伸出 50mm[图 9-13a)]。

(2)屋面板挑檐

屋面板挑檐的出挑长度一般不大于 300mm[图 9-13b)]。

(3)挑檐木挑檐

当承重结构为横墙承重时,可在横墙内伸出挑檐木来支承屋檐。挑檐木伸入墙内的长度不能小于伸出长度的 2 倍[图 9-13c)]。

(4)椽木挑檐

有椽子的屋面可以用椽子出挑。出檐长度一般为 300～500mm[图 9-13d)]。

(5)挑檩檐口

在檐口墙外加一檩条，利用屋架下弦的托木或横墙砌入的挑檐木作为檐檩的支承[图 9-13e)]。

(6)女儿墙檐口

在檐口处铺设 20mm 厚的木屋面板，在屋面板上用镀锌铁皮做防水层。这用构造较复杂，容易漏水，尽量少用[图 9-13f)]。

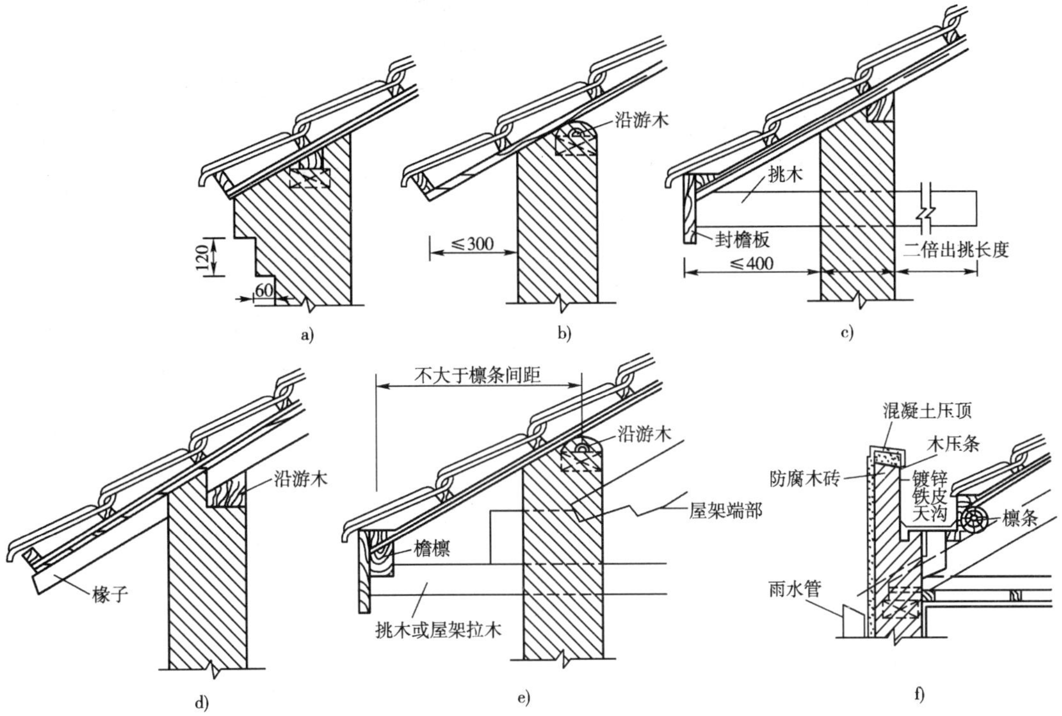

图 9-13　平瓦屋顶檐口(尺寸单位:mm)

a)砖挑檐;b)屋面析挑檐;c)挑檐木挑檐;d)椽木挑檐;e)挑檩檐口;f)女儿墙檐口

本章小结

(1)屋顶主要由屋面和支承结构组成，常见的屋顶类型有平屋顶和坡屋顶，此外还有曲面等形式的屋顶。

(2)屋面的坡度是由多方面的因素决定的。它与屋面材料、地理气候条件、屋顶结构形式、施工方法、构造组合方式、建筑造型要求以及经济等方面的影响都有一定的关系。

通常坡度>10%的称为坡屋顶，≤10%的称为平屋顶。

(3)平屋顶主要由屋面层(防水层)、结构层和顶棚层组成。

屋顶的排水方式分为无组织排水和有组织排水两大类。

卷材防水屋面的基本构造层次有:找平层、结合层、防水层和保护层。

刚性防水屋面的基本构造层次有:防水层、隔离层、找平层、承重层及顶棚等。

(4)坡屋顶是由承重结构、屋面和顶棚等组成。

(5)坡屋面由防水材料和基层构成。防水材料一般有瓦材(小青瓦、平瓦、波形瓦等)金属薄板(镀锌铁皮、压型钢板、铝合金屋面板等)和大型钢筋混凝土自防水构件。

复习思考题

9-1 屋顶是由哪几部分组成？其主要功能是什么？

9-2 影响屋顶坡度的因素有哪些？平屋顶与坡屋顶是如何区分的？

9-3 屋顶的排水方式主要有哪些？它们有何优缺点？

9-4 卷材防水屋面的构造层有哪些？各层是如何做的？

9-5 什么叫刚性防水屋面？刚性防水屋面的构造层次有哪些？各层是如何做的？

9-6 坡屋顶的承重方式有哪些？

9-7 坡屋顶的檐口做法有哪些？

第十章　门　　窗

[重点内容和学习目标]

本章重点讲述木门窗的作用形式与尺寸及木门窗的构造。

通过本章学习，要求学生掌握木门窗的一般尺寸和构造。

第一节　概　　述

一、门窗的作用

门和窗是房屋建筑中的两个围护部件。门的主要功能是供交通出入、分隔联系建筑空间，有时也兼起通风和采光等作用。窗的主要功能是采光、通风和观望。在不同的使用要求下，门窗还应具有保温、隔热、隔声、防火、防水及防盗的功能。此外，门窗对建筑物的外观及室内装修造型影响也很大。因此，对门窗要求坚固耐用、美观大方、开启方便、关闭紧密、便于清洁维修。

二、门窗的材料

常用的门窗材料有木、钢、铝合金、塑料和玻璃等。

木门窗制作简单、灵活多变，适于手工加工，是广泛采用的传统形式。

钢门窗强度高、断面小、挡光少、能防火，随着钢门窗型材的不断改进，形成了各种规格，是被广泛采用的形式。普通钢门窗易生锈、重量大、导热系数大，在严寒地区易结露。彩板门窗直接采用彩色涂层钢板或彩色镀锌钢板型材制作，耐腐蚀、保温密闭性能好，是金属门窗大力发展的新一代产品。

铝合金门窗质轻、美观、耐腐蚀、密闭性能好。但导热系数大，保温性能差，且价格较高。用绝缘性能好的材料，如塑料做隔离层制成的塑铝窗能大大提高隔热性能。

塑料门窗隔热性能好、质轻、耐水、耐腐蚀，但价格较高，强度较低。

第二节　门 窗 构 造

一、门的类型与构造

1. 门的类型

按材料分：木门、钢门、铝合金门、塑料门等。

按使用要求分：保温门、隔声门、防火门、防 X 射线门等。

按开启方式分：平开门、弹簧门、推拉门、折叠门、转门等(图 10-1)。

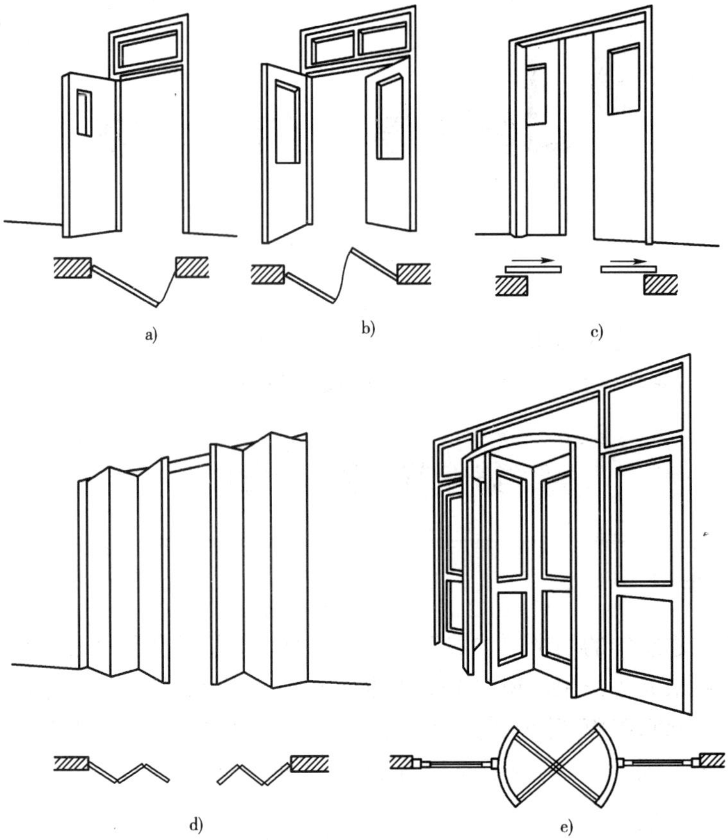

图 10-1　门的开启方式

a)平开门；b)弹簧门；c)推拉门；d)折叠门；e)转门

平开门：是指水平开启的门。制作简便，开关灵活，使用最为广泛。有单扇、双扇和内开、外开之分。

弹簧门：形式与平开门相同，只是侧边用弹簧铰链或下面用地弹簧连接，能自动关闭，又称自由门。主要用于人流出入频繁或有自动关闭要求的场所。

推拉门：门扇开关时能沿轨道左右水平滑行，开启后不占室内空间。但构造较复杂，五金配件数量较多，且封闭不严。住宅类建筑中使用较多。

折叠门：门关闭时，几个门扇能折叠推移到一侧的门。适用于宽度较大的门洞，如商店、仓库等。

转门：三扇或四扇门连成风车形，在两个固定弧形门套内旋转的门。使用时可减少室内冷气或暖气的损失，但制作复杂，常用于公共建筑的主要入口。

2. 木门的组成与尺寸

(1)门的组成与构造

门主要由门框、门扇、亮子、五金件及其他附件组成(图 10-2)。

门框又称门樘，一般由边框、上框、中横框和中竖框等组成。门扇一般由上冒头、中冒头、下冒头、边挺、门芯板、玻璃等组成。各种门的主要区别在于门扇。

亮子又称腰头窗，在门的上方，供通风和辅助采光之用，并可用来调整门的尺寸和比例，有固定、平开及上、中、下旋转方式。五金件一般有拉手、铰链、门锁、插销、门碰头等。其他附件有门下槛、贴脸板和筒子板等。

(2)门的尺寸

门的基本尺寸应满足人流通行、交通疏散等要求。一般民用建筑供人日常生活的门,门扇高度为 1 900～2 100mm;亮子高度一般为 300～600mm;门宽:单扇门宽为 800～1 000mm;辅助用房如浴室、厕所、储藏室的门宽为 600～800mm;双扇门宽为 1 200～1 800mm。公共建筑和工业建筑的门可根据具体需要适当提高尺度。

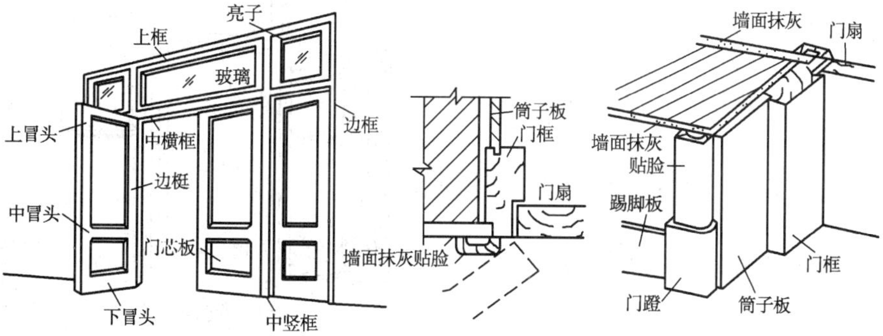

图 10-2　门的构造

二、窗的类型与构造

1. 窗的类型

窗的材料类型与门相同。按镶嵌的材料分为玻璃窗、百叶窗、纱窗等。

窗的开启方式主要取决于窗扇转动五金件的位置及转动方式,主要有固定窗、平开窗、悬窗、立转窗、推拉窗等(图 10-3)。

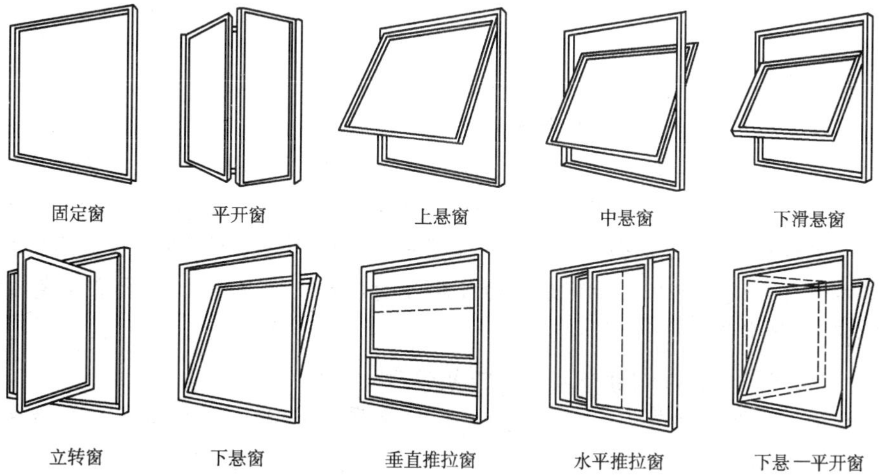

图 10-3　窗的开启方式

固定窗:不设窗扇,一般将玻璃直接安装在窗框上,仅作为采光和眺望用,不能通风。

平开窗:窗扇侧边用铰链与窗框连接,水平开启。有内、外开之分,外开不占室内空间,有利于防水处理,是常见的开启方式。平开窗构造简单、开启灵活、维修方便,是民用建筑中使用最广泛的形式。

悬窗:按转轴位置不同分为上、中、下悬三种。一般上悬和中悬向外开启,通风挡雨,常用于高窗;下悬不能防雨,只适用于内墙高窗及门上亮子。

立转窗：窗扇沿垂直轴水平旋转，通风效果好，但防雨和密闭性较差，且不易安装纱窗，故民用建筑使用不多。

推拉窗：窗扇沿导轨或滑槽进行推拉，分垂直推拉和水平推拉两种。特点是开启后不占室内空间、受力合理、窗扇玻璃壁平开窗的大，但通风面积仅为窗面积的一半。民用建筑中使用越来越广泛。

2. 木窗的组成与尺寸

（1）窗的组成与构造

窗主要由窗框、窗扇、五金件和附件四部分组成（图10-4）。

窗框又称窗樘，由上框、下框、边框、中横框、中竖框组成。

窗扇由边挺、上冒头、下冒头、窗芯、玻璃（或纱窗、百叶）等组成。

五金件一般有铰链、风钩、插销、拉手等。

附件有窗帘盒、贴脸、窗台板、筒子板、压缝条等。

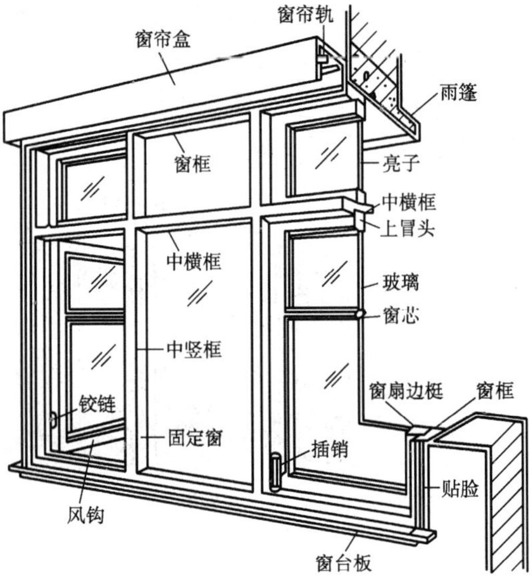

图10-4 窗的组成

（2）窗的尺寸

窗的尺寸一般根据通风采光要求、结构构造要求及建筑造型等因素决定，同时应符合模数制要求。从构造上讲，一般平开窗的窗扇宽度为400～600mm，高度为800～1 500mm，亮子高度为300～600mm，固定窗和推拉窗尺寸可大些。

本章小结

（1）门的类型按开启方式分：平开门、弹簧门、推拉门、折叠门、转门等。

门主要由门框、门扇、亮子、五金件及其他附件组成。

（2）一般民用建筑供人日常生活的门，门扇高度为1 900～2 100mm；亮子高度一般为300～600mm；门宽：单扇门宽为800～1 000mm；辅助用房如浴室、厕所、储藏室的门宽为600～800mm；双扇门宽为1 200～1 800mm。公共建筑和工业建筑的门可根据具体需要适当提高尺度。

（3）窗的开启方式主要取决于窗扇转动五金件的位置及转动方式，主要有固定窗、平开窗、悬窗、立转窗、推拉窗等。

窗主要由窗框、窗扇、五金件和附件四部分组成。

（4）一般平开窗的窗扇宽度为400～600mm，高度为800～1 500mm，亮子高度为300～600mm，固定窗和推拉窗尺寸可大些。

复习思考题

10-1 简述门窗的主要功能。

10-2 简述门窗的种类和构造。

10-3 一般民用建筑的门高度和宽度的尺寸如何？

10-4 一般平开窗的窗扇宽度和高度尺寸如何？

第十一章　变　形　缝

[重点内容和学习目标]

本章重点讲述变形缝的作用和构造。通过本章学习，要求学生掌握伸缩缝、沉降缝和防震缝的区分及构造要求。

建筑物由于受到气温变化、地基不均匀沉降以及地震作用等因素的影响，致使结构内部产生附加应力和形变。如果处理不当，会使建筑物因附加应力和形变过大而产生裂缝、破坏甚至倾斜倒塌，影响使用与安全。解决上述问题有两种办法：一是加强建筑物的整体性，使之具有足够的强度和整体刚度来抵抗这些破坏应力，不产生破裂；二是预先在这些变形敏感的部位将结构断开、预留缝隙，以保证各部分建筑物在这些缝隙中有足够的变形宽度而不造成建筑物的破损。这种将建筑物垂直分割开来的预留缝称为变形缝。

变形缝有三种：伸缩缝、沉降缝和防震缝。

第一节　伸　缩　缝

一、伸缩缝的设置

建筑物因受温度变化的影响而产生热胀冷缩，在结构内部产生温度应力，当建筑物长度超过一定限度、建筑平面变化较多或结构类型变化较大时，就会因伸缩变形较大或不一致而极易产生开裂现象。为防止这种情况发生，通常沿建筑物长度方向每隔一定距离或结构变化较大处设置垂直缝隙将建筑物断开。这种针对温度变化而设置的缝隙称为伸缩缝或温度缝。

伸缩缝的设置范围只需将建筑物的墙体、楼板层、屋顶等基础以上部分全部断开，基础部分因埋于地下，受温度变化影响较小，可不必断开。

伸缩缝的设置数量以伸缩缝的最大间距来控制。伸缩缝的最大间距由建筑物的容许温度变形量来决定，容许温度变形量的影响因素：有结构类型、材料和施工方案。条件允许时，伸缩缝的位置应设置在建筑平面有变化处，以便隐蔽。为保证伸缩缝两侧相邻部分能在水平方向自由伸缩，缝宽一般为 20～30mm。

二、伸缩缝的构造

1. 墙体伸缩缝构造

伸缩缝两侧的墙体断面形式一般可做成平缝、高低缝、企口缝（图 11-1），具体形式由墙体材料、厚度及施工条件决定，一般 240mm 墙体只能做平缝和高低缝，370mm 墙体还可做成企口缝。但地震区只能采用平缝。

为保证外墙上伸缩缝两侧自由变形并防止风雨、噪声对室内的影响，常用浸沥青的麻丝或泡沫塑料等有弹性的防水材料填嵌缝隙，当缝隙较宽时，缝口需用镀锌铁皮、彩色薄钢板、铝板等金属调节片做盖缝处理，在可能的条件下，可用雨水管将缝隙遮挡住。内墙上的伸缩缝则着重表面处理(图 11-2)。

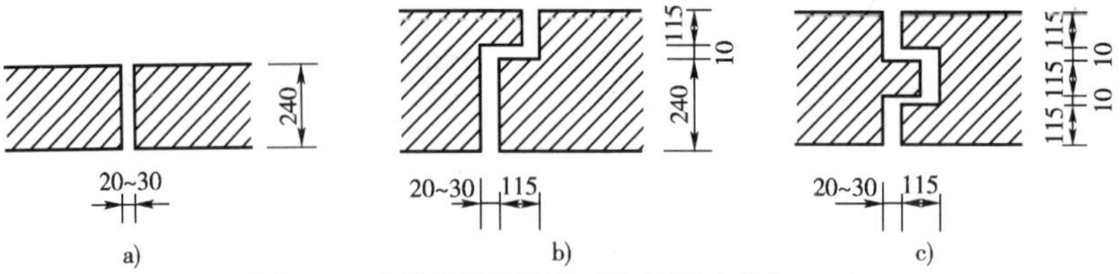

图 11-1　砖墙伸缩缝的断面形式(尺寸单位:mm)

a)平缝;b)高低缝;c)企口缝

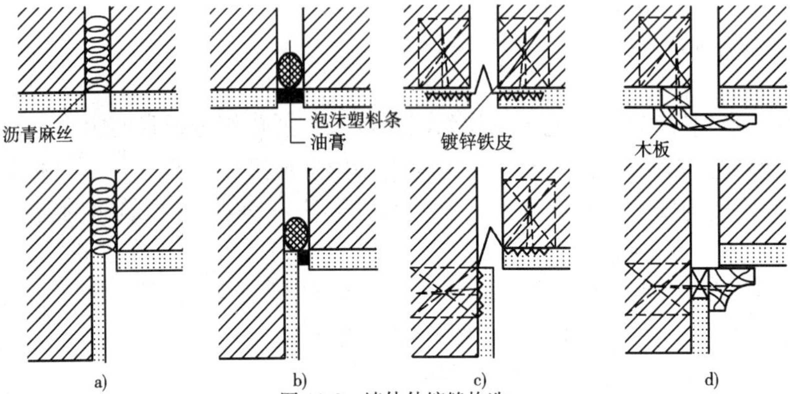

图 11-2　墙体伸缩缝构造

a)沥青麻丝塞缝;b)油膏嵌缝;c)金属片盖缝;d)木板盖缝

2. 楼地板层伸缩缝构造

伸缩缝在楼地板层位置的缝宽与墙体、屋顶变形缝的一致，缝内常采用可压缩变形的材料做填缝处理。地坪变形缝只需做面层处理，在基层缝中填塞有弹性的松软材料即可(图 11-3)。

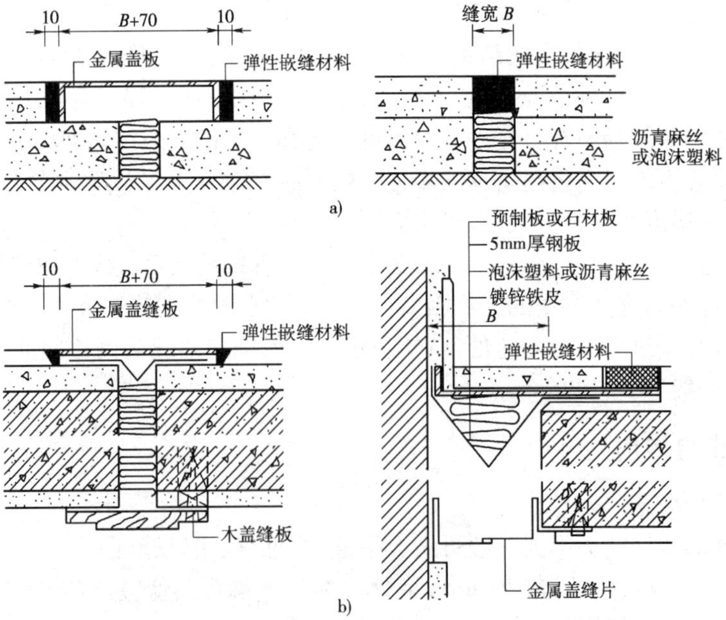

图 11-3　楼地层伸缩缝构造(尺寸单位:mm)

a)地面伸缩缝;b)楼板层伸缩缝

3. 屋顶伸缩缝构造

屋顶上的伸缩缝常设在两边屋面在同一高程和高低屋面错层处，一般在伸缩缝处加砌矮墙，并做屋面防水和泛水处理(图 11-4)。

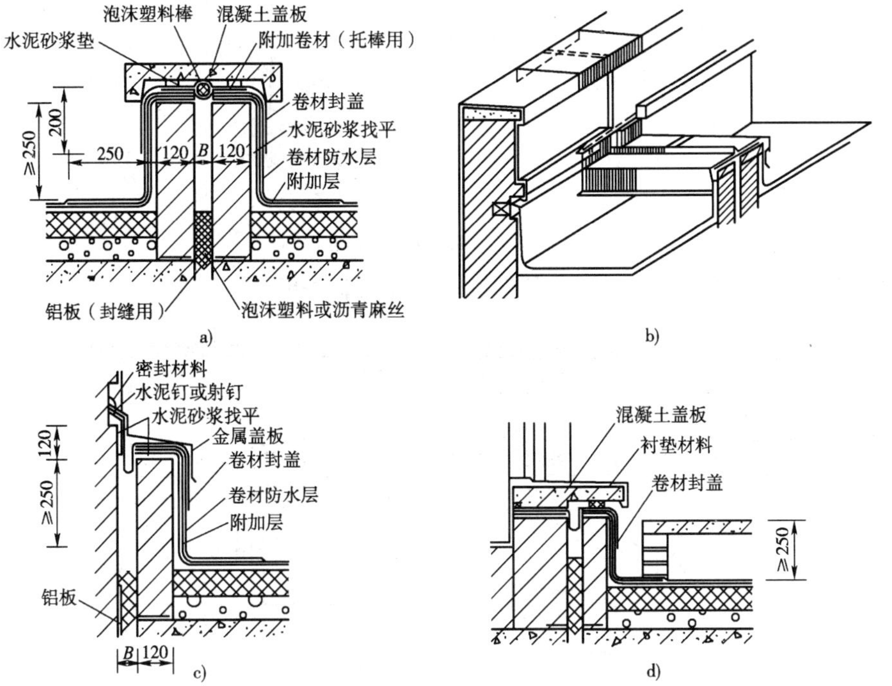

图 11-4　卷材防水屋面伸缩缝构造(尺寸单位：mm)

a)等高屋面伸缩缝；b)伸缩缝透视图；c)高低屋面伸缩缝；d)屋面出入口处伸缩缝

第二节　沉　降　缝

一、沉降缝的设置

沉降缝是为了预防建筑物各部分由于不均匀沉降引起的结构内部附加应力和变形过大，导致其发生裂缝、倾斜，甚至破坏而设置的一种变形缝。

当建筑物建造在土层性质差别较大的地基上，或因建筑物相邻部分的高度、荷载和结构形式差别较大时，建筑物就会出现不均匀沉降。为此，在适当位置设置垂直缝隙，把建筑物划分成几个可以自由沉降的单元，这条缝就是沉降缝。

沉降缝与伸缩缝的最大区别是：伸缩缝只需保证建筑物在水平方向的自由伸缩变形，而沉降缝主要满足建筑物在竖直方向的自由沉降变形，所以沉降缝是从建筑物基础底面至屋顶全部断开。沉降缝的宽度随地基情况和建筑物高度的不同而不同，一般为 50～70mm。

二、沉降缝的构造

沉降缝也具有伸缩缝的作用，其构造与伸缩缝基本相同。但盖缝条及调节片构造必须能保证水平方向和垂直方向自由变形。

屋顶沉降缝应充分考虑不均匀沉降对屋面泛水的影响，可用镀锌铁皮做调节，以利沉降（图 11-5）。

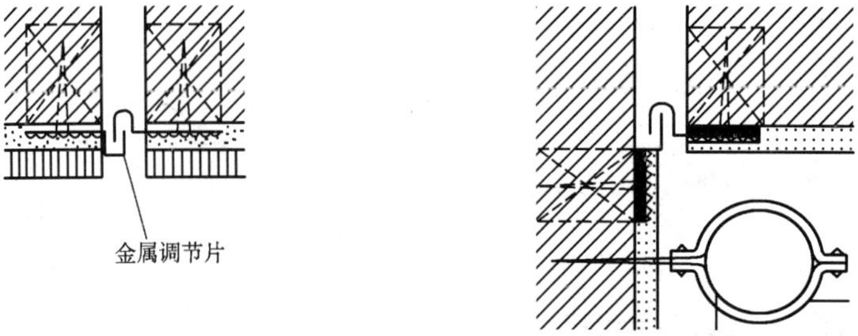

图 11-5　墙体沉降缝构造

基础沉降缝的处理方式有双墙式和悬挑式两种(图 11-6)。

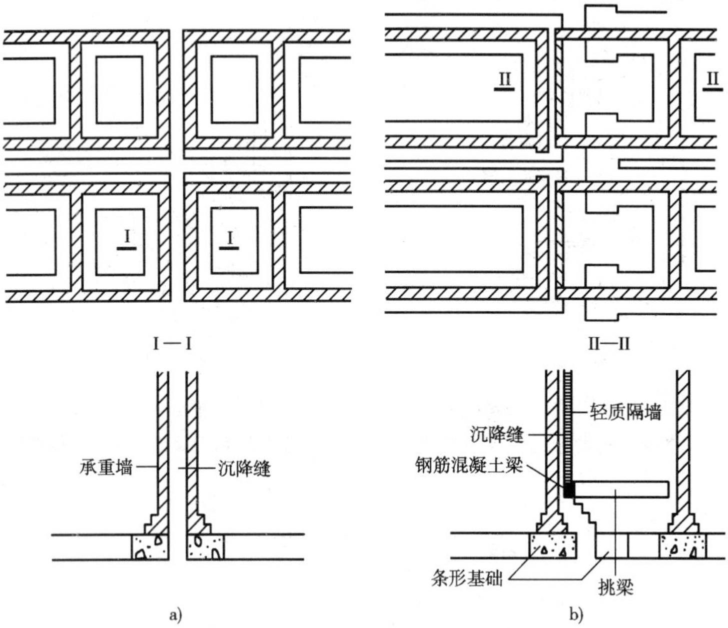

图 11-6　基础沉降缝构造

a)双墙式；b)悬挑式

(1)双墙式是在沉降缝两侧都设置承重墙，以保证每个沉降单元都有纵横墙联结，使建筑物的整体性较好，但在基础发生不均匀沉降时会产生一定的挤压力。

(2)悬挑式是为了使沉降缝两侧的基础能自由沉降而又不互相影响常采用的方式，此时挑梁端上的墙体尽量用轻质隔墙并设构造柱。

第三节　防　震　缝

一、防震缝的设置

防震缝是为了防止建筑物由于地震，导致其局部产生巨大的应力集中和破坏性变形而设置的一种变形缝。在地震区，当建筑物立面高差在 6m 以上，或建筑物平面型体复杂，或建筑物有错层且楼板高差较大，或建筑物相邻各部分结构刚度、质量分布相差悬殊时，应设置防震缝。

防震缝的设置范围一般与伸缩缝类似，基础以上的结构部分完全断开，并留有足够的缝宽，一般砌体结构的房屋防震缝宽取 50～100mm。基础一般不设防震缝，但建筑平面过于复杂，或建筑相邻部分刚度差别过大时，基础仍需断开。

二、防震缝的构造

防震缝在墙身、楼地板层及屋顶各部分的构造基本与伸缩缝、沉降缝相似。因缝宽较大，在构造处理时，应特别考虑盖缝防护措施（图 11-7）。

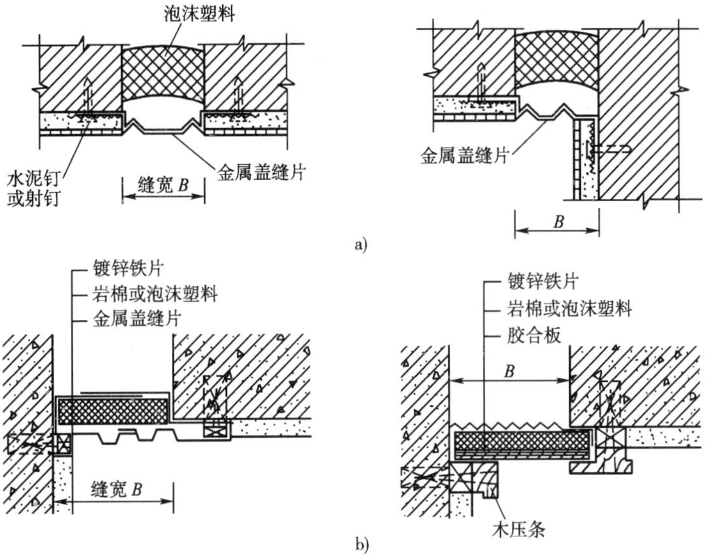

图 11-7　墙身防震缝构造
a）外墙防震缝；b）内墙防震缝

本章小结

（1）伸缩缝的设置范围只需将建筑物的墙体、楼板层、屋顶等基础以上部分全部断开，基础部分因埋于地下，受温度变化影响较小，可不必断开。

为保证伸缩缝两侧相邻部分能在水平方向自由伸缩，缝宽一般为 20～30mm。

（2）伸缩缝两侧的墙体断面形式一般可做成平缝、高低缝、企口缝。

伸缩缝在楼地板层位置的缝宽与墙体、屋顶变形缝的一致，缝内常采用可压缩变形的材料做填缝处理。

屋顶上的伸缩缝常设在两边屋面在同一高程和高低屋面错层处，一般在伸缩缝处加砌矮墙，并做屋面防水和泛水处理。

（3）沉降缝与伸缩缝的最大区别是：伸缩缝只需保证建筑物在水平方向的自由伸缩变形，而沉降缝主要满足建筑物在竖直方向的自由沉降变形。

（4）沉降缝也具有伸缩缝的作用，其构造与伸缩缝基本相同。但盖缝条及调节片构造必须能保证水平方向和垂直方向自由变形。

基础沉降缝的处理方式有双墙式和悬挑式两种。

(5)防震缝的设置范围一般与伸缩缝类似，基础以上的结构部分完全断开，并留有足够的缝宽，一般砌体结构的房屋防震缝宽取 50～100mm。

复习思考题

11-1　什么是伸缩缝？墙体伸缩缝构造如何？

11-2　沉降缝与伸缩缝的区别是什么？

11-3　基础沉降缝是如何处理的？

11-4　什么是防震缝？如何设置？

第十二章　高层建筑简介

[重点内容和学习目标]

本章重点介绍了高层建筑的结构体系。通过本章学习，要求学生掌握高层建筑的框架体系、剪力墙体系、框架-剪力墙体系和筒体体系的特点。

第一节　概　　述

10 层及 10 层以上的居住建筑和建筑高度超过 24m 的其他建筑均称为高层建筑。现代高层建筑是随着城市的发展和科学技术的进步而发展起来的，是商业化、工业化和城市化的结果。

从 20 世纪 80 年代开始，我国高层建筑迅速发展，建筑层数和高度不断增加，功能和类型越来越复杂，结构体系日趋多样化。仅 1980～1983 年所建的高层建筑就相当于 1949 年以来 30 多年中所建高层建筑的总和。比较有代表性的高层建筑有：北京中央彩色电视中心，主楼 27 层，112.7m，是当时我国 8 度地震区中最高的建筑(按 9 度设防)；上海第一家五星级宾馆——静安希尔顿饭店，建筑面积 692 44m^2，包括塔楼 43 层，总高 143.6m，外形呈三角形；深圳的国际贸易中心大厦，50 层，高 158.65m；深圳发展中心大厦，43 层，高 165.3m，加上天线的高度共 185.3m，这是我国第一幢大型高层钢结构建筑。广州广东国际大厦，钢筋混凝土结构，63 层，高为 200.2m。深圳贤成大厦钢筋混凝土筒中筒结构，塔楼为八角形平面，整个建筑 61 层，高 218m。广州中天大厦，筒中筒结构，80 层，322m 高。深圳的地王大厦，81 层，高 325m。上海的金茂大厦，88 层，高 421m。

在国外，现代高层建筑的发展只有 110 多年的历史，又以最近 40 多年发展较快。1883 年在美国芝加哥建成 11 层的家庭保险大楼(Home Insurance Building)是近代高层建筑的开端。1931 年纽约建造了著名的帝国大厦(Impire State Building)，共 102 层，381m 高，他享有“世界最高建筑”之美誉长达 40 年之久。20 世纪 50 年代以后，轻质高强材料的应用，新的抗风抗震结构体系的发展，电子计算机的推广使用以及新的施工机械的涌现，才使高层建筑得到了大规模的迅速发展。1972 年，纽约建造了 110 层，高 402m 的世界贸易中心(World Trade Center Twin Towers)；1973 年在芝加哥又建成当时世界上最高的西尔斯大厦(Sears Tower)，110 层，高 443m，这两幢建筑都是钢结构。目前世界上最高的建筑是中国台北 101 大楼，2004 年建成，共 101 层，楼高 509m。

高层建筑是现在科学技术的产物，传统的木、砖、石材料以及结构基本上很难满足要求，除非不计成本不惜代价。高层建筑一般以钢材和钢筋混凝土为建造材料，设备投资高，但在城市建设中有很多优点。现代高层建筑的发展有利于节约用地、解决住房紧张，减少市政基础设施和美化城市空间环境。从某种意义上说，现代高层建筑是现代化城市的标志。

第二节　高层建筑的结构体系

一、高层建筑的结构类型

高层建筑结构要抵抗竖向和水平荷载，在地震区，还要抵抗地震作用。但在较低的建筑结构中，往往竖向荷载控制着结构设计；随着建筑高度的增大，水平荷载效应逐渐增大；在高层建筑结构中，水平荷载和地震作用却起着决定性作用。高层建筑的结构类型通常以材料来划分，分为砖石结构、钢筋混凝土结构、钢结构以及钢-钢筋混凝土组合结构。

1. 砖石结构

砖石结构在高层建筑中很少采用。因为砖石结构强度较低，特别是抗拉和抗剪性较差。难以抵抗高层建筑中产生的弯矩和剪力。

2. 钢筋混凝土结构

钢筋混凝土结构具有造价较低、取材丰富，并可浇筑各种复杂断面形状，而且强度高、刚度大、耐火性和延性良好，结构布置灵活方便，可组成多种结构体系等优点，因此，在高层建筑中得到广泛应用。当前，我国的高层建筑中钢筋混凝土结构占主导地位。到目前为止，我国已建成多幢 200m 以上的钢筋混凝土建筑。但钢筋混凝土结构的主要缺点是构件占据面积大、自重大、施工速度慢等。例如我国广东国际大厦，63 层，底层柱尺寸已达 1.8m×2.2m，占据了大量的空间。随着技术和材料的进步，使得钢筋混凝土结构已经成为高层建筑的主导形式。

3. 钢结构

钢结构自重轻，强度高，抗震性能好，安装方便，施工速度快，并能适应大空间、多用途的各种建筑。采用钢结构建造的高层建筑在层数和高度上均大于钢筋混凝土结构。但钢结构存在用钢量大、造价高等缺点，常用于超高层建筑(高度超过 100m 的建筑)。

4. 钢-钢筋混凝土组合结构

钢-钢筋混凝土组合结构是前两种的结合，这种结构可以使两种材料互相取长补短，取得经济合理、技术性能优良的效果。施工时先安装一定层数的钢框架，利用钢框架承受施工荷载，然后用钢筋混凝土把外围的钢框架浇筑成外框筒体来抵抗水平荷载。这种结构用钢量比钢结构的少，耐火性也较好，施工速度与钢结构相近。

二、结构体系

结构体系是指结构抵抗外部作用的构件总体组成的方式。在高层建筑中，抵抗水平力成为确定和设计结构体系的关键问题。高层建筑中常用的结构体系有框架体系、剪力墙体系、框架-剪力墙体系、筒体体系以及它们的组合。

1. 框架体系

框架结构体系是由梁、柱构件通过节点连接构成，既承受竖向荷载，也承受水平荷载的结构体系(图 12-1)。框架一般用钢筋混凝土作为主要结构材料。当层数较多、跨度较大、荷载很大时，也可以用钢材作为主要承重骨架的钢框架。

框架中的梁、柱构件除了承受竖向荷载外，还承受风或地震产生的水平荷载。竖向荷载由楼板通过横梁传给柱，再由柱传递给基础。水平荷载也以同样的方式传递至基础。框架结构的优点是建筑平面布置灵活，可以做成有较大空间的会议室、餐厅、车间、营业厅、教室等。需要时，可用隔断分隔成小房间，或拆除隔断改成大房间，因而使用灵活。外墙用非承重构件，可使立面设计灵活多变。框架结构构件类型少，易于标准化、定型化；可以采用预制构件，也易于采用定型模板而做成现浇结构，有时还可以采用现浇及预制梁板的半现浇半预制结构。现浇结构的整体性好，抗震性能好，在地震区应优先采用。

但由于高层框架侧向刚度较小，结构顶点位移和层间相对位移较大，使得非结构构件（如填充墙、建筑装饰、管道设备等）在地震时破坏较严重，这是它的主要缺点，也是限制框架高度的原因，这种体系适用于多层建筑及高度不大的高层建筑，一般控制在 10～15 层。

框架体系柱网的布置形式很多(图 12-2)，可以结合不同的建筑类型选用。

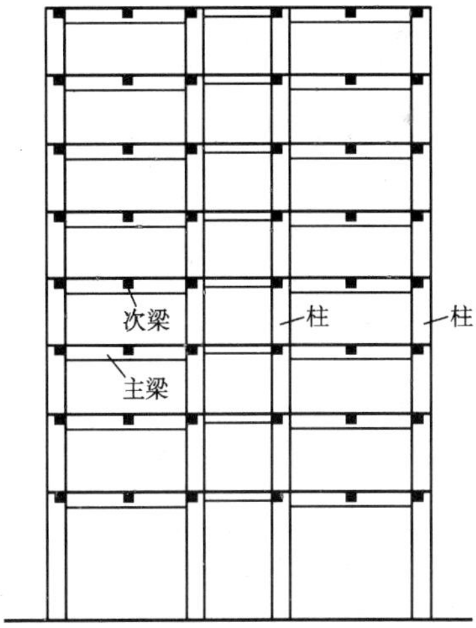

图 12-1　框架体系

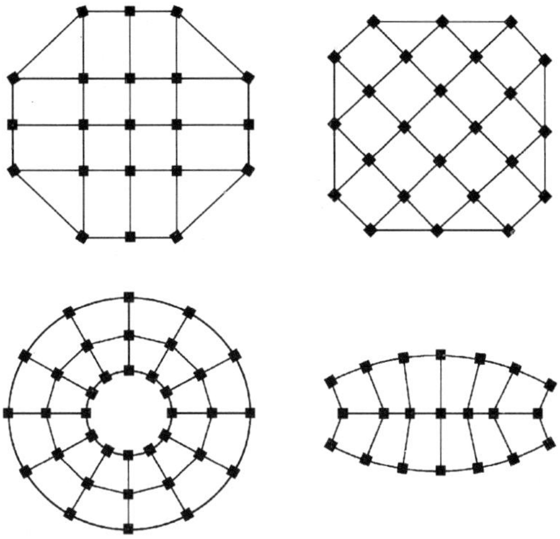

图 12-2　框架柱网布置

2. 剪力墙体系

剪力墙结构体系是利用建筑物墙体承受竖向与水平荷载，并作为建筑物的围护及房间分隔构件的结构体系(图 12-3)。剪力墙既是承重结构又是围护结构。

剪力墙一般沿横向、纵向正交布置或沿多轴线斜交布置。剪力墙在抗震结构中也称抗震墙。它在自身平面内的刚度大、强度高、整体性好，在水平荷载作用下侧向变形小，抗震性能较强。在地震区 15 层以上的高层建筑中采用剪力墙是经济的，在非地震区采用剪力墙建造建筑物的高度可达 140m。目前我国 10～30 层的高层住宅大多采用这种结构体系。剪力墙结构采用大模板或滑升模板等先进方法施工时，施工速度很快，可节省大量的砌筑填充墙等工作量。

剪力墙结构的墙间距不能太大，平面布置不灵活，难以满足公共建筑的使用要求。此外，剪力墙结构的自重也比较大。为满足旅馆布置门厅、餐厅、会议室等大面积公共房间，以及在住宅底层布置商店和公共设施的要求，可将剪力墙结构底部一层或几层的部分剪力墙取消，用框架来代替，形成底部大空间剪力墙结构和大底盘、大空间剪力墙结构。标准层则可采用小开间或大开间结构。当把底层做成框架柱时，成为框支剪力墙结构(图 12-4)。这种结构体系，由于底层柱的刚度小，上部剪力墙的刚度大，形成上下刚度突变，在地震作用下底层柱会产生很大的内力及塑性变形，致使结构破坏较重。因此，在地震区不允许完全使用这种框支剪力墙结构，而需设有部分落地剪力墙。

3. 框架-剪力墙体系

框架-剪力墙结构体系是在框架结构中布置一定数量的剪力墙所组成的结构体系。由于框架结构具有侧向刚度差，水平荷载作用下的变形大，抵抗水平荷载能力较低的缺点，但又具有平面布置较灵活、可获得较大的空间、立面处理易于变化的优点；剪力墙结构则具有强度和刚度大，水平位移小的优点与使用空间受到限制的缺点。将这两种体系结合起来，相互取长补短，可形成一种受力特性较好的结构体系——框架-剪力墙结构体系（图 12-5）。框架-剪力墙结构的刚度和承载力较框架结构都有明显的提高，在水平荷载作用下的层间变形减小，因而减小了非结构构件的破坏。在我国，无论在地震区还是非地震区的高层建筑中，框架-剪力墙结构体系得到了广泛的应用。一般适用于 15～30 层的高层建筑。

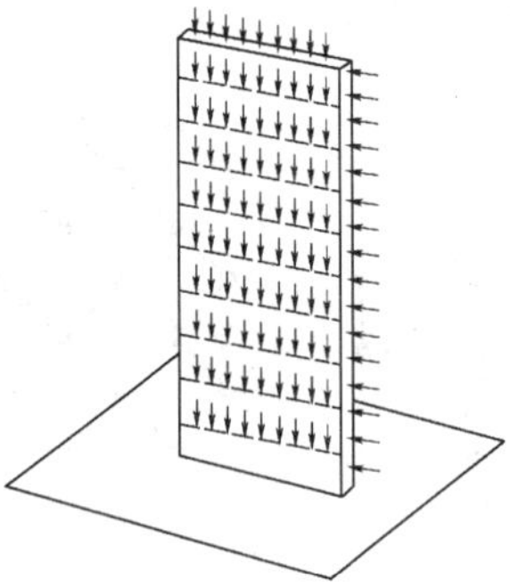

图 12-3　剪力墙的受力示意

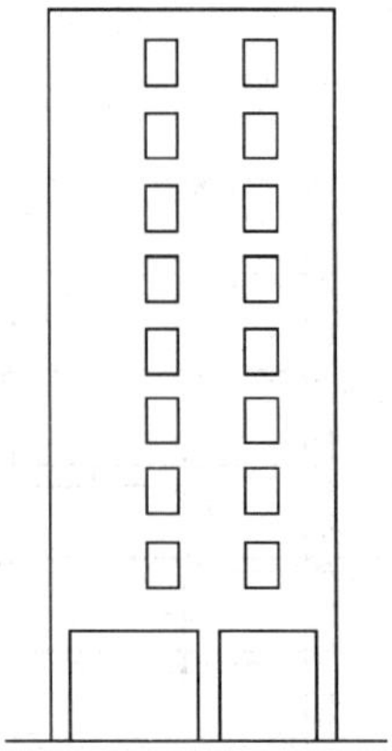

图 12-4　框支剪力墙

4. 筒体体系

随着建筑物高度的增加，传统的框架体系、框架-剪力墙体系已不能很好地满足高层建筑在水平荷载作用下强度和刚度的要求。剪力墙体系则因平面受墙体所限，不能满足建筑上需要较大开间和空间的要求。筒体体系因能克服上述缺点，因此，从 20 世纪 60 年代开始应用于超高层建筑中。

筒体是由若干片纵横交接的框架或剪力墙所围成的筒状封闭骨架（图 12-6）。每一层楼面又加强了各片框架或剪力墙之间的相互连接，形成一个空间构架。

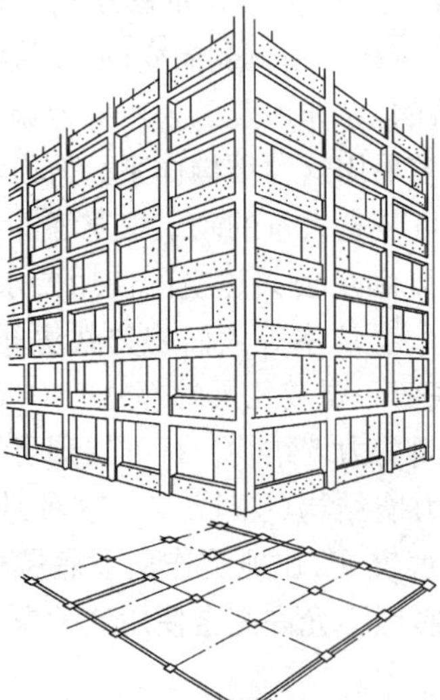

图 12-5　框架-剪力墙

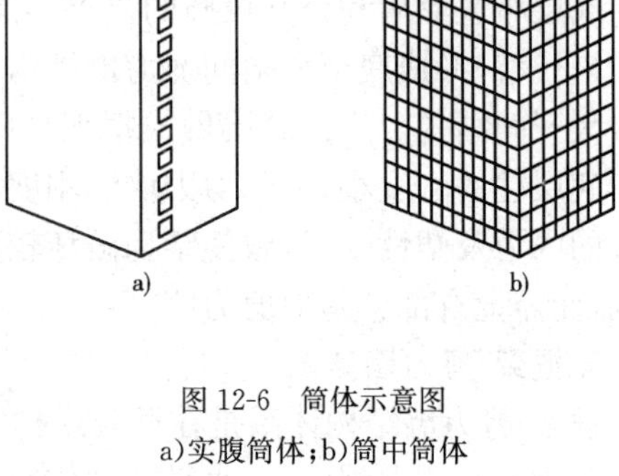

a)　b)

图 12-6　筒体示意图

a)实腹筒体；b)筒中筒体

筒体的基本形式有三种：实腹筒、框筒及桁架筒(图 12-7)。

(1)用剪力墙围成的筒体称为实腹筒；

(2)在实腹筒的墙体上开出许多规则的窗洞所形成的开孔筒体称为框筒，它实际上是由密排柱和刚度很大的窗裙梁形成的密柱深梁框架围成的筒体；

(3)如果筒体的四壁是由竖杆和斜杆形成的桁架组成，则成为桁架筒。

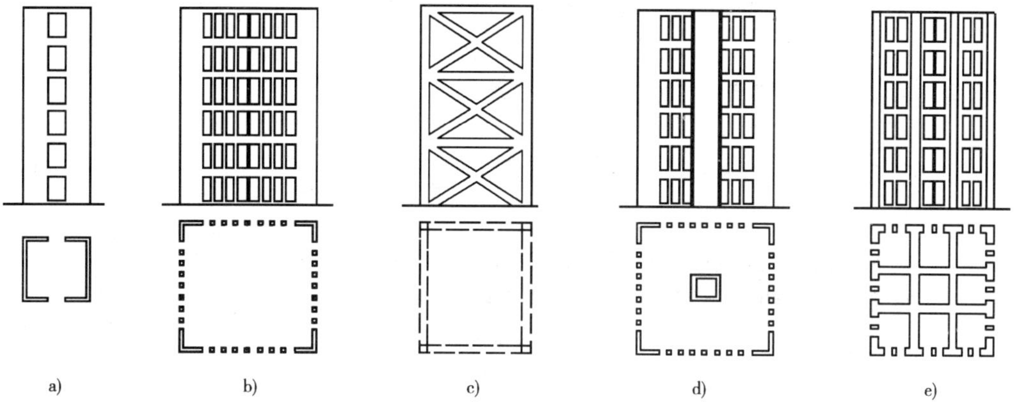

图 12-7　筒体类型

a)实腹筒；b)框筒；c)桁架筒；d)筒中筒；e)组合筒

如果体系是由上述筒体单元所组成，称为筒中筒或组合筒，通常由实腹筒做内部核心筒，框筒或桁架筒做外筒。

筒体最主要的受力特点是它的空间受力性能。无论哪一种筒体，在水平力作用下都可以看成固定于基础上的箱形悬臂构件，它比单片平面结构具有更大的抗侧刚度和承载力，并具有很好的抗扭刚度。因此，该种体系广泛应用于多功能、多用途、层数较多的高层建筑中。

本章小结

(1)10 层及 10 层以上的居住建筑和建筑高度超过 24m 的其他建筑均称为高层建筑。

高度超过 100m 的建筑称为超高层建筑。

(2)在高层建筑结构中，水平荷载和地震作用却起着决定性作用。

(3)高层建筑的结构类型通常以材料来划分，分为砖石结构、钢筋混凝土结构、钢结构以及钢-钢筋混凝土组合结构。

(4)结构体系是指结构抵抗外部作用的构件总体组成的方式。在高层建筑中，抵抗水平力成为确定和设计结构体系的关键问题。

(5)框架结构体系是由梁、柱构件通过节点连接构成，既承受竖向荷载，也承受水平荷载的结构体系。

高层框架侧向刚度较小，结构顶点位移和层间相对位移较大，使得非结构构件(如填充墙、建筑装饰、管道设备等)在地震时破坏较严重，这是它的主要缺点，也是限制框架高度的原因，这种体系适用于多层建筑及高度不大的高层建筑，一般控制在 10～15 层。

(6)剪力墙结构体系是利用建筑物墙体承受竖向与水平荷载，并作为建筑物的围护及房间分隔构件的结构体系。

剪力墙结构的墙间距不能太大，平面布置不灵活，难以满足公共建筑的使用要求。此外，剪力墙结构的自重也比较大。

(7)框架-剪力墙结构体系是在框架结构中布置一定数量的剪力墙所组成的结构体系。

框架-剪力墙结构的刚度和承载力较框架结构都有明显的提高,在水平荷载作用下的层间变形减小,因而减小了非结构构件的破坏。

(8)筒体是由若干片纵横交接的框架或剪力墙所围成的筒状封闭骨架。每一层楼面又加强了各片框架或剪力墙之间的相互连接,形成一个空间构架。

筒体的基本形式有三种:实腹筒、框筒及桁架筒。

筒体最主要的受力特点是它的空间受力性能。

复习思考题

12-1 我国的高层建筑和超高层建筑的高度是多少?

12-2 高层建筑结构中,哪种荷载起决定作用?

12-3 高层建筑的结构类型按材料来分有哪些?

12-4 高层建筑的结构体系有哪些?各有哪些特点?

12-5 什么叫筒体结构体系?

第十三章　建筑施工图

[重点内容和学习目的]

本章重点讲述建筑总平面图、平面图、立面图、剖面图及详图宝海的内容及基本的识图方法。

通过本章的学习，掌握建筑总平面图包括的内容；掌握平面图、立面图、剖面图、详图的基本表示方法、每种图所包含的内容，能够达到看懂图的要求。

第一节　建筑总平面图

建筑总平面图：表明新建房屋所在基础有关范围内的总体布置，它反映新建、拟建、原有和拆除的房屋、构筑物等的位置和朝向，室外场地、道路、绿化等的布置，地形、地貌、高程等以及与原有环境的关系和邻界情况等。如图 13-1 所示。

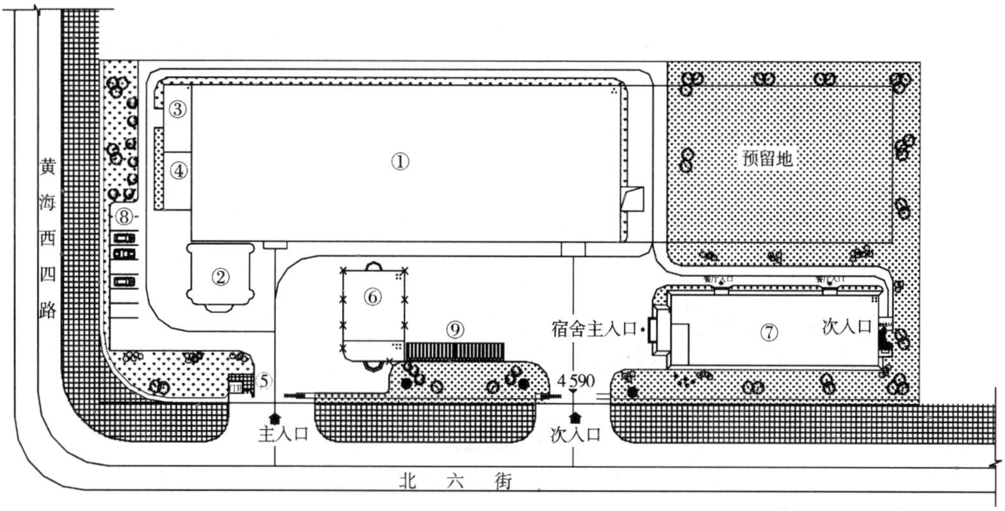

图 13-1　总平面图

①-工厂；②-事务所；③-污水处理厂；④-仓库；⑤-门卫；⑥-综合楼；⑦-宿舍；⑧-停车场；⑨-自行车棚

建筑总平面图也是房屋及其他设施施工的定位、土方施工以及绘制水、暖、电等管线总平面图和施工总平面图的依据。

从建筑总平面图中可以看出它应包括以下内容：

(1)该建筑场地所处的位置与大小；

(2)新建房屋首层室内地面与室外地坪及道路的绝对高程；

(3)新建房屋在场地内的位置及其与邻近建筑物的距离；

(4)新建房屋的方位用指北针表明，有时用风向频率玫瑰图表示常年的风向频率与方位。
(5)场地内的道路布置与绿化安排；
(6)扩建房屋的预留地。

第二节　平面图、立面图、剖面图及详图

一、房屋的组成及作用

各种不同的建筑物，尽管它们在结构形式、构造方式、空间组合、使用要求、外形处理及规模大小等各有其特点，但构成建筑物的主要部分都是由基础、墙或柱、楼地层、屋顶、楼梯、门窗等六大部分组成。此外，一般建筑物还有台阶、坡道、阳台、雨篷、散水以及其他各种配件和装饰部分等。图 13-2 所示为一幢学生宿舍的房屋组成。

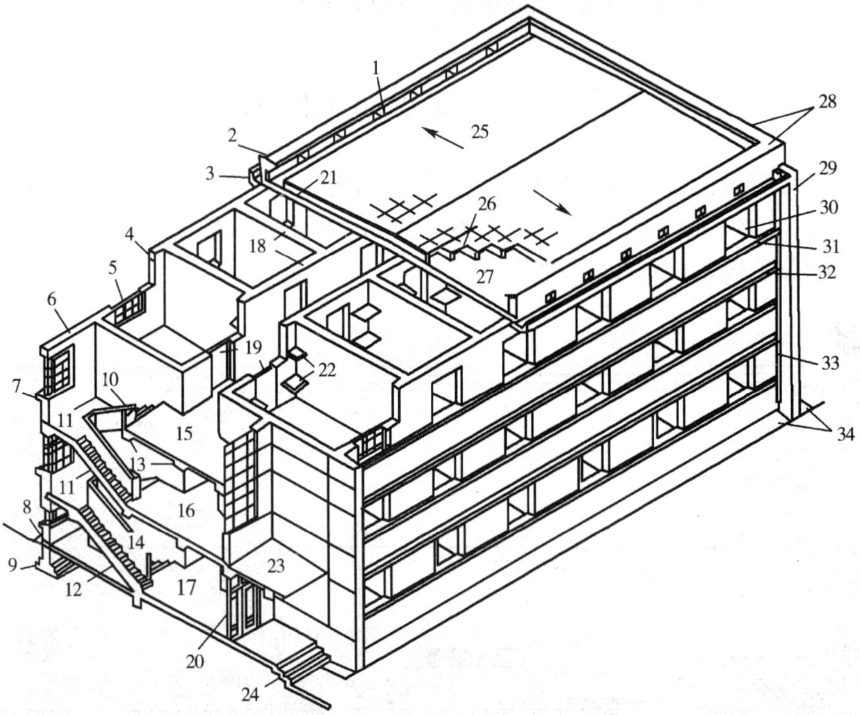

图 13-2　房屋的组成

1-雨水口兼通风口；2-女儿墙；3-天沟；4-窗过梁；5-窗；6-外墙；7-窗台；8-防潮层；9-基础；10-安全栏板；11-平台；12-楼梯；13-梁；14-栏板；15-内走道三层楼面；16-二层楼面花格窗；17-底层地面；18-内墙；19-内门；20-外门；21-屋面板；22-隔板；23-雨篷；24-台阶；25-3%屋面坡度；26-架空层；27-找平层与防水层；28-女儿墙；29-山墙；30-窗洞；31-窗台；32-遮阳板；33-雨水管；34-散水

二、施工图中常用的符号

建筑施工图包括总平面图、平面图、立面图、剖面图和构造详图，表示建筑物的内部布置情况，外部形状，以及装修、构造、施工要求等。

为了保证制图质量、提高效率、表达统一和便于识读，我国制订了国家标准《房屋建筑制图

统一标准》(GB/T 50001—2001)、《总图制图标准》(GB/T 50103—2001)、《建筑制图标准》(GB/T 50104—2001)等,这里选择几项主要的规定和常用的表示方法分述如下。

1. 比例

图样的比例为图形与实物相对应的线性尺寸之比。比例的大小,是指其比值的大小,如1∶50大于1∶100。比例应以阿拉伯数字表示,如1∶1、1∶2、1∶100等。

建筑物是庞大复杂的形体,房屋施工图一般都采用缩小的比例尺绘制。但房屋内部各部分构造情况,在小比例的平、立、剖面图中又不可能表示得很清楚,因此对局部节点就要用较大比例将其内部构造详细绘制出来。房屋施工图的比例通常可按表13-1选用。选用比例的原则是在保证图样能清晰表达其内容的情况下,尽量使用较小比例,以节省绘图时间。

房屋施工图的常用比例 表13-1

图　名	常用比例
总平面图	1∶500,1∶1 000,1∶2 000
平面图、立面图、剖面图	1∶50,1∶100,1∶150,1∶200,1∶300
详图	1∶1,1∶2,1∶5,1∶10,1∶20,1∶25,1∶30,1∶50

2. 定位轴线

在施工图中通常将房屋的基础、墙、柱、墩和屋架等承重构件的轴线画出,并进行编号。以便于施工时定位放线和查阅图纸,这些轴线称为定位轴线,见图13-3。

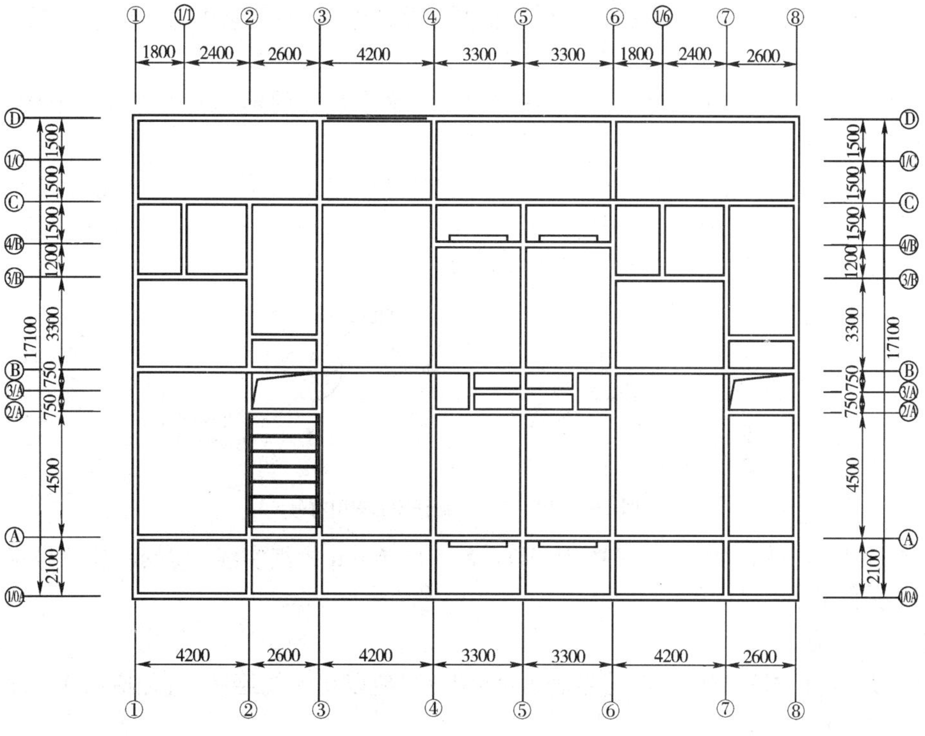

图13-3 定位轴线编号顺序(尺寸单位:mm)

定位轴线采用细点划线表示。轴线编号的圆圈用细实线,直径为8~10mm,在圆圈内写上编号。在平面图上水平方向的编号采用阿拉伯数字,从左向右依次编写。垂直方向的编号,用大写拉丁字母自下而上顺次编写，其中拉丁字母中 I、O 及 Z 三个字母不得作轴线编号，以免与数字 1、0 及 2 混淆。在较简单或对称的房屋中，平面图的轴线编号，一般标注在图形的下方及左侧。较复杂或不对称的房屋，图形上方和右侧也可标注。

对于一些与主要承重构件相联系的次要构件，它的定位轴线一般作为附加轴线，编号可用分数表示。分母表示前一轴线的编号，分子表示附加轴线的编号，用阿拉伯数字顺序编写。当 1 号轴线或 A 号轴线之前需加设附加轴线时，应以分母 01、0A 分别表示。

3. 索引与详图符号

(1)索引符号

图中某一局部或构件，如需另见详图，应以索引符号索引，索引符号的圆及直径均应以细实线绘制，圆的直径应为 10mm。索引符号应按下列规定编写：

①索引出的详图，如与被索引的图样同在一张图纸内，应在索引符号的上半圆中用阿拉伯数字注明该详图的编号，并在下半圆中间画一段水平细实线[图 13-4a)]。

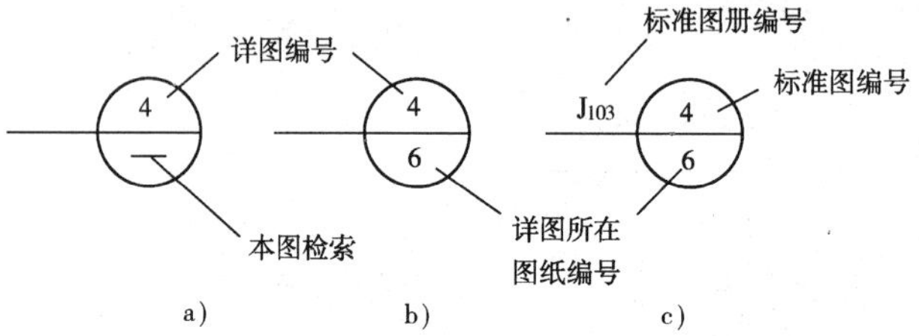

图 13-4　索引符号

②索引出的详图，如与被索引的图样不在同一张图纸内，应在索引符号的下半圆中用阿拉伯数字注明该图所在图纸的编号[图 13-4b)]。

③索引出的详图，如采用标准图，应在索引符号水平直径的延长线上加注图册的编号[图 13-4c)]。

索引符号如用于索引剖面详图，应在被剖切的部位绘制剖切位置线，并应以引出线引出索引符号，引出线所在的一侧应为剖视方向。图 13-5 中，a)为向右剖视，b)为向下剖视，c)为向上剖视，d)为向左剖视。索引符号编写的定同前。

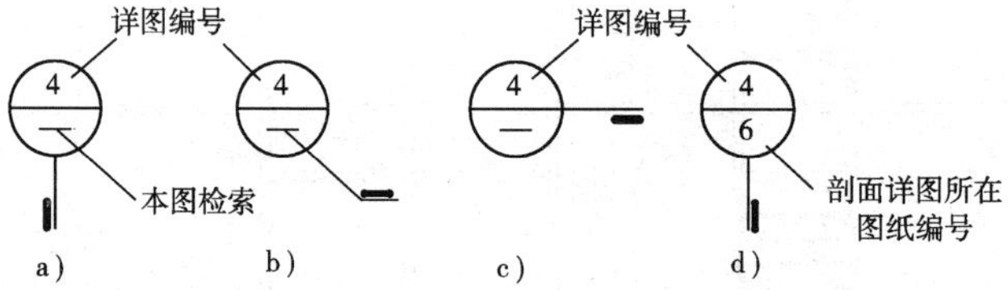

图 13-5　用于索引剖面详图的索引符号

零件、钢筋、杆件、设备等的编号，应以直径为 4～6mm 的细实线圆表示，其编号用阿拉伯数字按顺序编写。

(2)详图符号

详图的位置和编号应以详图符号表示，详图符号应以粗实线绘制，直径应为 14mm。详图应按下列规定编号。

①详图与被索引的图样在同一张图纸内时，应在详图符号内用阿拉伯数字注明详图的编号[图 13-6a)]。

②详图与被索引的图样，如不在同一图纸内，可用细实线在详图符号内画一水平直径，在

上半圆中注明详图编号，在下半圆中注明被索引图纸的编号[图 13-6b)]。

4. 尺寸线

施工图中均应注明详细的尺寸。(图 13-7)尺寸注法由尺寸界线、尺寸线、尺寸起止符号和尺寸数字组成。根据《标准》规定，除高程及总平面图上的尺寸以米为单位外，其余均以毫米为单位。为使图面清晰，尺寸数字后一般不注写单位。

在图形外面的尺寸界线是用细实线画出的，一般应与被注长度垂直，但在图形里面的尺寸界线以图形的轮廓线中线来代替。尺寸线必须以细实线画出，而不能用其他线代替，应与被注长度平行。尺寸起止符号一般用中粗斜短线表示，其倾斜方向应与尺寸界线成顺时针 45℃角，长度宜为 2～3mm。尺寸数字应标注在水平尺寸线上方(垂直尺寸线的左方)中部。

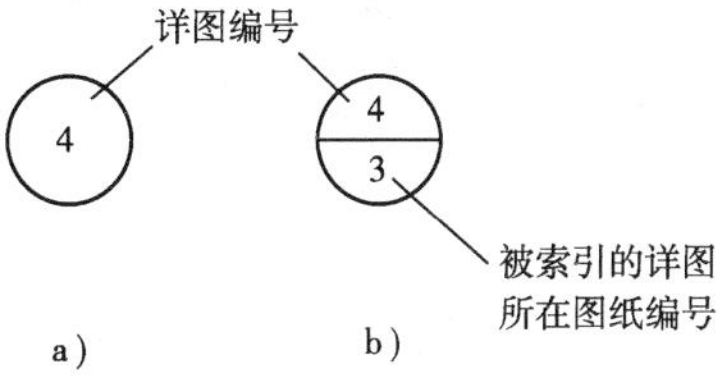

图 13-6　详图符号

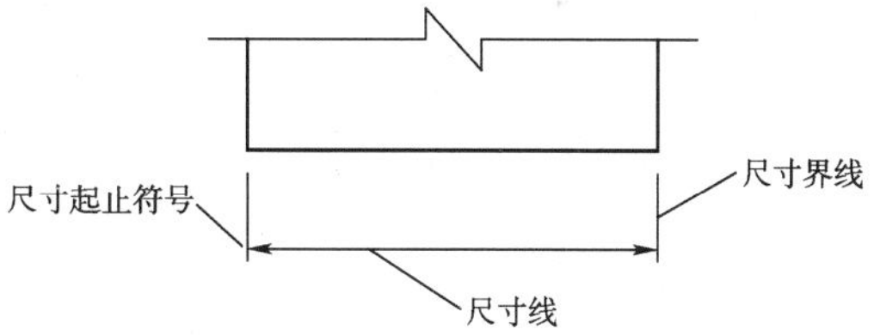

图　13-7

5. 高程

在总平面图、平面图、立面图和剖面图上，经常用高程符号表示某一部位的高度。各图上所用高程符号应按图 13-8 所示以细实线绘制。高程数值以米为单位，一般注至小数点后三位数(总平面图中为两位数)。在“建施”图中的高程数字表示其完成面的数值。如高程数字前有“—”号的，表示该处完成面低于零点高程。如数字前没有符号的，则表示高于零点高程。如同一位置表示几个不同高程时，可按图 13-8d)的形式注写。

高程有绝对高程和相对高程两种。

绝对高程：我国把青岛黄海的平均海平面定为绝对高程的零点，其他各地高程都以它作为基准，在总平面图中的室外整平地面高程中采用绝对高程[图 13-8a)]。

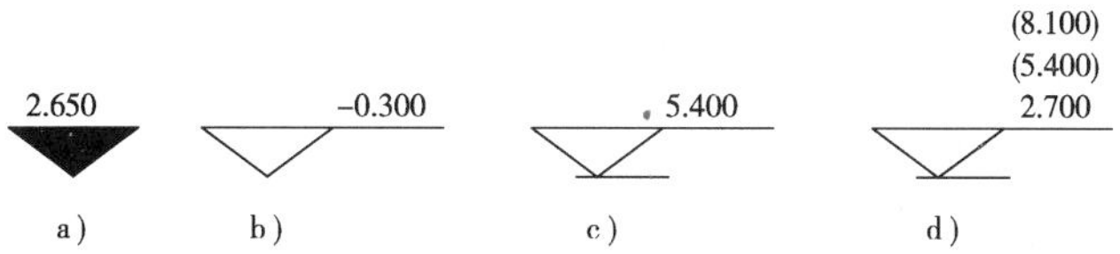

图 13-8　高程符号

相对高程：除总平面图外，一般都采用相对高程，即把底层室内主要地坪高程定为相对高程的零点，注写成±0.000，并在建筑工程的总说明中说明相对高程和绝对高程的关系，在由当地附近的水准点(绝对高程)来测定拟建工程的底层地面高程。

6. 对称符号与指北针

对称符号由对称线和两端的两对平行线组成(图 13-9)。对称线用细点划线绘制；平行线用细实线绘制，其长度宜为 6～10mm，间距宜为 2～3mm，平行线在对称线两侧长度应相等。

指北针用细实线绘制，圆的直径宜为 24mm，指针头部应注“北”或“N”字，指针尾部宽度宜为 3mm(图 13-10)。需用较大直径绘制指北针时，指针尾部宽度宜为直径的 1/8。

图 13-9　对称符号

三、建筑平面图

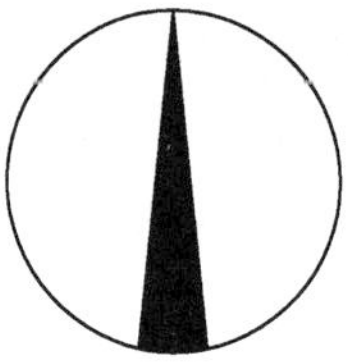

图 13-10　指北针

建筑平面图:建筑施工图的基本图样，它是假想用一水平的剖切面沿门窗洞位置将房屋剖切后，对剖切面以下部分所作的水平投影图。它反映出房屋的平面形状、大小和布置；墙、柱的位置、尺寸和材料；门窗的类型和位置等。

对于多层建筑，一般应每层有一个单独的平面图。但一般建筑常常是中间几层平面布置完全相同，这时就可省掉几个平面图，只用一个平面图表示，这种平面图称为标准层平面图。

建筑施工图中的平面图，一般有：底层平面图（表示第一层房间的布置、建筑人口、门厅及楼梯等）、标准层平面图（表示中间各层的布置）、顶层平面图（房屋最高层的平面布置图）以及屋顶平面图（即屋顶平面的水平投影，其比例尺一般比其他平面图为小）。

建筑平面图的主要内容有（见书后**附图 1**）：

（1）建筑物及其组成房间的名称、尺寸、定位轴线和墙厚等。

（2）门窗位置、尺寸及编号。门的代号是 M，窗的代号是 C。在代号后面写上编号，同一编号表示同一类型的门窗。如 M-1；C-1。

（3）室内地面的高度。

（4）走廊、楼梯位置及尺寸。

（5）台阶、阳台、雨篷、散水的位置及细部尺寸。

（6）首层平面图上应画出剖面图的剖切位置线，以便与剖面图对照查阅。

四、建筑立面图

建筑立面图：是平行于建筑物各方向外墙面的正投影图，简称（某向）立面。

建筑立面图用来表示建筑物的体型和外貌，并表明外墙面装饰要求等的图样。

房屋有多个立面，通常把房屋的主要出入口或反映房屋外貌主要特征的立面图称为正立面图，从而确定背立面图和左、右侧立面图。无定位轴线的建筑物可按各面的朝向来定立面图的名称，如南立面图、北立面图、东立面图和西立面图。有定位轴线的建筑物，宜根据两端的轴线编号来定立面图的名称，如书后**附图 2** 所示。当某些房屋的平面形状比较复杂，还需加画其他方向或其他部位的立面图。如果房屋的东西立面布置完全对称，则可合用而取名东（西）立面图。

按投影原理，立面图上应将立面上所有看得见的细部都表示出来。但由于立面图的比例小，如门窗扇、檐口构造、阳台栏杆和墙面复杂的装修等细部，往往只用图例表示。它们的构造和做法，都另有详图或文字说明。因此，习惯上往往对这些细部只分别画出一两个作为代表，其他都可简化，只需画出它们的轮廓线。若房屋左右对称时，正立面图和背立面图也可各画一半，单独布置或合并成一图。合并时，应在图的中间画一铅直的对称符号作为分界线。

房屋立面如果有一部分不平行于投影面，例如成圆弧形、折线形、曲线形等，可将该部分展开到与投影面平行，再用正投影法画出其立面图，但应在图名后注写“展开”两字。对于平面为回字形的房屋，它在院落中的局部立面，可在相关的剖面图上附带表示。如不能表示时，则应单独绘出。

建筑立面图的主要内容如下。

（1）建筑物的外观特征及凹凸变化。

(2)立面图两端或分段定位轴线及编号。

(3)建筑物各主要部分的高程及高度关系。如:室内外地面、门窗顶、雨篷、窗台、阳台、檐口等处完成面的高程,及门窗等洞口的高度尺寸。

(4)建筑立面所选用的材料、色彩和施工要求等。

五、建筑剖面图

假想用一个或多个垂直于外墙轴线的铅垂剖切面,将房屋剖开,所得的投影图,称为建筑剖面图,简称剖面图(书后**附图 3** 剖面图)。剖面图用以表示房屋内部的结构或构造形式、分层情况和各部位的联系、材料及其高度等,是与平、立面图相互配合不可缺少的重要图样之一。

剖面图的数量是根据房屋的具体情况和施工实际需要而决定的。剖切面一般为横向,即平行于侧面,必要时也可以纵向,即平行于正面。其位置应选择在能反映出房屋内部构造比较复杂与典型的部位,并应通过门窗洞的位置。若为多层房屋,应选择在楼梯间或层高不同、层数不同的部位。剖面图的图名应与平面图上所标注剖切符号的编号一致,如 1—1 剖面图、2—2 剖面图等。

剖面图中的断面,其材料图例与粉刷面层线和楼、地面面层线的表示原则及方法,与平面图的处理相同。

建筑剖面图的主要内容:

(1)剖切到的各部位的位置、形状及图例。其中有室内外地面、楼板层及屋顶、内外墙及门窗、梁、女儿墙或挑檐、楼梯及平台、雨篷、阳台等。

(2)未剖切到的可见部分,如墙面的凹凸轮廓线、门、窗、勒脚、踢脚线、台阶、雨篷等。

(3)外墙的定位轴线及其间距。

(4)垂直方向的尺寸及高程。

(5)详图索引符号。在建筑剖面图中,对需要另有详图表示的部位,都要加注索引符号以便查阅。

(6)施工说明。

表 13-2、表 13-3、分别为建筑总平面图例及建筑材料图例。

总 平 面 图 例 表 13-2

名　称	图　例	名　称	图　例
新设计建筑物	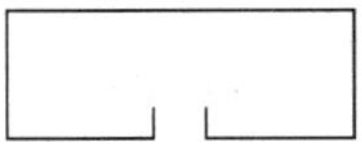	新设计的道路	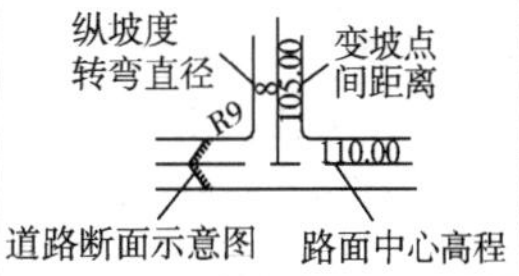
计划扩建的预留地或建筑物		原有的道路	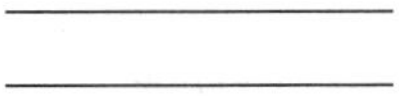
原有的建筑物	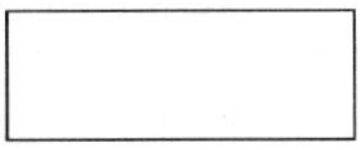	计划的道路	
拆除的建筑物	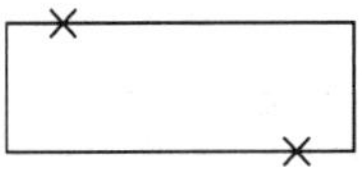	人行道	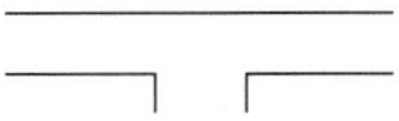
其他材料露天堆场或作业场	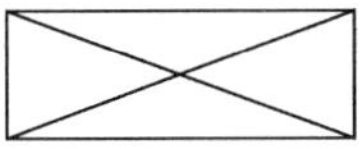	冷却塔	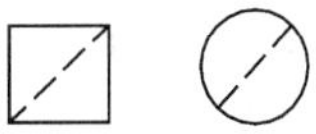

名　称	图　例	名　称	图　例
地下建筑物或构筑物		围墙	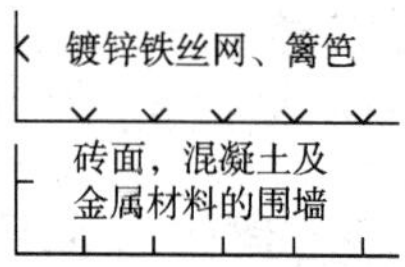
建筑物下面的通道	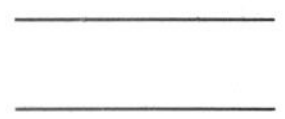	台阶	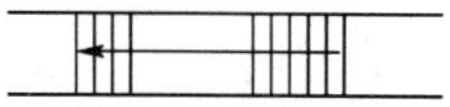
铺砌场地	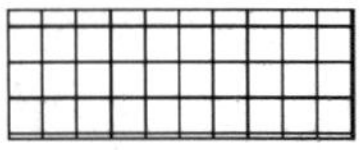	烟囱	
散状材料露天堆场	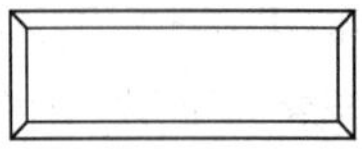	储罐式水塔	
敞篷或敞廊	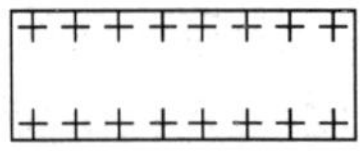	绿化	
露天桥式吊车	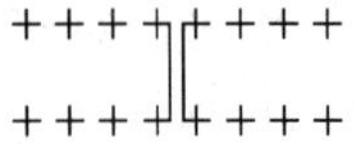		

建筑材料图例　　表 13-3

名　称	图　例	名　称	图　例
自然土壤		夯实土壤	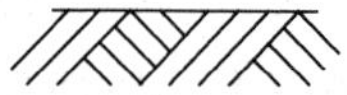
砂、灰土	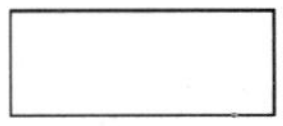	砂砾石、碎砖三合土	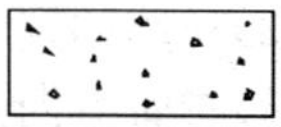
石料	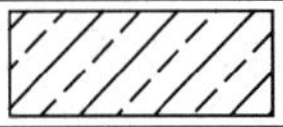	毛石	
普通砖	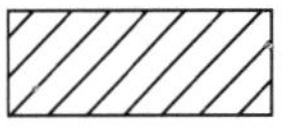	耐火砖	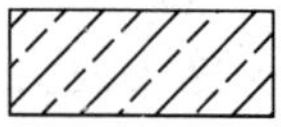
空心砖	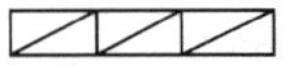	饰面砖	
混凝土	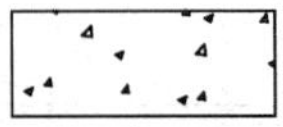	钢筋混凝土	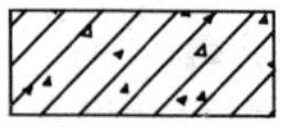
焦渣、矿渣	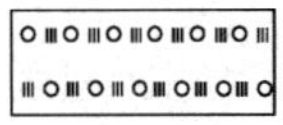	多孔材料	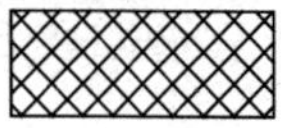
纤维材料	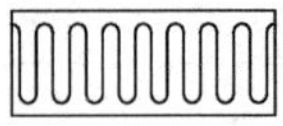	泡沫塑料材料	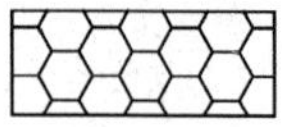
石膏板	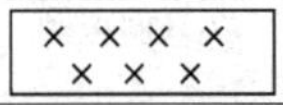	胶合板	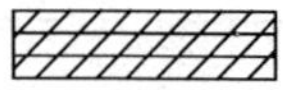
玻璃	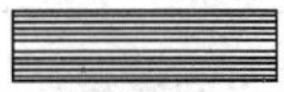	网状材料	
塑料		橡胶	
防水材料	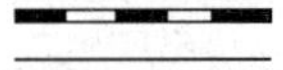	粉刷	
木材	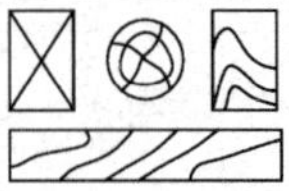	金属	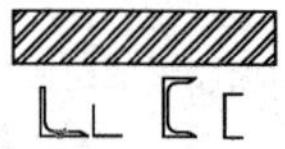

六、建筑详图

建筑详图：建筑细部的施工图。因为平、立、剖面图的比例较小，房屋上许多细部构造无法表示清楚，根据施工需要，必须另外绘制比例较大的图样才能表达清楚。所以建筑详图是建筑平、立、剖面图的补充。凡选用标准图或通用图的节点和建筑构配件，只需注明图集代号和页次，不必再画详图。

对于详图，一般应做到比例大（常用比例为 1∶1、1∶2，1∶5、1∶10、1∶2），尺寸标注齐全、准确以及文字说明清楚。

建筑详图包括表示局部构造的详图，如外墙详图、楼梯详图、阳台详图等；表示房屋设备的详图，如卫生间、厨房、实验室内设备的位置及构造等；表示房屋特殊装修部位的详图，如吊顶、花饰等。建筑详图的种类很多，本节只介绍常见的几种。

1. 外墙身详图

外墙身详图实际上是建筑剖面图的局部放大图，它表示房屋的屋面、楼层、地面和檐口构造、楼板与墙的连接、门窗顶、窗台和勒脚、散水等的构造情况，是施工的重要依据。

详图用较大比例（如 1∶20）画出。多层房屋中，若各层的情况一样时，可只画底层、顶层或加一个中间层来表示。画图时，往往在窗洞中间处断开，成为几个节点详图的组合（图 13-11）。有时，也可不画整个墙身的详图，而是把各个节点的详图分别单独绘制。详图的线型要求与剖面图一样。

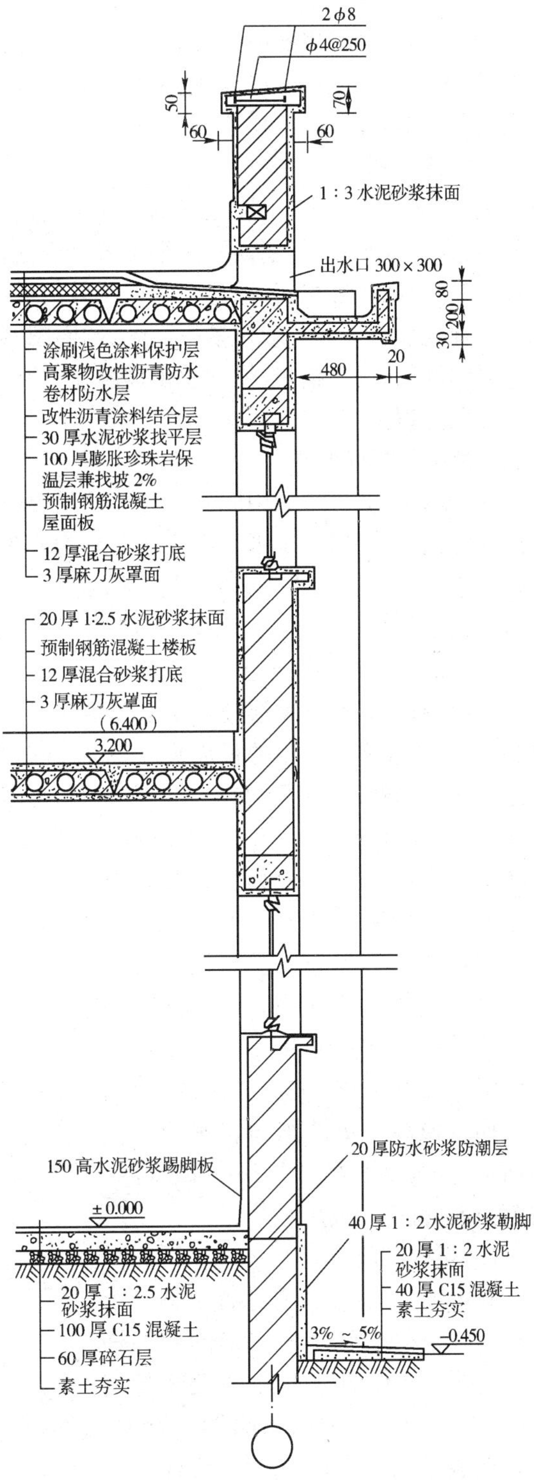

图 13-11　外墙身详图（尺寸单位：mm）

外墙身详图的主要内容如下：

（1）表明墙体的厚度与各部分的尺寸变化，及其与定位轴线的关系；

（2）注明定位轴线位置；

（3）表明各层梁板等构件的位置、尺寸及其与墙身的关系与连接做法；

（4）表明室内各层地面、楼面、屋面等的高程及其构造做法（当施工图中附有构造做法表时，在详图及其他图纸上只须标注该表中的做法编号即可，如墙 1、墙 2、楼 1、楼 2 等)。

(5)表明门窗洞口的高度、高程及立口的位置。

(6)表明立面装修的要求，包括墙身各部位的凹凸线脚、窗口、门头、雨篷、檐口、勒脚、散水以及墙身防潮等的材料、构造做法和尺寸。

2. 楼梯详图

楼梯：多层房屋上、下层之间的交通设施，它由梯段、平台和栏杆扶手组成。楼梯的构造比较复杂，在建筑平面图、剖面图中很难表示清楚，所以必须另画详图表示。楼梯详图要表示出楼梯的类型、结构形式、各部位尺寸以及装修做法等，它是楼梯施工放样的依据。

楼梯的建筑详图一般包括平面图、剖面图及踏步、栏杆扶手详图等。平、剖面图比例要一致，以便对照阅读。踏步、栏杆扶手详图比例要大一些，以便能清楚表达构造情况。以下介绍楼梯详图的识读。

(1)楼梯平面图

三层以上的房屋，如中间各层楼梯的位置、梯段数、踏步数及尺寸都完全相同时，可只画出底层、中间层和顶层三个平面图。从书后**附图 4** 中可以看出，楼梯平面图的剖切位置，是在该层往上走的第一梯段中间。各层被剖切到的梯段，均应在平面图中以一根 45°折断线表示。在每一梯段处画一长箭头，并注写“上”或“下”(有时也同时注上踏步数)。底层平面图还应注明楼梯剖面图的剖切位置。

从图中可以看出，每层楼梯平面图各具有不同的特点。底层平面图只有一个被剖切的梯段和栏杆，并注有“上”字的长箭头，图中还画出楼梯底下的储藏室以及下储藏室的三级踏步。顶层平面图的剖切平面在安全栏板之上，则在图中画有两段完整的梯段和楼梯平台，在梯口处只注有“下”的长箭头。中间层平面图既画出被剖切的往上走的梯段(标有“上”的长箭头)，同时还画有该层往下走完整的梯段(注有“下”字的长箭头)以及楼梯平台和平台往下的梯段。这部分梯段与被剖切梯段的投影重合，并以 45°折断线为界。

该图中应当注意的是，各层平面图上所画的每一分格，表示梯段的一级。但因梯段最高一级的踏面与平台面或楼面重合，所以平面图中每一梯段画出的踏面数，就比级数少一个。

(2)楼梯剖面图

假想用一铅垂面，通过各层的一个梯段，将楼梯剖开，向另一未剖到的梯段方向投影所作的剖面图，即为楼梯剖面图(图 13-12)。剖面图应能完整地、清晰地表示出各梯段、平台、栏杆扶手等的构造及它们的相互关系情况。在多层房屋中，若中间各层的楼梯构造相同时，则剖面图可只画出底层、中间层和顶层剖面，中间用折断线分开(与外

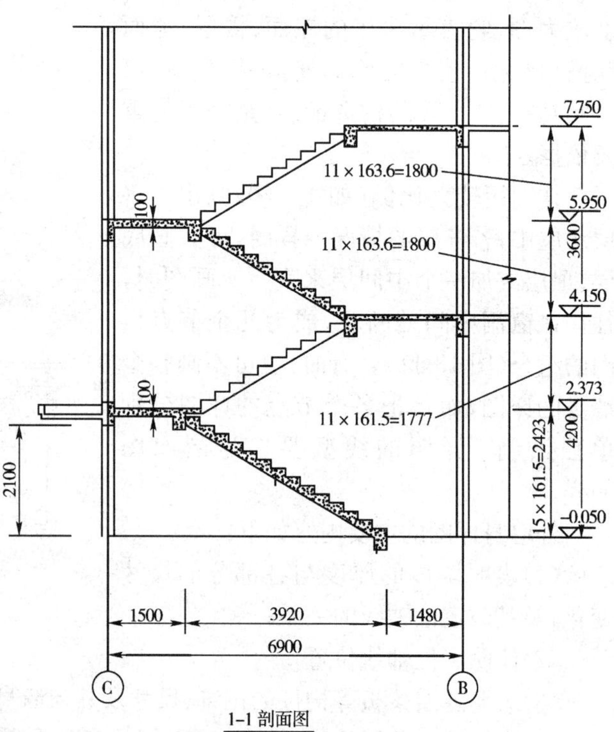

图 13-12　楼梯剖面图(尺寸单位：mm，高程单位：m)

墙身详图处理方法相同)。

楼梯剖面图能表达出房屋的层数、楼梯梯段数、踏步级数以及楼梯的类型和结构形式。

本章小结

(1)建筑总平面图是表明新建房屋所在基础有关范围内的总体布置,它反映新建、拟建、原有和拆除的房屋、构筑物等的位置和朝向,室外场地、道路、绿化等的布置,地形、地貌、高程等以及与原有环境的关系和邻界情况等。建筑总平面图也是房屋及其他设施施工的定位、土方施工以及绘制水、暖、电等管线总平面图和施工总平面图的依据。

(2)建筑施工图包括总平面图、平面图、立面图、剖面图和构造详图,表示建筑物的内部布置情况,外部形状,以及装修、构造、施工要求等。为了保证制图质量、提高效率、表达统一和便于识读,我国制订了国家标准对于比例、定位轴线、索引与详图符号、尺寸线、高程、对称符号与指北针、常用图例等都作出了明确规定。

(3)建筑平面图是建筑施工图的基本图样,它是假想用一水平的剖切面沿门窗洞位置将房屋剖切后,对剖切面以下部分所作的水平投影图。建筑立面图,是平行于建筑物各方向外墙面的正投影图,简称(某向)立面。假想用一个或多个垂直于外墙轴线的铅垂剖切面,将房屋剖开,所得的投影图,称为建筑剖面图,简称剖面图。建筑详图是建筑细部的施工图。因为平、立、剖面图的比例较小,房屋上许多细部构造无法表示清楚,根据施工需要,必须另外绘制比例较大的图样才能表达清楚。

(4)楼梯是多层房屋上、下层之间的交通设施,它由梯段、平台和栏杆扶手组成。楼梯的构造比较复杂,在建筑平面图、剖面图中很难表示清楚,所以必须另画详图表示。

复习思考题

13-1　建筑总平面图的概念及所包含的内容。

13-2　简单叙述一般房屋的组成部分,及主要部分的作用。

13-3　试叙述比例、定位轴线、索引与详图符号、尺寸线、高程、对称符号与指北针的主要规定及常用的表示方法。

13-4　建筑平面图、立面图、剖面图及详图的主要作用及内容。

第十四章　结构施工图

[重点内容和学习目标]

本章重点讲述了混凝土结构施工图和结构基础图的识别方法。通过本章学习，掌握钢筋混凝土结构图“平法”施工的识别方法；掌握结构基础图的识别方法。

建筑结构中的结构施工图表达的是结构设计的内容和相关工种(建筑、给排水、暖通、电气)对结构的要求，是作为施工放线，基槽开挖，绑扎钢筋，浇筑混凝土，安装梁、板、柱等各类构件以及计算工程造价，编制施工组织设计的依据。图 14-1 为建筑结构示意。

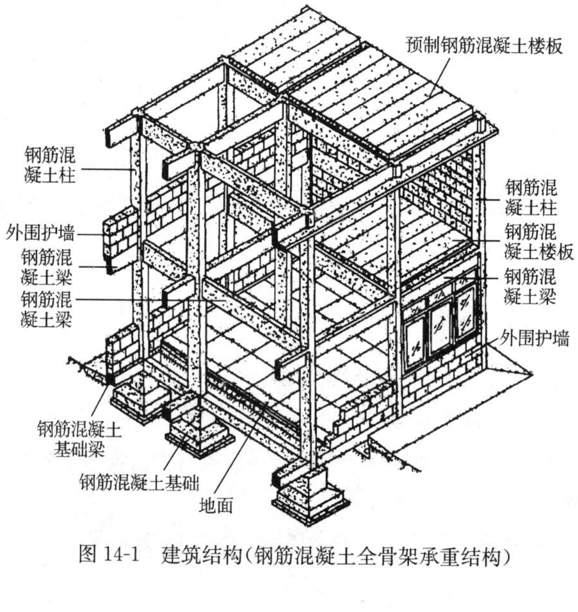

图 14-1　建筑结构(钢筋混凝土全骨架承重结构)

第一节　钢筋混凝土结构施工图

钢筋混凝土房屋的形式很多，这里仅介绍在建筑结构中几种常用的结构施工图形式。

一、钢筋混凝土房屋结构施工图的组成

钢筋混凝土结构施工图一般由结构设计说明、结构平面布置图以及墙、柱、梁、板等构件详图组成。构件标准图也属于结构详图的一部分。

1. 结构设计说明

结构设计说明：结构施工图的纲领性文件，它结合现行规范的要求，针对工程结构的特殊

性，将设计的依据、材料、所选用的标准图和对施工的特殊要求等，用文字的表述方式形成的文件。结构设计说明包括的主要内容有：

(1)工程概况，如建设地点、抗震设防烈度、结构抗震等级、荷载选用、结构形式、结构设计使用年限、砌体结构质量控制等级等；

(2)选用材料的情况，如混凝土的强度等级、钢筋的级别以及砌体结构中块材和砌筑砂浆的强度等级等，钢结构中所选用的结构用钢材的情况及对焊条或螺栓的要求等；

(3)上部结构的构造要求，如混凝土保护层厚度、钢筋的锚固、钢筋的接头，钢结构焊缝的要求等；

(4)地基基础的情况，如地质情况，不良地基的处理方法和要求，对地基持力层的要求，基础的形式，地基承载力特征值或桩基的单桩承载力特征值，试桩要求，沉降观测要求以及地基基础的施工要求等；

(5)施工要求，如对施工顺序、方法、质量标准的要求及与其他工种配合施工方面的要求等；

(6)选用的标准图集；

(7)其他必要的说明。

2. 结构平面布置图

结构平面布置图包括：

(1)基础平面图，桩基础还包括桩位平面图，工业建筑还有设备基础布置图；

(2)楼层结构平面布置图，工业建筑还包括柱网、吊车梁、柱间支撑布置图；

(3)屋顶结构平面布置图，工业建筑还包括屋面板、天沟、屋架、屋面支撑系统布置图。

3. 结构详图

结构详图包括：梁、板、柱及基础详图，楼梯详图，屋架详图，模板、支撑、预埋件详图及构造标准图等。

二、楼(屋)盖结构平面布置图

楼(屋)盖结构平面布置图主要表示楼(屋)盖各种构件的平面位置以及预留洞、预埋件等内容。图 14-2 为整体式钢筋混凝土楼盖。结构布置图在绘制时必须满足建筑图的要求，其定位轴线必须和建筑施工图对应。

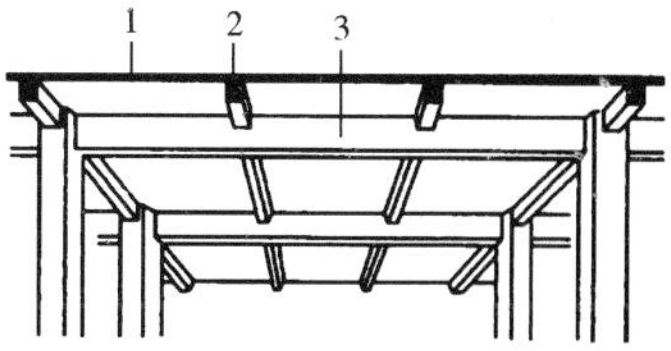

图 14-2　整体式钢筋混凝土楼盖

1-板；2-次梁；3-主梁

当某构件的高程、平面位置特殊时应在，同一张图上增加剖切断面图。

构件编号时，对于配筋相同但高程与结构平面相对位置不同，或主筋相同，箍筋不同的构件宜另行编号。

三、柱和梁的结构详图

在结构平面确定之后，传统的表示方法是根据结构平面上梁、柱的编号，绘制梁和柱的施工详图。当采用平面整体表示方法(简称平法)绘制施工图时，可以在结构平面布置图上表示柱与梁的施工详图。

平面整体表示方法(简称平法)，将常用的结构处理方法作为模块制成标准图，绘图时采用在平面图上直接标注的方式来表示梁、柱的配筋，使得详图表示规范化，同时大大地降低了绘图工作量。下面介绍平面整体的表示方法。

1. 柱平法施工图的表示方法

柱平法表示方法有两种，一种称为列表注写方式，另一种称截面注写方式。在实际应用时，柱子的编号要符合表 14-1 的规定。

“平法”施工图中柱子的编号 表 14-1

柱 类 型	代 号	序 号	柱 类 型	代 号	序 号
框架柱	KZ	××	梁上柱	LZ	××
框支柱	KZZ	××	剪力墙柱	QZ	××
芯柱	XZ	××			

从表中的代号可以看出，其代号都是以汉语拼音的第一个字母表示，其序号一般用阿拉伯数字表示。

(1)列表注写方式

柱平法列表注写方式需要画出柱的平面布置图，并根据柱的类别按表 14-1 的规则编号，同时要画出柱子的结构楼层面高程和结构层高(图 14-3)。

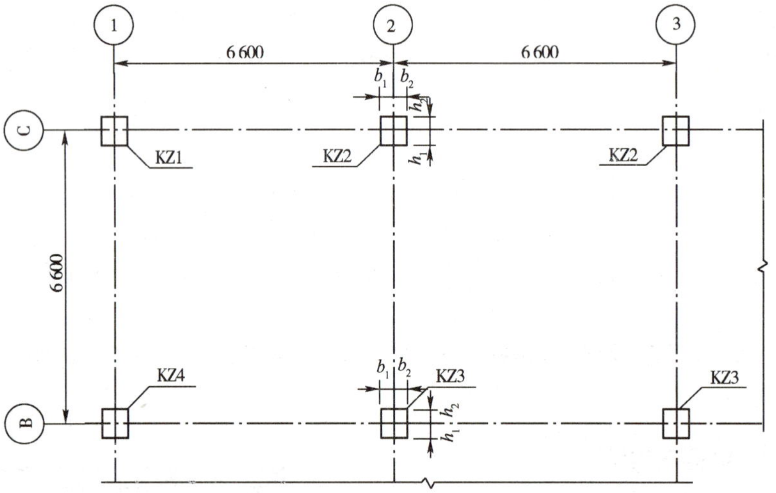

层面	17.900	3.000
6	14.900	3.000
5	11.900	3.000
4	8.900	3.000
3	5.900	3.000
2	2.900	3.000
1	-0.100	3.000
层号	标高 /m	层高 /m

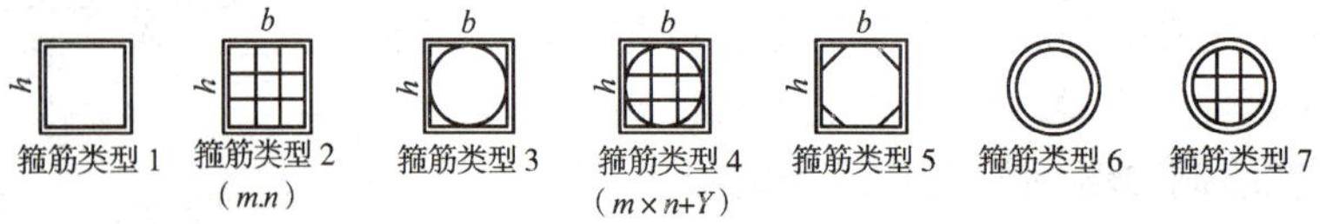

桩 号	KZ1			桩 号	KZ2		
高程	−0.050～7.150	7.150～14.350	14.350～21.550	高程	−0.050～7.150	7.150～14.350	14.350～21.550
$b\times h$/mm×mm	600×600	550×550	500×500	$b\times h$/mm×mm	600×600	550×550	500×500
b_1/mm	250	250	250	b_1/mm	300	275	250
b_2/mm	350	300	250	b_2/mm	300	275	250
h_1/mm	350	300	250	h_1/mm	350	300	250
h_2/mm	250	250	250	h_2/mm	250	250	250
全部纵筋	12ϕ25	12ϕ25	12ϕ25	全部纵筋	4ϕ25+8ϕ22	4ϕ25+8ϕ22	4ϕ25+8ϕ22
角筋	4ϕ25	4ϕ25	4ϕ25	角筋	4ϕ25	4ϕ25	4ϕ25
b 边一侧中部筋	2ϕ25	2ϕ25	2ϕ25	b 边一侧中部筋	2ϕ22	2ϕ22	2ϕ22
h 边一侧中部筋	2ϕ25	2ϕ25	2ϕ25	h 边一侧中部筋	2ϕ22	2ϕ22	2ϕ22
箍筋类型号	1(4×4)	1(4×4)	1(4×4)	箍筋类型号	1(4×4)	1(4×4)	1(4×4)
箍筋	ϕ10@100	ϕ10@100	ϕ10@100	箍筋	ϕ10@100/ϕ10@200	ϕ10@100/ϕ10@200	ϕ10@100/ϕ10@200

图 14-3 柱列表注写法(尺寸单位：mm)

(2)截面注写方式

截面注写方式也需要画出柱的平面布置图，并进行编号，同时要画出柱子结构层楼面高程可结构层高(图 14-4)。

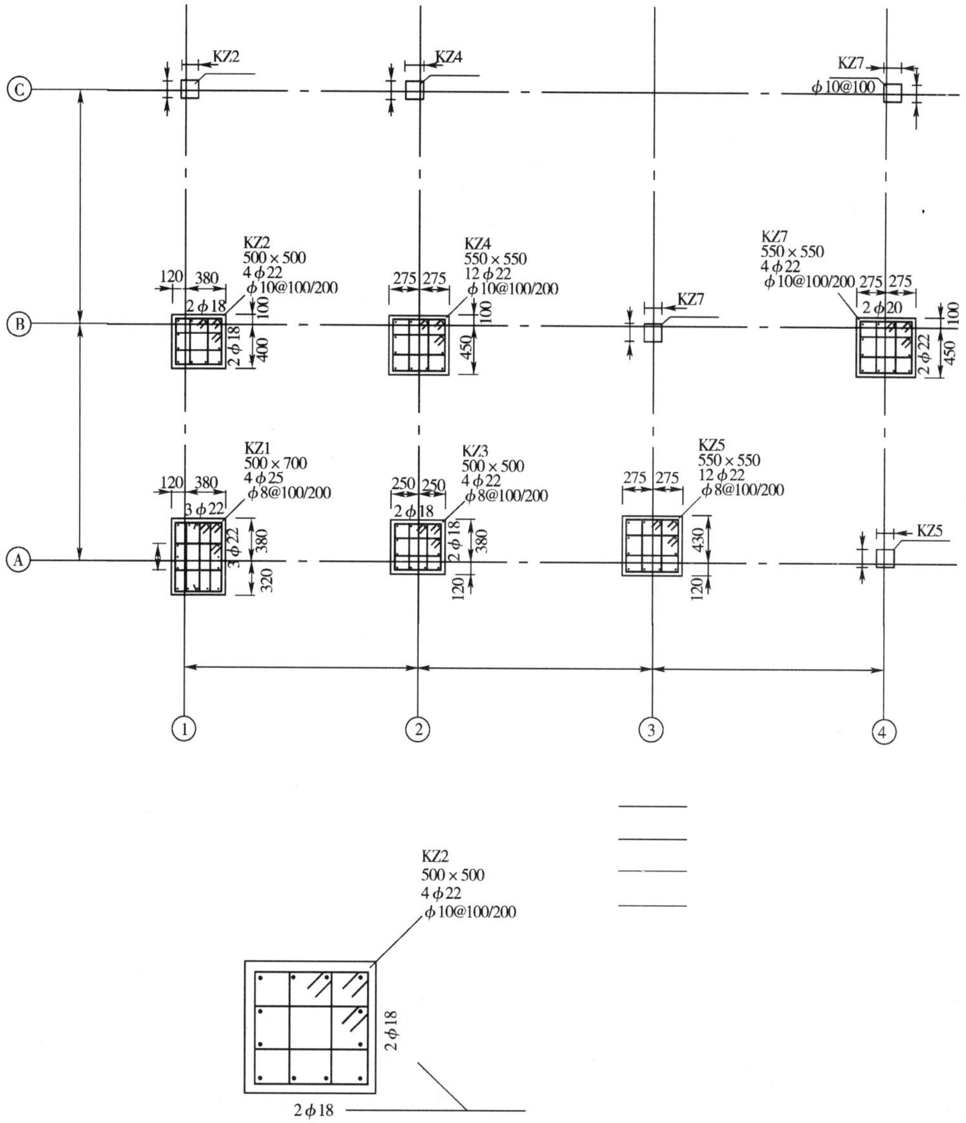

图 14-4　柱截面注写方式(尺寸单位:mm)

2. 梁平法施工图的表示方法

梁平面整体配筋图是在梁平面布置图上采用平面注写方式或截面注写方式表达框架梁的截面尺寸、配筋的一种方法。

图 14-5 所示为采用传统方法表示框架梁的详图，需要画出框架梁的立面图，根据配筋变化需要画出断面图，并要表示梁的高程、钢筋的断点，还需要画出钢筋简图或钢筋表。图 14-6 所示是采用平面整体表示方法绘制的同一根框架梁的施工图，除了不需要详细画梁的立面图和剖面图外，还可以直接在平面图上标注构件编号、截面尺寸、配筋等。

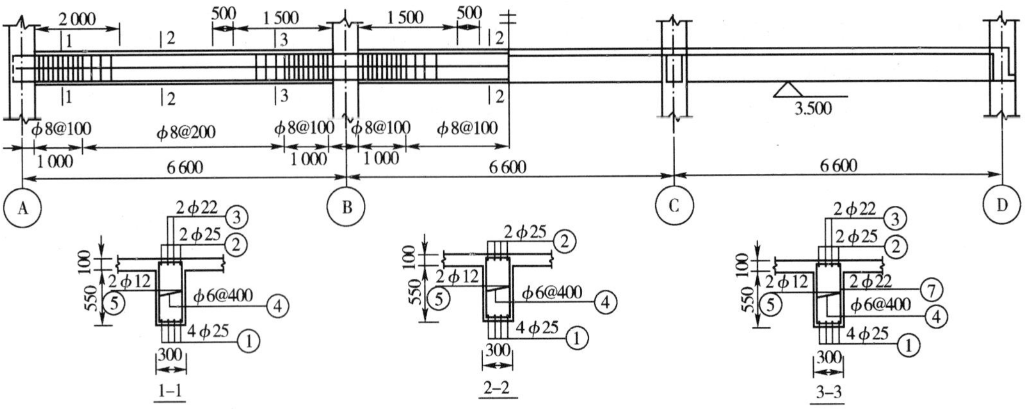

图 14-5 KL－1 配筋图(传统方法)(尺寸单位:mm)

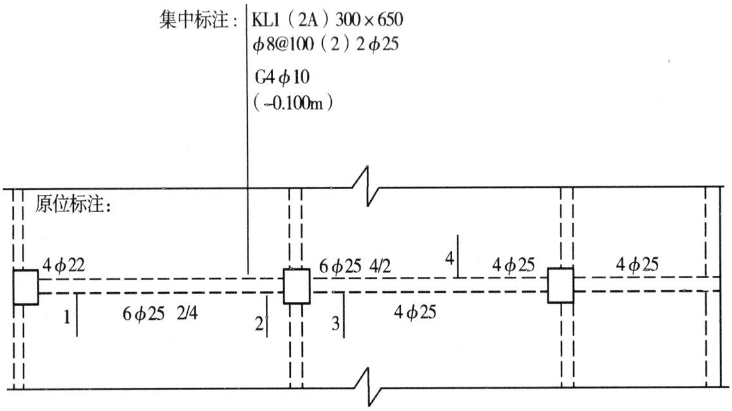

图 14-6 KL－1 配筋图(平法)(尺寸单位:mm)

与柱相同,采用平法表示梁的施工图时,需要对梁进行分类和编号,其编号的方法应符合表 14-2 规定。

"平法"施工中的梁编号 表 14-2

梁类型	代号	序号	跨数及是否带有悬挑	备注
屋面框架梁	WKL	××	(××)、(××A)或(××B)	(××A)为一段悬挑,(××B)为两段悬挑。 悬挑梁不计入跨数
楼层框架梁	KL	××	(××)、(××A)或(××B)	
框支梁	KZL	××	(××)、(××A)或(××B)	
悬挑梁	XL	—	—	
井字梁	JZL	××	(××)、(××A)或(××B)	
非框架梁	L	××	(××)、(××A)或(××B)	

(1)平面注写方式

平面注写方式包括集中标注与原位标注两部分:集中标注——表达梁的通用数值;原位标注——表达梁的特殊数值。

当集中的某项数值不适用于梁的某部位时,则将该项数值原位标注,施工时原位标注取值优先。

(2)集中标注

集中标注的形式(表 14-3)。

集 中 标 注 形 式 表 14-3

KL1(2A)300×650	——梁编号(跨数)截面宽×高
ϕ8@100/200(2)2Φ25	——箍筋直径加密区间距/非加密区间距(箍筋指数)通常筋根数直径
G4ϕ10	——构造钢筋根数直径
(−0.100mm)	——梁顶高程与结构层高程的差值,负号表示低于结构层高程

①梁截面标注规则

当梁为等截面时,用 $b\times h$ 表示。当为加腋梁时用 $b\times h_1 c_1\times c_2$ 表示,其中 c_1 为腋长,c_2 为腋高(图 14-7)。当有悬挑梁且根部和端部不同时,用斜线分割根部与端部的高度值,即 $b\times h_1\times h_2$。

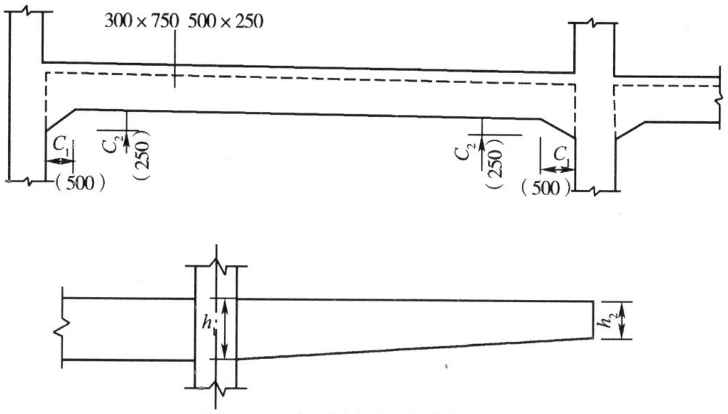

图 14-7 加腋梁(尺寸单位:mm)

②梁上部通长筋和架立筋的标注规则

在梁上部既有通长筋又有架立筋时,用“+”号相联标注,并将通长筋写在“+”号前面,架立筋写在“+”号后面并加括号。例如,当梁配置四肢箍时,用“2 Φ 22+(2ϕ12)”表示,其中2 Φ 22为通长筋,(2ϕ12)为架立钢筋。若梁上部仅有架立筋无通长钢筋,则全部写入括号内。当梁的上部纵向钢筋和下部纵向钢筋均为通长筋,且多数跨配筋相同时,此项可加注下部纵筋的配筋值,并用分号“;”隔开少数跨不同者,再在原位注明。

③箍筋的标注规则

当箍筋分为加密区和非加密区时,用斜线“/”分隔,肢数写在括号内,如果无加密区则不需用斜线。除抗震结构中的框架梁以外的其他各类梁,当采用不同的箍筋间距和肢数时,也可用斜线“/”将其分隔开表示。

例如,“13ϕ8@150/200(4)”表示梁的两端各有 13 个直径为 8mm 的箍筋,间距 150mm;梁跨中箍筋的间距为 200mm,全部为 4 肢箍。又如,“13ϕ8@150(4)/150(2)”表示梁两端各有 13 个直径为 8mm 的 4 肢箍,间距 150mm;梁跨中为直径 8mm 的双肢箍,箍筋间距为 150mm。

④梁顶高差的标注规则

梁顶高差是指梁顶与相应的结构层的高度差值,当梁顶与相应的结构层高程一致时,则不标此项,若梁顶与结构层存在高差时,可将高差值标入括号内。例如“(−0.050)”表示梁顶低于结构层 0.050m;若为“(0.050)”表示梁顶高于结构层 0.050m。

⑤梁侧钢筋的标注规则

梁侧钢筋分为构造配筋和受扭纵筋。当梁的腹板高度不小于 450mm 时，就需要配置构造梁侧钢筋，构造钢筋用大写字母 G 开头，接着标注梁两侧的总配筋量，且对称配置。例如，G4φ12 表示在梁的每侧各配 2φ12 构造钢筋。

受扭纵向钢筋用 N 打头。例如 N6 Φ 18，表示梁的每侧配置 3 Φ 18 的纵向受扭钢筋。

(3)原位标注

①梁支座上部纵向钢筋

该部位标注包括梁上部的所有纵向钢筋，即包括通长筋。

当梁上部纵向钢筋不止一排时用斜线“/”将各排纵筋从上自下分开。如“6 Φ 25(4/2)”表示梁支座的上一排钢筋为 4 Φ 25，下排钢筋为 2 Φ 25。

当同排纵向钢筋有两种直径时，用加号“＋”将两种规格的纵向钢筋相联表示，并将角部钢筋写在加号“＋”前面。例如，“2 Φ 22＋2 Φ 22”表示 2 Φ 25 放在角部，2 Φ 22 放在顶梁的中部。

当梁上部支座两边的纵向钢筋规格不同时，须在支座两边分别标注；当梁上部支座两边纵向钢筋相同时，可仅在支座一边标注，另一边可省略。

②梁下部纵向钢筋

当梁下部纵向钢筋多于一排时，用斜线“/”将各排纵向钢筋自下而上分开。例如，梁下部注写为“6 Φ 25(2/4)”表示梁下部纵向钢筋为两排，上排为 2φ25，下排为 4φ25，全部钢筋伸入支座。

当梁下部纵向钢筋不全部伸入支座时，将梁支座下部纵筋减少的数量写在括号内，例如，梁下部注写为“6 Φ 252(2)/4”表示梁下部为双排配筋，其中上排 2φ25 不伸入支座，下排 4 Φ 25 全部伸入支座。

当梁上部和下部均为通长钢筋，而在集中标注时已经注明，则不需在梁下部重复做原位标注。

当在梁上集中标注的内容不适用于某跨时，则采用原位标注的方法标注此跨内容，施工时优先采用原位标注。

(4)截面注写方式

梁的截面注写方式是在按层绘制的梁平面布置图上，分别从不同编号的梁中各选择一根梁，用剖面号引出配筋图，并在剖面上注写截面尺寸和配筋的具体数值。这种表达方式适用于表达异形截面梁的尺寸与配筋或平面图上梁距较密的情况(图 14-8)。

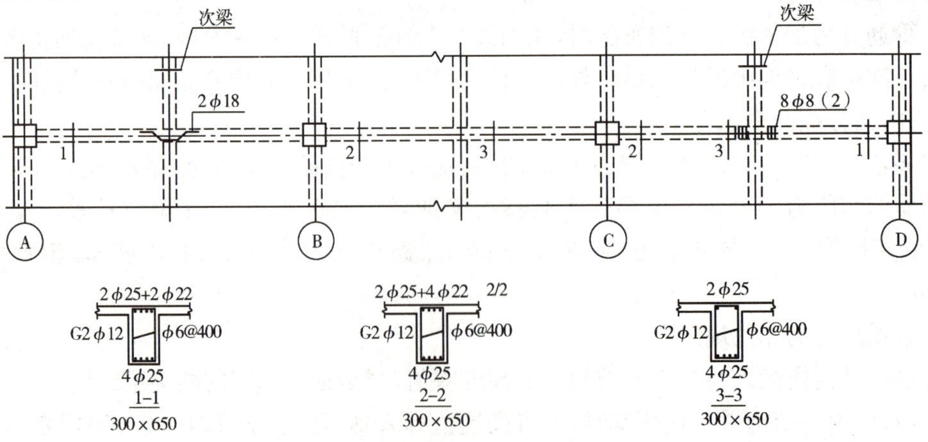

图 14-8 梁的截面注写方法(尺寸单位：mm)

截面注写方式可以单独使用,也可以与平面注写方式结合使用。当梁距较密时,也可以将较密的部分按比例放大采用平面注写方式(书后**附图 5** 为梁“平法”施工图实例)。

第二节　结构基础图

一、结构基础图组成

基础图包括基础平面图和基础详图。

基础平面图:将建筑从室内±0.000 高程以下剖切,向下看形成的图样。为了突出表现基础的位置和形状,将基础上部的构件和土看作透明体。

基础布置图以表示基础部位构件的平面位置为主要目的,结合基础详图表示基础和基础部位构件的高程和详细尺寸及做法。

二、基础布置图的识读

阅读基础布置图时要注意基础的高程和定位轴线的数值,了解基础的形式和区别,注意其他工种在基础上的预埋件和预留洞。

(1)查阅建筑施工图,核对所有的轴线是否和基础一一对应,了解是否有的墙下无基础而用基础梁替代,基础的形式有无变化,有无设备基础。

(2)对照基础的平面图和剖面图,了解基础底面高程和基础顶面高程有无变化,有变化时是如何处理的。如果有设备基础时,还应了解设备基础与设备高程的相对关系,避免因高程有误造成严重的责任事故。

(3)了解基础中预留洞和预埋件的平面位置、高程、数量,必要时应与需要这些预留洞和预埋件的工种进行核对,落实其相互配合的操作方法。

(4)了解基础的形式和做法。

(5)了解各个部位的尺寸和配筋。

(6)反复以上的过程,解决不清楚的问题。对遗留问题做好记录。

三、基础施工图

常用于钢筋混凝土房屋的基础形式较多,本节仅介绍独立基础、柱下条形基础和伐形基础的施工图。

独立基础详图包括基础平面图和剖面图,条形基础详图通常为剖面图。

1. 独立基础

独立基础常见形式(图 14-9)。图 4-10 为基础平面图示例。

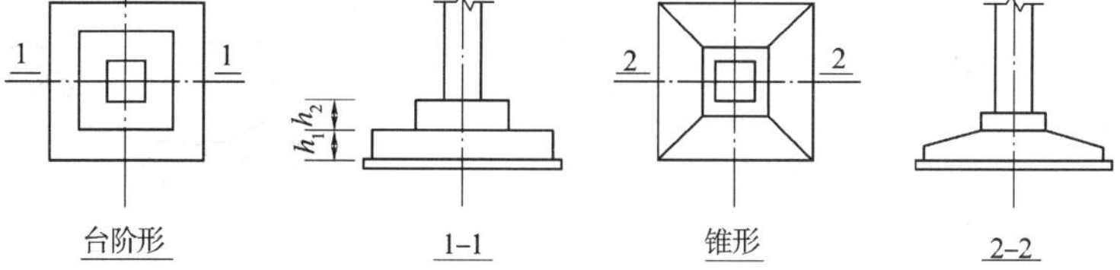

图 14-9　常用的独立基础形式

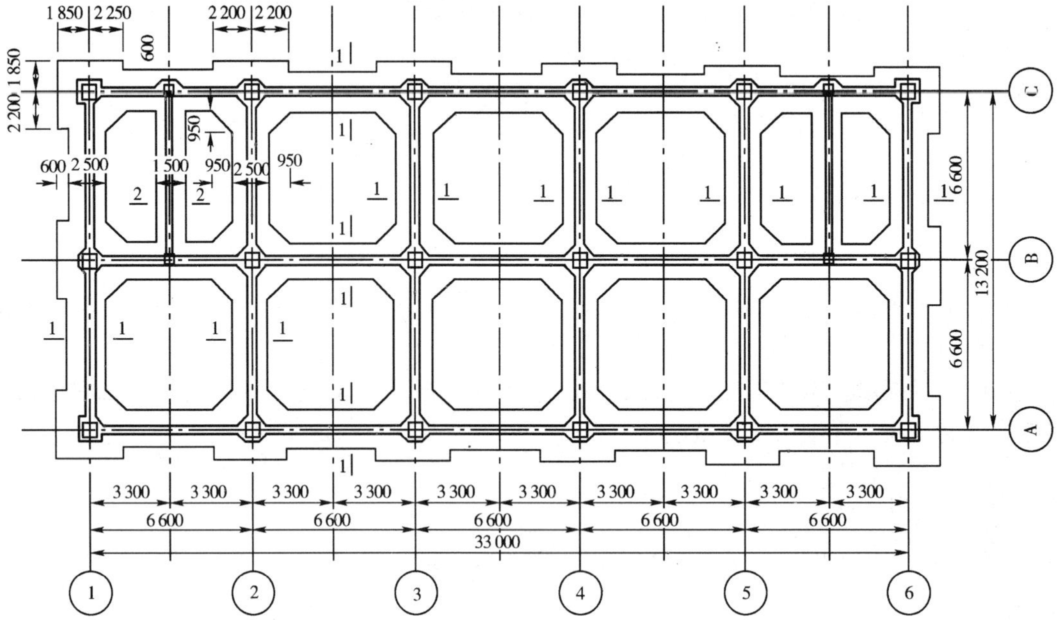

图 14-10　基础平面图(尺寸单位:mm)

书后**附图 6** 为某钢筋混凝土独立基础施工图。

2. 柱下条形基础

图 14-11 为某钢筋混凝土柱下条形基础施工图。

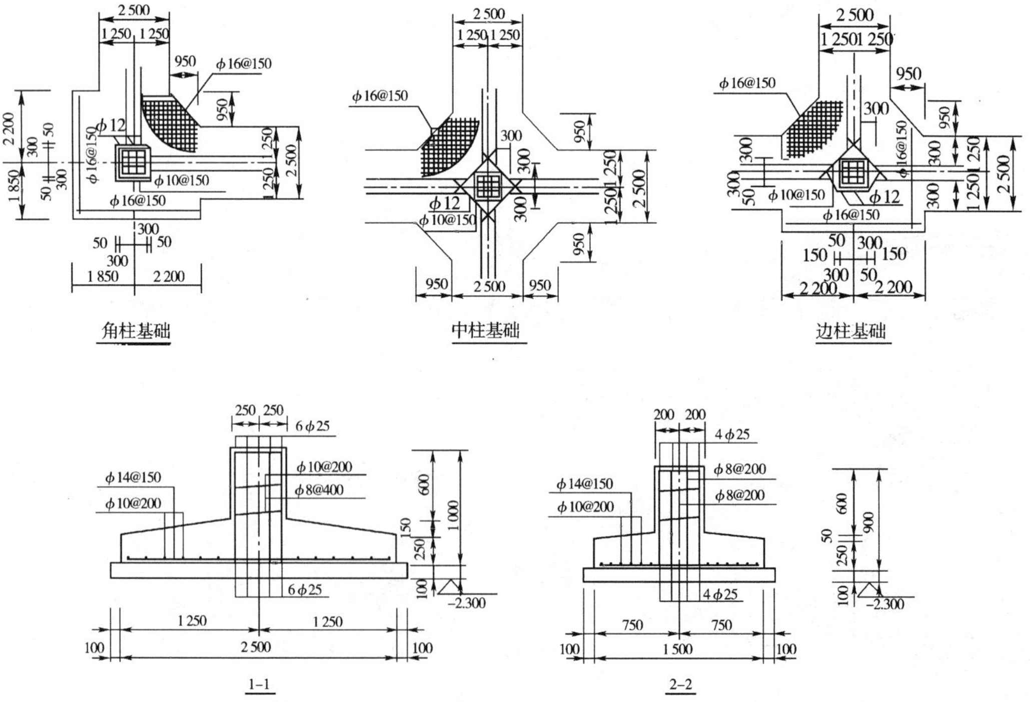

图 14-11　柱下条形基础施工图示例(尺寸单位:mm)

3. 伐形基础

伐形基础又称伐片基础、伐板基础、满堂基础。其形式有梁板式和平板式两种类型。梁板式又可细分为交梁式和梁式，板式也可以细分为板顶加墩或板底加墩式。框架结构一般采用交梁式伐板基础。

图 14-12 为交梁式伐板基础平面图。基础详图为基础剖面图、基础梁的配筋图以及柱的主筋图，此处略。

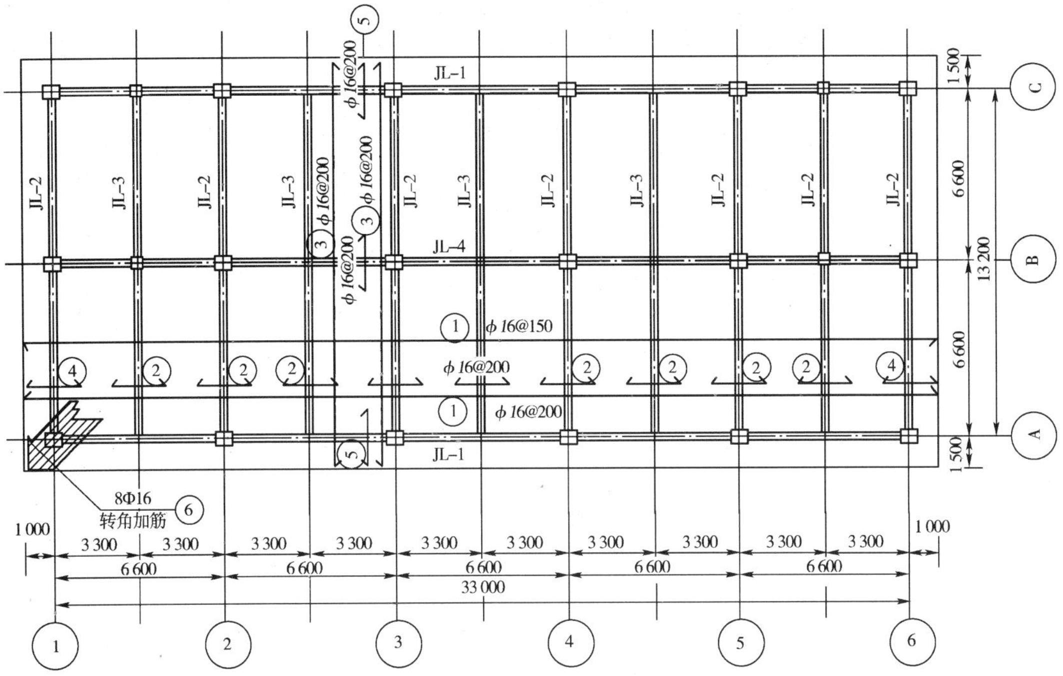

图 14-12　伐形基础平面图(尺寸单位:mm)

本章小结

(1)钢筋混凝土结构施工图一般由结构设计说明、结构平面布置图以及墙、柱、梁、板等构件详图组成。构件标准图也属于结构详图的一部分。结构设计说明是结构施工图的纲领性文件，它结合现行规范的要求，针对工程结构的特殊性，将设计的依据、材料、所选用的标准图和对施工的特殊要求等，用文字的表述方式形成的文件。

(2)平面整体表示方法是将常用的结构处理方法作为模块制成标准图，绘图时采用在平面图上直接标注的方式来表示梁、柱的配筋，使得详图表示规范化，同时大大地降低了绘图工作量。柱平法表示方法有两种，一种为列表注写方式，另一种是截面注写方式。梁平面整体配筋图是在梁平面布置图上采用平面注写方式或截面注写方式表达框架梁的截面尺寸、配筋的一种方法。

(3)基础图包括基础平面图和基础详图。基础平面图是将建筑从室内±0.000 高程以下剖切，向下看形成的图样。基础布置图以表示基础部位构件的平面位置为主要目的，结合基础详图表示基础和基础部位构件的高程和详细尺寸及做法。

(4)阅读基础布置图时要注意基础的高程和定位轴线的数值，了解基础的形式和区别，注意其他工种在基础上的预埋件和预留洞。

(5)常用于钢筋混凝土房屋的基础形式主要有独立基础、柱下条形基础和伐形基础的施工图。

复习思考题

14-1　钢筋混凝土房屋结构图主要表示哪些内容?

14-2　什么是平面整体法,概括平面整体法与传统方法的不同。

14-3　简述梁的集中标注和原位标注的方法。

14-4　结构基础图的组成及识图的方法。

第十五章　主体工程施工

[重点内容和学习目标]

本章重点讲述土方工程施工特点、地基处理的常用方法、混凝土的搅拌、运输、浇筑、振捣、养护工艺及质量要求、主体钢结构安装、结构吊装工程施工工艺。通过本章学习，要求学生掌握地基处理的常用方法、主体钢结构安装、结构吊装工程施工工艺。

第一节　土 方 工 程

一、土的工程分类及性质

1. 土的工程分类

根据土的颗粒级配或塑性指数可分为碎石类土（漂石土、块石土、卵石土、碎石土、圆砾土、角砾土）、砂土（砾砂、粗砂、中砂、细砂、粉砂）和黏性土（黏土、亚黏土、轻亚黏土）。

在建筑工程施工中常根据土石方施工时土（石）的开挖难易程度，将土分为松软土、普通土、坚土、砂砾坚土、软石、次软石、坚石、特坚石八类，称为土的工程分类。前四类属一般土，后四类属岩石，土的分类及其现场鉴别方法见表 15-1。

土的工程分类表　　表 15-1

土的分类	土 的 名 称	密度（kg/m³）	开挖方法及工具
一类土 （松软土）	砂、亚砂土、冲击砂土、种植土、泥炭（淤泥）	600～1 500	能用锹、锄头挖掘
二类土 普通土	亚黏土，潮湿的黄土，夹有碎石、卵石的砂，种植土、填筑土及砂土	1 100～1 600	用锹、锄头挖掘少许用镐翻松
三类土 （坚土）	软及中等密实黏土，重亚黏土，粗砾石，干黄土及含碎石、卵石的黄土，亚黏土，压实的填筑土	1 750～1 900	主要用镐，少许用锹、锄头，部分用撬棍
四类土 （砂砾坚土）	重黏土及含碎石、卵石的黏土，粗卵石，密实的黄土、天然级配砂石，软的泥灰岩及蛋白石	1 900	用镐、撬棍，然后用锹挖掘，部分用楔子及大锤
五类土 （软石）	硬石炭纪黏土，中等密实的页岩、泥灰岩，白土，胶结不紧的砾岩，软的石灰岩	1 100～2 700	用镐或撬棍、大锤，部分用爆破
六类土 （次坚石）	泥岩，砂岩，砾岩，坚实的页岩、泥灰岩，密实的石灰岩，风华花岗岩、片麻岩	2 200～2 900	用爆破方法，部分用风镐

续上表

土的分类	土 的 名 称	密度(kg/m^3)	开挖方法及工具
七类土 (坚石)	大理岩,辉绿岩,粗、中粒花岗岩,坚实的白云岩,砾岩砂岩、片麻岩石灰岩	2 500～3 100	用爆破方法
八类土 (特坚石)	玄武岩,花岗片麻岩、坚实底细粒花岗岩、闪长岩、石英岩、辉绿岩	2 700～3 300	用爆破方法

2. 土的工程性质

(1)土的天然密度和土的干密度

土的天然密度,即土在天然状态下单位体积土的质量,它与土的密实程度和含水率有关。在选择运土汽车载质量折算体积时使用。

土的干密度,即土体孔隙内无水时的土的密度。干密度在一定程度上反映了土颗粒排列紧密程度。因此,常用干密度作为填土压实质量的控制指标。土的最佳干密度值见表 15-2。

土的最佳含水率和干密度参考值 表 15-2

土的种类	变 动 范 围	
	最佳含水率(质量分数)(%)	最大干密度(g/cm^3)
砂土	8～12	1.80～1.88
粉土	16～22	1.61～1.80
亚砂土	9～15	1.85～2.08
亚黏土	12～15	1.85～1.95
重亚黏土	16～20	1.67～1.79
粉质亚黏土	18～21	1.65～1.74
黏土	19～23	1.58～1.70

(2)土的含水率

土的含水率是指土中所含的水与土的固体颗粒两者间的质量比,以百分数表示。土的含水率随外界雨雪和地下水的影响而变化。当土的含水率超过 25%～30%时,采用机械施工就很困难。回填土夯实时含水率过大则会产生橡皮土现象,使土无法夯实。因此土方开挖时对含水率过大的土层,应该采取排水措施。回填土时,应使土的含水率处于最佳含水率的变化范围之内,详见表 15-2。此外,土的含水率对土方边坡稳定性也有影响。

(3)土的可松性

自然状态下的土经挖掘后,其体积因松散而增加,以后虽经回填压实,仍不能恢复到原来的体积,这种性质称为土的可松性。土的可松性对土方的平衡调配和基坑开挖时留弃土量及运输工具数量计算均有直接的影响。土的可松性系数见表 15-3。

各类土的可松性系数 表 15-3

序号	土的类别		体积增加百分比(%)		可松性系数	
			最初	最后	最初 K_s	最后 K_s'
1	一类土	种植土除外	8～17	1～2.5	1.08～1.17	1.01～1.03
		种植土、泥炭	20～30	3～4	1.20～1.30	1.03～1.04
2	二类土		14～28	1.5～5	1.14～1.28	1.02～1.05
3	三类土		24～30	4～7	1.24～1.30	1.04～1.07

续上表

序号	土的类别		体积增加百分比(%)		可松性系数	
			最初	最后	最初 K_s	最后 K_s'
4	四类土	泥灰岩、蛋白石除外	26～33	6～9	1.26～1.32	1.06～1.09
		泥灰岩、蛋白石	33～37	11～15	1.33～1.37	1.11～1.15
5	五类土		30～45	10～20	1.30～1.45	1.10～1.20
6	六类土		30～45	10～20	1.30～1.45	1.10～1.20
7	七类土		30～45	10～20	1.30～1.45	1.10～1.20
8	八类土		45～50	20～30	1.45～1.50	1.20～1.30

(4)土的渗透性

土的渗透性也称透水性，是指土体透过水的性能。它主要取决于土体的孔隙特征，如孔隙的大小、形状、数量和贯通情况等。不同的土透水性不同。一般用渗透系数 K(表 15-4)作为衡量土的透水性指标。K 值表示水在土中的渗透速度，即单位时间内水穿透土层的能力，其单位是 m/s(米/秒)或 m/d(米/昼夜)。

土的渗透系数参考值 表 15-4

土的种类	K(m/d)	土的种类	K(m/d)
亚黏土、黏土	<0.1	含黏土的中砂及纯系砂	20～25
亚黏土	0.1～0.5	含黏土的细砂及纯中砂	35～50
含亚黏土的粉砂	0.5～1.0	纯粗砂	50～75
纯粉砂	1.5～5.0	粗砂	50～100
含黏土的细砂	10～15	砾石	100～200

二、基础施工准备

(1)进行现场实地调查与勘测。由建设单位提供工程图纸、施工现场实测地形图以及原地下管线或构筑物竣工图、有关工程地质、水文和气象资料，并有规划部门签发的许可证。

(2)根据施工组织计划规定和现场实际条件，制定基础工程施工方案，落实施工机械设备和主要材料，进行劳动力的组织准备。

(3)平整场地，处理地下一切障碍物，完成“三通一平”。施工区域内有碍施工的地上地下物，建设单位应与有关主管部门协商，妥善处理。对施工地段的地下管道、电缆应采取加固和防护措施。开挖土方如影响邻近建筑物，亦应采取防止变形下沉的措施，并设观测点。

(4)测量放线，设立控制轴线桩和水准点。基础土方工程，是根据城市规划部门测试的建筑平面控制桩和水准点，进行基坑(槽)抄平放线的。定位放线时应注意控制桩和水准点的保护。

(5)如在雨期施工，应在场内设排水沟，准备排水设施和机具，阻止场外水流入施工场地或基坑内。如需夜间施工，应该按需要数量准备照明设施，在危险地段设明显标志。夜间施工应严防超挖或回填超厚的发生。

三、基坑(槽)土方的开挖

基坑(槽)土方开挖施工包括：正确决定土方边坡和工作面尺寸；选择土壁支护设施；选择排水或降水方法；确定土方开挖方法。

1. 土方边坡与土壁支撑

在建筑物基础或管沟土方施工中，对永久性或使用时间较长的临时性挖方，均应保持土壁稳定，防止坍塌、溜坡，以保证基础施工时的施工质量和安全。防止塌方的主要技术措施是基坑放坡和基坑支护技术。

(1)土方边坡

为了保证土壁稳定，根据不同土质的物理性能、开挖深度、土的含水率，在基础土方开挖时，挖成上口大、下口小，留出一定的坡度，靠土的自稳保证土壁稳定。

土方边坡的坡度用坡高(即基础开挖深度)H 与宽度(即斜坡水平投影宽度)B 之比表示，边坡可做成直线形、折线形或踏步形(图 15-1)。

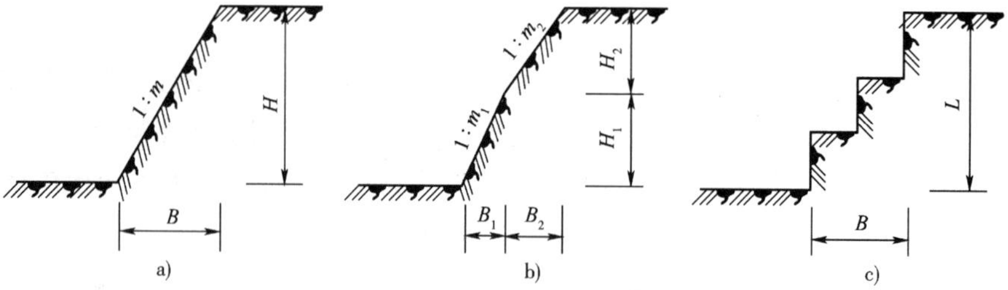

图 15-1　边坡形式

a)直线形；b)折线形；c)踏步形

土方边坡坡度$=\dfrac{H}{B}=\dfrac{1}{B/H}=\dfrac{1}{m}=1:m$，式中 $m=B/H$，称之为坡度系数。

根据现行《建筑边坡工程技术规范》和《建筑地基基础设计规范》的规定：土质边坡的坡率允许值应根据经验，按工程类比的原则并结合已有稳定边坡的坡率值分析确定。当无经验，但土质均匀良好、地下水贫乏、无不良地质现象且地质环境条件简单时，可按表 15-5 确定。

土质边坡坡率允许值表　　表 15-5

边坡土类别	状态	坡率允许值(高宽比)	
		坡高小于 5m	坡高 5～10m
碎石土	密实	1∶0.35～1∶0.50	1∶0.50～1∶0.75
	中实	1∶0.50～1∶0.75	1∶0.75～1∶1.00
	稍密	1∶0.75～1∶1.00	1∶1.00～1∶1.25
黏性土	坚硬	1∶0.75～1∶1.00	1∶1.00～1∶1.25
	硬塑	1∶1.00～1∶1.25	1∶1.25～1∶1.50

注：表中碎石土的充填物为坚硬或硬塑状的黏性土。

施工中除应正确确定边坡，还要进行护坡，以防边坡发生滑动。土坡的滑动一般是指土方边坡在一定范围内整体沿某一滑动面向下和向外移动而丧失其稳定性(图 15-2)。边坡失稳往往是在外界不利因素影响(如边坡土因失水过多而松散，或因地面水冲刷)下触发和加剧的，可采取边坡护面措施进行防护。坡面保护方法有帆布或塑料膜覆盖法、坡面挂网抹浆法、土袋压坡法等(图 15-3)。

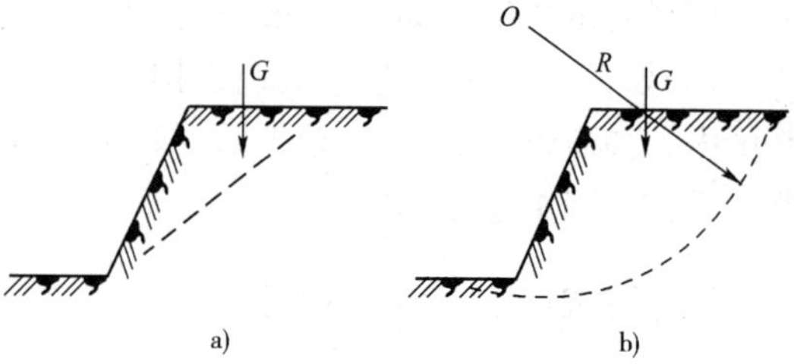

图 15-2　土坡的滑动

a)直线滑动面；b)圆弧滑动面

(2)基坑支护技术

基坑(槽)放坡开挖往往比较经济,但在场地狭小地段施工不允许放坡时,一般可采用支撑护坡,以保证施工顺利和安全,也可减少对邻近建筑或地下设施的不利影响。

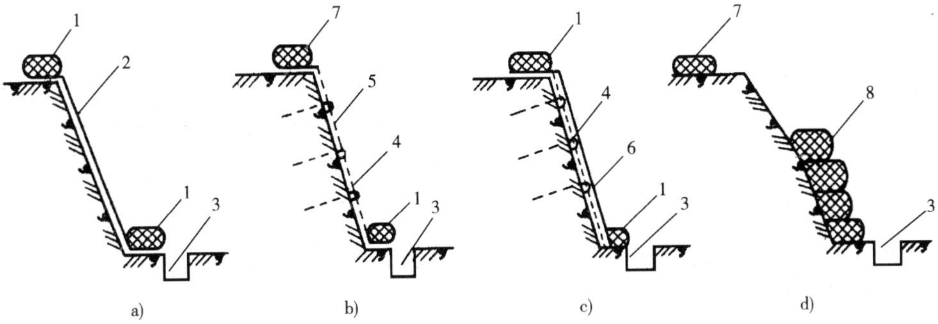

图 15-3 边坡护面措施

a)覆盖法;b)挂网法;c)挂网抹浆法;d)土袋压坡法

1-压重(砌砖或土袋);2-塑料膜;3-排水沟 4-插筋;5-铅丝网;6-铅丝网抹水泥砂浆 2～3cm;7-挡水堤;8-装土草袋

①常用基坑支护

基坑支护一般用于城市深基础施工中,大型基坑垂直下挖而不放坡的情况,常用的基坑支护形式如图 15-4 所示。衬板式支撑是采用水平衬板(方木和木板组成立木横撑结构)挡土,并加楔使其紧贴坑壁,见图 15-4a)。此外,还有悬臂式、拉锚式、锚杆式、斜撑式等方式[图 15-4b)、c)、d)、e)]。护坡桩可采用现场灌注桩或预制钢筋混凝土桩。如基坑较深、挡土高度较大时,只靠桩入土部分抵抗土方压力不能满足要求,需在桩顶设拉锚或用斜撑支顶。如果基坑深度超过 10m 时,则需在桩的中间部位用锚杆将桩固定,锚杆可用钻孔灌注混凝土制成。但无论哪种挡土桩都会增加基础工程造价。此外,还可以选用钢桩和钢板桩。

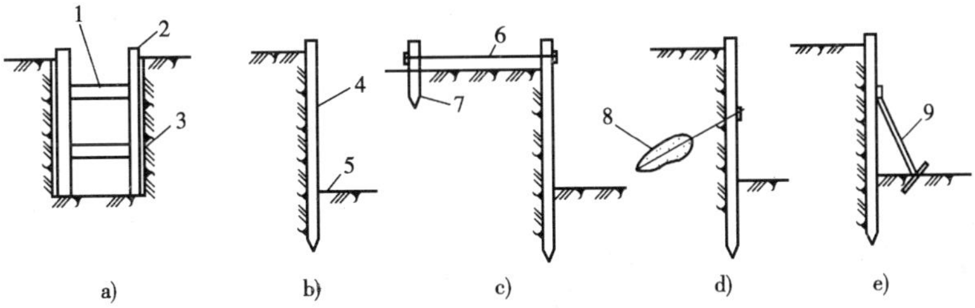

图 15-4 基坑支护形式

a)衬板式;b)悬臂式;c)拉锚式;d)锚杆式;e)斜撑式

1-横撑;2-立木;3-衬板;4-桩;5-坑底;6-拉条;7-锚固桩;8-锚杆;9-斜撑

采用护坡桩施工的程序是:先按挖土区尺寸放线定位,然后打入预制钢筋混凝土桩(或钻孔灌注桩),待桩打完或灌注桩达到要求强度后,再进行土方开挖。

②地下连续墙

工程开挖前,先在地面按建筑物平面筑导墙。用特制挖掘机在有泥浆护壁的情况下,每次开挖一定长度(一个单元槽段)的沟槽,待开挖至设计深度并清除沉淀下来的泥渣后,将地面加工好的钢筋骨架(钢筋笼)用起重机吊放入充满泥浆的沟槽后,采用水下浇筑混凝土的方法,用导管向沟槽内浇筑混凝土。由于混凝土是由沟槽底部开始逐渐向上浇筑,所以随着混凝土的浇筑,泥浆即被置换出来,待混凝土浇至设计高程后,一个单元槽段施工即完毕。各单元槽段之间用特制接头连接成连续的地下钢筋混凝土墙,使其呈封闭形状。开始挖土时,地下连续墙既挡土又防水抗渗。如将地下连续墙作为建筑物的地下室外墙,则它同时又具有承重作用。

③土钉护坡技术

在基坑开挖坡面,用机械钻孔或洛阳铲成孔,插入 ϕ16～ϕ32 的钢筋并注浆,在坡面安装钢筋网,喷射 C20 厚 80～200mm 的混凝土,使土体、钢筋与喷射混凝土面板结合,成为深基坑土钉支护(图 15-5)。

2. 基坑排水与降水

在地下水位以下开挖基坑(槽)时,要排除地下水和基坑中的积水,保证挖方在较干状态下进行。一般工程的基坑施工中,多采用明沟集水井抽水、井点降水或二者相结合的办法排除地下水。

(1)集水井施工降水

集水井抽水法也称明沟排水法。当基坑开挖遇到地下水和地表水(雨水)时,在基坑内应随同挖方一起设置排水沟,其截面不小于 0.2m×0.5m,沟底低于挖方面 0.5m 以上,并向集水井方向保持 2%～5%的纵坡。每隔 30～40mm 设集水井,集水井直径不小于 0.8m,井底低于排水沟 0.7～1m。排水沟和集水井是随挖土逐层加深,挖至设计高程后,井底应低于基坑底 1～2m。集水井应围设木板、铁笼、混凝土滤水管等滤水设施,井底铺设 30cm 左右的滤料(碎石、粗砂),防止抽走井底土粒。明沟排水法如图 15-6 所示。

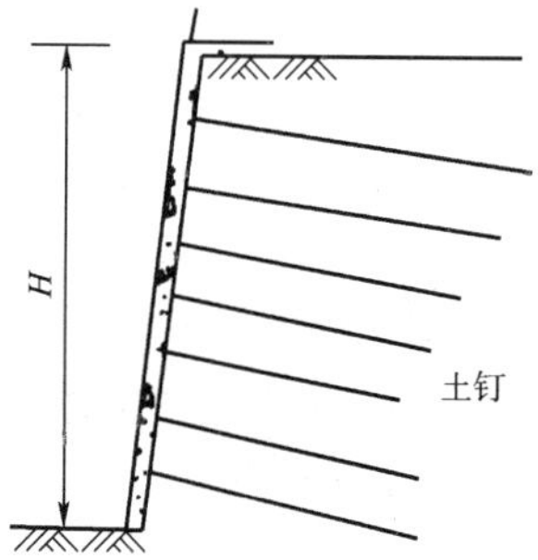

图 15-5 土钉支护示意图

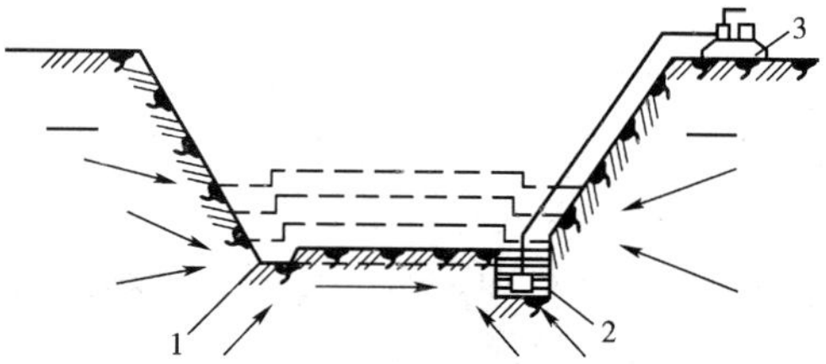

图 15-6 明沟排水法

1-排水沟;2-集水井;3-水泵

(2)井点降水法

井点降水法是地下水位较高地区施工中采取的重要措施之一。基坑开挖前,预先在基坑四周埋设一定的管(井),利用抽水设备,从井点管中将地下水不断抽出,使地下水位降低到拟开挖的基坑地面,从而能克服流砂现象,稳定边坡,避免坑内涌水、坍方和坑底隆起现象的产生,使土方开挖正常进行。井点降水法有轻型井点、喷射井点、电渗井点、管井井点和深井井点等。

轻型井点是沿基坑四周将许多根井点管沉入地下蓄水层,井点管上端通过弯联管与总管相连,并利用抽水设备将地下水从井点管内不断抽出,从而将地下水位降低至基地以下,如图 15-7 所示。图 15-8 为管井井点降水示意图。

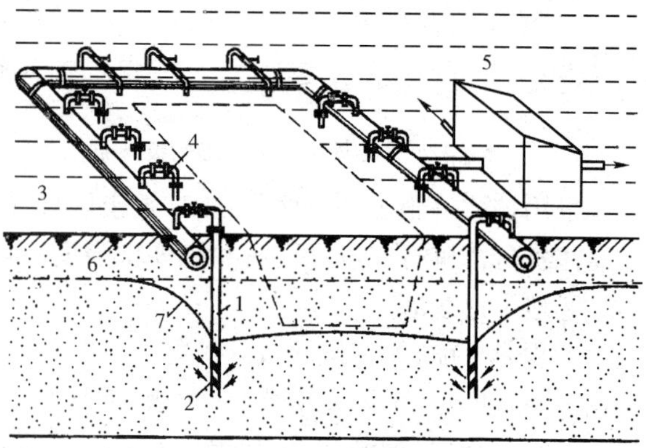

图 15-7 轻型井点降低水位示意图

1-井点管;2-滤管;3-集水总管;4-弯联管;5-水泵房;6-原有地下水位线;7-降低后地下水位线

四、基础土方的开挖施工

1. 人工挖方施工及注意事项

(1)基槽土方开挖,应自上而下分步分层挖,每步开挖深约 30cm,每层深度以 60cm 为宜,从开挖端逆向倒退按踏步型挖掘。每人应留足工作面,避免相互碰撞出现安全事故。

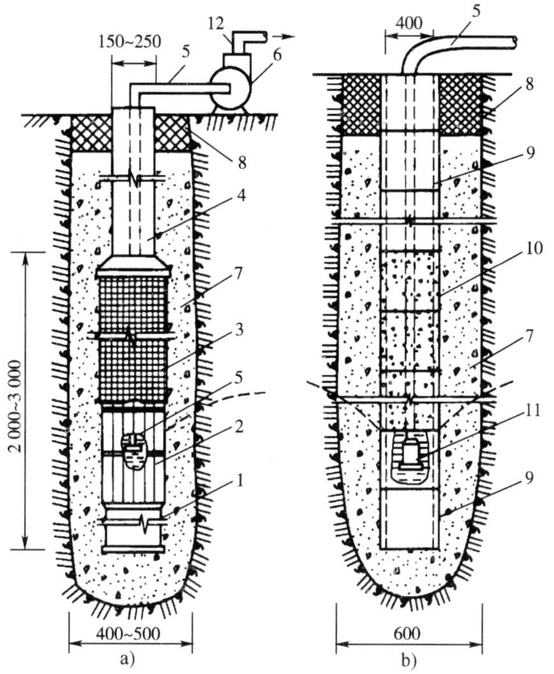

图 15-8　管井井点(单位尺寸:mm)

a)钢管管井;b)混凝土管管井

1-沉砂管;2-钢筋焊接骨架;3-滤网;4-管身;5-吸管;6-离心泵;7-小砾石过滤层;8-黏土封口;9-混凝土实管;10-混凝土过滤管;11-潜水泵;12-出水管

(2)所挖土方应两侧出土,抛于槽边的土方以距槽边 1m,高度 1m 以内为宜,以便保证基槽边坡的稳定,防止因压载过大产生坍方。

(3)挖至距槽底 500mm 左右时,测量放线人员应配合抄出距槽底 500mm 的水平线,沿槽边相距 2～3m 钉水平高程木橛。应随时依此检查槽底高程,不得低于高程。由两端轴线引桩拉通线检查槽位和槽宽,最后应修边坡清槽底并铲平。

(4)冬、雨期挖方时(也包括晾槽时间过长)可在槽底高程以上保留 150～300mm 不挖,待下道工序开始前再挖。冬期挖方每天下班前应挖一步虚土并盖草帘保温,尤其挖到槽底高程后,基土不准受冻。

(5)挖土发现文物古墓时,应妥善保护并报有关部门处理后,方可继续施工。在埋有电缆地段挖方,应有电缆主管部门代表在场。

2. 机械挖方施工

土方工程施工机械的种类繁多,以推土机、铲运机和挖掘机应用最广,也具有代表性。

(1)推土机施工

推土机是土方工程施工的主要机械之一,是在履带式拖拉机上安装推土板等工作装置而成的机械。推土板有索式和液压操纵两种。图 15-9 是液压操纵的推土机外形图。推土机操作灵活、运转方便、所需工作面较小、行驶速度快、易于转移，能爬30°左右的缓坡，因此应用范围较广。推土机适于挖一至三类土，多用于平整场地、开挖深度不大的基坑、移挖作填、回填土方、堆筑堤坝以及配合挖土机集中土方、修路开道等。其开挖方法有槽形推土法、下坡推土法和并列推土法等(图15-10、图15-11和图15-12)。

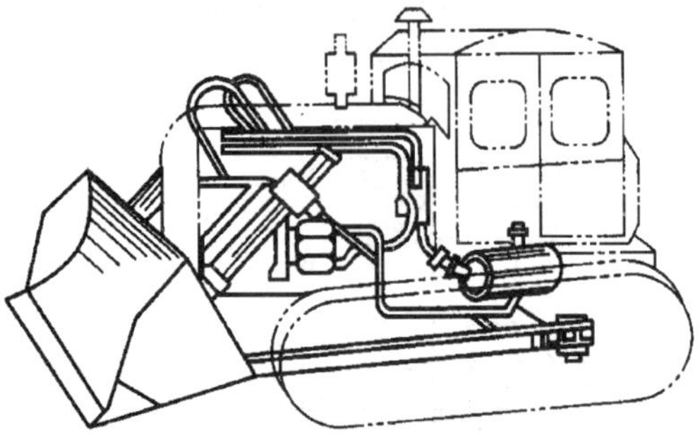

图15-9　液压操纵推土机外形图

图15-10　槽形推土

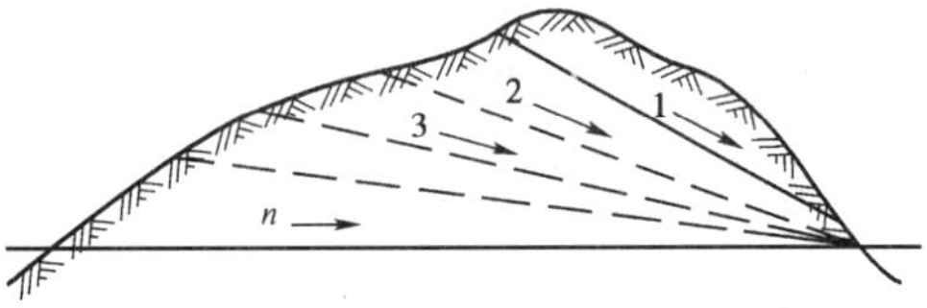

图15-11　下坡推土

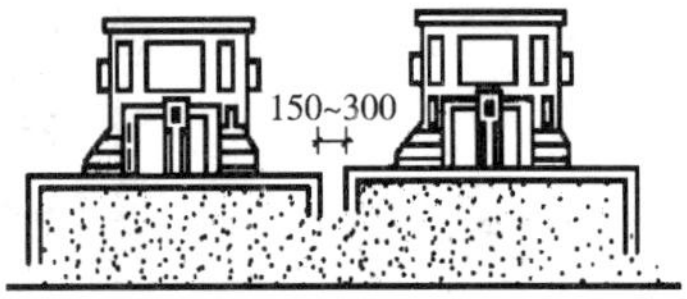

图15-12　并列推土(尺寸单位:mm)

(2)反铲挖掘机

反铲适用于开挖一类至三类的砂土或黏土，挖土特点是:后退向下，强制切土。主要用于开挖停机面以下的土方，最大挖土深度4～6m，经济合理的挖土深度为2～4m。反铲也需配备运土汽车进行运输(图15-13)。

反铲的开挖方式可以采用:

①沟端开挖法，即反铲停于沟端，后退挖土[图15-14a)];

②沟侧开挖法，即反铲停于沟侧，沿沟边开挖[图15-14b)]。

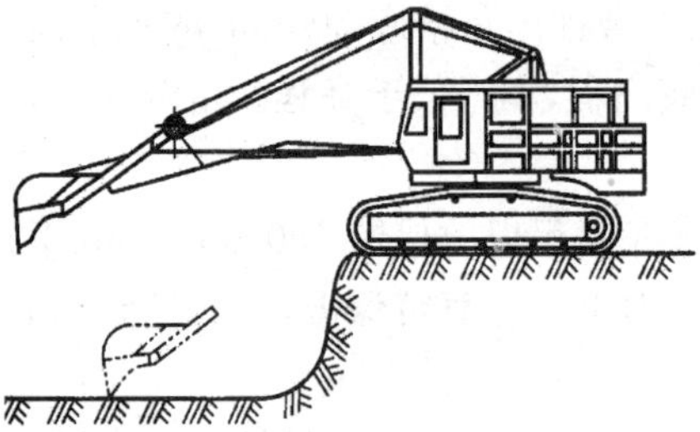

图15-13　反铲挖掘机外形

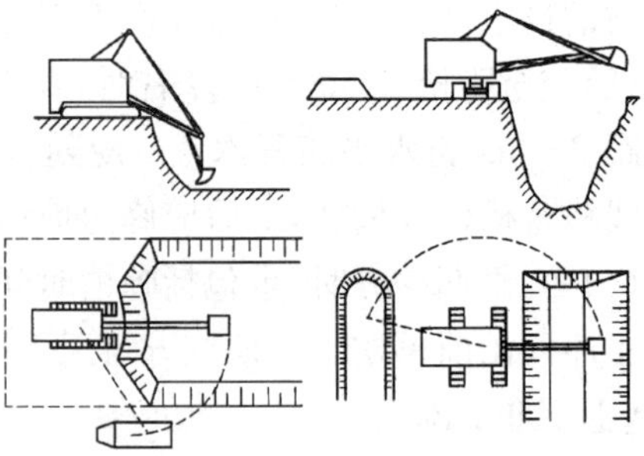

图15-14　反铲开挖方式
a)沟端开挖;b)沟侧开挖

五、土方回填与压实

1.土料的选择和填筑方法

建筑工程中的回填土，主要是基础沟槽的回填土和房心土的回填。

为了保证填土工程的质量，施工时必须根据填方要求，合理的选择土料和填筑方法。填方土料为黏性土时，填土前应检验其含水率，含水率大的不宜做填土用；淤泥、冻土、膨胀性土及有机物质(树、草、腐烂等物质)含量大于8%的土，以及硫酸盐含量大于5%的土都不能用来做回填土。

填方施工应按水平分层填土与压实。每层的铺料厚度及压实遍数根据土的种类及选用的压实机械而定。应分层检查填土压实质量，符合设计要求后，才能填筑土层(表15-6)。填方中采用两种透水性不同的填土时，应分层填筑，上层宜填筑透水性较小的填料，下层填筑透水性大的填料，各种土不得混杂使用。

填土施工是的分层检查厚度及压实遍数表 表15-6

压实机具	分层厚度(mm)	每层压实遍数	压实机具	分层厚度(mm)	每层压实遍数
平碾	250～300	6～8	柴油打夯机	200～250	3～4
振动压实机	250～350	3～4	人工打夯	<200	3～4

2. 填土压实方法

填土压实方法有碾压法、夯实法及振动压实法(图15-15)。平整场地等大面积填土工程多采用碾压法，小面积的填土多采用夯实法或振动压实法。

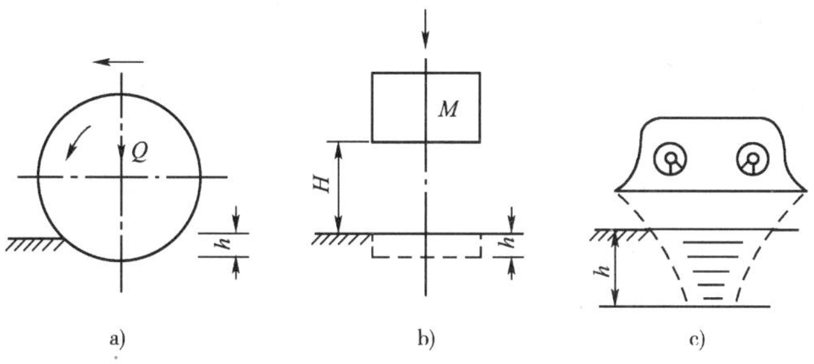

图15-15 填土压实方法

a)碾压法；b)夯实法；c)振动法

(1)碾压法，是利用机械滚轮的压力压实土壤，使其达到所需的密实度。常用的碾压机械有平碾及羊足碾等。羊足碾一般用于碾压黏性土，因其与土接触面积小，单位接触面压力大，土壤压实效果好。

(2)夯实法，是利用夯锤自由下落的冲击力来夯实土壤，主要用于小面积回填土。人工夯实工具有木夯、石夯等；常用的夯实机有夯锤、火力夯和蛙式打夯机等。

(3)振动压实法，是将振动压实机放在土层表面，借助于机械振动使土达到紧密状态。用这种方法振实非黏性土，效果较好。

六、土方工程量的计算

1. 基坑土方量的计算

基坑土方量可近似地按柱体(上下底为两个平行的平面的一种多面体)的体积计算，见图15-16。

$$V=\frac{H}{6}(A_1+4A_0+A_2)$$

式中：H——基坑深度(m)；

A_1、A_2——基坑上下两地面积(m^2)；

A_0——基坑中截面面积(m^2)。

2. 基槽土方的计算

基槽土方量可以沿长度方向分段后，再用同样方法计算(图 15-17)。

$$V_1 = \frac{L_1}{6}(A_1 + 4A_0 + A_2)$$

式中：V_1——第一段的土方量(m^3)；

L_1——第一段的长度(m)；

A_1——第 1 段截面积(m^2)；

A_2——第 2 段截面积(m^2)；

A_0——中截面面积(m^2)。

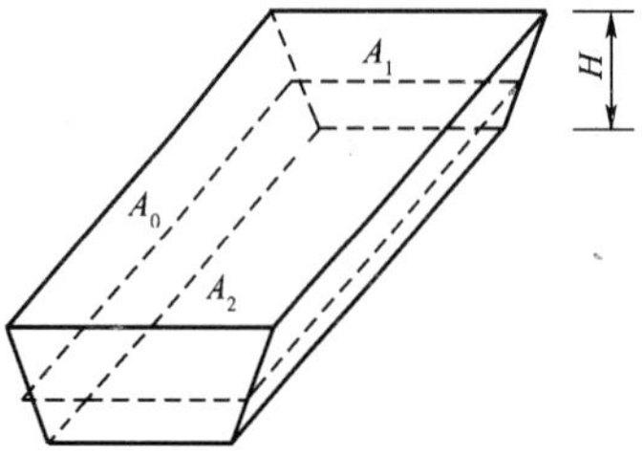

图 15-16　基坑土方量计算

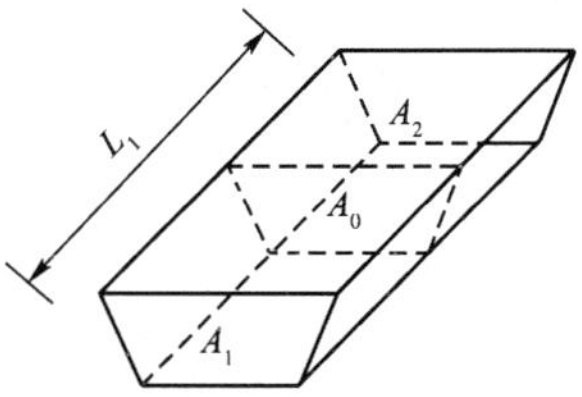

图 15-17　基槽土方量计

将各段土方量相加即得总土方量，即：

$$V = V_1 + V_2 + \cdots + V_n$$

式中：$V_1, V_2, \cdots, V_n$——各分段的土方量(m^3)。

第二节　地基与基础工程

一、地基处理

在软弱地基上建造建(构)筑物时，一般都要对基础作用范围内的土采取一定的技术加固与处理措施，使之满足基础设计的承载力要求。地基处理与加固的方法很多，如换填法、预压法、强夯法、振冲法、土与灰土挤密桩法、砂桩法、水泥粉煤灰碎石桩法、深层搅拌法、高压喷射注浆法和托换法等。常见方法有换填法、重锤夯实法、强夯法和振冲法。

1. 换填法

换填法就是将基础底面下处理范围内的软弱土层部分或全部挖去，然后分层换填强度较高的砂、砂石、灰土、粉煤灰及其他性能稳定和无侵蚀性的材料，并夯压或振实至设计要求的密实度。换填法处理深度一般控制在 3m 以内，但不宜小于 0.5m。

(1)换填材料及要求

换填材料应选用强度较高，压缩性小，透水性良好，比较容易密实，而且料源丰富的材料。常用的垫层材料有砂石、粉质黏土、灰土、粉煤灰、矿渣、其他工业废渣以及土工合成材料等。

(2)换填施工方法

①机械碾压法

机械碾压法是采用压路机、推土机、羊足碾或其他压实机械来压实地基土。一般情况下，以粘性土为主的软弱土，宜采用平碾或羊足碾；对杂填土可用平碾；对砂土、湿陷性黄土、碎石类土和杂填土宜用振动碾和振动压实机；对于狭窄场地、边角及接触带可用蛙式夯实机。

②平板振动压实法

平板振动压实法是使用振动压实机来处理无黏性土或黏粒含量少、透水性较好的松散杂填土地基的方法。振动压实机见图 15-18。

振实范围应从基础边缘放出 0.6m 左右，先振基槽两边，后振中间。振实的标准是以振动机原地振实不再继续下沉为合格，并辅以轻便触探试验检验其均匀性及影响深度。振实后地基承载力宜通过现场载荷试验确定。一般经振实的杂填土地基承载力可达 10～120kPa。

2. 重锤夯实法

重锤夯实法是用起重机械将夯锤提升到一定高度，然后自由落锤，不断重复夯击以加固地基。重锤夯实法一般适用于地下水位距地表 0.8m 以下稍湿的黏性土、砂土、湿陷性黄土、杂填土和分层填土。重锤表面夯实的加固深度一般为 1.2～2.0m。重锤夯实法的主要设备为起重机械、夯锤、钢丝绳和吊钩等。夯锤一般为圆台形，直径 1.0～1.5m，用 C20 混凝土制作而成(图 15-19)。

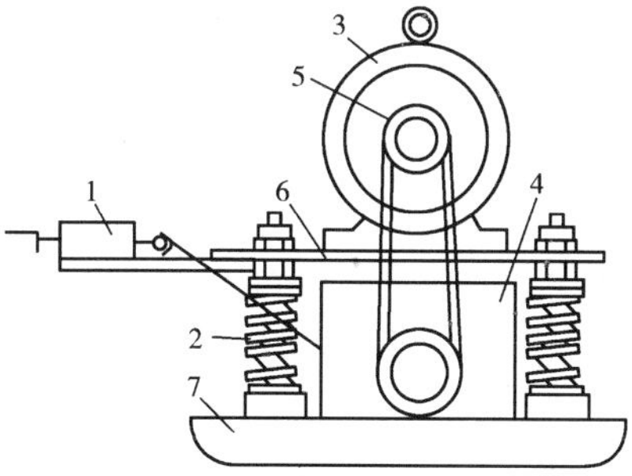

图 15-18　振动压实机示意图

1-操纵手柄；2-弹簧减振器；3-电动机；4-振动器；5-振动机槽轮；6-振动架；7-振动板

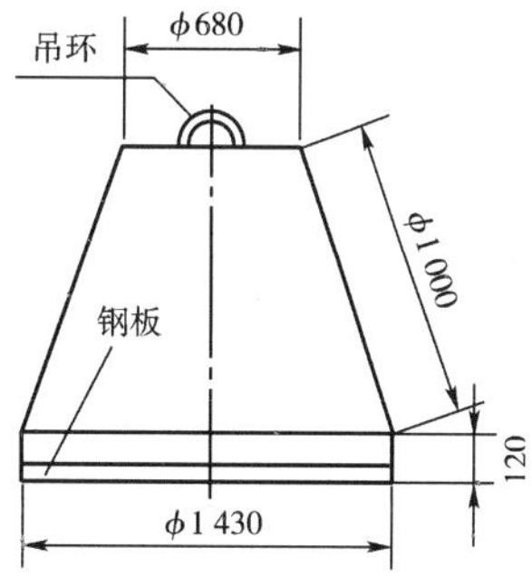

图 15-19　夯锤示意(尺寸单位：mm)

3. 强夯法

强夯法是将夯锤从高处自由落下，给地基以强大的冲击能量，在冲击波和压应力的作用下，迫使土体中孔隙压缩，排除孔隙中的气和水，使土粒重新排列，迅速固结，从而提高地基土的强度并降低其压缩性的地基加固方法。强夯法的设备和施工工艺简单，施工速度快，工效高，加固效果好，施工费用低，适用于处理碎石土、砂土、低饱和度的粉土与黏性土、湿陷性黄土、杂填土和素填土等地基。

4. 振冲法

振冲法就是利用振动器水冲成孔，填以砂石集料，借振冲器的水平及垂直振动，振密填料，形成碎石桩体与原地基构成复合地基以提高地基承载力的方法。一般经振冲加固后，地基承载力可提高一倍以上。目前我国应用振冲法加固地基的加固深度一般为 14m，而最大达 18m；置换率一般在 10%～30%，每米桩的填料量为 0.3～0.7m^2，直径为

0.7～1.2m。

(1)主要施工机械

①振冲器

振冲器为中空轴立式潜水电机直接带动偏心块振动的短柱状机具。电机转动通过弹性联轴器带动振动机体中的中空轴，转动偏心块产生一定频率和振幅的水平向振力。水管从电机上部进入，穿过两根中空轴至端部进行射水和供水。振冲器的构造如图15-20所示。

②配套设备

操作振冲器的升降设备一般采用履带或轮胎式起重机，也有采用自行井架式施工平车或其他合适的机具设备。其特点是移位方便，工效高，施工安全，最大加固深度可达15m。起吊设备的起吊能力一般为100～500kN。

(2)振冲法施工

在黏性土中，振冲主要起置换作用，故称为振冲置换法；在砂性土中，振冲起密实作用，故称为振冲密实法。振冲施工程序如图15-21所示。

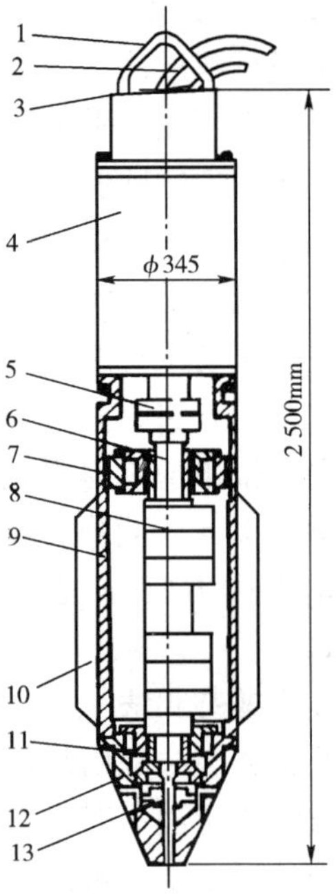

图15-20 振冲器的构造示意

1-吊具；2-水管；3-电缆；4-电机；5-联轴器；6-轴；7-轴承；8-偏心块；9-壳体；10-翅片；11-轴承；12-头部；13-水管

二、桩基础施工

建筑物应尽量采用天然浅基础。当土层软弱，或技术、经济等原因制约时，就得采用深基础。常见的深基础有：桩基础、墩基础、沉井基础、地下连续墙等，以桩基础应用最广。

桩是一种具有一定刚度和抗弯能力的传力杆件，它将建筑物的荷载(竖向的和水平的)全部或部分传递给地基土(或岩层)，桩基础是由承台将若干根桩的顶部连接成整体，以共同承受荷载的一种深基础形式，而且是广义深基础的一种主要形式。桩基础具有承载能力大、抗震性

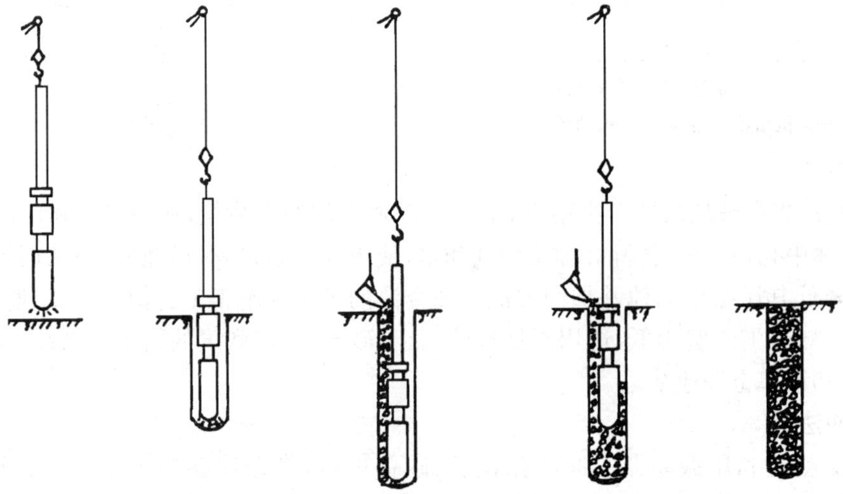

图15-21 振冲法施工程序图

a)定位；b)振冲下沉；c)振冲至设计高程并下料；d)边振边下料，边上提；e)成桩

能好、沉降量小等特点，桩基础的使用可以在施工中减少大量土方支撑和排水降水设施，施工方便，一般均能获得较好的技术经济效果，目前，被广泛应用于高层建筑基础和软弱地基中的多层建筑基础。

1. 桩基础的分类

桩可按不同的方法进行分类，不同类型的桩基具有不同的承载性能，施工时对环境的不同影响，不同的造价指标，各适用于不同的条件。桩的综合分类见表15-7。

桩的综合分类 表15-7

桩基础分类方法	桩的类型				
按桩的制作工艺划分	预制桩		灌注桩		
按成桩或成孔工艺划分	打入桩	静压桩	沉管桩	钻孔桩	人工挖孔桩
按对环境影响效应划分	挤土	挤土	挤土	不挤土	不挤土
按桩身材料划分	钢、钢筋混凝土		钢筋混凝土、素混凝土		

按承载性状具体分类如下。

①摩摩擦桩：指桩端没有良好持力层的纯摩擦桩，在极限承载力状态下，桩顶荷载由桩侧阻力承受。

②端承摩擦桩：指桩端具有比较好的持力层，有一些端阻力，但在极限承载力状态下，桩顶荷载主要由桩侧阻力承受。

③端承桩：指桩端有非常坚硬的持力层，且桩长不长的情况，在极限承载力状态下，桩顶荷载由桩端阻力承受。

④摩擦端承桩：在极限承载力状态下，桩端荷载主要由桩端阻力承受。

2. 预制桩施工

预制桩包括钢筋混凝土预制桩(包括预应力混凝土预制桩)、钢管预制桩等，其中以钢筋混凝土预制桩应用较多。钢筋混凝土预制桩常用的截面形式有混凝土方形实心截面、圆柱体空心截面、预应力混凝土管形桩。方形桩边长通常为200～500mm，长7～25m。如需打设30m以上的桩，或者受运输条件和桩架限制时，可将桩分成几段预制，在施工过程中根据需要逐段接长。

钢筋混凝土桩的预制程序是：施工准备(包括现场准备)→支模→绑扎钢筋骨架、安设吊环→浇筑混凝土→养护至30%强度拆模→达100%强度后运输、堆放。

(1)打桩机械设备

打桩所用的机械设备主要有桩锤、桩架及动力装置三部分组成。桩锤是对桩施加冲击力，将桩打入土中的机具；桩架的主要作用是支持桩身和桩锤，将桩吊到打桩位置，并在打入过程中引导桩的方向，保证桩锤沿着所要求的方向冲击；动力装置包括启动桩锤用的动力设施，如卷扬机、锅炉、空气压缩机等。

①桩锤

施工中常用的桩锤有落锤、单动汽锤、双动汽锤、柴油桩锤和振动桩锤等。桩锤的适用范围及优缺点见表15-8。桩锤的类型应根据施工现场情况、机具设备条件以及工作方式和工作效率等条件来选择。

桩锤适用范围　　表 15-8

桩锤种类	工作原理	适用范围	优缺点
落锤	桩锤为一铸铁块，重 1～2t，用卷扬机提起桩锤，然后自由下落，利用桩锤重力冲击桩顶，使桩沉入土中	适于打木桩及细长尺寸的混凝土桩；在一般土层及黏性土、含有砾石的土层中均可使用	构造简单，使用方便，冲击力大，能随意调整落距，但锤击速度慢（每分钟约 6～20 次），效率较低
单动汽锤	利用蒸汽或压缩空气的压力将锤头上举，然后由锤的自重向下冲击沉桩。常用锤重 3～10t	适于打各种桩；最适于套管法打就地灌注混凝土桩	结构简单，落距小，对设备和桩头不易损坏，打桩速度及冲击力较落锤大，效率较高（每分钟 25～30 次）
双动汽锤	利用蒸汽或压缩空气的压力将锤头上举及下冲，增加夯击能量。常用锤重 0.6～6t	适于各种桩，并可用于打斜桩；使用压缩空气时，可用于水下打桩；可用于拔桩，吊锤打桩	冲击次数多，冲击力大，工作效率高（每分钟 100～200 次），但设备笨重，移动较困难
柴油桩锤	利用燃油爆炸，推动活塞，引起锤头跳动夯击桩头	适于打钢板桩、木桩；在软弱地基打 12m 以下的混凝土桩	附有桩架、动力等设备，不需要外部能源，机架轻，移动便利，打桩快，燃料消耗少；但桩架高度低，遇硬土或软土不宜使用
振动桩锤	利用桩锤上的偏心轮产生高频振动。以高加速度振动桩身，使桩身周围土产生液化，减少桩身与土体的摩阻力，然后靠锤和桩身自重将桩沉入土中	适于打钢板桩、钢管桩、长度在 15m 以内的打入式灌注桩；适于粉质黏性土、松散砂土、黄土和软土，不宜用于岩石、砾石和密实的黏性土地基	沉桩速度快，适用性强，施工操作简易安全，能打各种桩，并能帮助卷扬机拔桩；但不适于打斜桩

对于钢筋混凝土桩，按照经验选择锤重时，锤重与桩重之比为 1.5～2 倍时，能取得良好的效果。

②桩架

桩架要求稳定性好，锤击落点准确，可调整垂直度，机动性、灵活性好，工作效率高。常用桩架有两种形式，一种是多功能桩架，另一种是履带式桩架。

多功能桩架（图 15-22）由立桩、斜撑、回转工作台、底盘及传动机构等组成。它的机动性和适应性较大，在水平方向可作 360°回转，导架可伸缩和前后倾斜。底盘下装有铁轮，可在轨道上行走。这种桩架可用于各种预知桩和灌注桩施工。缺点是机构较庞大，现场组装和拆卸、转运较困难。

履带式桩架（图 15-23）以履带式起重机为底盘，增加了立柱、斜撑、导杆等。其行走、回转、起升的机动性好，使用方便，适用范围广，亦称履带式打桩机。可适应各种预制桩和灌注桩施工。

③动力设备

打桩机构的动力装置及辅助设备主要根据选定的桩锤种类而定。落锤以电源为动力，需配置电动卷扬机、变压器、电缆等；蒸汽锤以高压饱和蒸汽为驱动力，配置蒸汽锅炉、蒸汽绞盘等；气锤以压缩空气为动力源，需配置空气压缩机、内燃机等；柴油锤以柴油为能源，桩锤本身有燃烧室，不需外部动力设备。

(2)锤击沉桩施工

①打桩顺序

在确定打桩顺序时，应考虑桩对土体的挤压位移对施工本身及附近建筑物的影响。为了保证打桩工程质量，防止周围建筑物受挤压土体的影响，打桩前应根据桩的密集程度、桩的规格、长短和桩架移动方便来正确选择打桩顺序。

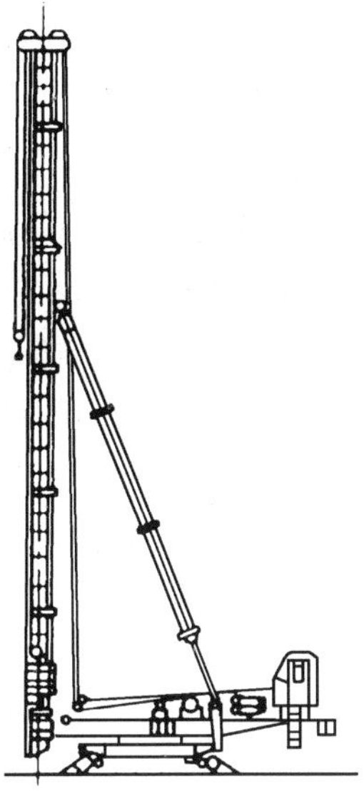

图 15-22　多功能桩架

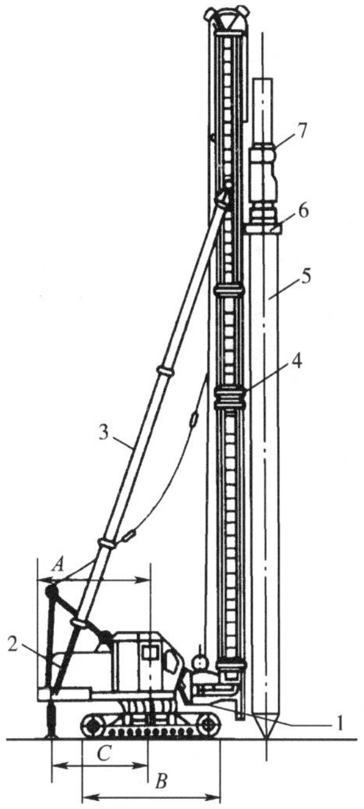

图 15-23　履带式桩架

1-立桩支撑；2-发动机；3-斜撑；4-立柱；5-桩；6-桩帽；7-桩锤

打桩顺序一般有逐排打、自中间向两个方向对称打和自中央向四周打等三种(图 15-24)。一般情况下，桩的中心距小于 4 倍桩的直径时，就要拟订打桩顺序；桩距大于 4 倍桩的直径时，打桩顺序与土体挤压情况关系不大。

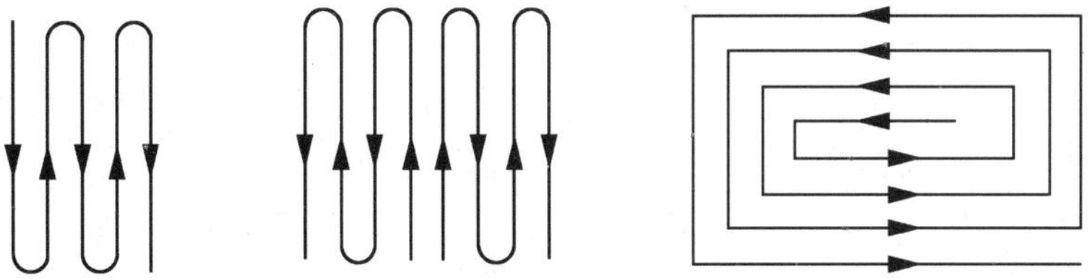

a)　b)　c)

图 15-24　打桩顺序与土体挤密情况

a)逐排打；b)自中间向两个方向对称打；c)自中间向四周打

逐排打桩，桩架单项移动，桩的就位与起吊均很方便，故打桩效率较高。但逐排打桩会使土体向一个方向挤压，导致土体挤压不均匀，后面的桩不宜打入，最终会引起建筑物的不均匀沉降。

当桩较密集时，即桩的中心距小于 4 倍桩的直径时，应采用自中央向四周打或自中间向两个方向对称打比较合理。这样，打桩时土体由中央向两侧或四周均匀挤压，易于保证施工质量。一般情况下均可采用。

当桩的规格、埋深、长度不同时，宜先大后小，先深后浅，先长后短打设。当一侧毗邻建筑物时，由毗邻建筑物处向另一方向打设。当基坑较大时，应将基坑分成数段，而后在各段内分别进行。当桩头高出地面时，桩机宜采用往后退打，否则可采用往前顶打。

②吊桩就位

按预定的打桩顺序，将桩架移动至桩位处并用缆风绳稳定，然后将桩运至桩架下，利用桩架上的滑轮组，由卷扬机将桩提升为直立状态。在桩的自重和锤重的压力下，桩便会沉入土中一定深度，待桩下沉达到稳定状态后，桩位和垂直度经全面检查和校正符合要求后，即可开始打桩。

③打桩

打桩时宜用“重锤低击”，这样可使桩锤对桩尖的冲击小，桩的回弹小，桩头不易损坏，并且大部分能量都能用于沉桩，效果良好。桩开始打入时，桩锤落距应较小，一般为 0.5～0.8m，使桩能正常沉入土中。待桩入土一定深度（1～2m），桩尖不易产生偏移时，可适当增加落距，并逐渐提高到规定的数值，连续锤击，直至将桩锤击到设计规定的深度。打桩过程应做好测量和记录，以便工程验收。用落锤、单动汽锤或柴油锤打桩时，从开始即需统计桩身每沉落 1m 所需的锤击数。以一定落距击桩，每阵（10 击）的平均沉入值即为贯入度。当桩下沉接近设计高程时，一般要求其最后贯入度小于或等于设计承载力所要求的最小贯入度。

在打桩过程中，遇有贯入度剧变；桩身突然发生倾斜、位移或有严重回弹；桩顶或桩身出现严重裂缝或破碎等异常现象时，应暂停打桩，及时研究处理。

如果沉桩尚未达到设计高程，而贯入度突然变小，则可能土层中夹有硬土层，或遇到孤石等障碍物，此时切勿盲目施打，应会同设计勘探部分共同研究解决。此外，打桩过程中断，由于土的固结作用，使桩难以打入，因此应保证施打连续进行。

打桩时桩顶过分破碎或桩身严重裂缝，应立即暂停，在采取相应的技术措施后，方可继续施打。打桩时，除了注意桩顶与桩身由于桩锤冲击破坏外，还应注意桩身受锤击应力而导致的水平裂缝，在软土中打桩，桩顶以下 1/3 桩长范围内常会因反射的应力波使桩身受拉而引起水平裂缝。开裂的地方往往出现在吊点和蜂窝处，这些地方容易形成应力集中。采用重锤低击和较软的桩垫可减少锤击拉应力。

④接桩

钢筋混凝土预制长桩，受运输条件和桩架高度限制，一般分成若干节预制，分节打入，在现场进行接桩。常用接桩的方法有焊接法、法兰接法和硫磺胶泥锚接法等。焊接法接桩时，必须对准下节桩并垂直无误后，用点焊将拼接角钢连接固定，再次检查位置正确后，则进行焊接。施焊时，应两人同时对角对称地进行，以防止节点变形不均匀而引起桩身歪斜，焊缝要连续饱满。

采用硫磺胶泥锚接法时，首先将上节桩对准下节桩，使四根锚筋（ϕ20～ϕ25）插入锚筋孔（孔径为锚筋直径的 2.5 倍），下落上节桩身，使其结合紧密。然后将桩上提约 200mm（以四根锚筋不脱离锚筋孔为度），此时，安设好施工夹箍，将熔化的硫磺胶泥注满锚筋孔和接头平面上，然后将上节桩下落。当硫磺胶泥冷却并拆除施工夹箍后，可继续加荷施压。为保证硫磺胶泥锚接桩质量，应做到：锚筋应刷清并调直；锚筋孔内应有完好螺纹，无积水、杂物和油污；接桩时接点的平面和锚筋孔内应灌满胶泥；灌注时间不得超过 2min。硫磺胶泥锚接法接桩，可节约钢材，操作简便，接桩时间比焊接法要大为缩短，但不宜用于坚硬土层中。

⑤打桩的质量控制

打桩的质量视打入后的偏差是否在规范允许范围内，最后贯入度与沉桩高程是否满足设计要求，桩顶、桩身是否打坏以及对周围环境有无造成严重危害而定。

桩位的允许偏差应符合表 15-9 的规定。

预制桩桩位的允许偏差 表 15-9

序号	项 目	允许偏差(mm)
1	单排或双排桩条形基础： (1)垂直于条形桩基础纵轴方向 (2)平行于条形桩基础纵轴方向	 $100+0.01H$ $150+0.01H$
2	桩数为 1～3 根桩基中的桩	100
3	桩数为 4～16 根桩基中的桩	1/3 桩径或边长
4	桩数大于 16 根桩基中的桩： (1)最外边的桩 (2)中间桩	 1/3 桩径或 1/3 边长 1/2 桩径或 1/2 边长

打桩的控制，对于桩端(指桩的全断面)位于一般土层时，以控制桩端设计高程为主，贯入度可作参考；如桩端达到坚硬、硬塑的黏性土、中密以上的粉土、砂土、碎石类土、风化岩时，以贯入度控制为主，桩端高程可作参考。如贯入度已达到而桩端高程未达到时，应继续锤击 3 阵，按每阵 10 击的贯入度不大于规定的数值加以确认，必要时施工控制贯入度应通过试验与有关单位协商确定。

设计与施工中的控制贯入度应以合格的试桩数据为准。最后贯入度的测量应在下列正常条件下进行：桩顶没有破坏，锤击没有偏心；锤的落距符合规定；桩帽和弹垫层正常。

(3)振动沉桩法

振动沉桩法与锤击沉桩法基本相同，是用振动箱代替桩锤，将桩头套入振动箱连固的桩帽上或用液压夹桩器夹紧，借助固定于桩头上的振动沉桩机所产生的振动力，以减小桩与土壤颗粒之间的摩擦力，使桩在自重与机械力的作用下沉入土中。

振动沉桩法主要适用于砂石、黄土、软土和粉质黏性土，在含水砂层中的效果更为显著，但在砂砾层中采用此法时，尚需配以水冲法。沉桩工作应连续进行，以防间歇过久难以沉下。

(4)静力压桩法

静压法沉桩是用静力压桩机将预制钢筋混凝土桩分节压入地基土层中成桩。该法为液压操作，自动化程度高；行走方便，运转灵活，桩位定点精确，可提高桩基施工质量；施工无噪声、无振动、无污染，沉桩采用全液压夹持桩身向下施加压力，可避免打碎桩头，混凝土强度等级可降低 1～2 级，配筋比锤击法可省钢筋 40%左右；施工速度快，比锤击法可缩短工期 1/3。适于软土、填土及一般黏性土层中应用，特别适合于居民稠密、危房附近和环境保护要求严格的地区沉桩，但不宜用于地下有较多孤石、障碍物或有 2m 以上硬隔离层的情况，以及单桩竖向承载力超过 1600kN 的情况。

静力压桩的施工顺序为：了解施工现场情况→编制施工方案→桩堆场地平整→制桩→压桩→检测压桩对周围土体的影响→测定桩位位移情况→验收。

3. 灌注桩施工

灌注桩是在施工现场的桩位上先成孔，然后在孔内灌注混凝土或加入钢筋骨架后再灌注混凝土而形成的桩。与预制桩相比，灌注桩不受土层变化的限制，而且不用截桩与接桩，避免了锤击应力，桩的混凝土强度及配筋只要满足设计与使用要求即可，因此，灌注桩具有节约材料，成本低，施工无振动、无挤压，噪声小等优点。但灌注桩施工操作要求严格，施工后混凝土需要一定的养护期，不能立即承受荷载，施工工期较长，在软土地基中易出现颈缩、断裂等质量事故。

根据成孔方法的不同，灌注桩可分为钻孔灌注桩、挖孔灌注桩、冲孔灌注桩、套管成孔灌注桩和爆扩灌注桩等。

(1)钻孔灌注桩

钻孔灌注桩是利用钻孔机在桩位上先成孔，然后在桩孔内放入钢筋骨架，再浇筑混凝土而形成。它能在各种土层条件下施工，具有无振动、无挤土影响、无噪声，对周围建筑物影响小等特点。但桩身混凝土强度比预制桩低，单桩承载力较低，沉降量较大。

根据地质条件的不同，钻孔灌注桩又可分为干作业成孔和湿作业(泥浆护壁)成孔两种施工方法。钻孔灌注桩成孔方法的使用范围如表 15-10 所示。

钻孔灌注桩成孔方法的适用范围 表 15-10

成孔方法		适用条件
干作业成孔	螺旋钻	地下水位以上的黏性土、砂土及人工填土
	钻孔扩底	地下水位以上的坚硬、硬塑的黏性土及中密以上的砂土
	机动洛阳铲	地下水位以上的黏性土、黄土及人工填土
湿作业成孔	冲抓钻 冲击钻 回转钻	地下水位以下的黏性土、粉土、砂土、填土、碎(砾)石土及风化岩层，以及地质情况复杂、夹层多、风化不均、软硬变化较大的岩层
	潜水钻	黏性土、淤泥、淤泥质土及砂土

①干作业成孔灌注桩

干作业成孔的机械有手摇钻机、洛阳铲以及螺旋钻机。螺旋钻机(图 15-25)是利用电动机带动钻杆转动，使钻头螺旋叶片旋转削土，土块沿螺旋叶片上升排出孔外。一节钻杆钻入后，应停机接上第二节，继续钻进到要求的深度。操作时要求钻杆垂直，钻孔过程中如发现钻杆摇晃或难钻进时，应立即停车检查。在钻进过程中，应随时清理孔口积土，遇有塌孔、缩孔等异常情况，应及时研究解决。当钻到设计高程时，应在原位空钻清土，停钻后提出钻杆弃土。

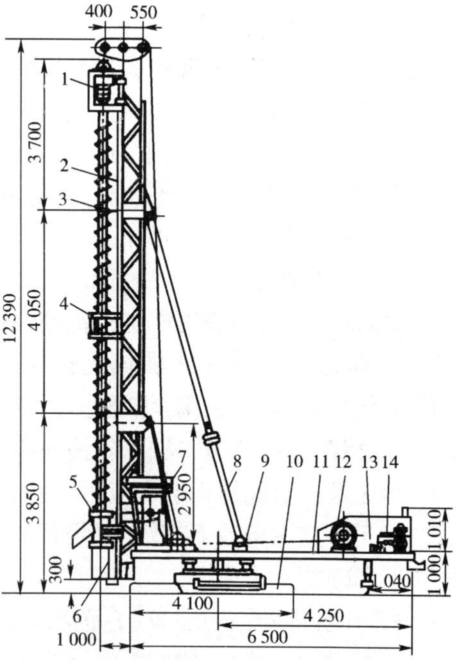

图 15-25 螺旋钻机(尺寸单位：mm)

1-减速箱总成；2-臂架；3-钻杆；4-中间导向套；5-出土装置；6-前支脚；7-操纵室；8-斜撑；9-中盘；10-下盘；11-上盘；12-卷扬机；13-后支脚；14-液压系统

成孔完成后，将已绑扎的钢筋骨架一次整体吊入孔内，若过长也可分段吊，两段焊接后再慢慢沉入孔内。钢筋骨架吊放完毕，应及时浇筑混凝土，浇筑时混凝土应分层捣实。螺旋钻机成孔直径一般为 300～500mm，最大可达 800mm，钻孔深度 8～12m。

②湿作业成孔灌注桩

湿作业成孔灌注桩的主要施工工序有：桩基定位、泥浆制备、成孔与清孔、钢筋骨架制作与吊装就位、水下浇筑混凝土等。

a)湿作业成孔方法

湿作业成孔又称泥浆护壁成孔，它是用泥浆来保护孔壁，防止孔壁塌落，排出土渣而成孔。常用的湿作业成孔机械有冲击式钻孔机、潜水钻机、回转钻机等。

b)混凝土的浇筑

首批混凝土的浇筑量(初灌量)必须满足要求，以保证完全排出导管内的泥浆，并使导管出口埋置在不小于0.8m的流态混凝土中，防止泥浆卷入混凝土中。

(2)套管成孔灌注桩

套管成孔灌注桩又称沉管灌注桩，根据使用桩锤和成桩工艺的不同，分为振动沉管灌注桩和锤击沉管灌注桩。

振动沉管灌注桩是用振动沉桩机将带有活瓣式桩尖或钢筋混凝土桩预制桩靴的桩管，利用振动锤产生的垂直定向振动和锤、桩管自重及卷扬机通过钢丝绳施加的拉力，对桩管施加压力，使桩管沉入土中，然后边向桩管内浇筑混凝土，边振边拔出桩管，使混凝土留在土中而形成桩。常用沉管灌注桩的管径为377mm和426mm。振动沉管灌注桩适于在一般黏性土、淤泥、淤泥质土，粉土、湿陷性黄土、稍密及松散的砂土及回填土中使用；但在坚硬砂土、碎石土及有硬夹层的土层中，因易损坏桩尖，不宜采用。

(3)挖孔灌注桩

挖孔灌注桩是用人工或机械挖土成孔，然后放入钢筋骨架，浇筑混凝土而成，我国多用人工开挖，直径一般在0.8～5m。挖孔桩的优点是所用设备简单；施工现场较干净；振动小，噪声小；无挤土现象；施工速度快，可按施工进度要求决定同时开挖桩孔的数量，桩底沉渣清除干净，施工质量可靠；桩径不受限制，承载力大；与其他桩相比较为经济。但挖孔桩施工，工人在井下作业，劳动条件差，施工中应特别重视流砂、流泥、有害气体等影响，要严格按操作规程施工，制定可靠的安全措施。

第三节 砌 筑 工 程

砌体结构是由块体和砂浆砌筑而成的作为建筑物主要受力构件的结构，是砖砌体、砌块砌体和石砌体结构的统称。

一、砌筑材料

1. 块材

砌筑工程所用块材主要有砖、砌块和石材。砖主要有烧结普通砖、烧结多空砖、蒸压灰砂砖、蒸压粉煤灰砖等；砌块有混凝土中小型砌块、加气混凝土砌块及其他材料制成的各种砌块；石材主要有毛石和料石。

2. 砂浆

(1)砂浆的分类

砌筑砂浆按照组成材料可以分为水泥砂浆、混合砂浆和非水泥砂浆三种。

水泥砂浆是以水泥和砂为组成原料，经拌和而成的砂浆。水泥砂浆具有较高强度和耐久性，但和易性差，可用于砌筑潮湿环境和强度要求较高的砌体。

混合砂浆是在水泥砂浆中掺入一定数量的石灰膏或黏土膏而成的水泥混合砂浆。混合砂浆具有一定的强度和耐久性，且和易性和保水性能好，多用于一般砌体中，可用于潮湿环境和强度要求较高的砌体中，但对于基础一般只用水泥砂浆。

非水泥砂浆是指不含有水泥的砂浆，如石灰砂浆、黏土砂浆等，其强度低且耐久性能差，可用于砌筑简易或临时建筑的砌体，不宜用于潮湿环境和有较高强度要求的砌体。

(2)砂浆的强度等级

砂浆的强度等级是用70mm×70mm×70mm的立方体试块，以标准养护，龄期为28天的抗压强度为准，可分为M0.4、M1、M2.5、M5、M7.5、M10、M15七个等级。

(3)砂浆的制备和使用

砂浆一般用砂浆搅拌机拌制，拌和时间自投料完成算起，要求拌和均匀。水泥砂浆和混合砂浆拌和时间不得少于2min；水泥粉煤灰砂浆和掺外加剂的砂浆拌和时间不得少于3min；掺有机塑化剂的砂浆应为3～5min。砂浆应随拌随用，常温下水泥砂浆应在搅拌后3h内用完，混合砂浆应在拌后4h内用完；气温高于30℃时，应分别在拌后2h或3h内用完。砂浆经运输、储放后如有泌水现象，应在砌筑前再次拌和，不得使用过夜的水泥砂浆或混合砂浆。

(4)砂浆强度的检验

砂浆强度应以标准养护、28d龄期的试块抗压强度试验结果为准。每一层楼或每250m^3砌体中各种强度等级的砂浆，每台搅拌机至少检查一次，每次至少留一组(6块)试块。如果砂浆强度等级或配合比变更，还应另做试块，做抗压试验。同一验收批中砂浆试块抗压强度平均值必须大于或等于砂浆设计强度等级所对应的立方体抗压强度；同一验收批中砂浆试块抗压强度最小的一组平均值不小于0.75倍砂浆设计强度等级所对应的立方体抗压强度。

二、砌体施工与质量要求

1. 砖砌体施工

(1)砖墙的砌筑工艺

砖墙的砌筑工艺一般包括：找平、弹线、摆砖样、立皮数杆、盘角、挂准线、砌筑、勾缝、楼层轴线高程引测及控制等工序。

①找平和弹线

砌墙前，应先在基础顶面或楼面上用水泥砂浆或细石混凝土找平，然后根据龙门板上引出的控制轴线弹出墙身轴线、边线及门窗洞口的位置。

②摆砖样

摆砖样也叫撂底，是在弹好线的基面上按照组砌方式用干砖试摆，调整灰缝宽度，尽量使门窗洞口、砖垛等处符合砖的模数，减少坎砖，使砌体灰缝均匀，组砌得当。摆砖样在清水墙的砌筑中尤为重要。

③立皮数杆

皮数杆上划有每皮砖和灰缝的厚度，以及门窗洞、过梁、楼板等的高程(图15-26)。皮数杆立于墙的转角处，其基准高程用水准仪校正。如果墙的长度很大，可每隔10～20m再立一根。立皮数杆可以控制每皮砖砌筑的竖向尺寸，并使铺灰、砌砖的厚度均匀，保证砖皮水平。

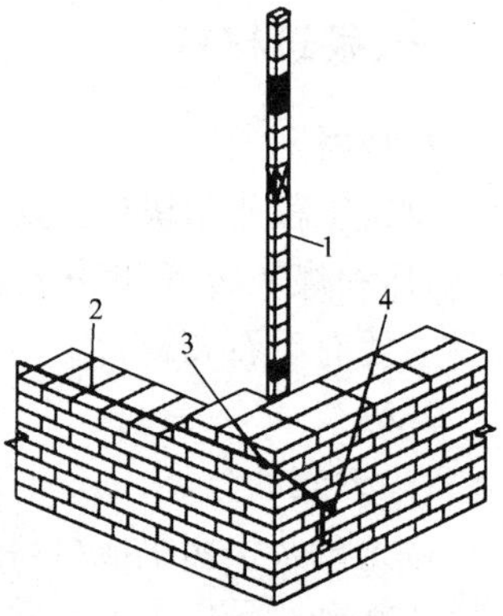

图15-26　皮数杆

1-皮数杆；2-准线；3-竹片；4-圆铁钉

④盘角和挂准线

墙角是保证墙面横平竖直的主要依据，可根据皮数杆上的标识先砌筑墙角部分，保证其垂直平整，成为盘角。盘角不要超过 5 皮砖，且应随砌随盘，然后在两盘角之间拉准线，依准线砌筑中间墙身。砌筑一砖墙时可单面挂准线，砌筑一砖半及以上的墙体时则应双面挂准线，做到“上跟线，下跟棱”，“左右平，上下齐”，保证墙体的双面平整度和垂直度。

⑤砌筑和勾缝

砖墙砌筑宜采用“三一”砌砖法，即“一铲灰、一块砖、一挤揉”的操作方法，其步骤为：取砖、铲灰、铺灰、挤揉。通过挤揉使灰缝砂浆饱满。对砌筑质量要求不高的墙体，也可采用铺灰挤浆法砌筑，其步骤为：铲灰、铺灰、取砖、挤揉。铺灰长度不得超过 750mm，施工时气温超过 30℃时，铺灰长度不得超过 0.5m。

勾缝是砌清水墙的最后一道工序，起到保护墙面和增加墙面美观的作用。砌筑砂浆随砌随勾缝称为原浆勾缝，一般用作内墙面勾缝；整个墙体砌完后，用 1 : 1 水泥砂浆或加色砂浆勾缝称为加浆勾缝，一般用作外墙面勾缝。勾缝要求横平竖直，色泽深浅一致，不得有空缝、裂缝、丢缝和黏结不牢等现象。

⑥楼层轴线高程引测及控制

砌筑时应保证各层墙体轴线重合。因此，应根据龙门板上的标准轴线将房屋的轴线引测到外墙基上。两层以上墙体的轴线可用经纬仪或线锤将墙体轴线引测到楼层上，同时还应根据图纸上的轴线尺寸用钢尺进行校核。

(2)砖墙砌筑的质量要求

良好的砌筑质量能够使得砌体具有良好的整体性、稳定性和良好的受力性能。砌筑工程质量的基本要求主要有：灰缝横平竖直，砂浆饱满均匀，砌砖错缝搭接，交接接茬可靠。

2. 中小型砌块施工

(1)施工准备

①施工机械准备

中小型砌块有多种规格，通常采用两种吊装方案：一是采用塔式起重机进行砌块和砂浆的运输，以及楼板等其他构件的吊装，而由台灵架吊装砌块，台灵架在楼层上的转移靠塔吊来完成；二是以井架进行材料的垂直运输，以杠杆车进行楼板吊装，所有预制构件及材料用则砌块车和手推车进行水平运输，台灵架负责砌块的吊装。砌块吊装如图 15-27 所示，图 15-28 为砌块夹具。

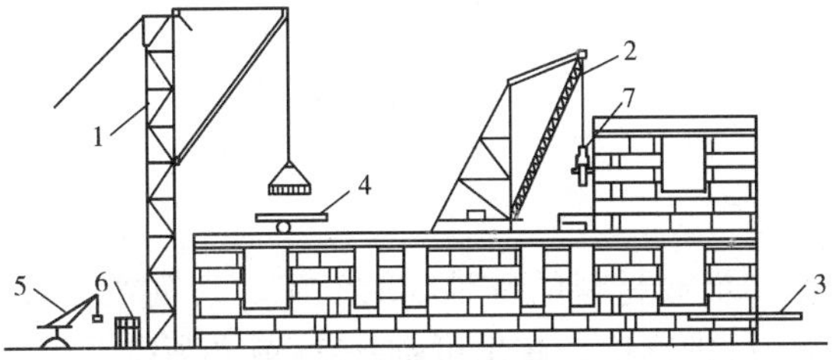

图 15-27　砌块吊装示意图

1-井架；2-台灵架；3-杠杆车；4-砌块车；5-少先吊；6-砌块；7-砌块夹

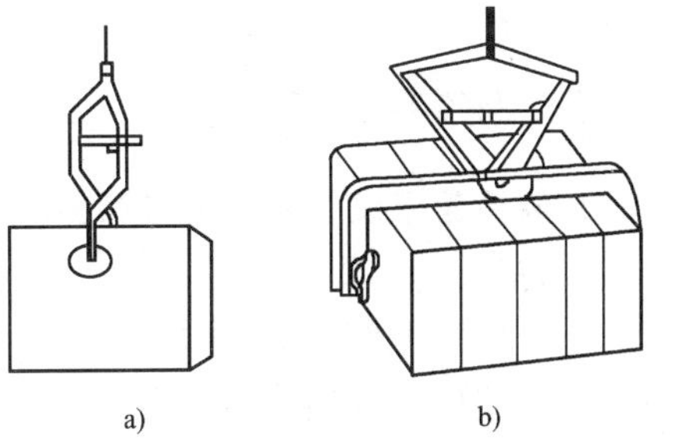

图 15-28　砌块夹具

a)单块夹具；b)多块夹具

②材料准备

砌块的堆放地点最好布置在起重设备的回转半径范围内，砌块的生产龄期不应小于 28d，砌筑时应清除砌块表面的污物和芯柱所用砌块孔洞的底部毛边。一般情况下砌块不用浇水，但当天气炎热干燥时，可提前浇水润湿。对于粉煤灰砌块和轻集料混凝土小型砌块可提前 2d 浇水湿润，对加气混凝土砌块应向砌筑面适量浇水。

③绘制砌块排列图

中小型砌块体积和重力较大，不如砖块可以随意搬动，因此在砌块吊装前应在基础平面按每片纵、横墙分别绘制砌块排列图，放出第一皮砌块的轴线、边线和洞口线，对于空心砌块还应放出分块线，以指导砌块的吊装施工(图 15-29)。

(2)施工工艺

砌块施工的工艺流程主要有：铺灰→砌块就位→校正→灌缝→浇灌芯柱。

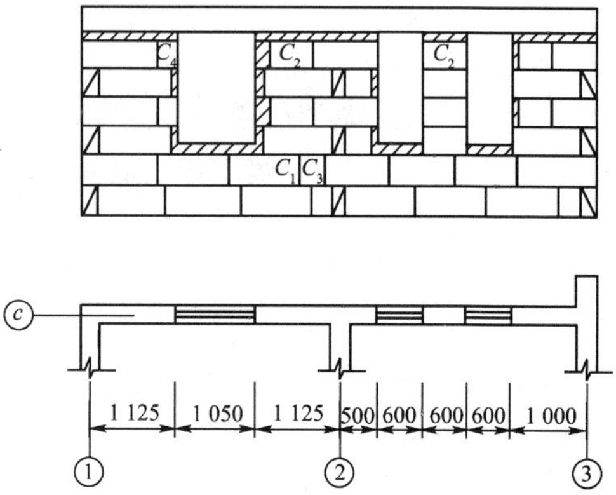

图 15-29　砌块排列图(单位尺寸：mm)

铺灰应均匀平整，每次铺灰长度不应超过 5m，炎热天气或寒冷季节可适当缩短。铺灰所用砂浆应具有良好的和易性，砂浆稠度一般为 50～80mm。砌块就位应从外墙转角处或定位标志处开始砌筑，遵守“反砌”原则，即砌块底面朝上反砌于墙上。用锤球或托线板检查墙体的垂直度，用皮数杆拉准线的方法检查水平度。砌块就位后即可用砂浆或细石混凝土灌注竖缝，勾缝采用原浆勾缝。在楼地面砌筑第一皮砌块时，在芯柱底部用开口砌块(或 U 形砌块)砌出操作孔，待砌筑砂浆强度达到 1MPa 时，即可浇灌芯柱混凝土。

(3)砌筑的技术质量要求

砌块砌体的砌筑形式为全顺时，墙厚等于砌块宽度，砌筑时水平灰缝的砂浆饱满度不得低于 90%，垂直灰缝不得低于 80%，竖向凹槽部位应用砌筑砂浆填实。墙体转角处和纵横墙交接处应同时砌筑。临时间断处应砌成斜槎，斜槎的水平投影长度不应小于斜槎高度的 2/3。砌块墙与承重墙或柱交接处，应在承重墙或柱的水平灰缝内预埋 2ϕ6 拉结钢筋，每道间隔 1m 沿墙或柱高设置，端部带弯钩，伸出墙或柱面长度不小于 1m。混凝土空心砌块、粉煤灰砌块每天砌筑高度宜控制在 1.5m 或一步脚手架高度内，加气混凝土砌块、轻集料混凝土砌块则不宜超过 1.8m。

三、砌筑脚手架工程

1. 脚手架搭设的基本要求和分类

(1)搭设基本要求

砌筑用脚手架是砌筑过程中工人进行操作和堆放材料的一种临时设施。砌筑施工时，不利用脚手架所能砌到的高度为 1.2～1.4m，称为可砌高度。超出可砌高度，就必须搭设相应高度的脚手架，以便能够继续砌筑。

对脚手架的基本要求如下：

①宽度适当，不得小于 1.5m，一般 2m 左右，应能满足工人施工操作、材料堆放及运输的

要求；

②构造简单，便于搭拆、搬运，能多次周转使用；

③取材方便，因地制宜，节省材料；

④具有足够的强度、刚度和稳定性，在各种荷载作用下，不产生变形、倾斜和摇晃。

(2)脚手架分类

①按用途分：有砌筑用脚手架、装修用脚手架、混凝土工程用脚手架(包括模板支撑架)；

②按材料分：有木脚手架、竹脚手架、金属脚手架等；

③按搭设位置分：有外脚手架和里脚手架；

④按构造形式分：有多立杆式脚手架(分扣件式钢管脚手架和碗扣式钢管脚手架等)、门式脚手架、升降式脚手架、桥式脚手架、吊式脚手架及挂式脚手架等；

⑤按设置形式分：有单排脚手架、双排脚手架、多排脚手架、满堂脚手架及特形脚手架等。

2. 扣件式钢管脚手架

扣件式钢管脚手架通过扣件将立杆、水平杆、剪刀撑、抛撑、扫地杆、连墙件以及脚手扳等组成，见图15-30。它具有承载能力大、拆装方便、搭设高度大、周转次数多、摊销费用低等优点，因而得到广泛的应用，是目前应用最普遍的脚手架之一。扣件基本形式有直角扣件(十字扣)、旋转扣件(回转扣)和对接扣件(筒扣)三种(图15-31)。

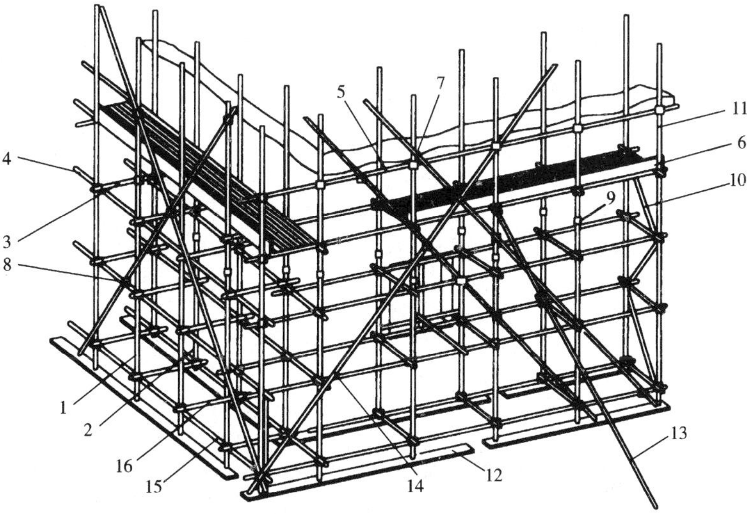

图15-30 扣件式钢管脚手架

1-外立杆；2-内立杆；3-横向水平杆(小横杆)；4-纵向水平杆(大横杆)；5-栏杆；6-挡脚板；7-直角扣件；8-旋转扣件；9-对接扣件；10-横向斜撑；11-主立杆；12-垫板；13-抛撑；14-剪刀撑；15-纵向扫地杆；16-横向扫地杆

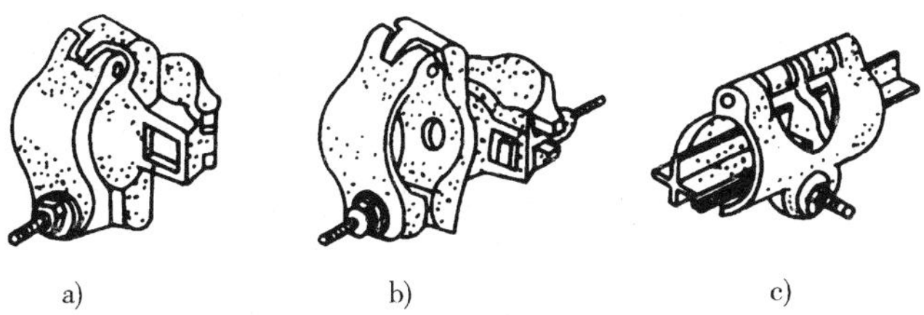

图15-31 扣件形式

a)直角扣件；b)旋转扣件；c)对接扣件

(1)搭设

钢管扣件脚手架搭设中应注意地基平整坚实，立杆底端设置底座或垫板，排水畅通可靠，对高层建筑物脚手架的地基应进行验算。脚手架搭设的顺序通常为：放置纵向扫地杆→立杆→横向扫地杆→第一步纵向水平杆→第一步横向水平杆→连墙件（或加抛撑）→第二步纵向水平杆（大横杆）→第二步横向水平杆（小横杆），依此类推，循环往复搭设脚手架。

(2)拆除

拆除前应对脚手架进行一次全面检查，制定拆除方案。拆除时清除所有物件，并设立拆除区，禁止人员进入。脚手架的拆除由上而下、后搭先拆、先搭后拆的原则进行。严禁山下同时拆除，或先将整层连墙件或数层连墙件拆除后再拆除其余杆件。采用分段拆除时，分段高差不应大于2步架，如高差超过2步，应按开口脚手架进行加固。当拆至最后一节立杆时，应先架设临时抛撑加固后再拆除连墙件，拆下的材料应及时运至地面，集中堆放，严禁抛扔。

3. 碗扣式钢管脚手架

碗扣式钢管脚手架全称为WDJ多功能碗扣型脚手架，是我国参考国外经验自行研制的一种多功能脚手架。这种脚手架采用每隔0.6m设置一套碗扣接头的定型立杆和两端焊有接头的定型横杆，并实现杆件的系列标准化。

4. 门式钢管脚手架

门式钢管脚手架结构设计合理，受力性能好，承载力高，施工装拆方便，安全可靠，是目前国际上应用较为广泛的脚手架之一。门式钢管脚手架由门架、交叉支撑、连接棒、挂扣式脚手板或水平架、锁臂等构成基本组合单元（图15-32）。

5. 里脚手架

里脚手架是搭设在建筑物内部，用于砌墙、抹灰及室内装饰工程等用的脚手架，使用过程中可不断随楼层升高而升高，装拆频繁，因此要求其轻便灵活，便于拆装。里脚手架主要有折叠式里脚手架和支柱式里脚手架，支柱式里脚手架按其构造形式不同又可分为套管式支柱脚手架、承插式钢管支柱脚手架和伞脚折叠式支柱脚手架。

里脚手架除了以上几种外，还有满堂脚手架。满堂脚手架是指在室内平面满设脚手架，纵、横向各超过3排立柱的整块形落地式脚手架，一般用于单层厂房、礼堂、剧院、餐厅、多功能厅等的平顶施工中。

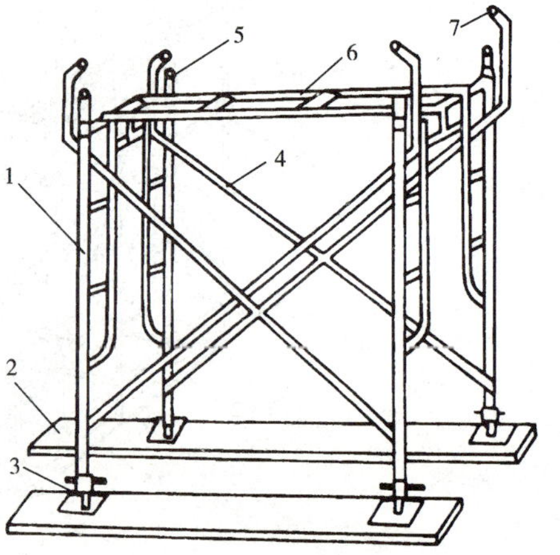

图15-32　门式钢管脚手架的基本单元

1-门架；2-平板；3-螺旋基脚；4-剪刀撑；5-连墙杆；6-水平梁架；7-锁臂

6. 安全网搭设

(1)安全网规格

当建筑物外墙砌筑高度超过4m或进行立体交叉作业时，必须在脚手架外侧架设安全网，以保证施工安全。安全网规格一般为宽3m、长6m，网眼边长50mm左右，用直径9mm的麻绳、棕绳或尼龙绳编织而成，能承受不小于1.6kN的冲击荷载。

(2)搭设要求

①平面安全网搭设时，其伸出墙面宽度不应小于2m，外口要高于里口400～600mm，两网搭接处应扎紧牢固，每隔一定距离应用横拉杆将斜杆与墙体连接牢固。施工过程中，应经常对安全网进行检查和维修，严禁向安全网内扔砖块、木料等杂物。

②当采用里脚手架砌筑外墙时，要沿墙外侧搭设安全网。多层建筑用外脚手架时，也应在脚手架外侧搭设安全网，除作业层外，尚应在第二层和每隔 3～4 层搭设固定的安全网。对于高层建筑，除作业层搭设安全网外，还应沿高度方向每隔 4～6 层搭设一道与作业层相同的中间固定网，首层则应搭设固定的双层安全网，宽度 4～6m，外口要高于里口 600～800mm。

③在无窗口的山墙上，可在墙角设立柱来挂安全网，也可在墙体内预埋钢筋环以支撑斜杆，还可用短钢管穿墙，用回转扣件来支设斜杆。

第四节　钢筋混凝土工程

一、模板工程

模板系统是混凝土结构工程施工过程中的临时性设施，主要由模板和支架两部分组成。模板的作用就是形成混凝土构件所需要的形状和几何尺寸，支架则是用来保持模板的设计位置。模板系统对混凝土结构工程的质量、工期及成本都有着重要的影响。

1. 模板的基本要求

(1)保证工程结构和构件各部位的形状、尺寸和相对位置的正确性；

(2)具有足够的承载能力、刚度和稳定性，能可靠地承受浇筑混凝土的质量、侧压力和施工荷载；

(3)构造简单、装拆方便，便于钢筋绑扎、安装和混凝土浇筑和养护，能多次周转使用；

(4)接缝严密，不漏浆。

2. 模板的分类

(1)按材料分类

可分为木模板、钢木模板、胶合板模板、钢竹模板、钢模板、塑料模板、玻璃钢模板及铝合金模板等。

(2)按结构类型分类

可分为基础模板、柱模板、梁模板、楼板模板、楼梯模板、墙模板、壳模板和烟囱模板等。

(3)按施工方法分类

可分为现场装拆式模板、固定式模板和移动式模板等。现场装拆式模板多用定型模板和工具式支撑；固定式模板包括各种胎模，如土胎模、砖胎模、混凝土胎模等；移动式模板包括滑升模板、提升模板、水平移动式模板等。

3. 常用模板的构造

(1)木模板

木模板通常事先做成拼板或定型板形式的基本构件，再把它们进行拼装形成所需要的模板系统，一般在加工厂或现场木工棚制成元件，然后再在现场拼装，如图 15-33 所示。拼板一般用宽度小于 200mm 的木板，以保证混凝土干缩时缝隙均匀，再用 25mm×35mm 的拼条拼钉而成。

对于混凝土结构不同部位的构件，模板拼装构造也有所不同，常见结构构件模板如基础模板、梁及楼板模板、墙模板、楼梯模板、柱模板等(图 15-34～图 15-38)。

(2)组合钢模板

组合钢模板是一种工具式定型模板，由钢模板、连接件和支撑件等组成多种尺寸和几何形状，以适应各种类型建筑物的梁、板、柱、墙、基础等构件施工所需要的模板。钢模板包括平面模板、阴角模板、阳角模板和连接角模，如图 15-39 所示。连接件包括 U 形卡、L 形插销、钩头螺栓、对拉螺栓、紧固螺栓和扣件等，如图 15-40 所示。支撑件包括柱箍、钢楞、支架、斜撑、工具式钢桁架等，部分构件如图 15-41～图 15-43 所示。

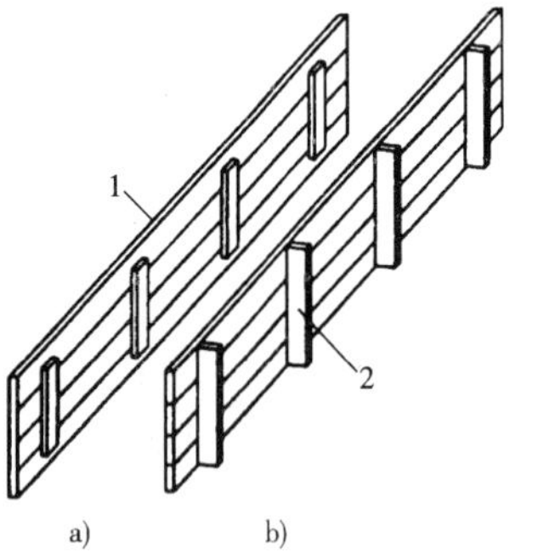

图 15-33　木模板拼板构造

a)一般拼板；b)梁侧板的拼板

1-板条；2-拼条

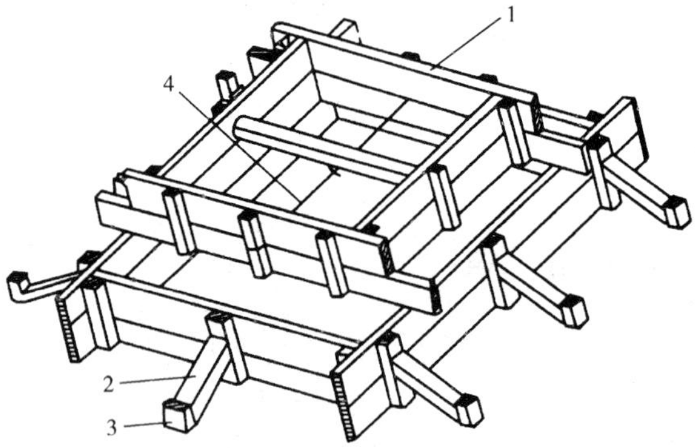

图 15-34　阶梯形基础模板构造

1-拼板；2-斜撑；3-木桩；4-铁丝

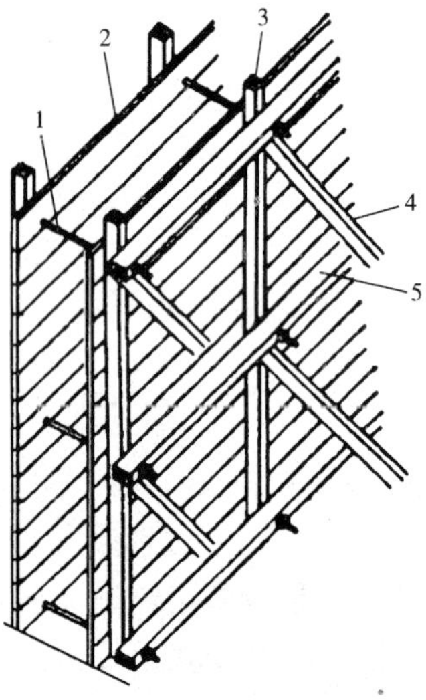

图 15-35　梁、楼板模板构造

1-对拉螺栓；2-侧板；3-纵檩；4-斜撑；5-横檩

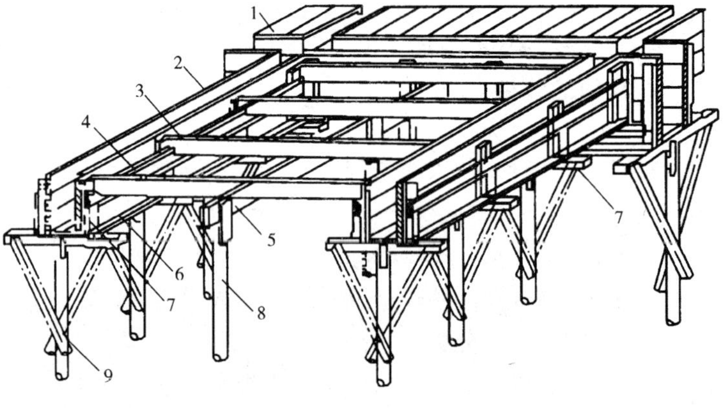

图 15-36　墙模板构造

1-楼板模板；2-梁侧模板；3-搁栅；4-横档；5-牵杠；6-夹条；7-短撑木；8-牵杠撑；9-支撑

模板安装的原则应根据构件类型和特点、施工方法和机械选择、施工条件和环境等确定，一般为先下后上，先内后外，先支模后支撑，再紧固。

模板拆除时，应根据混凝土的强度、各个模板的用途、结构的性质、水泥品种及混凝土硬化时的气温等确定。侧模板为非承重模板，可在混凝土强度能保证其表面及棱角不因拆除而损坏的情况下将侧模板拆除。底模板在与混凝土结构同条件养护的试件达到规定强度标准值时才可拆除。

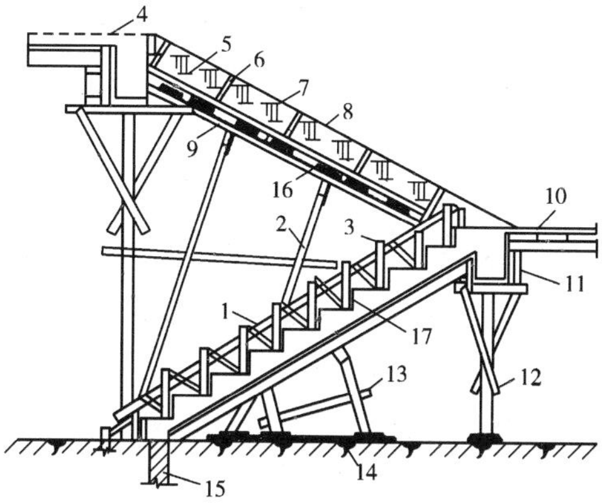

图 15-37　板式楼梯模板构造

1-反扶梯基；2-斜撑；3-木吊；4-楼面；5-外帮侧板；6-木档；7-踏步侧板；8-档木；9-搁栅；10-休息平台；11-托木；12-琵琶撑；13-牵杠撑；14-垫板；15-基础；16-楼段底模；17-梯级模板

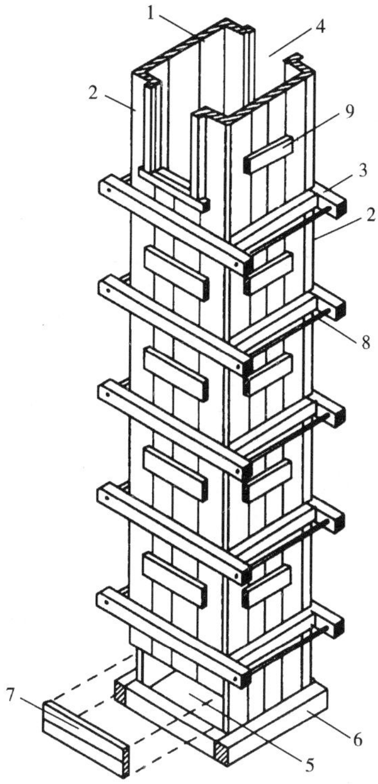

图 15-38　巨形柱模板构造

1-内拼板；2-外拼板；3-柱箍；4-梁缺口；5-清理孔；6-底部木框；7-盖板；8-拉紧螺栓；9-拼条

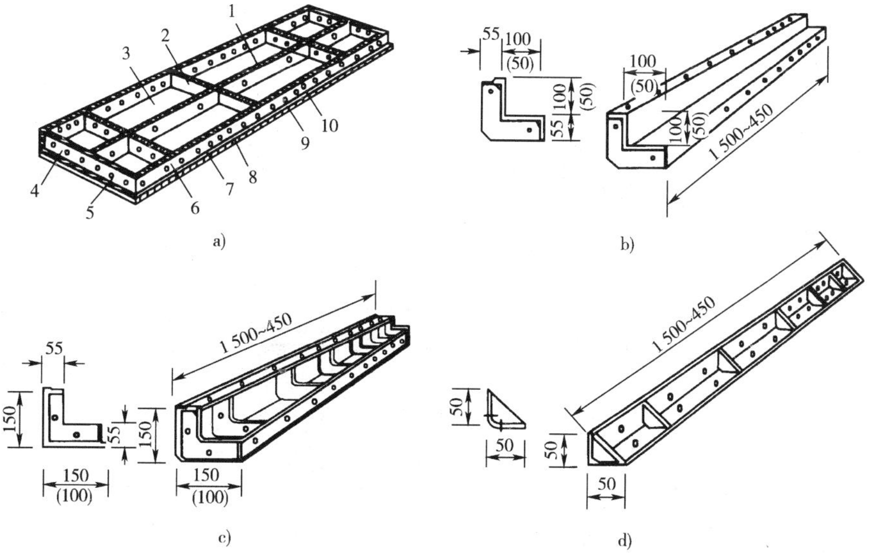

图 15-39　钢模板类型(尺寸单位:mm)

a)平面模板；b)阳角模板；c)阴角模板；d)连接角模

1-中纵肋；2-中横肋；3-面板；4-横肋；5-插销孔；6-纵肋；7-凸棱；8-凸鼓；9-U 形卡孔；10-钉子孔

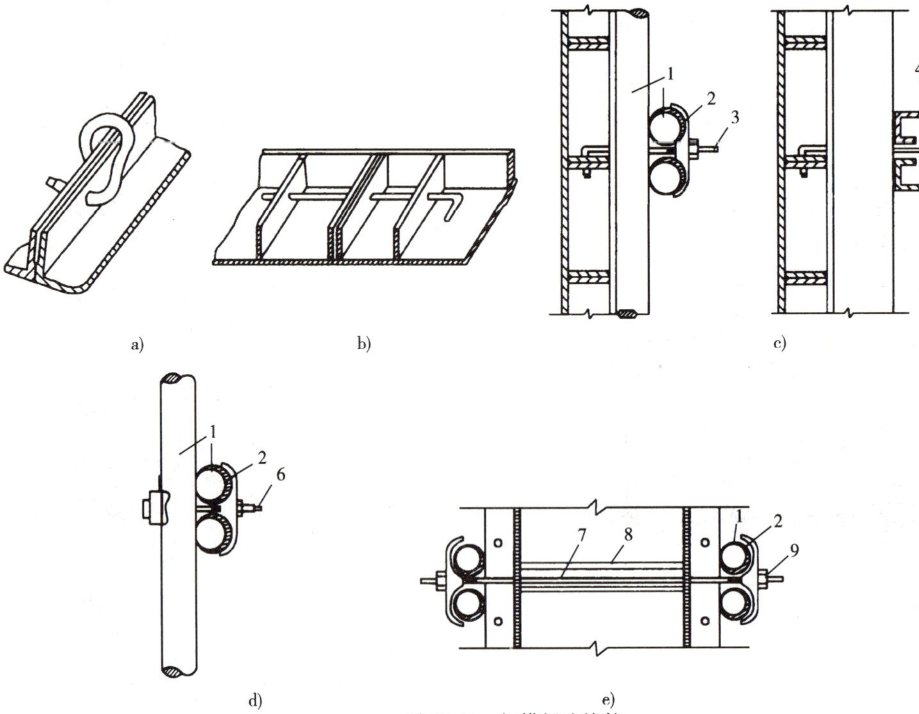

图 15-40　钢模板连接件

a)U 形卡连接；b)L 形插销连接；c)钩头螺栓连接；d)紧固螺栓连接；e)对拉螺栓连接

1-圆钢管钢楞；2-“3”形扣件；3-钩头螺栓；4-内卷边槽钢钢楞；5-碟形扣件；6-紧固螺栓；7-对拉螺栓；8-塑料套管；9-螺母

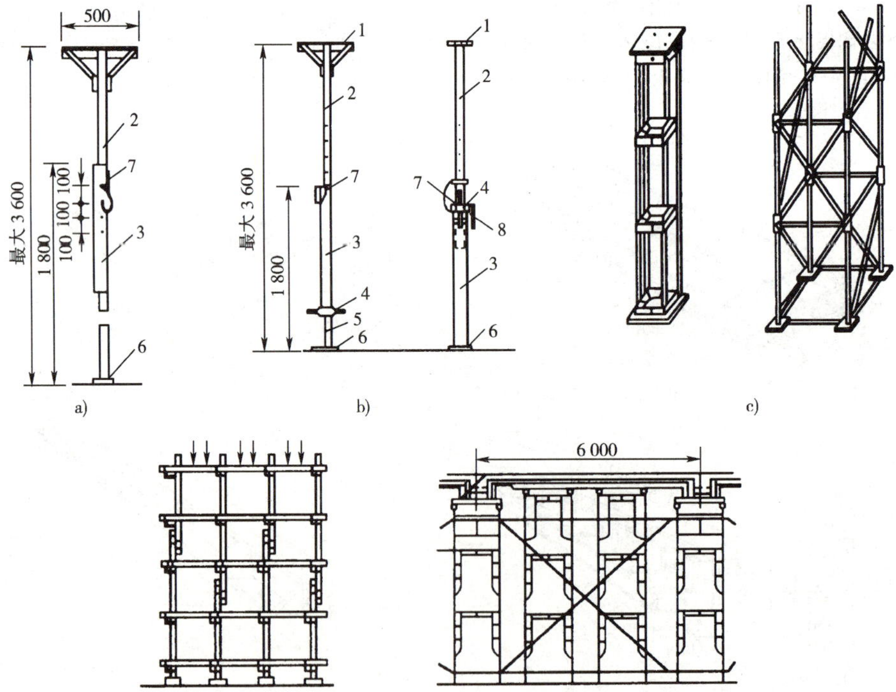

图 15-41　钢支架构造(尺寸单位：mm)

a)钢管支架；b)调解螺杆钢管支架；c)组合钢支架和钢管支架；d)扣件式钢管和门型脚手架支架

1-顶板；2-插管；3-套管；4-转盘；5-螺杆；6-底板；7-插销；8-转动手柄

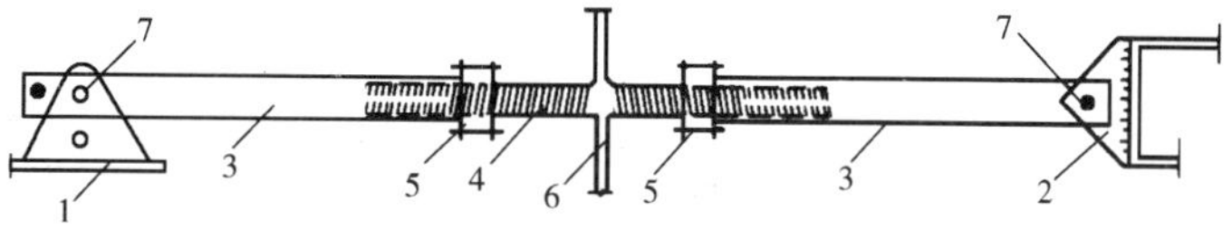

图 15-42　斜撑构造

1-底座；2-顶撑；3-钢管斜撑；4-花篮螺丝；5-螺母；6-悬杆；7-销钉

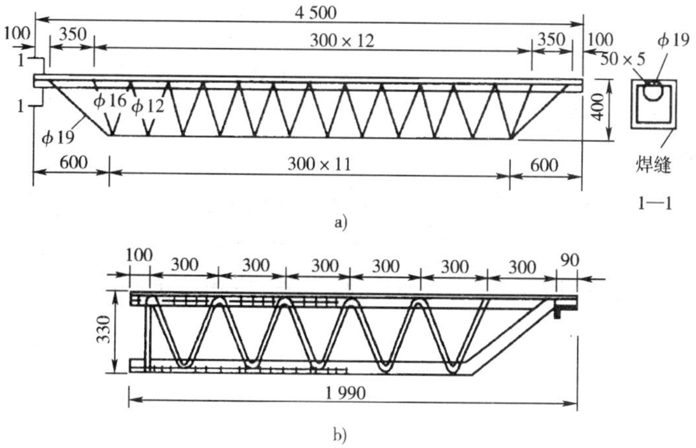

图 15-43　工具式钢桁架构造(尺寸单位:mm)

a)整榀式;b)组合式

二、钢筋工程

1. 钢筋验收与存放

钢筋应有出厂质量证明或试验报告单，每捆(盘)钢筋均应有标牌。钢筋进场时以及存放了较长时间使用前，应按批号及直径分批验收，验收内容包括查对标牌、外观检查、进行力学性能试验，必要时还需进行化学成分分析或其他专项检验。

当钢筋运进施工现场后，必须严格按批分等级、牌号、直径、长度挂牌存放，并注明数量，不得混淆。钢筋应尽量堆入仓库或料棚内。条件不具备时，应选择地势较高、土质坚实、较为平坦的露天场地存放。在仓库或场地周围挖排水沟，以利排水。堆放时钢筋下面要加垫木，离地不宜少于 200mm，以防钢筋锈蚀和污染。钢筋成品要分工程名称、构件名称、部位、钢筋类型、尺寸、钢号、直径和根数分别堆放，不能将几项工程的钢筋混放在一起，也不应靠近会产生有害气体的车间，以免污染和腐蚀钢筋。

2. 钢筋冷加工

钢筋冷加工方法有冷拉和冷拔。通过冷加工能提高钢筋的强度，是节约钢筋和提高钢筋混凝土结构构件强度和耐久性等的一项重要技术措施。

(1)钢筋冷拉

钢筋冷拉是在常温下对钢筋进行强力拉伸，拉应力超过钢筋的屈服强度，使钢筋产生塑性变形，以达到调直钢筋、提高强度的目的。冷拉设备由拉力装置、承力结构、测量装置和钢筋夹具等组成，见图 15-44。

(2)钢筋冷拔

钢筋冷拔是用强力将直径 6～8mm 的 HPB235 级光圆钢筋在常温下通过特制的钨合金拔丝模，多次拉拔成比原钢筋直径小的钢丝，使钢筋产生塑性变形，以改变其物理力学性能。

这种经冷拔加工的钢筋称为冷拔低碳钢丝。

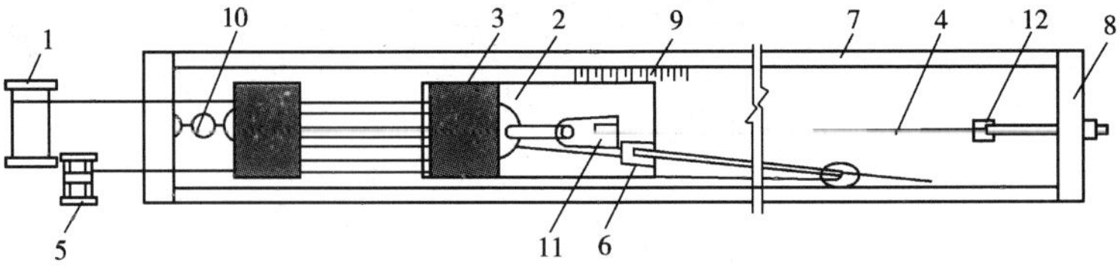

图 15-44　冷拉设备示意图

1-卷扬机；2-张拉小车；3-冷拉用滑轮组；4-钢筋；5-小车回程用卷扬机；6-小车回程用滑轮组；7-钢筋混凝土压杆；8-横梁；9-标尺；10-电子秤传感器；11-张拉端夹具；12-固定端夹具

3. 钢筋的连接

目前钢筋的连接方法有绑扎连接、焊接连接和机械连接三类。绑扎连接和焊接连接是传统的钢筋连接方法，与绑扎连接相比，焊接连接可节约钢材、改善结构受力性能、提高工效和降低成本。机械连接具有连接可靠、作业不受气候影响、连接速度快等优点，目前已广泛应用于粗钢筋的连接。

(1)绑扎连接

绑扎连接钢筋搭接处，应在中心及两端用20～22号铁丝扎牢。受拉钢筋绑扎连接的搭接长度，应符合有关规定；受压钢筋绑扎连接的搭接长度，应取受拉钢筋绑扎连接搭接长度的0.7倍。

(2)焊接连接

钢筋焊接方法有电弧焊、闪光对焊、电渣压力焊和电阻点焊。此外还有预埋件钢筋和钢板的埋弧压力焊及近年推广的钢筋气压焊。

(3)机械连接

钢筋机械连接接头的类型很多，如套筒挤压接头、锥螺纹套筒接头、等强直螺纹套筒接头、熔融金属充填套筒接头、水泥灌浆充填套筒接头、受压钢筋端面平接头等。这些机械连接接头多是通过连接件的机械咬合作用或钢筋端面的承压作用，将一根钢筋的力传递至另一根钢筋上的连接方法。

三、混凝土工程

1. 混凝土的制备

混凝土是以胶凝材料、水、细集料、粗集料、外加剂和矿物掺合料，按适当比例经过均匀拌制、密实成型及养护硬化而成的人工石材。混凝土制备就是将各种组成材料拌制成质地均匀、颜色一致、具备一定流动性的混凝土拌和物。

(1)基本要求

在搅拌过程中，每盘混凝土各组成材料的计量偏差应不超过表15-11的规定。

混凝土组成材料计量偏差要求　　表 15-11

组成材料	允许偏差	组成材料	允许偏差
水泥、掺合料	±2%	水、外加剂	±2%
粗、细集料	±3%		

注：混凝土各组成材料的计量应按质量计，水和液体外加剂可按体积计。

(2)搅拌机械与搅拌站

①搅拌机械

混凝土搅拌机按其搅拌原理分为自落式搅拌机和强制式搅拌机两类。自落式搅拌机采用重力拌和原理，搅拌筒内壁装有叶片，搅拌筒旋转，叶片将物料提升一定高度后自由下落，各物料颗粒分散拌和均匀，宜用于搅拌塑性混凝土。锥形反转出料和双锥形倾翻出料搅拌机可用于搅拌低流动性混凝土。强制式搅拌机分立轴式和卧轴式两类。强制式搅拌机是用剪切拌和原理，在轴上安装叶片，通过叶片强制搅拌装在搅拌筒中的物料，使物料沿环向、径向和竖向运动，拌和成均匀的混合物。强制式搅拌机拌和强烈，多用于搅拌干硬性混凝土、低流动性混凝土和轻集料混凝土。立轴式强制搅拌机是通过底部的卸料口卸料，卸料迅速，但如卸料口密封不好，水泥浆易漏掉，所以不宜用于搅拌流动性大的混凝土。

②搅拌站

搅拌站是生产混凝土的场所，根据混凝土生产能力、工艺安排、服务对象的不同，搅拌站可分为施工现场临时的小型混凝土搅拌站和大型混凝土搅拌站。

小型混凝土搅拌站是将制备混凝土工艺过程中所用设备有机地联系在一起，构成一套混凝土机械的联合设备。常见的小型搅拌站由供料系统，配料机构、搅拌设备、操纵机构和机架等组成，均按双阶式布置，见图 15-45。其搅拌设备一般采用一台或多台鼓筒式或强制式混凝土搅拌机。

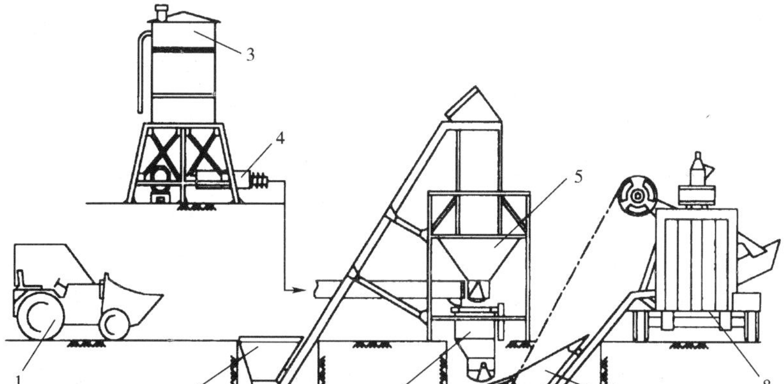

图 15-45　小型混凝土搅拌站

1-小型装载车；2-提升料斗；3-水泥储罐；4-螺旋输送机；5-砂、石储料斗；6-砂、石、水泥称量斗；7-搅拌机提升料斗；8-混凝土搅拌机

大型混凝土搅拌楼是一种将水泥、砂、石和水按一定配比周期地和自动地拌制成混凝土的成套设备。大型混凝土搅拌站有单阶式和双阶式两种。单阶式混凝土搅拌站是由皮带螺旋输送机等运输设备一次将原材料提升到需要高度后，靠自重下落，依次经过储料、称量、集料、搅拌等程序，完成整个搅拌生产流程，如图 15-46 所示。单阶式搅拌站具有工作效率高、自动化程度高、占地面积小等优点，但一次投资大。双阶式混凝土搅拌站是将原材料一次提升后，依靠材料的自重完成储料、称量、集料等工艺，再经第二次提升进入搅拌机进行搅拌，如图 15-47 所示。双阶式搅拌站的建筑物总高度较小，运输设备较简单，和单阶式相比投资相对要少，但材料需经两次提升进入拌筒，其生产效率和自动化程度较低，占地面积较大。

(3)搅拌制度

为了获得质量优良的混凝土拌和物，除正确选择搅拌机外，还必须正确确定搅拌制度，即搅拌时间、投料顺序和进料容量。

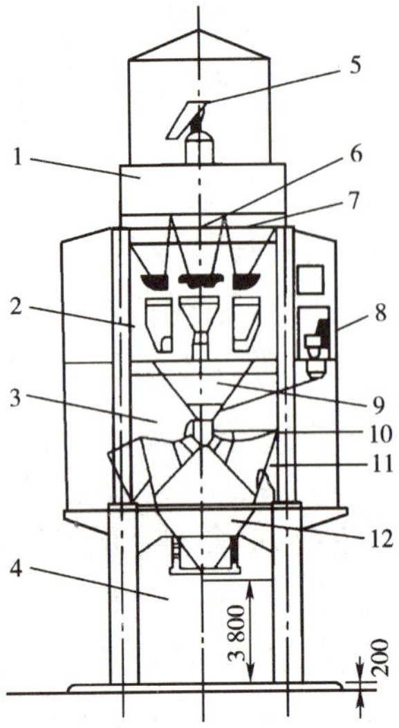

图 15-46　单阶式混凝土搅拌站(单位尺寸:mm)

1-料仓层;2-称量层;3-搅拌层;4-底层;5-旋转布料器;6-水泥料仓;7-砂、石料仓;8-集中控制室;9-集料斗;10-两路滑槽;11-搅拌机;12-混凝土漏斗

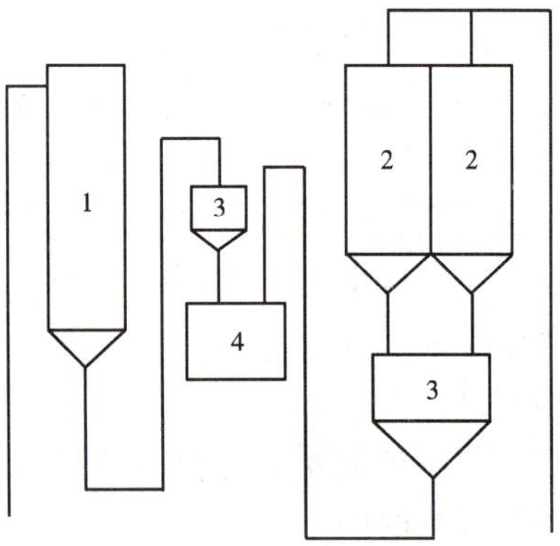

图 15-47　双阶式混凝土搅拌站

1-水泥仓;2-集料储料斗;3-称量系统;4-搅拌机

①搅拌时间

搅拌时间是指从全部材料投入搅拌筒起，到开始卸料为止所经历的时间。它与搅拌质量密切相关。搅拌时间过短，混凝土不均匀，强度及和易性下降;搅拌时间过长，不但降低搅拌的生产效率，同时会使不坚硬的粗集料在大容量搅拌机中因脱角、破碎等而影响混凝土的质量。对于加气混凝土也会因搅拌时间过长而使所含气泡减少。

②投料顺序

投料顺序应从提高搅拌质量，减少叶片、衬板的磨损，减少拌和物与搅拌筒的黏结，减少水泥飞扬，改善工作环境，提高混凝土强度，节约水泥等方面综合考虑确定。常用投料方法有一次投料法、二次投料法和水泥裹砂法等。

一次投料法是目前最普遍采用的方法。它是将砂、石、水泥和水一起同时加入搅拌筒进行搅拌。为了减少水泥的飞扬和水泥的粘罐现象，对自落式搅拌机常用的投料顺序是将水泥装在料斗中，并夹在砂、石之间，一次上料，最后加水搅拌。

二次投料法又分为预拌水泥砂浆法和预拌水泥净浆法。预拌水泥砂浆法是先将水泥、砂和水加入搅拌筒内进行充分搅拌，成为均匀的水泥砂浆后，再加入石子搅拌成均匀的混凝土;预拌水泥净浆法是先将水泥和水充分搅拌成均匀的水泥净浆后，再加入砂和石搅拌成混凝土。国内外的试验表明:二次投料法搅拌的混凝土与一次投料法相比较，混凝土强度可提高约15%;在强度等级相同的情况下，可节约水泥15%～20%。

水泥裹砂法又称为SEC法，用这种方法拌制的混凝土称为造壳混凝土(又称SEC混凝土)，这种混凝土就是在砂子表面造成一层水泥浆壳。主要采取两项工艺措施:一是对砂子的表面湿度进行处理，控制在一定范围内；二是进行两次加水搅拌。第一次加水搅拌称为造壳搅拌，就是先将处理过的砂子、水泥和部分水搅拌，使砂子周围形成黏着性很高的水泥糊包裹层；加入第二次水及石子，经搅拌，部分水泥浆便均匀地分散在已经被造壳的砂子及石子周围。这种方法的关键在于控制砂子表面水率及第一次搅拌时的造壳用水量。国内外的试验结果表明：砂子的表面水率控制在4%～6%，第一次搅拌加水为总加水量的20%～26%时，造壳混凝土的增强效果最佳。此外，与造壳搅拌时间也有密切关系。时间过短，不能形成均匀的低水灰比的水泥浆使之牢固地黏结在砂子表面，即形成水泥浆壳；时间过长，造壳效果并不十分明显，强度提高不大，而以45～75s为宜。

③进料容量

进料容量是将搅拌前各种材料的体积累积起来的容量，又称干料容量。进料容量为出料容量的1.4～1.8倍(通常取1.5倍)。进料容量超过规定容量的10%以上，就会使材料在搅拌筒内无充分的空间进行掺和，影响混凝土拌和物的均匀性；反之，如装料过少，则又不能充分发挥搅拌机的效能。

2. 混凝土的运输

(1)运输要求

混凝土自搅拌机中卸出后，应及时运至浇筑地点，为保证混凝土的质量，对混凝土运输的要求是：

①混凝土运输过程中，要能保持良好的均匀性，不离析、不漏浆；

②保证混凝土具有设计配合比所规定的坍落度；

③使混凝土在初凝之前浇入模板内，并捣实完毕；

④保证混凝土浇筑能连续进行。

此外，运输时间应有一定限制，普通混凝土从搅拌机中卸出后到浇筑完毕的延续时间不宜超过表15-12的规定。

混凝土从搅拌机中卸出到浇筑完毕的延续时间(min)　表15-12

混凝土强度等级	气温(℃)	
	≤25	>25
≤C30	120	90
>C30	90	60

(2)运输机械

混凝土运输分为地面运输、垂直运输和楼面运输三种情况。

混凝土地面运输，如采用预拌(商品)混凝土运输距离较远时，我国多用混凝土搅拌运输车。混凝土如来自工地搅拌站，则多用载重约1t的小型机动翻斗车，近距离亦用双轮手推车，有时还用皮带运输机和窄轨翻斗车。

混凝土垂直运输，我国多用塔式起重机、混凝土泵、快速提升斗和井架。用塔式起重机时，混凝土多放在吊斗中，这样可直接进行浇筑。

混凝土楼面运输，我国以双轮手推车为主，亦用机动灵活的小型机动翻斗车。如用混凝土泵则用布料机布料。

3. 混凝土的浇筑

混凝土的浇筑工作包括布料、摊平、捣实和抹面修整等工序，浇筑的质量直接影响到混凝土的密实性和耐久性，以及结构的整体性和外形的正确性。

混凝土浇筑时的注意事项如下。

(1)防止离析

浇筑混凝土时，如自由倾落高度过大，粗集料在重力作用下，下落速度较快，可能形成混凝土的离析。为防止离析现象的产生，混凝土自由倾落高度不应大于 2m，在竖向结构中限制自由倾落高度不宜超过 3m，否则应沿串筒、斜槽、溜管或振动溜管等下料。

(2)浇筑层厚度

若混凝土浇筑厚度较大，必须进行分层浇筑，以保证振捣密实。每层浇筑厚度与振捣方法、结构的配筋情况有关，混凝土浇筑厚度应符合表 15-13 的规定。

混凝土浇筑层的厚度　　表 15-13

序号	混凝土振捣方法		浇筑层厚度(mm)
1	插入式振捣		振动棒作用部分长度的 1.25 倍
2	表面振捣		200
3	人工振捣	(1)在基础、无筋混凝土或配筋稀疏的结构中	250
		(2)在梁、墙板、柱结构中	200
		(3)在配筋密列的结构中	150

(3)浇筑间歇时间

混凝土浇筑应连续进行，如必须停歇，则其间歇时间应尽可能缩短，并应在前一层混凝土凝结之前浇筑完下一层的混凝土。间歇时间与水泥品种及混凝土凝结条件有关，最长间歇时间不得超过表 15-14 的规定，超过规定时间则须设置施工缝。

混凝土浇筑最长间歇时间　　表 15-14

混凝土强度等级	最长间歇时间	
	<25℃	>25℃
<C30	210min	180min
>C30	180min	150min

4. 混凝土振动密实

混凝土密实成型的方法主要有三种，一是利用机械振动克服混凝土拌和物的剪应力而使之液化；二是拌和混凝土时适当多加水以提高其流动性，便于成型，成形后利用离心法、真空作业法等将多余水分和空气排出；三是掺入高效能减水剂，使混凝土坍落度增大，自流浇筑成型。此处主要介绍混凝土的振动密实成型方法。

振动密实成型方法的振动机械按其工作方式可分为：内部振动器、表面振动器、外部振动器和振动台，如图 15-48 所示。

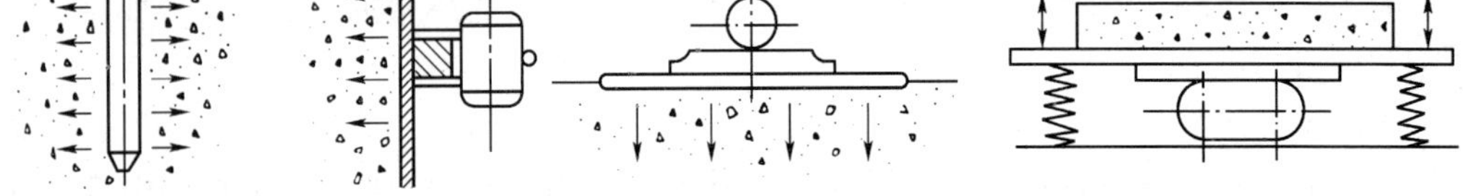

a)　　b)　　c)　　d)

图 15-48　振动机械示意图

a)内部振动器；b)外部振动器；c)表面振动器；d)振动台

①内部振动器

内部振动器又称插入式振动器，如图15-49为一行星式内部振动器，其工作部分是一棒状空心圆柱体，内部装有偏心振子，在电动机带动下高速转动而产生高频微幅的振动。多用于梁、柱、墙、厚板和大体积混凝土结构的密实成型。

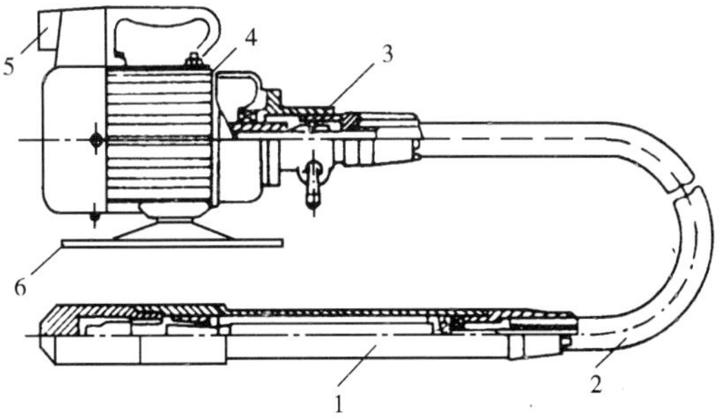

图 15-49　电动软轴行星式内部振动器

1-振动棒；2-软管；3-防逆装置；4-电动机；5-电器开关；6-支座

用内部振动器振捣混凝土时，其操作要点为：直上和直下，快插与慢拔；插点要均布，切勿漏点插；上下要抽动，层层要扣搭；时间掌握好，密实质量佳；操作要细心，软管莫卷曲；不得碰模板，不得碰钢筋；用 200h 后，要加润滑油；振动 0.5h，停歇 5min。根据经验，振动器插入下层尚未初凝的混凝土中 50～100mm，以促使上下层结合；插点的分布有行列式和交错式两种(图 15-50)。对普通混凝土插点间距不大于 1.5R(R 为振动器作用半径)，对轻集料混凝土则不大于 1.0R。

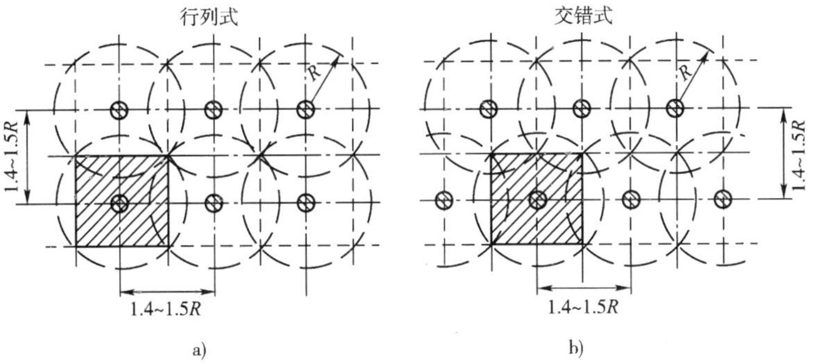

图 15-50　插点分布

a)行列式；b)交错式

②外部振动器

外部振动器又称附着式振动器。它通过螺栓或夹钳等固定在模板外部，通过模板将振动传给混凝土拌和物。要求模板应有足够的刚度，适宜振捣断面小且钢筋密集的构件，其有效作用范围可通过实测确定。

③表面振动器和振动台

表面振动器又称平板振动器。它由带偏心块的电动机和平板(木板或钢板)等组成。在混凝土表面进行振捣，适用于楼板、地面等薄型构件。

振动台是混凝土制品厂中的固定生产设备，用于振实预制构件。

5. 混凝土的养护

混凝土养护包括人工养护和自然养护，现场施工多为自然养护。

自然养护分洒水养护和喷涂薄膜养生液养护两种。

洒水养护即用草袋等将混凝土覆盖，经常洒水使其保持湿润。养护时间长短取决于水泥品种，普通硅酸盐水泥和矿渣硅酸盐水泥拌制的混凝土，不少于 7d；掺有缓凝型外加剂或有抗渗要求的混凝土不少于 14d。洒水次数以能保证湿润状态为宜。

喷涂薄膜养生液养护适用于不易洒水养护的高耸构筑物和大面积混凝土结构。它是将过氯乙烯树脂塑料溶液用喷枪喷涂在混凝土表面上，溶液挥发后在混凝土表面形成一层塑料薄膜，将混凝土与空气隔绝，阻止其中水分的蒸发以保证水化作用的正常进行。有的薄膜在养护完成后能自行老化脱落，否则，不宜于喷洒在以后要做粉刷的混凝土表面上。在夏季，薄膜成型后要防晒，否则易产生裂纹。

第五节　钢结构工程

钢结构是用钢板、型钢和圆钢等通过焊接连接、螺栓连接等方式制造的结构。目前常用的钢结构类型主要有钢梁、钢柱、钢桁架、钢网架结构等。

一、钢结构构件的截面形式

1. 钢板和钢带

建筑钢结构使用的钢板和钢带按轧制方法有冷轧和热轧两种。钢板是指平板状、矩形的、可直接轧制或由宽钢带剪切而成的板材；而钢带是指成卷交货，宽度不小于 600mm 的为宽钢带，宽度小于 600mm 的为窄钢带，窄钢带有直接轧制也可由宽钢带纵剪而成。板厚 4mm 以下为薄钢板；4～60mm 为厚钢板（或厚度 4.5～20mm 称为中厚板，厚度 20～60mm 称为厚板），厚度大于 60mm 的称为特厚板。

2. 型材

工字钢、槽钢和角钢三类型材是工程结构中使用最早的传统型钢，但随着轧制技术的发展，更多截面性能优良的型材相继问世，如圆钢管、方钢管、H 型钢等。

工字钢是一种工字形截面型材，但上下翼缘是齐头的。因轧制工艺需要，传统的工字钢的翼缘部分外伸长度受到限制，同时翼缘内表面必须有倾斜度（1∶6）。工字钢分普通工字钢和轻型工字钢两种，其型号用截面高度（单位为 mm）来表示，20 号以上普通工字钢根据腹板厚度和翼缘宽度的不同，同一号工字钢又有 a、b 或 a、b、c 三种区别，其中 a 类腹板最薄、翼缘最窄，b 类较厚较宽，c 类最厚最宽。同样高度的轻型工字钢的翼缘要比普通工字钢的翼缘宽而薄，腹板亦薄故质量较轻、截面回转半径略大。工字钢通常长度为 5～19m。

槽钢是槽形截面（[）的型材，亦有热轧普通槽钢和轻型槽钢两种，与工字钢一样是以截面高度（cm）表示型号。从[14 开始，亦有 a、b 或 a、b、c 规格的区分，腹板厚度和翼缘的宽度不同。槽钢翼缘内表面的斜度（1∶10）比工字钢要平缓，紧固连接螺栓比较容易。型号相同的轻型槽钢比普通槽钢的翼缘要宽且薄，腹板厚度亦小，截面特性更好一些。槽钢的长度一般是 5～19m（规格小的短、规格大的长）。

角钢是传统的格构式钢结构构件中应用最广泛的轧制型材，有等边角钢和不等边角钢两大类。角钢的型号以其肢长表示，单位以 mm 计。在一个型号内，可以有 2～7 个肢厚的不同规格，方便截面选择。如常用的 10 号等边角钢，肢厚规格有 6、7、8、10、12、14、16（mm）七种。代表角钢型号的肢长并不是按相等间隔设置，而是根据截面特性优化系列要求确定。

3. 轧制 H 型钢和焊接 H 型钢

H 型钢与工字钢的区别有几方面，首先是翼缘宽，故早期有宽翼缘工字钢一说；其次翼缘内表面不需有斜度、上下表面平行；从材料分布形式来看，工字钢截面中材料主要集中在腹板左右，愈向两侧延伸，钢材愈少，而轧制 H 型钢中，材料分布侧重在翼缘部分，因此，H 型钢的截面特性明显优越于传统的工、槽、角钢及它们的组合截面。H 型钢根据翼缘宽度不同可分为三类:宽翼缘 H 型钢、代号 HW,中翼缘 H 型钢、代号 HM,窄翼缘 H 型钢、代号 HN。H 型钢的标记方式采用高度 $H(h)\times$宽度 $B\times$腹板厚度 $t_1\times$翼缘厚度 t_2。

4. 冷弯型钢

冷弯型钢是用薄钢板(或钢带)在连续辊式冷弯机组上生产的冷加工型材,壁厚原先在 1.5~6mm,随着生产工艺的发展,现在国内已能生产厚度在 12mm 以上的冷弯型钢。其截面形式有等边角钢、卷边等边角钢、Z 型钢、卷边 Z 型钢、槽钢、卷边槽钢等开口截面以及方形和矩形闭口截面的管材。

5. 结构用钢管

结构用钢管有热轧无缝钢管和焊接钢管两大类,焊接钢管由钢带卷焊而成,依据管径大小,又分为直缝焊和螺旋焊两种。直缝电焊钢管的规格外径为 32~152mm,壁厚为 2.0~5.5mm。结构用无缝钢管分热轧和冷拔两种,冷拔管只限于小管径,热轧无缝钢管外径为 32~630mm,壁厚为 2.5~75mm。

二、钢结构构件的加工

钢结构构件一般在工厂加工制作,然后运至工地进行结构安装。钢结构制作工序较多,加工顺序要求周密安排,避免工件倒流,减少往返运输时间。钢结构构件大流水作业生产的一般工艺流程如图 15-51。

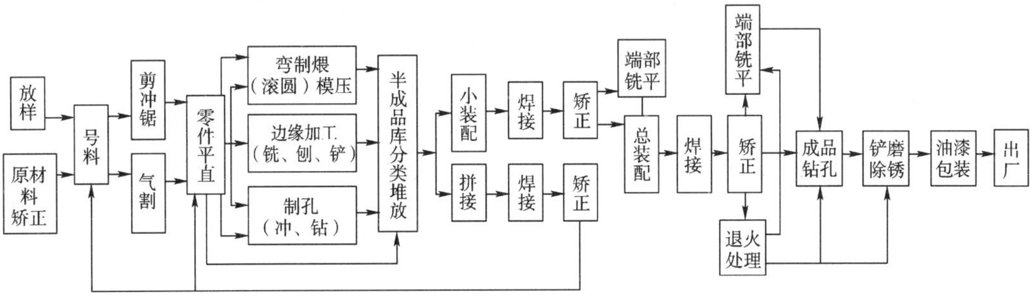

图 15-51　钢结构构件生产工艺流程

1. 放样

放样工作包括如下内容:核对图纸的安装尺寸和孔距;以 1∶1 的大样放出节点;核对各部分的尺寸;制作样板和样杆作为下料、弯制、铣、刨、制孔等加工的依据。放样时以 1∶1 的比例在样板台上弹出大样。当大样尺寸过大时,可分段弹出。对一些三角形的构件,如果只对其节点有要求,则可以缩小比例弹出样子,但应注意其精度。放样弹出的十字基准线,二线必须垂直。然后据此十字线逐一划出其他各个点及线,并在节点旁注上尺寸,以备复查及检验。

由于生产的需要,通常须制作适应于各种形状和尺寸的样板和样杆。样板一般用 0.50~0.75mm 的铁皮或塑料板制作。样杆一般用钢皮或扁铁制作,当长度较短时可用木尺杆。样板、样杆上应注明工号、图号、零件号、数量及加工边、坡口部位、弯折线和弯折方向、孔径和滚圆半径等。

2. 划线

划线又称号料,就是根据样板在钢材上画出构件的实样,并打上各种加工记号,为钢材的切割下料作准备。划线的步骤如下。

①根据料单检查清点样板和样杆，点清号料数量。号料应使用经过检查合格的样板与样杆，不得直接使用钢尺。

②检查号料的钢材规格和质量。

③不同规格、不同钢号的零件应分别号料，并依据先大后小的原则依次号料。对于需要拼接的同一构件，必须同时号料，以便拼接。

④号料时，同时划出检查线、中心线、弯曲线，并注明接头处的字母、焊缝代号。

⑤号孔应使用与孔径相等的圆规规孔，并打上样冲作出标记，便于钻孔后检查孔位是否正确。

⑥弯曲构件号料时，应标出检查线，用于检查构件在加工、装焊后的曲率是否正确。

⑦在号料过程中，应随时在样板、样杆上记录下已号料的数量，号料完毕，则应在样板、样杆上注明并记下实际数量。

⑧号料应有利于切割和保证零件质量。号料所画的石笔线条粗细以及粉线在弹线时的粗细均不得超过1mm；号料敲凿子印间距，直线为40～60m，圆弧为20～30mm。

3. 切割

切割的目的就是将放样和划线的零件形状从原材料上进行下料分离。钢材的切割可以通过切削、冲剪、摩擦机械力和热切割来实现。常用的切割方法有机械切割、气割和等离子切割三种方法。施工中采用哪一种切割方法比较合适，应该根据各种切割方法的设备能力、切割精度、切割表面的质量情况，以及经济性等因素来具体选定。

(1)机械切割法

机械切割法可利用上、下两剪刀的相对运动来切断钢材，或利用锯片的切削运动把钢材分离，或利用锯片与工件间的摩擦发热使金属熔化而被切断。

(2)气割法

气割法是利用氧气与可燃气体混合产生的预热火焰加热金属表面达到燃烧温度并使金属发生剧烈的氧化，放出大量的热促使下层金属也自行燃烧，同时通以高压氧气射流，将氧化物吹除而引起一条狭小而整齐的割缝。随着割缝的移动，使切割过程连续切割出所需的形状。除手工切割外常用的机械有火车式半自动气割机、特型气割机等。

(3)等离子切割法

等离子切割法是利用高温高速的等离子焰流将切口处金属及其氧化物熔化并吹掉来完成切割。

4. 矫正

钢结构的矫正，就是通过外力或加热作用，使钢材较短部分的纤维伸长；或使较长的纤维缩短，以迫使钢材反变形，使材料或构件达到平直及一定几何形状的要求并符合技术标准的工艺方法。矫正的形式主要有矫直、矫平、矫形三种。矫直是消除材料或构件的弯曲；矫平是消除材料或构件的翘曲或凹凸不平；矫形是对构件的一定几何形状进行整理。矫正按外力来源分为火焰矫正、机械矫正和手工矫正等；按矫正时钢材的温度分为热矫正和冷矫正；按加工工序分为原材料矫正、成型矫正、焊后矫正等。

(1)火焰矫正

钢材的火焰矫正是利用火焰对钢材进行局部加热，被加热处理的金属由于膨胀受阻而产生压缩塑性变形，使较长的金属纤维冷却后缩短而完成的。

影响火焰矫正效果的因素有三个：火焰加热位置、加热的形式和加热的热量。火焰加热的位置应选择在金属纤维较长的部位。加热的形式有点状加热、线状加热和三角形加热三种。

用不同的火焰热量加热，可获得不同的矫正变形的能力。低碳钢和普通低合金结构钢构件用火焰矫正时，常采用600～800℃的加热温度。

(2)机械矫正

钢材的机械矫正是在专用矫正机上进行的。机械矫正的实质是使弯曲的钢材在外力作用下产生过量的塑性变形，以达到平直的目的。它的优点是作用力大、劳动强度小、效率高。

钢材的机械矫正有拉伸机矫正、压力机矫正、多辊矫正机矫正等。拉伸机矫正，适用于薄板扭曲、型钢扭曲、钢管、带钢和线材等的矫正(图 15-52)。压力机矫正适用于板材、钢管和型钢的局部矫正。多辊矫正机可用于型材、板材等的矫正(图 15-53)。

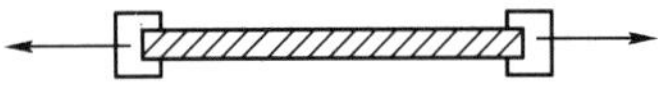

图 15-52　拉伸矫正机

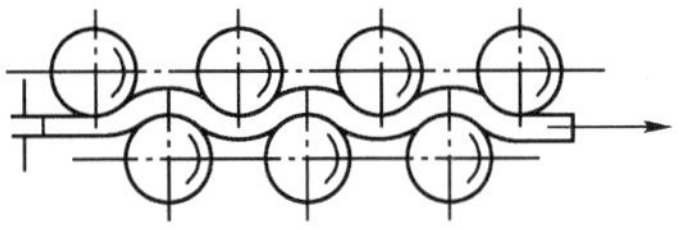

图 15-53　多辊矫正机

(3)手工矫正

钢材的手工矫正采用锤击的方法进行，操作简单灵活。手工矫正由于矫正力小、劳动强度大、效率低而用于矫正尺寸较小的钢材。有时在缺乏或不便使用矫正设备时也采用。

5. 弯制成型

在钢结构制作中，弯制成型的加工主要是卷板(滚圆)、弯曲(煨弯)、折边和模具压制等几种加工方法。弯制成型的加工工序是由热加工或冷加工来完成的。

把钢材加热到一定温度后进行的加工方法，通称热加工。热加工常用的有两种加热方法，一种是利用乙炔火焰进行局部加热；这种方法简便，但是加热面积较小。另一种是放在工业炉内加热，虽然它没有前一种方法简便，但是加热面积很大。

钢材在常温下进行加工制作，通称冷加工。冷加工绝大多数是利用机械设备和专用工具进行的。冷加工时应注意温度。低温中的钢材，其韧性和延伸性均相应减小，极限强度和脆性相应增加，若此时进行冷加工受力，易使钢材产生裂纹。因此，应注意低温时不宜进行冷加工。

(1)卷板(滚圆)

滚圆是在外力的作用下，使钢板的外层纤维伸长，内层纤维缩短而产生弯曲变形(中层纤维不变)。当圆筒半径较大时，可在常温状态下卷圆，如半径较小和钢板较厚时，应将钢板加热后卷圆。在常温状态下进行滚圆钢板的方法有机械滚圆、胎模压制和手工制作三种加工方法。

机械滚圆是在卷板机(又称滚板机、轧圆机)上进行的。在滚圆机上滚圆筒，板材的弯曲是由上滚轴向下移动时所产生的压力来达到的。滚圆机床按轴辊数目和位置可分为三辊卷板机和四辊卷板机两类，三辊卷板机又分为对称式与不对称式两种(图 15-54)。

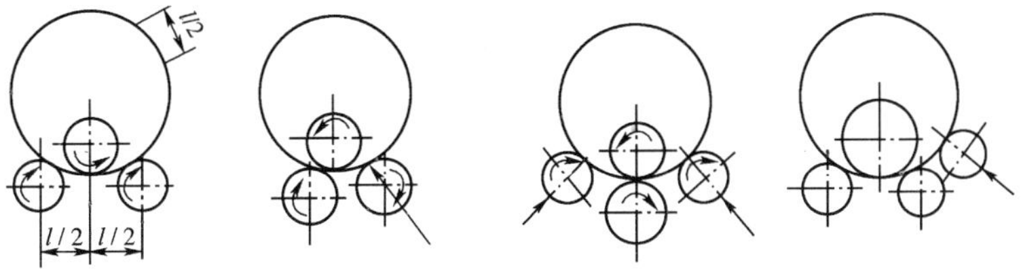

图 15-54　滚圆机原理示意图

a)三轴卷板机；b)四轴卷板机

(2)弯曲(煨弯)

在钢结构的制作过程中,弯曲成形的应用相当广泛,用弯曲方法加工的构件种类非常多。由于所用设备和工具的不同,弯曲的方法也就不同。

弯曲按加工方法分为压弯、滚弯和拉弯。压弯是用压力机压弯钢板,此种方法适用于一般直角弯曲(V形件)、双直角弯曲(U形件),以及其他适宜弯曲的构件。滚弯是用滚圆机滚弯钢板,此种方法适用于滚制圆筒形构件及其他弧形构件。拉弯是用转臂拉弯机和转盘拉弯机拉弯钢板,它主要用于将长条板材拉制成不同曲率的弧形构件。

弯曲按加热程度分为冷弯和热弯。冷弯是在常温下进行弯制加工,此法适用于一般薄板、型钢等的加工。热弯是将钢材加热至950℃～1 100℃,在模具上进行弯制加工。它适用于厚板及较复杂形状构件、型钢等的加工。

(3)折边

在钢结构制造中,将构件的边缘压弯成倾角或一定形状的操作称为折边。折边广泛用于薄板构件,它有较长的弯曲线和很小的弯曲半径。薄板经折边后可以大大提高结构的强度和刚度。

板料的弯曲折边是通过折边机来完成的;而板料折弯压力机用于将板料弯曲成各种形状,一般在上模做一次行程后,便能将板料压成一定的几何形状,当采用不同形状模具或通过几次冲压,还可得到较为复杂的各种截面形状。

(4)模具压制

模具压制是在压力设备上利用模具使钢材成型的一种工艺方法;钢材及构件成型的质量与精度均取决于模具的形状尺寸与制造质量。利用先进和优质的模具使钢材成型可以使钢结构工业达到高质量、高速度的发展。模具按加工工序分主要有冲裁模、弯曲模、拉伸模、压延模等四种。

6. 制孔

在钢结构制孔中包括铆钉孔、普通螺栓连接孔、高强度螺栓孔、地脚螺栓孔等,制孔方法通常有冲孔和钻孔两种。

(1)钻孔

钻孔是钢结构制造中普遍采用的方法,能用于几乎任何规格的钢板、型钢的孔加工。钻孔的原理是切削,故孔壁损伤较小,孔的精度较高。钻孔在钻床上进行,对于构件因受场地狭小限制,加工部位特殊,不便于使用钻床加工时,则可用电钻、风钻等加工。

(2)冲孔

冲孔是在冲孔机(冲床)上进行,一般只能在较薄的钢板和型钢上冲孔,且孔径一般不小于钢材的厚度,亦可用于不重要的节点板、垫板和角钢拉撑等小件加工。冲孔生产效率较高,但由于孔的周围产生冷作硬化,孔壁质量较差,有孔口下塌、孔的下方增大的倾向,所以,除孔的质量要求不高时,或作为预制孔(非成品孔),在钢结构中较少直接采用。

当地脚螺栓孔与螺栓的间距较大时,即孔径大于50mm时,也可以采用火焰割孔。

7. 涂装

在钢材表面涂刷防护涂层,是目前防止钢材锈蚀的主要手段。

三、钢结构构件的连接

钢结构构件的连接多采用焊接连接、螺栓连接和铆接,螺栓连接又分为普通螺栓连接和高强度螺栓连接。此处主要介绍焊接连接和螺栓连接两种连接形式。

1. 焊接连接

焊接连接是现代钢结构最主要的连接方式，适用于任何形状的结构。优点是构造简单，加工方便，构件刚度大，连接密封性好，节约钢材，生产效率高；缺点是焊件易产生焊接应力和焊接变形，严重的甚至造成裂纹，导致脆性破坏，可通过改善焊接工艺，加强构造措施等方法解决。

(1)常用焊接方法

建筑工程中常用的焊接连接形式有电弧焊、电渣焊、气压焊、接触焊和高频焊，其特点及适用范围见表 15-15。

焊接连接方法及其特点和适用范围 表 15-15

焊接方法			特　点	适用范围
电弧焊	手工焊	交流焊机	设备简单，操作灵活，可进行各种位置的焊接，是建筑工地应用最广泛的焊接方法	焊接普通结构
		直流焊机	焊接技术同交流焊机，成本比交流焊机高，但焊接时电弧稳定	焊接要求较高的钢结构
	埋弧自动焊		效率高，质量好，操作技术要求低，劳动条件好，宜于工厂中使用	焊接长度较大的对接、贴角焊缝，一般是有规律的直焊缝
	半自动焊		与埋弧自动焊基本相同，操作较灵活，但使用不够方便	焊接较短的或弯曲的对接、贴角焊缝
	CO_2 气体保护焊		用 CO_2 或惰性气体保护的光焊条焊接，可全位置焊接，质量较好，焊接时应避风	薄钢板和其他金属焊接
电渣焊			利用电流通过液态熔渣所产生的电阻热焊接，能焊大面积焊缝	大厚度钢板、粗直径圆钢和铸钢等焊接
气压焊			利用乙炔、氧气混合燃烧火焰熔融金属进行焊接，焊有色金属、不锈钢时需气焊粉保护	薄钢板、铸铁件、连接件和对焊
接触焊			利用电流通过焊件时产生的电阻热焊接，建筑施工中多用于对焊、点焊	钢筋对焊、钢筋网点焊、预埋件焊接
高频焊			利用高频电阻产生的热量进行焊接	薄避钢管的纵向焊缝

(2)焊接接头

焊接接头可分为对接接头、搭接接头和顶接接头三种类型(图 15-55)。焊缝按其构造可分为对接焊缝与角焊缝两种基本形式。

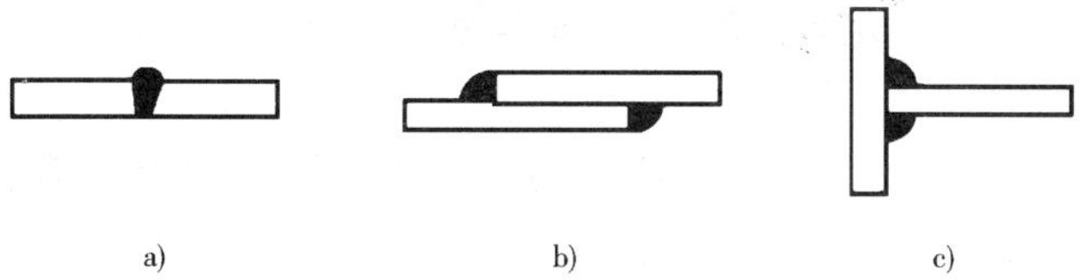

图 15-55　焊接接头形式

a)对接接头；b)搭接接头；c)顶接接头

①对接焊缝

对接焊缝用来连接处于同一平面内的两个构件，构件常开成各种形式的坡口，如表 15-16 所示，焊缝金属熔融后填充在坡口内，成为被连接构件的组成部分。

对接焊接焊件板边缘剖口构造 表 15-16

焊缝形式	剖口简图(mm)	构件适用厚度(mm)	附注
I形焊缝	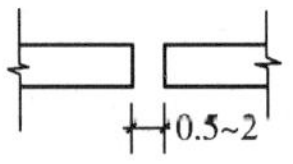	<10	5mm 以下可单面焊,6～10mm 应双面焊
X形焊缝	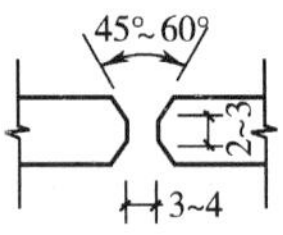	10～20	根部须补焊
V形焊缝	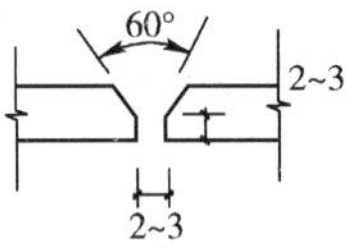	>20	

焊件宽度不同或厚度相差 4mm 以上时,应在宽度方向或厚度方向从一侧或两侧做成坡度不大于 1/4 的斜角,形成平缓的过渡。当厚度不同时,应根据较薄焊件的厚度按表 15-27 要求选用焊缝坡口形式。

②角焊缝

角焊缝是指在相互搭接或丁字连接构件的边缘所施焊的截面为三角形的焊缝。它分为直角角焊缝(两边夹角为直角)和斜角角焊缝(两边夹角为锐角或钝角)。除钢管结构外,斜角角焊缝不宜用作受力焊缝。直角角焊缝按受力方向不同又分为正面角焊缝(受力方向与焊缝长度方向一致)和侧面角焊缝(受力方向与焊缝长度方向垂直)。钢结构中,最常用的是普通直角角焊缝,一般多用于直接承受动力荷载的结构。杆件与节点板的连接焊缝一般采用两面侧焊或采用三面围焊,对角钢杆件多采用 L 形围焊,一般用于受力较小的杆件(图 15-56)。所有围焊的转角处必须连续施焊。

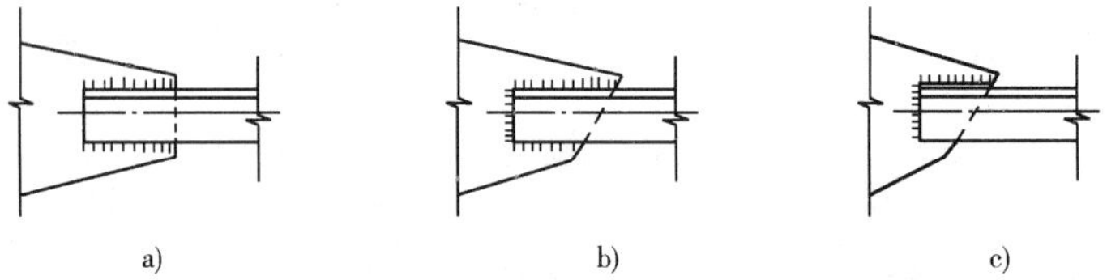

a) b) c)

图 15-56 杆件与节点板连接焊缝形式

a)两面侧焊;b)三面围焊;c)L 形围焊

在搭接连接中,搭接长度不得小于焊件最小厚度的 5 倍,并不得小于 25mm。

角焊缝连接施工时焊件板边不用预先加工,也不需校正焊缝距离,施工方便;但应力集中现象比较严重;由于必须有一定长度的搭接,角焊缝连接也不太经济。

③焊缝质量检验

钢结构焊缝质量检验分三级:一级检验要求全部焊缝进行外观检查和超声波检查。焊缝长度的 2%进行 X 射线探伤,并至少应有一张底片;二级检验要求全部焊缝进行外观检查,并有 50%的焊缝长度进行超声波探伤;三级检验要求全部焊缝进行外观检查。高层钢结构建筑的焊缝质量检验属于二级检验。

a)外观检查

普通碳素结构钢焊缝的外观检查,应在焊缝冷却至工作地点温度后进行;低合金结构钢应在完成焊接 24h 后进行。焊接金属表面焊波应均匀,不得有裂纹、未熔合、夹渣、焊瘤、咬边、烧穿、弧坑和针状孔等缺陷，焊接还不得有飞溅物。焊缝的位置、外形尺寸必须符合施工图和《钢结构工程施工质量验收规范》(GB 50205—2001)的要求。

b)X 射线探伤

射线探伤检验焊缝质量标准分两级，其内部缺陷分级及探伤方法应符合《钢熔化焊对接接头射线照相和质量分级》(GB 3323)的规定。

c)超声波探伤

超声波探伤检验焊缝质量，是利用频率高于 2 000Hz 的电磁波的声能，传入金属材料内部，在不同的界面产生的反射波来传达内部的信息。超声波探伤的质量标准分两级。内部缺陷分级及探伤应符合现行国家标准《钢焊缝手工超声波探伤方法和探伤结果分级》(GB 11345)的规定。

2. 螺栓连接

螺栓连接分普通螺栓和高强度螺栓连接两种。前者主要用于拆装式结构或在焊接、铆接施工时用作临时固定构件。优点是装拆方便，不需特殊设备，施工速度快。后者是近几年发展起来的，其强度高，承受动载安全可靠，安装简便迅速，成本较低，连接紧密不易松动，塑性韧性好，装拆方便，节省钢材，便于维护的一种连接方法，适用于永久性结构。

(1)普通螺栓

普通螺栓包括 A、B、C 三级，A 级螺栓通称精致螺栓，B 级螺栓为半精致螺栓，C 级螺栓通称为粗制螺栓。A、B 级螺栓适用于拆装式结构或连接部位需传递较大剪力的重要结构的连接；钢结构用连接螺栓，除特别说明外，一般为普通粗制 C 级螺栓。

(2)高强度螺栓

高强度螺栓连接按其受力，可分为摩擦型连接、摩擦—承压型连接、承压型连接和张拉型连接等几种类型，其中摩擦型连接是目前应用比较广泛的基本连接形式。

摩擦型连接接头处用高强度螺栓紧固，使连接板层夹紧，利用由此产生于连接板层接触面间的摩擦力来传递外荷载。高强度螺栓在连接接头中不受剪，只受拉并由此给连接件之间施加接触压力。这种连接应力传递圆滑，接头刚性好，通常所指的高强度螺栓连接，就是这种摩擦型连接，其极限破坏状态即为连接接头滑移。

承压型连接，当外力超过摩擦阻力后，接头发生明显的滑移，高强度螺栓杆与连接板孔壁接触并受力，这时外力靠连接接触面间的摩擦力、螺栓杆剪切及连接板孔壁承压三方共同传递，其极限破坏状态为螺栓剪断或连接板承压破坏。这种连接承载力高，可以利用螺栓和连接板的极限破坏强度，经济性能好，但连接变形大，可应用在非重要的构件连接中。

第六节　结构吊装工程

一、建筑起重设备与机械

1. 起重设备

(1)钢丝绳

结构吊装施工中常用的钢丝绳是先由若干根钢丝捻成股，再由若干股围绕绳芯捻成绳。钢丝绳按每股钢丝数量的不同可分为 6×19、6×37 和 6×61(钢丝绳由 6 股组成，每股由 19、37、61 根钢丝捻成)三种规格。在直径相同的情况下，6×19 钢丝绳钢丝粗，耐磨损，但刚度较大,不易弯曲,一般用作缆风绳;6×37 钢丝绳比较柔软,可用来穿滑轮组和吊索;6×61 钢丝绳质地柔软,其中主要用于重型机械中。

(2)吊索、横吊梁

吊索又称千斤绳、绳套,与横吊梁一样都是吊装构件时的辅助工具。常用的吊索有环状吊索(又称万能吊索或闭式吊索)和 8 股头吊索(又称轻便吊索或开式吊索)两种(图 15-57)。

图 15-57　吊索

a)环状吊索;b)8 股头吊索

横吊梁又称铁扁担或平衡梁,用于起吊柱子和屋架等构件。常用的横吊梁有滑轮横吊梁、钢板横吊梁和钢管横吊梁三种(图 15-58～图 15-60)。滑轮横吊梁一般用于吊装 80kN 以下的柱子;钢板横吊梁一般用于吊装 100kN 以下的柱子,由 HPB235 钢板制作而成;钢管横吊梁钢管长 6～12m,一般用于吊装屋架。钢管横吊梁中的钢管也可用两个槽钢焊接成方形截面来代替。

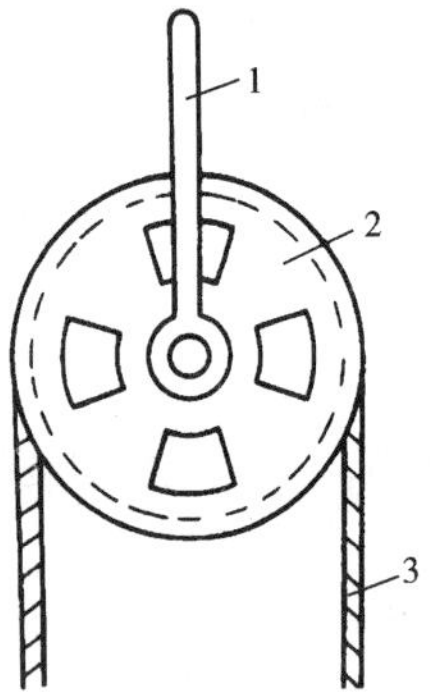

图 15-58　滑轮横吊梁

1-吊环;2-滑轮;3-吊索

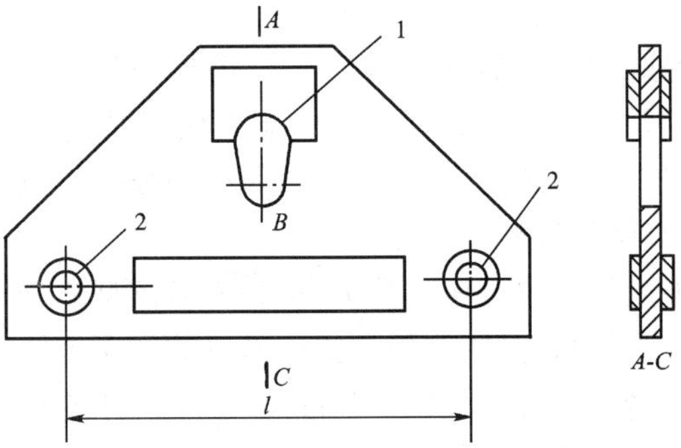

图 15-59　钢板横吊梁

1-挂吊钩孔;2-挂卡环孔

(3)滑轮组

滑轮又称葫芦,既能省力又能改变力的方向,滑轮组就是由一定数量的定滑轮和动滑轮以及绕过它们的绳索组成。由滑轮组引出的绳头称为"跑头",跑头可根据需要从定滑轮引出或从动滑轮引出或用两台卷扬机同时牵引(双联滑轮组)如图 15-61。通常滑轮组的名称以组成滑轮组的定滑轮与动滑轮数目表示,如由四个定滑轮和四个动滑轮组成的滑轮组称为四四滑轮组。

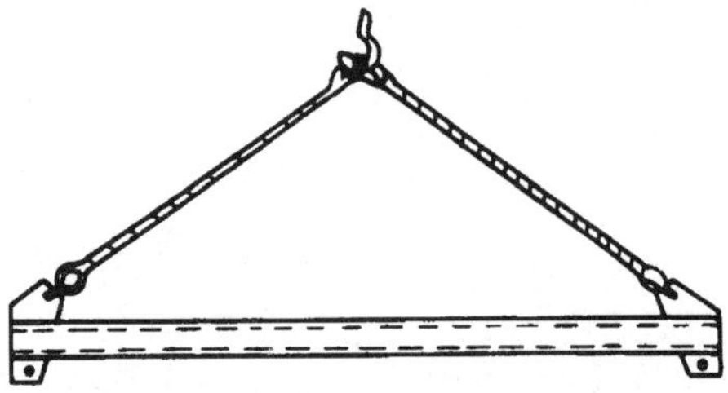

图 15-60　钢管横吊梁

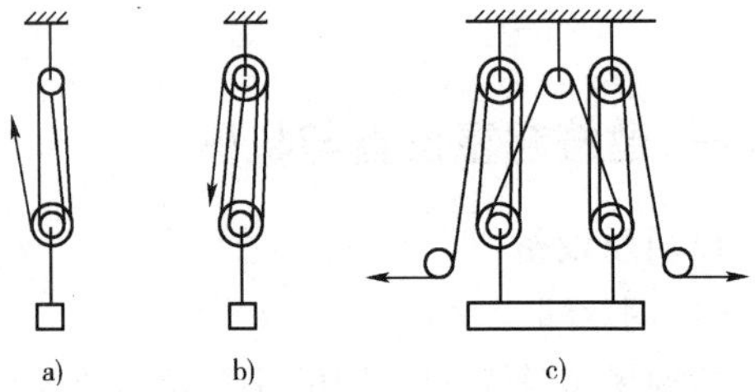

图 15-61　滑轮组的种类

a)跑头自动滑轮引出;b)跑头自定滑轮引出;c)双联滑轮组

(4)卷扬机

建筑工程施工中常用的卷扬机有快速和慢速两种。快速卷扬机(JJK 型)又有单筒和双筒之分,其牵引力为 4.0～50kN,主要用于垂直、水平运输和打桩作业;慢速卷扬机(JJM 型)多为单筒式,其牵引力为 30～200kN,主要用于结构吊装、钢筋冷拉和预应力筋张拉作业。卷扬机的主要技术参数为卷筒牵引力、钢丝绳的速度和卷筒绳容量。卷扬机在使用时必须用地锚予以固定,以防止工作时产生滑移或倾覆。根据受力大小固定卷扬机的方法分为螺栓锚固法、水平锚固法、立桩锚固法和压重锚固法四种(图 15-62)。

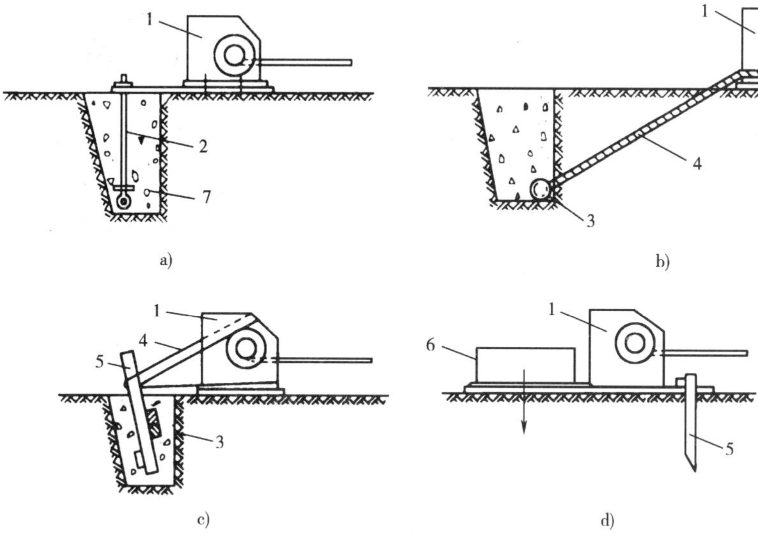

图 15-62　卷扬机的固定方法

a)螺栓锚固法;b)水平锚固法;c)立桩锚固法;d)压置锚固法

1-卷扬机;2-地脚螺栓;3-横木;4-拉索;5-木桩;6-压重;7-压板

2. 起重机械

(1)桅杆式起重机

桅杆式起重机制作简单、装拆方便,起质量可达 100t 以上,受地形限制小,可用于其他起重机不能安装的一些特殊结构设备的吊装;但桅杆式起重机服务半径小,移动困难,需要拉设较多的缆风绳。按构造形式不同分为独脚拔杆、人字拔杆、悬臂拔杆和牵缆式拔杆起重机(图 15-63～图 15-66)。

①履带式起重机

履带式起重机操作灵活,使用方便,有较大的起重能力,在平坦坚实的道路上还可负载行驶,更换工作装置后可成为挖土机或打桩机,是一种多功能机械。但履带式起重机行走速度慢,对路面破坏性大,在进行长距离转移时应用平板拖车或铁路平板车运输。

履带式起重机安全工作注意事项:

a)在安装时需保证起重吊钩中心与臂架顶部定滑轮之间有一定的最小安全距离,一般为 2.5～3.5m;

b)起重机工作时地面允许最大坡度不应超过 3°,臂杆的最大仰角一般不得超过 78°;

c)起重机在松软土壤上面工作,宜采用枕木或钢板焊成的路基箱垫好道路,以加快施工速度;

d)起重机不宜同时进行起重和旋转操作，也不宜边起重边改变臂架的幅度；

e)起重机如必须负载行驶，重物应在行走的正前方向，离地面不得超过 50cm，并拴好拉绳，同时荷载不得超过允许起质量的 70%，且道路应坚实平整，施工场地应满足履带对地面的压强要求，当空车停置时为 80～100kPa，空车行驶时为 100～190kPa，起重时为 170～300kPa。

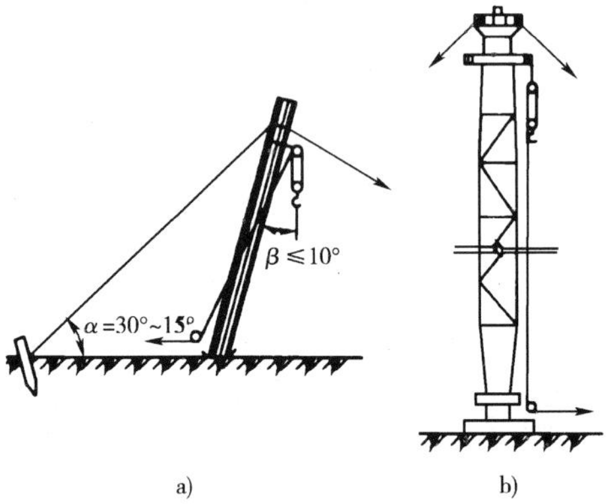

图 15-63 独脚拔杆

a)木拔杆；b)格构式金属拔杆

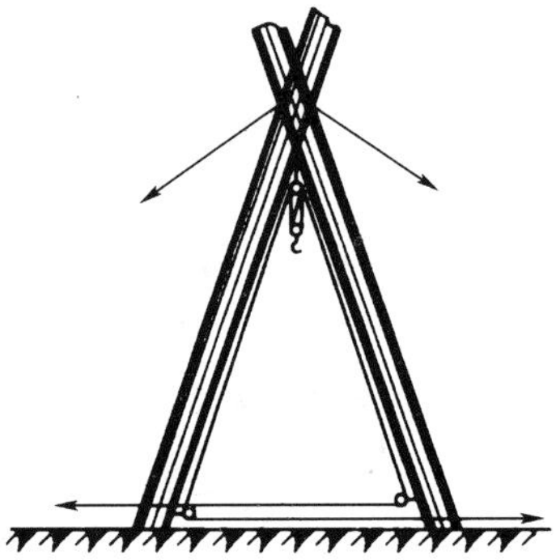

图 15-64 人字拔杆

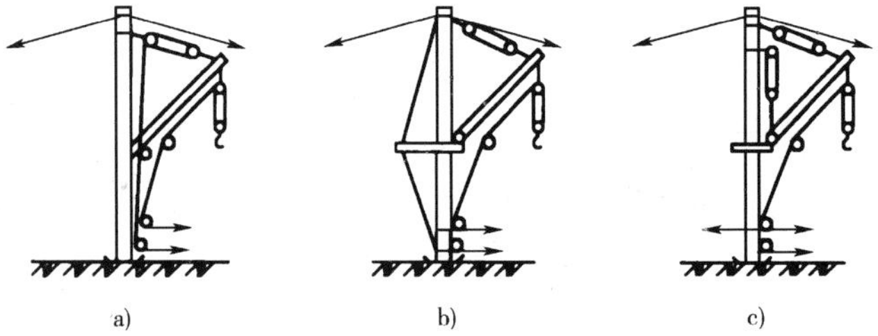

图 15-65 悬臂拔杆图

a)一般形式；b)带加劲杆；c)起重臂杆可沿拔杆升降

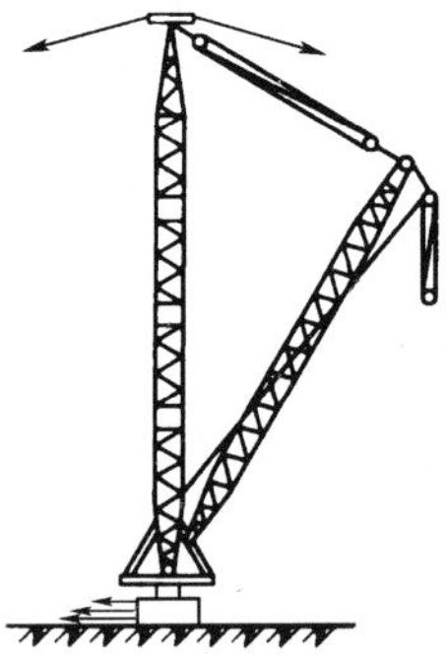

图 15-66 牵缆式拔杆起重机

②汽车式起重机

汽车式起重机(图 15-67)常用于构件运输、装卸和结构吊装，其特点是转移迅速，对路面损伤小，可用于一般工业厂房的结构安装；但吊装时需使用支腿，不能负载行驶，也不适于在松软或泥泞的场地上工作。

③轮胎式起重机

轮胎式起重机在构造上与履带式起重机(图 15-68)基本相似，但其行走装置采用轮胎，如图 15-69 所示。起重机构及机身装在特制的底盘上，能全回转。随着起质量的大小不同，底盘上装有若干根轮轴，配有 4～10 个或更多个轮胎，并有可伸缩的支腿；起重时，利用支腿增加机身的稳定，并保护轮胎。必要时，支腿下可加垫块，以扩大支承面。

轮胎式起重机的特点与汽车式起重机相同，均可用于一般工业厂房的结构安装。

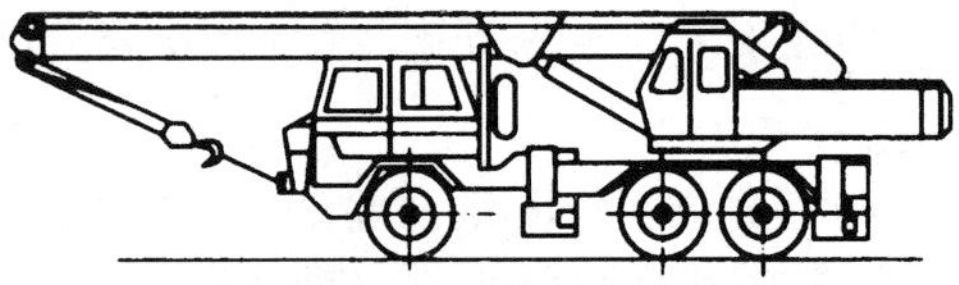

图 15-67 汽车式起重机

(2)塔式起重机

塔式起重机按行走机构、变幅方式、回转机构位置及爬升方式的不同可分为轨道式塔式起重机、附着式塔式起重机和爬升式塔式起重机三种类型。

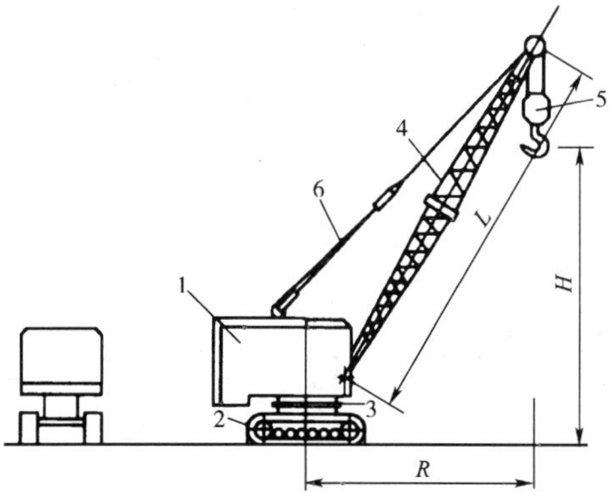

图 15-68　履带式起重机

1-机身；2-行走机构；3-回转机构；4-起重臂；5-起重滑轮组；6-变幅滑轮组

图 15-69　轮胎式起重机

①轨道式塔式起重机

轨道式塔式起重机能负荷行走，能同时完成水平运输和垂直运输，能在直线和曲线轨道上运行，使用安全，生产效率高，起重高度可按需要增减塔身、互换节架。但轨道式起重机工作时需要铺设轨道，装拆及转移耗费工时多，台班费较高。常用型号有 QT1-2、QT1-6、QT60/80、QT20 等，图 15-70 为 QT60/80 型轨道式塔式起重机。

②附着式塔式起重机

附着式塔式起重机是一种固定在建筑物近旁混凝土基础上的起重机械，塔身可借助顶升系统自行向上接高，随着建筑物和塔身的升高，每隔 20m 左右采用附着支架装置，将塔身固定在建筑物上，以保持稳定。图 15-71 为 QT4-10 型自生式四用附着式塔式起重机(可附着、可固定、可行走、可爬升)。

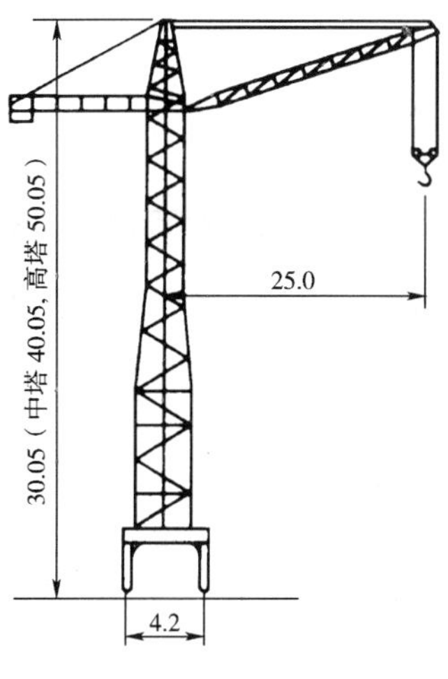

图 15-70　QT60/80 型轨道式塔式起重机

(尺寸单位：m)

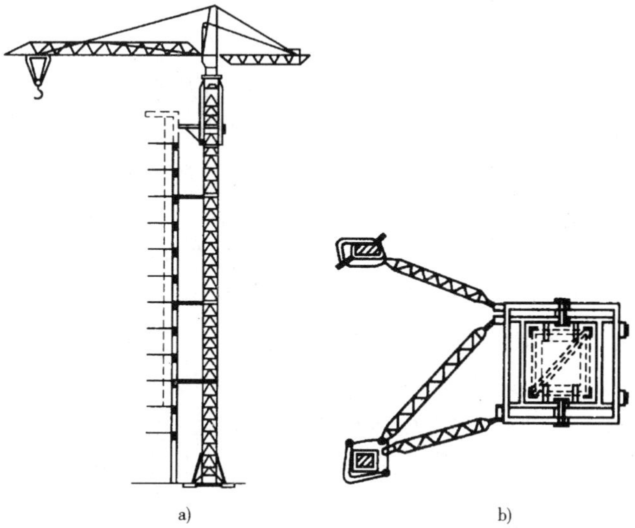

a)　b)

图 15-71　QT4-10 附着式型塔式起重机

a)全貌图；b)锚固装置图

③爬升式塔式起重机

爬升式塔式起重机是安装在建筑物内部电梯井或特设开间的结构上，借助爬升机构随建筑物的升高而向上爬升的起重机械，一般每隔1～2层楼爬升一次。

塔式起重机爬升过程(图15-72)，先用起重钩将套架提升到一个塔位处予以固定；然后松开塔身底座梁与建筑物骨架的连接螺栓，收回支腿，将塔身提至需要的高度；最后旋出连接螺栓，即可再次进行安装作业。

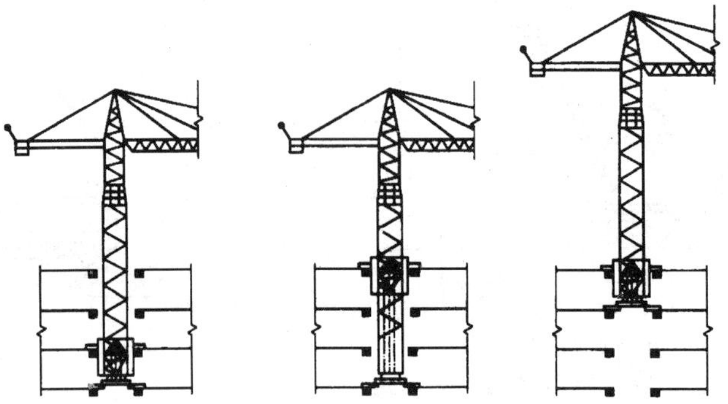

图15-72　爬升式塔式起重机爬升过程示意图

a)提升套架；b)提升塔身；c)固定连接螺栓

二、构件的绑扎

预制构件的绑扎和吊升对于不同构件各有其特点和要求，但均要求构件的绑扎点数量和位置应使构件在吊装过程中受力合理，避免损坏，不发生变形和裂断。

1. 柱的绑扎

对于柱的绑扎，一般中小型柱采用一点绑扎，重型柱或配筋少而细的长柱绑扎点不少于2个，以减少吊装弯矩。一点绑扎时，绑扎位置由设计确定；如有必要，两点绑扎位置可由吊装应力和裂缝控制计算后确定。

按照柱身吊起后是否保持垂直状态，柱的起吊分为斜吊法和直吊法，相应的绑扎方法有斜吊绑扎法和直吊绑扎法(图15-73、图15-74)。当柱的宽面抗弯能力满足吊装要求时可采用斜吊绑扎法，此法无需将预制柱翻转，但起吊后柱身与预制杯形基础的杯底不垂直，不便于对线就位。当柱宽面抗弯能力不足时可采用直吊绑扎法，此法要求必须将预制柱翻转使之窄面向上，再绑扎起吊，以利用刚度较大的侧面，安全起吊。但此法要求吊索跨过柱顶，需要较长的起重杆。

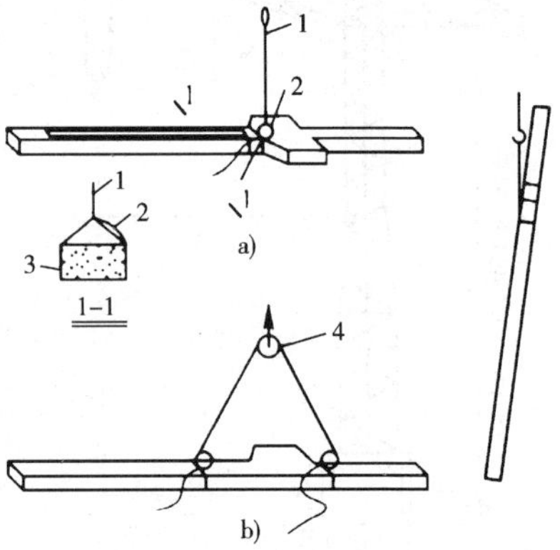

图15-73　斜吊绑扎法

a)一点绑扎；b)两点绑扎

1-吊索；2-椭圆销卡环；3-柱子；4-滑轮

2. 屋架的绑扎

屋架的绑扎点和绑扎方式与屋架的形式和跨度有关，绑扎点数目及位置一般由设计确定，吊点与设计不符应进行吊装演算。屋架绑扎吊索与水平面夹角α不宜小于45°，以避免屋架上弦杆承受过大压力而受损。通常跨度小于18m的屋架采用两点绑扎，大于18m的屋架可采用三点或四点绑扎。如屋架跨度过大或α角过大，导致吊索过长，起重机起重高度不够时，可采用横吊梁进行起吊。图 15-75 为屋架各种绑扎方式示意图。

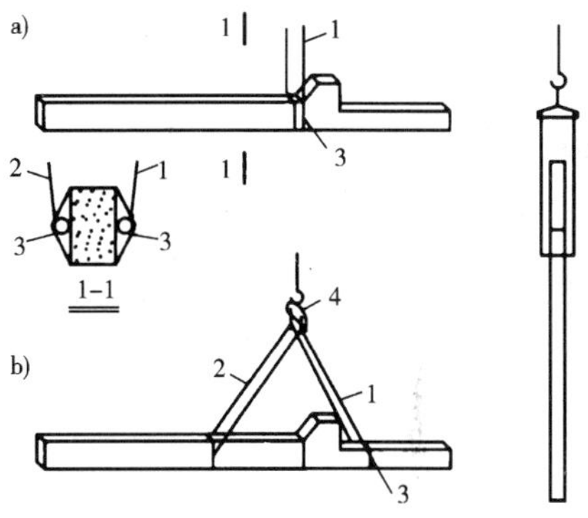

图 15-74　直吊绑扎法

a)一点绑扎；b)两点绑扎

1-第一支吊索；2-第二支吊索；3-活络卡环；4-铁扁

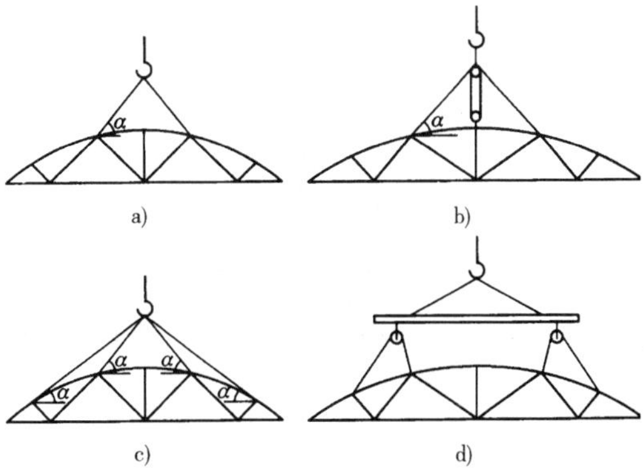

图 15-75　屋架绑扎方式

a)两点绑扎；b)三点绑扎；c)四点绑扎；d)横吊梁四点绑扎

三、柱的吊升

按照柱子在吊升过程中柱身运动的特点，柱子的起吊方法分为滑行法和旋转法；按照起吊起重机的数量，有单机起吊法和双机起吊法。现就单机起吊法阐述如下。

1. 滑行法

滑行法施工时，起重机起升吊钩，使柱脚在吊钩上升过程中沿着地面逐渐向吊钩位置滑行，直到柱身直立。起吊过程中，起重机只须起升吊钩即可将柱吊直，然后稍微转动吊杆即可将柱子吊装就位，构件布置方便，占地小，对起重机机动性能要求较低，但滑行过程中柱子受到振动，一般在起重机及场地条件受限时采用此法(图 15-76)。

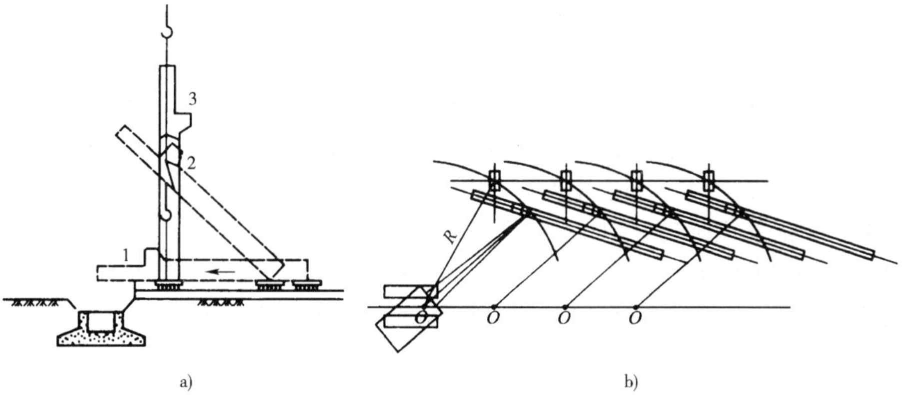

图 15-76　滑行法吊升

a)滑行过程；b)平面布置

1-柱子平卧状态；2-起吊过程；3-直立状态

2. 旋转法

旋转法施工时，起重机边起吊、边旋转，使柱身绕柱脚旋转而逐渐吊起。起吊过程中保持柱脚位置不动，使柱的吊点，柱脚中心和杯形基础的杯口中心三点共圆。旋转法施工，柱吊升过程中所受振动较小，但构件布置要求较高，占地较大，要求起重机能同时进行吊升和旋转两个动作，机动性要求高，一般多采用自行式起重机(图 15-77)。

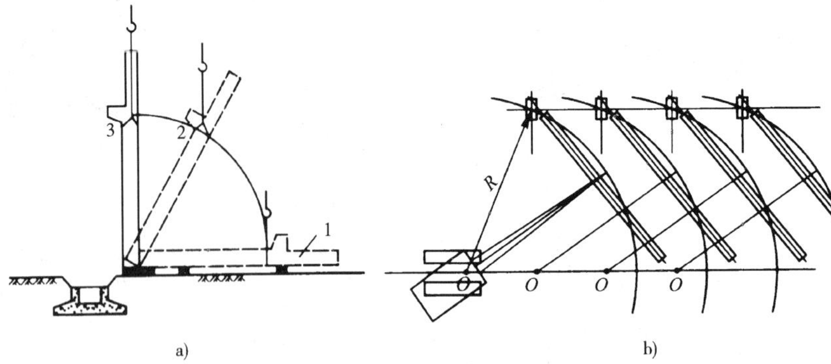

图 15-77　旋转法吊升

a)旋转过程；b)平面布置

1-柱子平卧状态；2-起吊过程；3-直立状态

四、构件的对位和临时固定

1. 柱的对位和临时固定

混凝土柱脚插入杯口并使柱的安装中心线对准杯口的安装中心线，即柱的对位；然后将柱四周八只楔子打入杯口壁与柱之间，以便临时固定。吊装重型、细长柱时，除采用以上措施进行临时固定外，必要时增设缆风绳拉锚。

钢柱吊装时，应先吊起离地 100～200mm 高度进行试吊，检查索具和吊车情况后，再进行正式吊装。调整柱底板接近安装基础时，吊车应缓慢下降。当柱底距离基础位置 40～100mm 时，调整柱底轴线对准基础两个方向轴线后下降就位，并拧紧全部基础螺栓螺母。钢柱就位如图 15-78 所示。

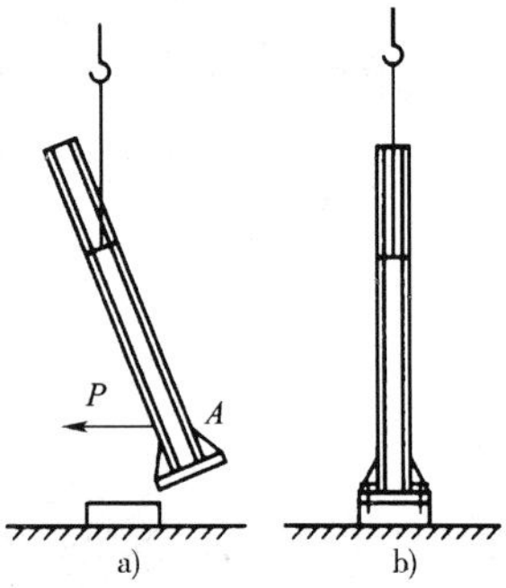

图 15-78　钢柱吊装就位

a)吊装调整；b)就位

2. 桁架的就位和临时固定

桁架类构件一般高度大、宽度小，受力平面外刚度很小，就位后易倾倒。因此桁架就位的关键是使桁架端头两个方向的轴线与柱顶轴线重合后，及时进行临时固定。

第一榀桁架是单片结构，侧向稳定性差，并作为第二榀桁架的支撑，其临时固定必须可靠。一般采用四根缆风绳从两边把桁架拉牢。其他各榀桁架可用屋架校正器(工具式支撑)临时固定在前面一榀桁架上，图 15-79 是一屋架就位示意图。

五、构件的校正和最后固定

1. 柱的校正和最后固定

柱的校正包括平面定位轴线、高程和垂直度的校正。柱平面定位轴线在临时固定前进行对位时已校正好。混凝土柱高程则在柱吊装前调整基础杯底的高程予以控制，在施工验收规范允许的范围内进行校正。钢柱则通过在柱子基础表面浇筑标高块(图 15-80)的方法进行校正。标高块用无收缩砂浆、立模浇筑，强度不低于 30N/mm²，其上埋设厚 16～20mm 的钢面板。而垂直度的校正可用经纬仪观测和钢管校正器或螺旋千斤顶(柱较重时)进行校正(图15-81、图15-82)。

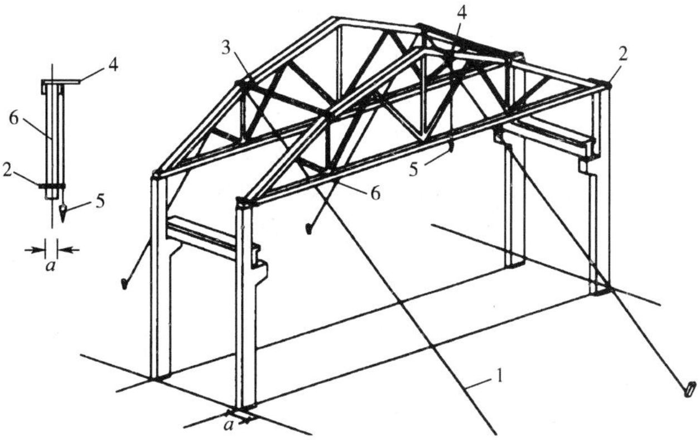

图 15-79　屋架临时固定

1-缆风绳;2、4-挂线木尺;3-屋架校正器;5-线锤;6-屋架

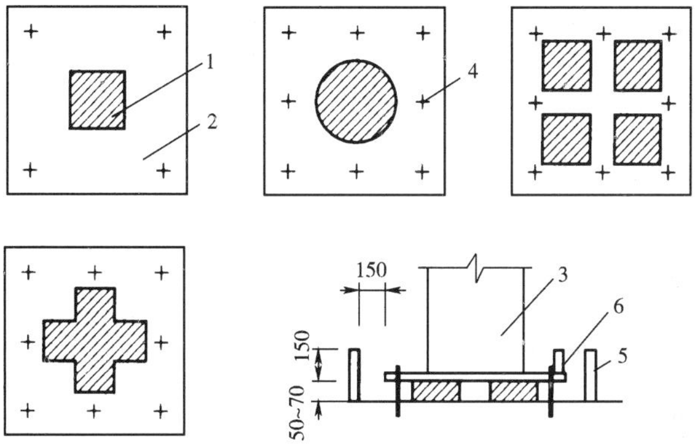

a)　　b)

图 15-80　钢柱标高块的设置(尺寸单位:mm)

a)几种形式的标高块;b)主模灌浆

1-标高块;2-基础表面;3-钢柱;4-地脚螺栓;5-模板;6-灌浆口

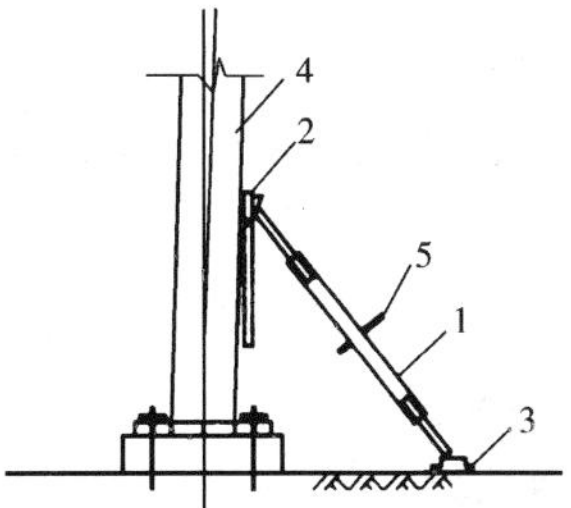

图 15-81　钢管撑杆校正柱垂直度

1-钢管校正器;2-头部摩擦板;3-底板;4-钢柱;5-转动手柄

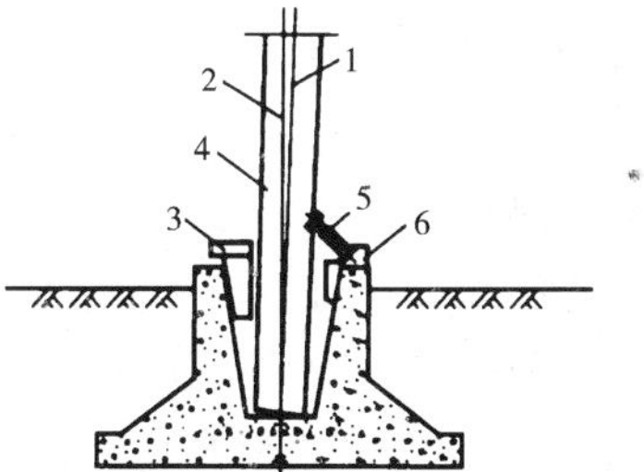

图 15-82　千斤顶斜顶校正柱垂直度

1-柱中线;2-铅锤线;3-楔块;4-柱;5-千斤顶;6-卡座

待混凝土柱校正完毕即在柱底部四周与基础杯口的空隙之间,浇筑细石混凝土。第一次浇至楔块底面,待混凝土强度达到 25%设计强度后,拔去楔块再第二次灌注混凝土至杯口顶面捣固密实,使柱的底脚完全嵌固在基础内作为最后固定。钢柱校正后即将锚固螺栓固定,并进行钢柱柱底灌浆。灌浆前,应在钢柱底板四周立模板,用水清洗基础表

面，排除积水。灌注砂浆应能自由流动，灌浆从一边进行连续灌注，灌注后用湿草包等覆盖养护。

2. 桁架的校正和最后固定

桁架主要校正垂直偏差。建筑工程的有关规范规定：屋架上弦(在跨中)通过两个支座中心的垂直面偏差不得大于 $h/250$(h 为屋架高度)。检查时，可用线锤或经纬仪。下面以屋架为例说明桁架的校正方法(参见图 15-79)。用经纬仪检查时，将仪器安置在被检查屋架的跨外，距柱横轴线为 a。观测屋架上弦所挑出的三个挂线木卡尺上的标志(一个安装在屋架上弦中央，两个安装在屋架上弦两端)，标记距屋架上弦轴线均为 a 的点，看是否在同一面上，如偏差超出规定数值，则转动屋架校正器上的螺栓进行校正，并在屋架端部支承面垫入薄钢片。校正无误后，立即用电焊焊牢作为最后固定，焊接时应在屋架两端的不同侧同时施焊，以防因焊缝收缩导致屋架倾斜，其他形式的桁架校正方法也与此类似。

本章小结

(1)土方工程主要包括基坑土方开挖与回填、边坡支护和基坑降排水等几部分。

基坑支护和地下水的控制是保证基础施工顺利进行的两个基本要求。常用基坑支护形式有衬板式、悬臂式、拉锚式、锚杆式、斜撑式等，还有地下连续墙、土钉支护技术等。

(2)一般工程的基坑施工中，多采用明沟集水井抽水、井点降水或二者相结合的办法排除地下水，它们都具有各自不同的施工要求和适用条件。

(3)地基处理主要针对软弱地基，一般都对基础作用范围内的软弱土采取一定的技术加固与处理措施，使之满足基础设计的承载力要求。

地基处理与加固的方法主要有换填法、重锤夯实法、强夯法和振冲法等。施工时应针对不同工况，选择合适的地基处理方法。

(4)桩基础由于具有施工快速、受力合理、沉降稳定而被广泛运用。桩基础有不同的分类方法，在施工中常以制作方法来进行分类，可分为预制桩和灌注桩。

(5)在砌体工程中，普通砖砌体是最常采用的形式，具有明确的组砌要求、组砌形式和组砌工艺，砖砌体有严格的施工质量和构造要求。

(6)脚手架最常使用的是扣件式钢管脚手架，许多种脚手架也是由此演变而来的。

(7)钢筋冷加工有冷拉、冷拔和冷轧等方法；钢筋连接方法有绑扎连接、焊接连接和机械连接，特别是焊接和机械连接是目前最为常见的使用方法。

(8)混凝土工程的施工关键在于其搅拌、浇筑和养护。在混凝土搅拌时应选择正确的搅拌方式、搅拌时间、投料顺序、进料容量；在浇筑过程中应遵循浇筑厚度、间歇时间、振捣方法、施工缝留置等有关技术规定和施工原则。养护过程中必须有足够的水分和温度保障，以使混凝土达到设计和施工要求。

(9)钢结构是用钢板、型钢和圆钢等通过焊接连接、螺栓连接等方式制造的结构。目前常用的钢结构类型主要有钢梁、钢柱、钢桁架、钢网架结构等。

(10)结构吊装工程中，要求构件的绑扎点数量和位置应使构件在吊装过程中受力合理，避免损坏，不发生变形和裂断。构件的对位、临时固定、校正和最后固定应按照操作规程严格执行，确保构件吊装的工程质量。

复习思考题

15-1　土的工程分类有哪些？土的工程性质包括哪些内容？

15-2　土方边坡的形式包含哪些种类？影响便坡稳定的因素有哪些？坡面保护方法有哪些？

15-3　基坑支护的形式有哪些？试述其工作原理。

15-4　土方回填应注意哪些事项？填土压实方法有哪几种，如何实现填土的压实？

15-5　试述基坑和基槽土方量计算的方法。

15-6　地基处理的方法有哪些？如何进行施工质量检查？

15-7　桩基础如何进行分类？试述钢筋混凝土预制桩的制作流程。

15-8　打桩顺序有哪几种？打桩顺序与哪些因素有关？如何确定打桩顺序？

15-9　灌注桩的成孔方法有哪些？

15-10　试述挖孔灌注桩的施工程序和施工要求。

15-11　什么叫皮数杆？皮数杆如何布置，如何划分？

15-12　中小型砌块砌筑施工要点有哪些？

15-13　脚手架搭设的基本要求是什么？试述脚手架的分类。

15-14　扣件式脚手架搭设与拆除的基本要求包括哪些内容？

15-15　安全网搭设应遵循什么原则？应注意哪些问题？

15-16　钢筋混凝土工程中对模板的基本要求有哪些？模板的种类有哪些？

15-17　钢筋冷加工控制措施有哪些？

15-18　钢筋的连接方法有哪些？

15-19　混凝土运输的基本要求和常用运输机械有哪些？试述各种运输机械的适用范围。

15-20　施工缝的作用是什么？如何设置施工缝？

15-21　混凝土养护的方法有哪些？

15-22　钢结构构件的截面形式有哪些？

15-23　试述钢结构构件放样和划线的步骤和基本要求。

15-24　加工钢结构构件过程中，切割方法及其原理和优缺点有哪些？

15-25　钢结构构件的连接方法有哪些？常用焊接方法及其特点和适用范围有哪些？

15-26　试述建筑起重设备和机械的种类、适用范围及其工作原理。

15-27　试述柱子和桁架结构的校正和最后固定方法。

第十六章　防水工程施工

[重点内容和学习目标]

本章主要介绍了卷材防水施工、沥青涂膜防水施工和水泥砂浆防水施工的施工工艺。

通过本章学习，要求学生掌握卷材屋面防水施工工艺及常见质量问题、水泥砂浆防水层施工方法和工艺过程。

第一节　卷材及沥青涂膜防水施工

屋面工程根据建筑物的性质、重要程度、使用功能要求以及防水层合理使用年限等，将屋面防水分为四个等级，见表 16-1 所示。

屋面防水等级和设防要求　　表 16-1

项　目	屋面防水等级			
	Ⅰ级	Ⅱ级	Ⅲ级	Ⅳ级
建筑物类别	特别重要或防水有特殊要求的建筑	重要的建筑和高层建筑	一般的建筑	非永久性的建筑
防水层合理使用年限	25 年	15 年	10 年	5 年
设防要求	三道或三道以上防水设防	二道防水设防	一道防水设防	一道防水设防
防水层选用材料	宜选用合成高分子防水卷材、高聚物改性沥青防水卷材、金属板材、合成高分子防水涂料、细石防水混凝土等材料	宜选用高聚物改性沥青防水卷材、合成高分子防水卷材、金属板材、合成高分子防水涂料、高聚物改性沥青防水涂料、细石防水混凝土、平瓦、油毡瓦等材料	宜选用高聚物改性沥青防水卷材、合成高分子防水卷材、三毡四油沥青防水卷材、金属板材、高聚物改性沥青防水涂料、合成高分子防水涂料、细石防水混凝土、平瓦、油毡瓦等材料	可选用二毡三油沥青防水卷材、高聚物改性沥青防水涂料等材料

一、卷材防水

1. 材料准备

(1)卷材

目前常用的是高聚物改性沥青防水卷材，如下。

①SBS 改性沥青防水卷材(又称弹性体沥青,适用北方)

高性能胎基和改性沥青组合,综合性能优良;可形成高强度防水层,耐撕裂、耐穿刺、耐水压力、耐疲劳并具自愈力,抵抗变形能力强;弹性好,塑性范围大,冷热均可使用,耐低温(−15～−25℃弯曲不裂)−50℃仍具防水功能;耐久寿命长。

SBS 改性沥青防水卷材适用于工业与民用建筑的屋面、地下及卫生间等的防水防潮,以及游泳池、隧道、蓄水池等的防水工程,尤其适用于寒冷地区和结构变形频繁的建筑物防水。采用热熔法、自黏法施工,也可用胶黏剂进行冷黏法施工。采用热熔法一年四季均可施工。

②APP 改性沥青防水卷材(又称塑性沥青,适用南方)

塑性体沥青防水卷材的技术性质与弹性体沥青防水卷材基本相同,而塑性体沥青防水卷材具有耐热性更高的优点,但低温柔韧性较差。

塑性体沥青防水卷材的适用范围与弹性体沥青防水卷材基本相同外,尤其适用于高温或有强烈太阳辐射地区的建筑物防水。可用热熔法、自黏法施工,也可用胶黏剂进行冷黏法施工。

③合成高分子防水卷材

a)三元乙丙(EPDM)橡胶防水卷材

三元乙丙橡胶防水卷材具有优良的耐候性、耐臭氧性和耐热性,同时还具有抗老化性能很好(使用寿命为 20 年以上)、质量轻(1.2～2.0kg/m^2)、抗拉强度高、断裂伸长率大、低温柔韧性好以及耐酸碱腐蚀的优点。

三元乙丙橡胶防水卷材适用范围广,属于高档防水材料,可用于防水要求高、耐久年限长的工业与民用建筑的屋面、卫生间等防水工程;也可用于桥梁、隧道、地下室、蓄水池等工程的防水。

三元乙丙橡胶防水卷材的不足:三元乙丙橡胶防水卷材属非极性的难黏结材料,在接缝黏结时必须选用特种材料配制的专用胶黏剂,否则容易发生开胶而导致渗漏。

b)聚氯乙烯(PVC)塑料防水卷材

PVC 防水卷材主要用于建筑工程的屋面防水,也可用于水池、堤坝等防水工程。PVC 防水卷材施工方法:有黏结法、空铺法和机械固定法三种。

c)氯化聚乙烯——橡胶共混防水卷材(JC/T 684—97 标准 S 型指标的规定)

具有强度高(抗拉强度在 7.5MPa 以上)、耐臭氧性能、耐水性、耐腐蚀性、抗老化性能好(使用寿命在 20 年以上)、断裂伸长率高(伸长率达 450%以上)以及低温柔韧性好(脆性温度在−40℃以下)等特性,因此特别适用于寒冷地区或变形较大的建筑防水工程,也可用于有保护层的屋面、地下室、储水池等防水工程。这种卷材采用黏结剂冷黏施工。

(2)配套材料

①基层处理剂:冷底子油。冷底子油的作用是使沥青胶与水泥砂浆找平层更好地黏结,其配合比(质量比)一般为石油沥青(10 号或 30 号,加热熔化脱水)40%加煤油或轻柴油 60%(称慢挥发生冷底子油,涂刷后 12～18h 可干);也可采用石油沥青 30%加汽油 70%(称快挥发生冷底子油,涂刷后 5～10h 可干)。冷底子油可涂可喷。一般要求找平层完全干燥后施工。冷底子油干燥后,必须立即做油毡防水层,否则,冷底子油易粘灰尘,又得重刷。

②氯丁橡胶沥青胶黏剂：由氯丁橡胶加入沥青及溶剂等配制而成，为黑色液体。

③橡胶沥青嵌缝膏：即密封膏，用于细部嵌固边缝。

④保护层料：石片、各色保护涂料。

⑤70 号汽油、二甲苯，用于清洗受污染的部位。

(3)主要机具

①电动搅拌器、高压吹风机、自动热风焊接机。

②喷灯或可燃气体焰炬、铁抹子、滚动刷、长把滚动刷、钢卷尺、剪刀、笤帚、小线等。

2. 卷材屋面防水施工

卷材屋面防水层施工的工艺流程为：基层清理→定位、弹线→节点附加增强层施工→铺贴卷材→封边→末端收口密封→检查、修整→保护层施工。

(1)基层处理

基层要求有足够的强度和刚度，承受荷载时不致产生显著的变形，一般采用水泥砂浆(体积配合比为 1∶3)或沥青砂浆(质量配合比为 1∶8)找平层作为基层，厚为 15～20mm。涂刷基层处理前，应将屋面清理干净，并用高压吹尘器，将基面浮灰吹净。基层必须干燥，其含水率不得大于 9%，用一块 $1m^2$ 的卷材静置平坦，空铺找平层上 3～4h 掀开检查，未见水印，即可施工。基层表面清洁平整，用 2m 直尺检查，最大空隙不应大于 5mm，不得有空鼓、开裂及起砂、脱皮等缺陷，空隙只允许平缓变化。阴阳角处应做成半径为 50mm 的圆角。基层处理剂应与卷材的材性相容。基层处理剂可采用喷涂和刷涂施工，喷、刷都应均匀一致，应该先对屋面节点、转角、周边等处先用毛刷涂刷，如喷涂两遍时应当一道干燥后方可涂刷第二遍。待基层处理剂干燥后方可进行铺贴卷材，涂刷中不得污染四周墙体。严禁在雨天、雪天施工，五级风及其以上时不得施工，气温低于 0℃时不宜施工。

找平层的作用是给防水卷材提供一个平整、密实、有强度、能黏结的构造基层。具体做法：用 1∶3 水泥砂浆抹在屋面基面上，厚度为 20～25 mm 砂浆摊铺后，用 2 m 以上长度刮杆刮平，一次摊铺抹压成型(找平层宜留伸缩缝靠女儿墙、山墙与找平层接点处应设伸缩缝)，刮杆刮平后用木抹子搓平，达表面平整，再用铁抹子二次原浆抹光，并用平整度误差靠尺检测＜5mm。12h 后草袋覆盖，浇水养护，应避免找平层砂浆开裂、起砂、起皮。为防止由于温差或混凝土收缩使卷材防水层开裂，找平层应留设分格缝，缝宽 20mm，其留设位置应在预制板支承端的拼缝处。

(2)卷材的铺贴

卷材铺贴前应先准备好黏结剂、熬制好沥青胶和清除卷材表面的撒料。沥青胶中的沥青成分应与卷材中的沥青成分相同。卷材铺贴层数一般为 2～3 层，沥青胶铺贴厚度一般在 1～1.5mm 之间，最厚不得超过 2mm。卷材的铺贴方向应根据屋面坡度或是否受振动荷载而定。当屋面坡度小于 3%时，宜平行于屋脊铺贴；当屋面坡度大于 15%或屋面受振动荷载时，应垂直于屋脊铺贴。高聚物改性沥青防水卷材和合成高分子防水卷材不受此限制，但上下层卷材不得相互垂直铺贴。

平行于屋脊铺贴时，由檐口开始。两幅卷材的长边搭接，应顺流水方向；短边搭接，应顺主导方向。垂直于屋脊铺贴时，由屋脊开始向檐口进行。长边搭接应顺主导方向，短边接头应顺流水方向。同时在屋脊处不能留设搭接缝，必须使卷材相互越过屋脊交错搭接，以增强屋脊的防水和耐久性。

卷材搭接最小长度见表 16-2 所示。

卷材搭接最小长度标准　　表 16-2

铺贴方法 / 卷材种类		短边搭接		长边搭接	
		满粘法	空铺、点粘、条粘法	满粘法	空铺、点粘、条粘法
沥青防水卷材		100	150	70	100
高聚物改性沥青防水卷材		80	100	80	100
合成高分子防水卷材	胶黏剂	80	100	80	100
	胶黏带	50	60	50	60
	单缝焊	60,有效焊接宽度不小于 25			
	双缝焊	80,有效焊接宽度 10×2＋空腔宽			

当铺贴连续多跨或高低跨屋面卷材时,应按先高跨后低跨,先远后近的顺序进行。对同一坡面,则应先铺好落水口、天沟、女儿墙泛水和沉降缝等地方,然后按顺序铺贴大屋面防水层。

卷材铺贴前,应先在干燥后的找平层上涂刷一遍冷底子油,待冷底子油挥发干燥后进行铺贴,其铺贴方法有浇油法、刷油法、刮油法和撒油法四种。浇油法(又称赶油法)是将沥青胶浇到基层上,然后推着卷材向前滚动来铺平压实卷材;刷油法是用毛刷将沥青胶的基层上刷开,然后快速铺压卷材;刮油法是将沥青胶浇的基层上后,用厚 5～10mm 的胶皮刮板刮开沥青胶铺贴;撒油法是在铺第一层卷材时,先在卷材周边满涂沥青,中间用蛇形花撒的方法撒油铺贴,其余各层则仍按浇油、刮油或刷油方法进行铺贴,此法多用于基层不太干燥需做排气屋面的情况。

图 16-1　喷灯法施工现场图

热沥青黏结法是传统的沥青卷材黏结方法,热沥青黏结牢固,很适宜用于多层沥青卷材的黏结,但沥青加热散发烟尘、污染环境,我国有很多城市予以禁止或限制,现在已使用不多了。

喷灯法(图 16-1)是我国目前使用最广泛的改性沥青防水卷材黏结手段,问题在于大量使用的是简易的汽油水喷灯,有的地方沥青熔化过度,而有的地方则失黏或黏结不牢,卷材边外溢,参差不齐,施工质量较差。同时,喷灯施工易引发火灾,在可燃屋面上使用更应注意这一问题。

用短喷枪加热卷材熔胶,并用压滚或棉纱团适当加压抹实,以熔胶刚挤出卷材边为度。

热空气焊接主要用于卷材的接缝,国外已将此施工方法从 PVC 卷材移植到改性沥青卷材上,焊接均匀,焊缝整齐。热空气焊接与喷灯黏结相比,对环境污染小、安全、质量均匀一致。

为了延长防水层的使用寿命,通常设置保护层。防水保护层施工:上人屋面按设计要求做各种刚性防水层屋面保护层。常用的有:混凝土薄板保护层、水泥砂浆保护层、细石混凝土保护层、陶瓷地砖保护层。不上人屋面做保护层有两种形式:防水层表面涂刷氯丁橡胶沥青胶黏剂,趁热撒上一层粒径为 3～5mm 的绿豆砂,并加以压实,要求铺撒均匀,黏结牢固,使大多数石子能嵌入沥青胶中形成石片保护层;或防水层表面涂刷银色反光涂料。

(3)保温层的施工

①松散材料保温层的施工要求

基层应平整、干燥、干净;含水率应符合设计的要求;松散保温材料应分层铺设并压实;保温层材料施工完毕后，应及时进行找平层和防水层的施工。

②板状保温层的施工要求

基层应平整、干燥、干净；板状保温材料应紧靠在需保温的基层表面上，并应铺平垫稳；分层铺设的板块上下层接缝应相互错开，板间缝隙应采用同类材料填密实；粘贴的板状保温材料应贴严、粘牢。

③整体现浇保温层的施工要求

沥青膨胀蛭石、沥青膨胀珍珠岩宜用机械搅拌，并应色泽一致无沥青团。

④雨季施工时，保温层应采取遮盖措施。

(4)卷材防水屋面应注意的质量问题

卷材防水屋面最容易产生的质量问题有：防水层起鼓、开裂；沥青流淌、老化；屋面漏水等。

为防止起鼓，要求基层干燥，其含水率在6%以内，避免在雨、雾、霜天气施工；隔气层良好，防止卷材受潮；保证基层平整，卷材铺贴均匀；封闭严密，各层卷材粘贴密实，以免水分蒸发、空气残留形成气囊而使防水层产生起鼓现象。对搭接缝处理要求卷材铺好后，相邻两幅卷材的搭接缝要用短喷灯熔焊粘牢，加热以溢出热熔的粘胶为度，然后再用火焰和铁抹子将接缝边缘均匀加热抹压，末端收头用密封膏嵌填严密。最后沿缝边涂刷两遍聚氨酯防水涂料作封缝处理，宽约50mm。另外，在铺贴过程中应专人检查，如发生气泡或空鼓时，应将其割开修补。在潮湿基层上铺贴卷材，宜做成排气屋面。所谓排气屋面，就是在铺第一层卷材时，采用条铺、花铺等方法使卷材与基层间留有纵横相互贯通的排气道，并在屋面或屋脊上设置一定量的排气孔，使潮湿基层中的水分及时排走，从而避免防水层起鼓。

为了防止沥青胶流淌，要求沥青胶有足够的耐热度，较高的软化点，涂刷均匀，其厚度不得超过2mm，屋面坡度不宜过大。

防水层破裂的主要原因有：结构变形、找平层开裂；屋面刚度不够；建筑物不均匀沉降；沥青胶流淌，卷材接头错动；防水层温度收缩，沥青胶变硬、变脆而拉裂；防水层起鼓后内部气体受热膨胀等。

渗漏多发生在细部位置。细部节点(阴阳角位、墙体水平施工缝)做附加增强层施工，将1m幅宽卷材平均裁成1/3幅宽，作为附加增强层卷材铺贴附加层时，从卷材剪配、粘贴操作，使附加层紧贴到位，封严、压实，不得有翘边等现象。突出屋面的结构和管道根部、细部节点应留槽用嵌缝材料进行嵌缝处理，然后做成圆锥台，有利于不积水和便于粘贴卷材，水落口周围500 mm范围内应做成略低平面凹坑。

防水层大面积老化、破损，应全部铲除，修整找平层及保温层。

在屋面荷载允许的条件下，宜保留原防水层，增做面层防水层。

3. 卷材地下工程防水施工

(1)外防水施工

卷材是常用的一种防水材料，根据卷材与墙体的关系，可分为外防水和内防水。卷材防水层设在地下工程围护结构外侧(即迎水面)时，称为外防水，这种方法防水效果较好，应用普遍。卷材粘贴于结构内表面时称为内防水，这种做法防水效果较差，但施工简单，便于修补，常用于修缮工程。外防水的具体做法如下。

①在抹好水泥砂浆找平层的混凝土垫层四周用石灰砂浆砌筑临时保护墙，高度300～500mm；底板与立壁转角位处的永久性(或临时性)保护墙应预先砌筑并抹好找平层，其高度应高出混凝土底板面不少于500mm。

②作水平防潮层。在地坪垫层上作水泥砂浆找平层，涂冷底子油，铺贴卷材防水层（四周需留出足够长度，搭在临时保护墙上，以便与墙身垂直防水卷材搭接），其上浇筑细石混凝土或水泥砂浆保护层和钢筋混凝土底板。

③施工墙体，并在做好水泥砂浆找平层和冷底子油的墙外侧铺贴卷材防水层。注意卷材在底板与墙身转角处的塔接，在设计水位 0.5～1m 处收头，防水层以上的地下室侧墙应抹水泥砂浆并涂热沥青两道，直至室外散水处。

④作永久性保护墙，并回填黏土等隔水层。120 砖保护墙下部需干铺一层卷材作为隔离层，为使油毡防水层与基层表面紧密贴合，充分发挥防水效能，永久性保护墙按 3～5m 和转角处分段并且与防水层之间空隙用水泥砂浆填实或嵌入卷材条或沥青麻丝。保护墙也可采用聚苯板等软材料，称为软保护墙。

表 16 -3 为地下工程防水等级标准及适用范围。

地下工程防水等级标准及适用范围 表 16-3

防水等级	标　　准	适 用 范 围
一级	不允许渗水，结构表面无湿渍	人员长期停留的场所；因有少量湿渍会是物品变质、失效的储物场所及严重影响设备正常运转和危及工程安全运营的部位；极重要的战备工程
二级	不允许渗水，结构表面可有少量湿渍 工业与民用建筑：总湿渍面积不应大于总防水面积（包括顶板、墙面、地面）的 1/1 000；任意 $100m^2$ 防水面积上湿渍不超过 1 处，单个湿渍的最大面积不大于 $0.1m^2$ 其他地下工程：总湿渍面积不应大于总防水面积的 6/1 000；任意 $100m^2$ 防水面积上的湿渍不超过 4 处，单个湿渍的最大面积不大于 $0.2m^2$	人员经常活动的场所；在有少量湿渍的情况下不会使物品变质、失效的储物场所及基本不影响着被正常运转和工程安全运营的部位；重要的战备工程
三级	有少量漏水点，不得有线流和漏泥砂 任意 $100m^2$ 防水面积上的漏水点数不超过 7 处，单个漏水点的最大漏水不大于 2.5L/d，单个湿渍的最大面积不大于 $0.3m^2$	人员临时活动的场所；一般战备工程
四级	有漏水点，不得有线流和漏泥砂 整个工程平均漏水量不大于 $2L/m^2 \cdot d$；任意 $100m^2$ 防水面积的平均漏水量不大于 $4\ L/m^2 \cdot d$	对渗漏水无严格要求的工程

（2）外贴法和内贴法施工

外贴法施工应先铺贴平面，再铺贴立面，平、立面交接处应交叉搭接，临时性保护墙宜采用石灰砂浆砌筑以便于拆除。

内贴法施工是在垫层四周砌筑永久性保护墙，然后在垫层上和永久性保护墙上铺贴油毡防水层，防水层上面铺 15～30mm 厚的水泥砂浆保护层，最后进行混凝土底板和墙体结构的施工。

卷材地下防水工程施工一般采用外贴法施工，只有在施工条件受到限制，外贴法施工不能进行时，方采用内贴法施工。

（3）卷材收口处理

卷材防水层的收口一般设在地下室外墙顶部，高出室外地坪 300mm。铺卷材时，应将立面部分的长度留足并将预留部分用低强度混合砂浆临时保护，待结构完成后将混合砂浆铲除并清洗干净预留卷材；收口卷材铺贴时不要拉得太紧，铺贴完成后将端头裁齐。用带垫圈的水泥钢钉每隔 500mm 对卷材收口予以固定，钉位及卷材收口用聚氨酯防水涂料封闭。

(4)保护层施工

底板防水层完成后应做不少于 40mm 厚的刚性保护层。且刚性保护层与防水层间应预先铺设缓冲隔离层。缓冲隔离层可采用沥青油毡或无纺布。

当立壁防水层(PE 膜面卷材)采用 50mm 厚聚苯板保护层时，应用胶黏剂粘于防水层上，并立即回填土方。胶黏剂可采用 JS 聚合物水泥基复合防水涂料。

二、沥青涂膜防水

涂膜防水屋面主要适用于防水等级为 III 级、IV 级的屋面防水，也可用作为 I 级、II 级屋面多道防水设防中的一道防水层。

1. 涂膜材料与施工机具

(1)涂膜防水材料

常用的防水涂料有沥青基类、化工副产品类及合成树脂类。

①沥青基类防水涂料

沥青基防水涂膜工程采用的沥青基防水涂料其成膜的物质中胶黏材料是石油沥青，石灰乳化沥青以石油沥青为基料、石灰膏为分散剂、石棉绒为填充料与水在热状态下用机械强力搅拌而制成沥青膏体，是一种潮湿基层上冷施工的防水涂料，分溶剂型和水乳型，适用于保温和非保温的无水泥砂浆找平层的屋面防水工程。

②化工副产品类防水涂料

化工副产品类防水涂料多为苯乙烯焦油加增韧剂或乳化剂配制而成，或用合成脂肪酸残渣加溶剂制成。但性能不够稳定，影响防水效果。

③合成高分子防水涂料

合成高分子防水涂料，是以合成橡胶或合成树脂为主要成膜物质制成的单组分或多组分的防水涂料。合成高分子防水涂料比沥青基及改性沥青基防水涂料具有更好的弹性和塑性、耐久性以及耐高低温性能。便于涂刷，附着牢固，效果好，但成本较贵，耐臭氧性能差，紫外光照射较易老化，一般多用于室内防水，特别是基层形状复杂，使用卷材施工不便的部位。

(2)配套材料

①密封材料：封膏。

②磷酸或苯磺酰氯：凝固过快时，作缓凝剂。

③二月桂酸二丁基烯：凝固过慢，作促凝剂用。

④二甲苯：清洗施工工具用。

⑤乙酸乙酯：清洗手上凝胶用。

⑥107 胶：修补基层用。

⑦玻璃丝布(幅宽 90cm，14 目)或无纺布。

⑧石渣：ϕ2mm 左右，黏结过渡层用。

⑨水泥：32.5 级以上硅酸盐水泥、普通硅酸盐水泥或矿渣硅酸盐水泥，补基层用。

(3)施工机具

①电动机具：电动搅拌器。

②手用工具：搅拌桶、小铁桶、小平铲、塑料或橡胶刮板、滚动刷、毛刷、弹簧秤、消防器材等。

2. 沥青涂膜防水屋面施工

沥青涂膜防水屋面施工的工艺流程为：基层处理→涂刷底层涂料→特殊部位增强处理涂刷→第一道涂膜防水层→涂刷第二道涂膜防水层→涂刷第三道涂膜防水层→防水保护层→闭水试验。

(1)涂布前准备工作

涂料使用前应搅拌均匀，涂层厚度控制试验采用预先在刮板上固定铁丝或木条的办法，也可在屋面上做好标志进行控制。

(2)涂刷基层处理剂

基层处理剂一般用冷底子油，涂刷时应均匀一致、覆盖完全，同时应待其干燥后再涂布防水涂料。石灰乳化沥青防水涂料在夏季可用石灰乳化沥青稀释后作为基层处理剂涂刷一道；春秋季宜用汽油沥青冷底子油涂刷一道，膨润土、石棉乳化沥青防水涂料涂布前可不涂刷基层处理剂。

(3)涂布

沥青基厚质防水涂料一般采用抹压法涂布，即将涂料直接分散倒在屋面上，用刮板刮平待其表面收水而尚未结膜时，再用铁抹子进行压实抹光。涂布应分层分遍进行，应待前一遍涂层干燥成膜后，并检查表面是否有气泡、褶皱不平、凹坑、刮痕等问题，合格后才能进行后一遍涂层的涂布，否则应进行修补。第二遍的刮涂方向应与前一遍相垂直。

立面部位涂层应在平面涂刮前进行，应视涂料流平性能好坏确定涂布次数。流平性好的涂料应薄而多次进行，否则会产生流坠现象，使上部涂层变薄，下部涂层变厚，影响防水质量。立面防水层和节点部位细部处理一般采用刷涂法施工，即采用棕刷、长柄刷、圆辊刷蘸防水涂料进行涂刷。

(4)胎体增强材料的铺设

沥青基防水涂料防水层的胎体增强材料宜用湿铺法铺贴。湿铺法是在第一遍涂层表面刮平后；不待其干燥就铺贴胎体增强材料，即边涂边铺。铺贴应平整、不起皱，但也不能拉伸过紧。铺贴后用刮板或抹子轻轻刮压或抹压，使胎布网眼(或毡面上)充满涂料，待其干燥后再进行第二遍涂料施工。

(5)收头处理

收头部位胎体增强材料应裁齐，防水层应做在滴水下或压入凹槽内，并用密封材料封压，立面收头待墙面抹灰时用水泥砂浆压封严密。

(6)保护层施工

涂膜保护层可采用细砂、云母、蛭石、浅色涂料，也可采用水泥砂浆或细石混凝土或板块保护层等。

采用细砂等粒料作保护层时，应在刮涂最后一遍涂料时，边涂边撒布粒料，使细砂等粒料与防水层黏结牢固，并要求撒布均匀，不露底、不堆积。采用浅色涂料作保护层时，应待涂膜防水层干燥固化后才能进行涂刷。采用水泥砂浆、细石混凝土等刚性保护层时，应在防水涂膜与保护层之间设置隔离层，以防止因保护伸缩而引起防水涂膜破坏造成渗漏。

(7)蓄水试验

涂膜防水层做完之后，必须进行第一次蓄水试验，如有渗漏现象，可根据渗漏具体部位进行修补，甚至全部返工，直到蓄水 2cm 高，观察 24h 不渗漏为止。地面面层做完之后，再进行第二遍蓄水试验，观察 24h 无渗漏为最终合格，填写蓄水检查记录。

第二节　水泥砂浆防水施工

水泥砂浆防水层是用水泥砂浆、素灰(纯水泥浆)交替抹压涂刷四层或五层的多层抹面的水泥砂浆防水层。其防水原理是分层闭合，构成一个多层整体防水层，各层的残留毛细孔道互相堵塞住，使水分不可能透过其毛细孔，从而具有较好的抗渗防水性能。

一、材料要求及施工机具

水泥砂浆防水层所用的水泥宜采用不低于 32.5 级普通硅酸盐水泥或膨胀水泥，也可以用矿渣硅酸盐水泥。砂浆用中砂要求砂料坚硬、粗糙、洁净，不得含有杂物。含泥量不得超过 3%，使用前必须过 3～5mm 孔径筛。外加剂可用防水粉、防水油，也可采用有机硅防水剂、氯化物金属盐类防水剂等。

配合比按工程需要确定，水泥净浆的水灰比宜控制在 0.37～0.40 或 0.55～0.60 范围内。水泥砂浆灰砂比宜用 1∶2.5，其水灰比为 0.6～0.65 之间，稠度宜控制在 7～8cm。如掺外加剂或采用膨胀水泥时，其配合比应执行专门的技术规定。

主要施工机具包括灰板、铁抹子、阴阳角抹子、半截大桶、钢丝刷、软毛刷、八字靠尺、榔头、尖凿子、捻錾子、铁锹、扫帚、木抹子、刮杠等。

二、水泥砂浆防水层施工

水泥砂浆防水层施工的工艺流程为：墙、地面基层处理→刷水泥素浆→抹底层砂浆→刷水泥素浆→抹面层砂浆→刷水泥砂浆→养护。

1. 一般要求

防水层施工必须在结构变形或沉降趋于稳定后进行。为抵抗裂缝，可在防水层内增设金属网片。水泥砂浆不得在雨天及 5 级以上大风中施工，冬季施工时，气温不得低于 5℃，且基层表面温度应保持在 0℃以上。夏季施工时不应在 35℃以上或烈日照射下施工(施工环境温度为 5～35℃)。

施工前，必须对基层表面进行严格而细致的处理，包括清理、浇水、凿槽和补平等工作，保证基层表面潮湿充分湿润、清洁、坚实、大面积平整而表面粗糙，可增强防水层与结构层表面的黏结力。一般混凝土应提前一天浇水，应无积水。新浇混凝土拆模后应立即用钢丝刷将混凝土表面扫毛，混凝土墙面如有蜂窝及松散的混凝土，要剔掉，用水冲刷干净，然后用 1∶3 水泥砂浆抹平或用 1∶2 干硬性水泥砂浆捻实。表面油污应用 10%火碱水溶液刷洗干净，混凝土表面应凿毛。砖墙抹防水层时，必须在砌砖时划缝，深度为 10～12mm。穿墙预埋管露出基层，在其周围剔成宽 20～30mm、深 50～60mm 的槽，用 1∶2 干硬性水泥砂浆捻实。预埋件、穿墙管预留凹槽内嵌填密封材料后，再抹防水砂浆层。管道穿墙应按设计要求做好防水处理，并办理隐检手续。

采用水泥砂浆防水层时，结构物所有阴阳角处要求用大于 1∶1.25 水泥砂浆做成圆角以利防水层形成封闭整体(阳角 R=2mm，阴角 R=25mm)。水泥砂浆防水层各层应紧密贴合，每层应连续施工;如必须留茬时,施工缝需留斜坡阶梯形,层次要清楚,可留在地面或墙面上,离开阴阳角 200mm 左右。

防水层施工缝必须留斜坡阶梯形槎,接槎时先在阶梯形处均匀涂刷水泥浆一层,然后依层次顺序操作,层层搭接紧密,接茬层次要分明(图 16-2)。

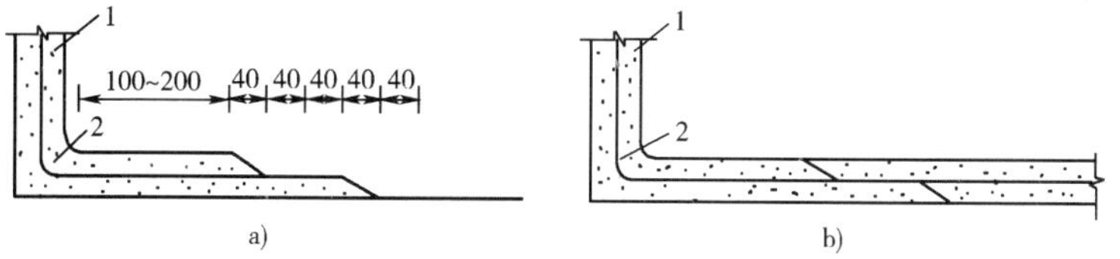

图 16-2 刚性防水层施工缝的处理(尺寸单位:mm)

a)留茬方法;b)接茬方法

1-砂浆层;2-素灰层

2. 施工方法

(1)抹压法施工

先在基层涂刷一层 1∶0.4 的水泥浆(质量比),随后分层铺抹防水砂浆,每层厚度为 5~10mm,总厚度不小于 20mm。每层应抹压密实,待下一层养护凝固后再铺抹上一层。

(2)扫浆法施工

先在基层薄涂一层防水净浆,随后分层铺刷防水砂浆,第一层防水砂浆经养护凝固后铺刷第二层,每层厚度为 10mm,相邻两层防水砂浆铺刷方向互相垂相,最后将防水砂浆表面扫出条纹。

3. 刚性水泥砂浆防水层的施工

刚性防水层背水面的基层防水层采用"四层抹面法",向水面基层的防水层采用"五层抹面法"。防水层的第一层是在基面抹素灰,厚 2mm,分两次抹成。第二层抹水泥砂浆,厚 4~5mm,在第一层初凝时抹上,以增强两层黏结。第三层抹素灰,厚 2mm,在第二层凝固并有一定强度,表面适当洒水湿润后进行。第四层抹水泥砂浆,厚 4~5mm,同第二层操作,若采用四层防水时,则此层应表面抹平压光。若用五层防水时,第五层刷水泥浆一遍,随第四层抹平压光。

五层抹面水泥砂浆防水层的施工与四层抹面法施工的区别在于多一道水泥浆,前四层相同,只有在第四层水泥砂浆抹压两遍后,将水泥浆均匀地涂刷在第四层表面抹压压光。

五层做法总厚度控制在 20mm 左右。防水层每层应连续施工,各层紧密结合,素灰层与砂浆层应在同一天内施工完毕,以保证防水层各层间抹压密实。

4. 掺防水剂的水泥砂浆防水层施工

掺防水剂的水泥砂浆,是在水泥砂浆中掺入占水泥质量的 3%~5%各种防水剂配制而成,常用的防水剂有氯化物金属盐类防水剂和金属皂类防水剂。掺外加剂、掺合料、聚合物等防水砂浆配合比和施工方法应符合所掺材料的规定。

(1)氯化物金属盐类防水砂浆

采用的氯化物金属盐类防水剂又称防水浆,是采用氯化钙、氯化铝等金属盐类和水配制而成的浅黄色液体,加入水泥砂浆中和水泥、水起作用。在砂浆硬化过程中,生成含水氯硅酸钙、氯铝酸钙等化合物,填充砂浆中空隙,提高了砂浆的密实性,起到防水作用。

氯化物金属盐类防水砂浆的配合比为,防水剂∶水∶水泥∶砂=1∶6∶8∶3;防水净浆的配合比为,防水剂∶水∶水泥=1∶6∶8。

(2)金属皂类防水砂浆

采用的金属皂类防水剂又称避水浆，是采用碳酸钠或氢氧化钾等碱金属化合物、氨水、硬脂酸和水等混合加热皂化配制而成的乳白色浆状液体。其具有塑化作用，可降低水灰比、可使水泥质点和浆料间形成憎水性吸附层并生成不溶性物质，起填充砂浆中微小空隙和堵塞毛细通道、切断和减少渗水孔道作用，增加了砂浆的密实性，起到防水作用。

金属皂类防水浆的配合比为，水泥：砂＝1：2，防水剂用量为水泥质量的1.5%～5%。

(3)氯化铁防水砂浆

氯化铁防水砂浆是在水泥砂浆加入少量的氯化铁防水剂配制而成的。氯化铁防水砂浆是依靠化学反应产生的氢氧化铁等胶体的密实填充作用、氯化钙对水泥熟悉料矿物的激化作用，使易溶性物质转化为难溶性物质，降低析水性，使水泥砂浆的密实性增强、抗渗性提高，起到防水作用。其做法为先在基层涂刷一层防水净浆，然后抹底层防水砂浆，其厚12mm分两遍抹压，第一遍砂浆阴干后，抹压第二遍砂浆；底层防水砂浆抹完12h后，抹压面层防水砂浆，其厚13mm分两遍抹压，操作要求同底层防水砂浆。

5. 各种情况的水泥砂浆防水层

(1)混凝土墙抹水泥砂浆防水层

①刷水泥素浆：配合比为水泥：水：防水油＝1：0.8：0.025(质量比)，先将水泥与水拌和，然后再加入防水油搅拌均匀，再用软毛刷在基层表面涂刷均匀，随即抹底层防水砂浆。

②抹底层砂浆：用1：2.5水泥砂浆，加水泥重3%～5%的防水粉，水灰比为0.6～0.65，稠度为7～8cm。先将防水粉和水泥、砂子拌匀后，再加水拌和。搅拌均匀后进行抹灰操作，底灰抹灰厚度为5～10mm，在灰末凝固之前用扫帚扫毛。砂浆要随拌随用。拌和及使用砂浆时间不宜超过60min，严禁使用过夜砂浆。

③刷水泥素浆：在底灰抹完后，常温时隔1d，再刷水泥素浆，配合比及做法与第一层相同。

④抹面层砂浆：刷过素浆后，紧接着抹面层，配合比同底层砂浆，抹灰厚度在5～10mm左右，凝固前要用木抹子搓平，用铁抹子压光。

⑤刷水泥素浆：面层抹完后1d刷水泥素浆一道，配合比为水泥：水：防水油＝1：1：0.03(质量比)，做法和第一层相同。

(2)砖墙抹水泥砂浆防水层

①基层浇水湿润：抹灰前一天用水管把砖墙浇透，第二天抹灰时再把砖墙洒水湿润。

②抹底层砂浆：配合比为水泥：砂＝1：2.5，加水泥重3%的防水粉。先用铁抹子薄薄刮一层，然后再用木抹子上灰，槎平，压实表面并顺平，抹灰厚度为6～10mm。

③抹水泥素浆：底层抹完后1～2d，将表面浇水湿润，再抹水泥防水素浆，掺水泥重3%的防水粉。先将水泥与防水粉拌和，然后加入适量水搅拌均匀，用铁抹子薄薄抹一层，厚度在1mm左右。

④抹面层砂浆：抹完水泥素浆之后，紧接着抹面层砂浆，配合比与底层相同，先用木抹子搓平，后用铁抹子压实、压光，抹灰厚度在6～8mm之间。

⑤刷水泥素浆：面层抹灰1d后，刷水泥素浆，配合比为水泥：水：防水油＝1：1：0.03(质量比)，方法是先将水泥与水拌匀后，加入防水油再搅拌均匀，用软毛刷子将面层均匀涂刷一遍。

(3)地面抹水泥砂浆防水层

①清理基层：将垫层上松散的混凝土、砂浆等清洗干净，凸出的鼓包剔除。

②刷水泥素浆:配合比为水泥∶防水油=1∶0.03(质量比),加上适量水拌和成粥状,铺摊在地面上,用扫帚均匀扫一遍。

③抹底层砂浆:底层用1∶3水泥砂浆,掺入水泥重3%~5%的防水粉。拌好的砂浆倒在地上,用杠尺刮平,木抹子顺平,铁抹子压一遍。

④刷水泥素浆:常温间隔1d后刷水泥素浆一道,配合比为水泥∶防水油=1∶0.03(质量比)加适量水。

⑤抹面层砂浆:刷水泥素浆后,接着抹面层砂浆,配合比及做法用底层。

⑥刷水泥素浆:面层砂浆初凝后刷最后一遍素浆(不要太薄,以满足耐磨的要求),配合比为水泥∶防水油=1∶0.01(质量比),加适量水,使其与面层砂浆紧密结合在一起,并压光、压实。

(4)抹灰程序,接茬及阴阳角做法:抹灰程序,一般先抹立墙后抹地面。茬子不应甩在阴阳角处,各层抹灰茬子不得留在一条线上,底层与面层搭茬在15~20cm之间,接茬时要先刷水泥防水素浆。所有墙的阴角都要做半径50mm的圆角,阳角做成半径为10mm的圆角。地面上的阴角都要做成50mm以上的圆角,用阴角抹子压光、压实。

6. 养护

水泥砂浆防水层施工层完毕后要及时养护,对于地上防水部分应浇水养护,表面盖麻袋或草袋经常浇水湿润,养护时间视气温条件决定,一般为7d,矿渣硅酸盐水泥不应少于14d,此期间不得受静水压作用;地下潮湿部位不必浇水养护。聚合物水泥砂浆防水层未达到硬化状态时,不得浇水养护或直接受雨水冲刷,硬化后应采用干湿交替养护,在潮湿环境中可在自然状态下养护。冬期养护环境温度不宜低于+5℃。

7. 应注意的质量问题

(1)空鼓、裂缝

基层未处理好,刷素浆前混凝土表面未进行凿毛,油污处未用灰碱刷洗干净,以致出现空鼓、裂缝。另外,养护不好,养护期限不够,也是原因之一。

(2)渗漏

各层抹灰时间掌握不当,跟得太紧,出现流坠。素浆干的太快,抹面层砂浆黏结不牢易造成渗水。接茬、穿墙管等细部处理不好,易造成局部渗漏,必须按规定认真操作。

本章小结

(1)目前常用的防水卷材是高聚物改性沥青防水卷材,如适用于北方寒冷天气的SBS改性沥青防水卷材,适用于南方温湿气候的APP改性沥青防水卷材,还有合成高分子防水卷材等。

(2)沥青涂膜防水施工完毕后,应及时进行防渗漏检查。涂膜防水层做完之后,须进行第一次蓄水试验,蓄水2cm高,观察24h不渗漏为止。地面面层做完之后,再进行第二遍蓄水试验,观察24h无渗漏为最终合格。

(3)水泥砂浆防水层施工的工艺流程为:墙、地面基层处理→刷水泥素浆→抹底层砂浆→刷水泥素浆→抹面层砂浆→刷水泥砂浆→养护。

(4)防水层施工缝必须留斜坡阶梯形茬,接茬搭接紧密,层次要分明。施工方法有抹压法和扫浆法。

复习思考题

16-1　常用卷材防水材料有哪几种类别？

16-2　试述卷材防水施工的工艺流程。

16-3　对卷材搭接的基本要求有哪些？

16-4　沥青卷材的黏结方法有哪几种？各有哪些优缺点？

16-5　地下工程防水的主要形式有哪些？

16-6　常用涂膜防水材料有哪几类？

16-7　试述沥青涂膜防水屋面施工的工艺流程和施工要点。

16-8　沥青涂膜防水施工完成后如何进行渗漏检查？

16-9　试述水泥砂浆防水层施工的工艺流程。

16-10　如何进行水泥砂浆防水层施工中施工缝搭接的处理？

第十七章　装饰工程施工

[重点内容和学习目标]

本章重点讲述装饰工程的材料、施工机具、施工程序及质量要求。

通过本章学习，要求学生掌握抹灰工程和油漆施工的基本工序。

第一节　抹灰工程、饰面安装工程

一、抹灰工程

抹灰工程是最为直接也是最初始的装饰工程。抹灰工程的种类按使用材料和装饰效果不同，可分为一般抹灰和装饰抹灰两大类；按工程部位不同，则又可分为墙面抹灰、顶棚抹灰和地面抹灰三种。

1. 常用抹灰材料

水泥、石灰膏、石膏、砂、彩色石粒、彩色瓷粒、麻刀和纸筋、聚乙烯醇缩甲醛胶（107 胶）、甲基硅醇钠、颜料等。

2. 一般抹灰

(1)构造层次

为保证抹灰层牢固、平整、避免龟裂，施工时须分层操作。如果一次抹得太厚，由于内外收水快慢不同，容易出现干裂、起鼓和脱落现象。抹灰一般由底层、中层和面层三个层次组成。抹灰层的组成（图 17-1)，对各层的要求如下。

①基层

抹灰前必须对基层予以处理，在不同结构基层的交接处（如砖墙、板条墙或混凝土的连接），应先铺钉一层金属网或丝绸纤维布（图 17-2)，且与相交基层搭接宽度应各不小于100mm，以防抹灰层因基层温度变化而胀缩不一产生裂缝。

②底层

底层厚度为 5～9mm，其作用是使抹灰层能与基层牢固结合，并对基层进行初步找平。底层涂抹后，应间隔一定时间，让其干燥和水分蒸发，然后再涂抹中层或罩面灰。

③中层

中层主要起找平作用，厚度为 5～12mm，根据质量要求不同，可一次或分次涂抹。中层涂抹之后，在灰浆凝固之前，应每隔一定距离交叉刻痕，以便与面层能更好地黏结。待中层干至五六成时，即可涂抹面层。

④面层

面层亦称罩面，厚度为 2～5mm，主要起装饰作用，必须仔细操作，确保表面平整、光滑、无裂纹。抹灰层总厚度为15～20mm，最厚不得超过25mm，所用材料、配比及施工要点视基层及使用要求不同而异。

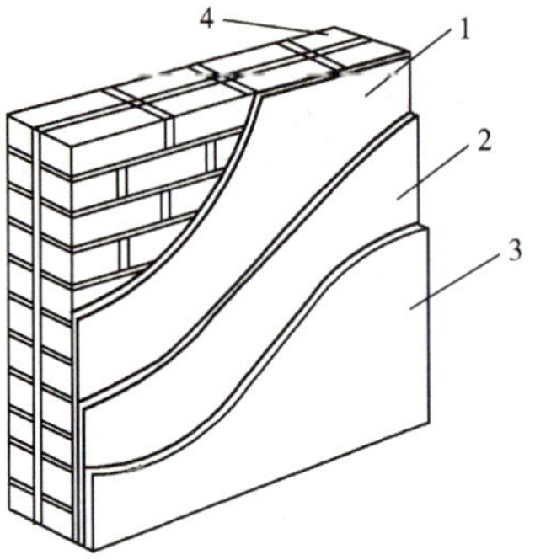

图 17-1　抹灰层的组成

1-底层；2-中层；3-面层；4-基层

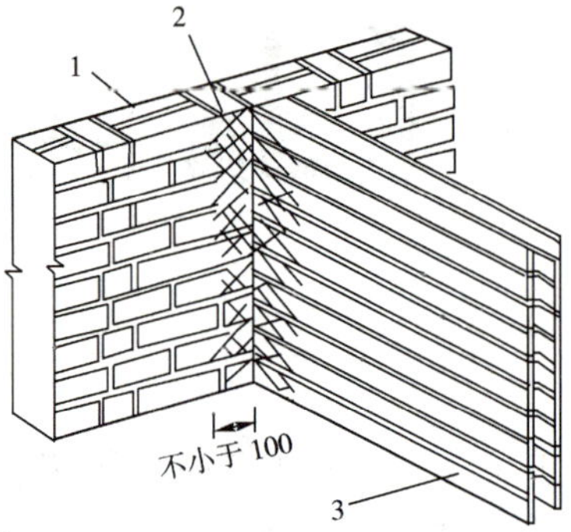

图 17-2　不同基层接缝处理

1-砖墙；2-钢丝网；3-板条墙

(2)一般抹灰的分类

一般抹灰按使用要求、质量标准和操作工序不同，可分为普通抹灰、中级抹灰和高级抹灰三级，其抹灰的标准见表17-1所示。

抹灰的三种标准　　表17-1

层次标准	底　灰	中　灰	面　灰	总　厚　度	适　用　范　围
普通抹灰	1层		1层	≤18mm	简易宿舍、仓库
中级抹灰	1层	1层	1层	≤20mm	住宅、办公楼、学校、旅馆等
高级抹灰	1层	数层	1层	≤25mm	公共建筑、影剧院、展览馆等

①普通抹灰

做法是一底层、一面层，两遍成活（或者连续两次涂抹，一遍成活）。主要工序是分层赶平、修理和表面压光。适用于简易宿舍、仓库、地下室及临时设施工程。

②中级抹灰

做法是一底层、一中层、一面层，三遍成活。主要工序是阳角找方，设置冲筋，分层赶平，修正和表面压光。适用于一般工业建筑和民用建筑，如住宅、宿舍、办公楼、教学楼以及高级建筑物中的附属用房等。

③高级抹灰

做法是一底层、数层中层，一面层、多遍成活。主要工序是阴阳角找方，设置冲筋，分层赶平，修理和表面压光。适用于公共性建筑物和纪念性建筑物，如剧院、展览馆和高级宾馆以及有特殊要求的高级建筑。

(3)一般抹灰施工工具

一般抹灰工程施工所需工具（图17-3）：

(4)一般抹灰工程的施工

抹灰一般遵循先外墙后内墙，先上面后下面，先顶棚、墙面后地面的顺序。外墙由屋檐开始自上而下，先抹阳角线、台口线，后抹窗台和墙面、再抹勒角、散水坡和明沟。内墙和顶棚抹灰，应待屋面防水完工后，并在不致被后续工程损坏和玷污的情况下进行，一般应先房间后走廊，再楼梯和门厅等。

①抹灰前的基层处理

a)抹灰前必须对基层进行清理,如砖墙灰缝剔成凹缝,混凝土墙面打毛,板条间应有 8~10mm 间隙,使基层表面与抹灰层黏结牢固,形成整体。

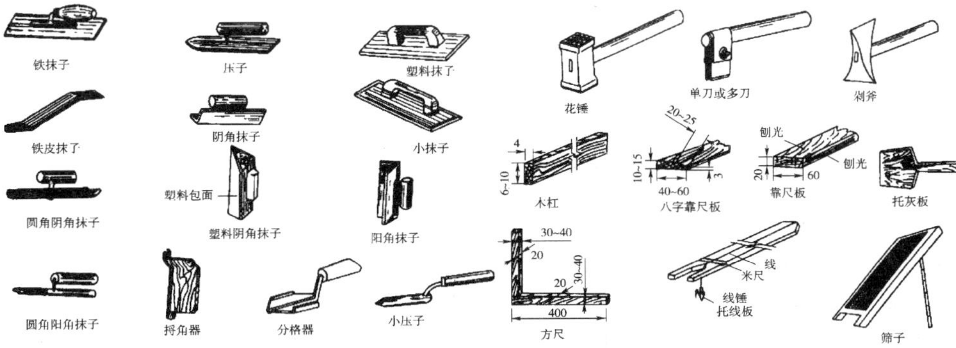

图 17-3　各种抹灰工具图(尺寸单位:mm)

b)将附在砖石、混凝土等基层表面的灰尘、污垢、油渍、碱膜和砂浆等清除干净,填平脚手孔洞、管线沟槽、门窗框缝隙。

c)混凝土表面应凿毛,或刮 107 胶水泥腻子,或向混凝土表面喷洒清水,达到表面不吸水后,用刷子沾掺有 107 胶的稀糊状砂浆向墙面均匀撒甩或密集点状,并经喷雾护养 2d 后即可抹灰。平整光滑的混凝土基层,如大板、大模墙体基层可不抹灰,采用刮腻子处理。

d)不同基层材料(如木结构与砖石结构、混凝土结构)相接处应先铺钉金属网,并绷紧固牢。金属网与各基层的搭接宽度不应小于 100mm,以防抹灰层基层温度变化膨胀不一而产生裂缝。

e)室内墙面、柱面和门洞口的阳角,宜先用 1∶3 水泥砂浆做护角,其高度不应低于 1.5m,每侧宽度不少于 50mm。

f)对于砖砌体的基层,应待砌体充分沉降后,方能进行底层抹灰,以防砌体沉降拉裂抹灰层。为了控制抹灰层的厚度和平整度,在抹灰前还必须先找好规矩,即四角规方,横线找平,竖线吊直,弹出准线和墙裙、踢脚板线,并在墙面做出标志(灰饼)和标筋(冲筋),以便找平。冲筋是大面积抹灰时重要的控制标志。

顶棚抹灰一般不做饼和标筋,而是在靠近顶棚四周的墙面上弹一条水平线以控制抹灰层厚度,并作为抹灰找平的依据。

g)阴阳角找方也是直接关系到后续装修工程质量的重要工序。找方时应先在阴阳角做基线,用方尺先将阳角找方,然后在墙角和顶棚弹出抹灰准线,并在准线上、下两端做灰饼和冲筋。

h)检查门窗框位置是否正确,与墙体结合是否牢固,壁柜等是否安装齐全和校正固定,连接处的缝隙应用水泥砂浆分层嵌塞密实。

i)检查墙上的脚手眼、各种管道穿越的墙洞和楼板洞是否堵塞。如未堵塞,应用 1∶3 水泥砂浆分层嵌塞密实。

②抹灰

a)内墙抹灰

a. 找规矩:找规矩即四角视方,横线找平,竖线吊直,弹出棚顶、墙裙和踢脚板线。高级抹灰除有中级抹灰要求的工序外,还要求阴阳角找方。方法是在阴阳角侧墙做基线,用方尺将斜角先归方,然后在墙角和顶棚弹出抹灰准线,并在准线上下两端作灰饼和冲筋。

b. 抹灰：在灰饼、冲筋及门窗口做好护角后即可进行底层和中层抹灰。这道工序叫做刮糙。方法为将砂浆抹于墙面两冲筋之间，底层要低于冲筋，待干燥一定时间后，再抹中层，中层厚度为垫平冲筋并略高于冲筋。中层涂抹之后，在灰浆凝固之前应每隔一定距离交叉划出斜痕，使之与面层更好的黏结，待中层干至五六成时，即可抹面层，面层表面必须保证平整、光滑和无裂痕。

b)顶棚抹灰

a. 基层处理：在混凝土基层上做顶棚抹灰时，应检查楼板有无下沉或裂缝。如为预制混凝土楼板则应检查其板缝是否已用稀释混凝土灌实。然后再按要求用刮腻子或甩浆法处理。

b. 找规矩：若顶棚面积不大，可不做灰饼和冲筋，在墙的四周与顶棚交界处弹出水平线，作为抹灰的水平标。

c. 抹灰：在实体基层上的抹灰方法与墙面抹灰相同。

c)外墙抹灰

外墙面抹灰时，在窗台、窗楣、雨篷、阳台、檐口等部位应做流水坡度，设计无要求时，可做坡度为 10%的泛水，下面应做滴水线或滴水槽，滴水槽的宽度和深度均不小于 10mm，要求棱角整齐，光滑平整，起到挡水作用。

a. 找规矩：外墙抹灰与内墙抹灰一样，要挂线做灰饼和冲筋。但因外墙面由檐口到地面抹灰面大，门窗、阳台、明柱、檐口、腰线都要横平竖直，抹灰自上而下一步步地往下抹。

b. 贴分格条：为避免罩面砂浆收缩后产生裂缝，影响墙面美观，在底层灰抹完后，应按一定尺寸将外墙面弹线分格，粘贴分格条。

c. 抹灰：外墙抹灰层要求有一定的防水性能。常用 1∶3 水泥砂浆和 1∶1∶6(水泥∶石灰∶砂)混合砂浆打底，待底层砂浆具有一定的强度后再抹中层。抹时用木杠、木抹子刮平压实，扫毛，浇水养护。抹面层时先用 1∶2.5 水泥砂浆薄刮一遍，第二遍抹与分格条齐平，然后按分格条厚度刮平、搓实和压光，再用刷子蘸水按同一方向轻刷一遍，以达到颜色一致，并清除分格条上的砂浆，以免起条时损坏墙面。起出分格条后，随即用水泥砂浆把缝勾齐。抹灰完成 24h 后注意养护，宜淋水养护 7d 以上。

(5)水泥砂浆抹灰常见质量问题及处理方法

①脱层

主要是由于底层灰层过干。防治方法除按规范要求施工外，如发现底层已干，应清水湿润、待底层湿润透后再抹面层。

②空鼓

主要原因是基层处理不干净或有凹处、一次抹灰太厚等。抹灰前应将基层清扫干净，并提前 2～3d 开始向墙面浇水，渗水深度达 10mm 后方可施工，有深凹处，应提前补平砂浆。

③爆灰

主要原因是材料质量不好，有杂质或泥土。施工前应仔细检查材料质量，砂子要经细筛筛选后方能使用。

④裂缝

主要原因是抹灰层过厚，如果抹灰面很厚，施工中应先填底层，或在底灰抹好后喷防裂剂进行处理。

3. 装饰抹灰

装饰抹灰是采用装饰性强的材料，或用不同的处理方法以及加入各种颜料，使建筑物具备某种特定的色调和光泽。下面介绍几种常用的饰面。

(1)水磨石

水磨石用于地面或墙裙。

水磨石的施工过程是:用 12mm 厚的 1∶3 水泥砂浆打底,待砂浆终凝后,洒水润湿,刮水泥素浆一层(厚 1.5～2mm)作为黏结层,找平后按设计的图案镶嵌条。安设时两侧用素水泥砂浆黏结固定。然后再刮一层水泥素浆,随即将具有一定色彩的水泥石子浆(水泥∶石子=1∶1～1∶2.5)填入分格网中,抹平压实,厚度要比嵌条稍高 1～2mm,为使水泥石子浆罩面平整密实,可补撒一些小石子,使表面石子均匀。待收水后用滚筒滚压,再浇水养护,然后应根据气温、水泥品种,2～5d 后可以开磨,采用磨石机洒水磨光。每次磨光后,用同色水泥浆填补砂眼,视环境温度不同每隔一定时间再磨第二遍、第三遍,要求磨光遍数不少于三遍,补浆两次,此即所谓"二浆三磨"法。最后,有的工程还要求用草酸擦洗和进行打蜡。

(2)水刷石

水刷石多用于外墙面。它的制作过程是:用 12mm 厚的 1∶3 水泥砂浆打底,待底层砂浆终凝后,在其上按设计的分格弹线,根据弹线安装分格木条,用水泥浆在两侧黏结固定,以防大片面层收缩开裂。然后将底层浇水润湿后刮水泥浆一道。随即抹上稠度为 5～7cm、厚 8～12mm 的水泥石子浆(水泥∶石子=1∶1.25～1∶1.50)面层,拍平压实,使石子密实且分布均匀。待面层凝结前,即用棕刷蘸水自上而下刷掉面层水泥浆,使石子表面完全外露为止。

(3)干粘石

在水泥砂浆上面直接干粘石子的做法,称干粘石法。其方法同样先在已经硬化的底层水泥砂浆层上按设计要求弹线分格,根据弹线镶嵌分格木条。将底层浇水润湿后,抹上一层 6mm 厚 1∶2～1∶2.5 的水泥砂浆层,随即紧跟着再抹一层 2mm 厚的 1∶0.5 水泥石灰膏浆黏结层,同时将配有不同颜色或同色的粒径为 4～6mm 的石子甩粘拍平压实。拍时不得把砂浆拍出来,以免影响美观,要使石子嵌入深度不小于石子粒径的 1/2,持有一定强度后洒水养护。

(4)斩假石与仿斩假石

斩假石又称剁斧石,属中高档外墙装修,装饰效果近于花岗石,但费工较多。施工时先抹水泥砂浆底层,养护硬化后弹线分格并黏结分格木条。洒水润湿后,刮素水泥浆一道,随即抹厚约 10mm 水泥石渣砂浆罩面层,罩面层配合比为水泥∶石渣=1∶1.25,内掺 30%石屑。罩面层应采取防晒措施,并养护 2～3d,待强度达到设计强度的 60%～70%时,用剁斧将面层斩毛。斩假石面层的剁纹应均匀,方向和深度一致,棱角和分格缝周边留 15mm 不剁。一般剁两遍,即可做出近似用石料砌成的墙面。

(5)拉毛灰和洒毛灰

拉毛灰是将底层用水湿透,抹上 1∶(0.05～0.3)∶(0.5～1)水泥石灰罩面砂浆,随即用硬棕刷或铁抹子进行拉毛。棕刷拉毛时,用刷蘸砂浆往墙上连续垂直拍拉,拉出毛头。铁抹子拉毛时,则不蘸砂浆,只用抹子黏结在墙面随即抽回,要做到拉的快慢一致、均匀整齐、色泽一致、不露底,在一个平面上要一次成活,避免中断留槎。洒毛灰(又称撒云片)是用茅草小帚蘸 1∶1 水泥砂浆或 1∶1∶4 水泥石灰砂浆,由上往下洒在湿润的底层上,洒出的云朵须错乱多变、大小相称、空隙均匀,形成大小不一而有规律的毛面。亦可在未干的底层上刷上颜色,再不均匀地洒上罩面灰,并用抹子轻轻压平,使其部分地露出带色的底子灰,使洒出的云朵具有浮动感。

(6)喷涂饰面

喷涂饰面工艺是用挤压式灰浆泵或喷斗将聚合物水泥砂浆经喷枪均匀喷涂在墙面底层上。

(7)滚涂饰面

在基层上先抹一层厚3mm的聚合物砂浆，随即用平面或带有拉毛、刻有花纹的橡胶、泡沫塑料滚子，滚出所需的图案和花纹。滚子表面花纹不同即可滚出多种图案。

(8)弹涂饰面

在基层上喷刷一遍掺有107胶的聚合物水泥色浆涂层，然后用弹涂器分几遍将不同色彩的聚合物水泥浆弹在已涂刷的涂层上，形成1～3mm大小的扁圆花点。

(9)装饰抹灰质量要求

装饰抹灰工程的表面质量应符合下列规定。

①水刷石表面应石粒清晰、分布均匀、紧密平整、色泽一致，应无掉粒和接茬痕迹。

②斩假石表面剁纹应均匀顺直、深浅一致，应无漏剁处阳角处应横剁并留出宽窄一致的不剁边条，棱角应无损坏。

③干粘石表面应色泽一致、不露浆、不漏粘，石粒应黏结牢固、分布均匀，阳角处应无明显黑边。

④假观砖表面应平整、沟纹清晰、留缝整齐、色泽一致，应无掉角、脱皮、起砂等缺陷。检查方法：观察，手摸检查。

二、饰面安装工程

饰面板(砖)工程，就是将预制的饰面板(砖)铺贴或安装在基层上的一种装饰方法。

1. 饰面板(砖)材料及要求

(1)天然石饰面板

常用的天然石饰面板有大理石和花岗石饰面板。

(2)人造石饰面板

人造石饰面板主要是预制水磨石、人造大理石饰面板。

(3)金属饰面板

金属饰面板有铝合金板、镀塑板、镀锌板、彩色压型钢板和不锈钢等多种。金属板饰面具有典雅庄重，质感丰富的特点，尤其是铝合金板墙面是一种高档次的建筑装饰，装饰效果别具一格，应用较广。究其原因，主要是价格便宜，易于加工成型，具有高强、轻质、经久耐用、便于运输和施工，表面光亮，可反射太阳光及防火、防潮、耐腐蚀的特点。

(4)塑料饰面板

塑料板饰面，新颖美观，品种繁多，常用的有聚氯乙烯塑料板(PVC)、三聚氰胺塑料板、塑料贴面复合板、有机玻璃饰面板等。其特点是：板面光滑、色彩鲜艳，有多种花纹图案，质轻、耐磨、防水、耐腐蚀，硬度大，吸水性小，应用范围广。

(5)饰面墙板

饰面墙板就是将墙板制作与饰面结合，一次成型，从而进一步扩大了装饰工程的内容，加速了施工进度。

饰面墙板按生产方式有种露石混凝土饰面板、正打印花或压花混凝土饰面板、模塑混凝土饰面板和饰面板(砖)预制墙板四种。

(6)饰面砖

常用的饰面砖有釉面瓷砖、面砖和陶瓷砖等。

釉面瓷砖有白色、彩色、印花图案等多样品种，常用于卫生间、厨房、游泳池等饰面。

面砖有毛面和釉面两种，颜色有米黄、深黄、乳白、淡蓝等多种。广泛用于外墙、柱、窗间墙和门窗套等饰面。

陶瓷锦砖（马赛克）的形状有正方形、长方形、六角形等多种，由于尺寸小，产品系先按各种图案组合反贴在纸上，每张大小约 300mm 见方，称为一联；每 40 联为一箱，约 3.7m^2。常用于室内浴厕、地坪和外墙装饰。

2. 饰面板（砖）的施工

饰面板（砖）可采用胶黏法施工和常规法施工，胶黏法施工是今后发展方向，介绍如下。

(1)饰面板（砖）的胶黏法施工

饰面板（砖）的施工已逐步采用胶黏剂固结技术，即利用胶黏剂将饰面板（砖）直接粘贴于基层上。

①AH－03 大理石胶黏剂

此种胶黏剂系由环氧树脂等多种高分子合成材料组成基材，增加适量的增稠剂、乳化剂、增黏剂、防腐剂、交联剂及填料配制成单分膏状的胶粘剂，具有黏结强度高、耐水、耐气候等特点。适用于大理石、花岗石、马赛克、面砖、瓷砖等与水泥基层的黏结。

施工时，要求基层坚实、平整，无浮灰及污物；大理石等饰面材料应干净，无灰尘、污垢。先用锯齿形的刮板将胶黏剂均匀涂刷于基层上，厚度不宜大于 3mm；粘贴时用手轻轻推拉饰面板，使气泡排出，并用橡皮锤敲实；由下往上逐层粘贴，最后用湿布将饰面表面的胶擦净。

②SG－8407 内墙瓷砖黏结剂

适用于在水泥砂浆、混凝土基层上粘贴瓷砖、面砖和马赛克。其施工方法如下。

a)基层处理：必须洁净、干燥、无油污、灰尘。可用喷砂、钢丝刷或以 3∶1（水∶工业盐酸）的稀酸溶液进行酸洗处理，20min 内将酸冲洗干净，待基层干燥。

b)料浆制备：将通过 ϕ2.5mm 筛孔的干砂和 32.5 或 42.5 级普通硅酸盐水泥以(1～2)∶1 干拌均匀，加入 SG－8407 胶液拌和至适宜施工的稠度，不允许加水；当黏结层厚度小于 3mm 时，不加砂，仅用纯水泥与 SG－8407 黏结剂调配。

c)粘贴：铺贴瓷砖、马赛克时，先在基层上涂刷涂料，立即将瓷砖、马赛克敲打入浆料中，24h 后即可将马赛克纸面撕下。瓷砖如吸水率大时，在使用前应浸水。

③TAM 型通用瓷砖胶黏剂

此种胶黏剂系以水泥为基料、聚合物改性的粉末，使用时只需加水搅拌，便获得黏稠的胶浆。具有耐水、耐久性良好的特点。适用于在混凝土、砂浆墙面、地面和石膏板等表面粘贴瓷砖、马赛克、天然大理石、人造大理石等饰面。施工时，基层表面应洁净、平整、坚实，无灰尘；胶浆按水∶胶粉＝1∶3.5（质量比）配制，经搅拌均匀静置 10min 后，再一次充分拌和即可使用；先用抹子胶浆涂抹在基层上，随即铺贴饰面板，应在 30min 内粘贴完毕，2h 后便可勾缝。

④TAS 型高强度耐水瓷砖胶黏剂

此种胶黏剂为双组分的高强度耐水瓷砖胶，具有耐水、耐候、耐各种化学物质侵蚀等特点，适用于在混凝土、钢铁、玻璃、木材等基层表面粘贴瓷砖、墙面砖、地面砖；尤其适用于长期受水浸泡或其他化学物浸蚀的部位。胶料配制和粘贴方法同 TAM 型胶粘剂。

⑤YJ—2 型建筑胶黏剂

系双组分水乳型高分子胶黏剂，具有黏结力强、耐水、耐湿热、耐腐蚀、低毒、低污染等特点，适用于混凝土、大理石、瓷砖、玻璃马赛克、木材、钙塑板等的黏结，胶料按甲组分为100，乙组分为240～300，填料为800～1200的比例配制，先将甲、乙组分胶料称量混合均匀，然后加入填料拌匀即可。填料可用细度为60～120目的石英粉；为加速硬化，可也采用石英、石膏混合粉料，一般石膏粉的用量为填料总量的1/5～1/2；如需用砂浆，则以石英粉、石英砂(0.5～2mm)各一半为填料，填料比例也应适当增加，其施工要求如下。

a)基层处理应平整、洁净、干燥，无浮灰、油污。

b)在墙面黏贴大理石、花岗石块材时，先在基层上涂刷胶黏剂，然后铺贴块材，揉挤闰，静置待干即可，勿需钻孔、挂钩。

c)在石膏板上黏结瓷砖时，先用抹子将胶料涂敷于石膏板上(厚1～2mm)，再用梳形泥刀梳刮胶料，然后铺贴瓷砖。

d)在墙面粘贴玻璃马赛克时，可在基层涂敷一层薄薄胶料，即可进行粘贴(擦缝用素泥浆)；

e)施工及养护温度5℃以上，以15～20℃为佳。施工完毕，自然养护7d，便可交付使用。

(2)饰面板(砖)常规施工

①小规格天然石、人造石饰面板的施工

小规格的饰面板一般采用镶贴法施工，即先用1：3水泥砂浆打底划毛，待底子灰凝固后，找规矩，厚约12mm，弹出分格线，按镶贴顺序，将已湿润的板材背面抹上厚度为2～3mm的素水泥浆进行粘贴，然后用木锤轻敲，并随时用靠尺找平找值。

②大规格天然石、人造石饰面板施工

大规格的饰面板(边长＞400mm)，则多采用安装法施工。安装的工艺有湿法工艺、干法工艺和G·P·C工艺。

a)湿法工艺

是按设计要求在饰面板的四周侧面钻好绑扎钢丝或铅丝用的圆孔，以便将板材与基层表面的钢筋骨架绑扎固定(图17-4)。安装前墙面应先抄好水平，进行预排。安装时从中间开始

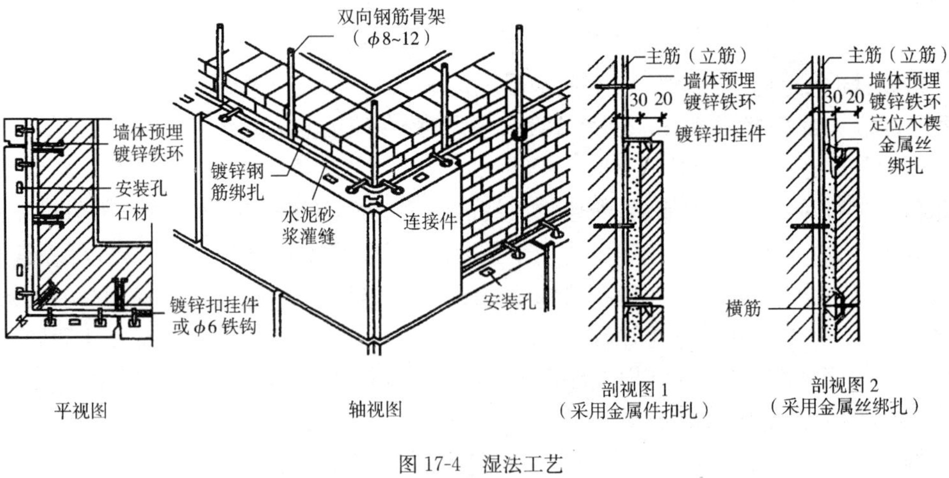

图17-4 湿法工艺

往左右两边进行，或从一边依次拼贴，离墙面留20～50mm的空障，上下口的四角用石膏临时固下，确定板面平整，然后用1：2的水泥砂浆(稠度80～120mm)分层灌缝，每层为100～200mm，待下层终凝后再灌上层，直到离板材水平接缝以下5.0～100mm为止；待安装好一行

板板材后再继续灌缝处理，依次逐行往上操作。安装后的饰面板，其接缝处应用与饰面相同颜色的水泥浆或油腻子填抹，并将饰面清理干净，如饰面层光泽度受到影响，可以重新打蜡出光。

b)干法工艺

是直接在板上打孔，然后用不锈钢连接器与埋在混凝土墙体内的膨胀螺栓相连，板与墙体间形成 80～90mm 空气层。衬板与结构连接的部位其厚度加大。这种柔性节点可用于超高层建筑，以满足抗震要求。

c)G・P・C 工艺

是干法工艺的发展，它是以钢筋混凝土作衬板，用不锈钢连接环与饰面板连接后而浇筑后整体的复合板，再通过连接器悬挂到钢筋混凝土结构或钢结构上的做法。衬板与结构连接的部位其厚度加大。

③面砖或釉面砖的镶贴

面砖或釉面砖镶贴前应挑选、预排，使规格、颜色一致、灰缝均匀。基层应扫净、浇水湿润，用 1∶3 水泥砂浆打底，厚 7～10mm，找平划毛，打底后养护 1～2d 方可镶贴。镶贴前应找好规矩，按砖实际尺寸弹出横竖控制线，定出水平高程和皮数。接缝宽度应符合设计要求，一般约为 1～1.5mm。然后用废瓷砖按黏结层厚度用混合砂浆贴灰饼，找出标准，灰饰间距一般为 1.5～1.6m。阳角处要两面挂直。镶贴时先浇水湿润底层，根据弹线稳好平尺板，作为镶贴等一批瓷砖的依据。贴时一般从阳角开始，由下往上逐层粘贴，使不成整块的留在阴角。如有水池、镜框者，应以水池、镜框为中心往两边分贴，总之，先贴阳角大面，后贴阴角、凹槽等难度较大的部位。如墙面有突出的管线、灯具、卫生器具支承物，应用整砖套割吻合，不得用非整砖拼凑镶贴。

室外接缝，应用水泥浆或水泥砂浆嵌缝；室内接缝，宜用与釉面砖相同颜色的石灰膏(非潮湿空间)或水泥浆嵌缝。待整个墙面与嵌缝材料硬后，根据不同污染情况，用棉丝、砂纸清理或用稀盐酸刷洗，然后用清水冲洗干净。

④陶瓷锦砖的镶贴

陶瓷锦砖镶贴前，应按照设计图案要求及图纸要求，核实墙面的实际尺寸，根据排砖模数和分格要求，绘制出施工大样图，加工好分格条，并对陶瓷锦砖统一编号，便于镶贴时对号入座。

基层上用 12～15mm 厚 1∶3 水泥砂浆打底，找平划毛，洒水养护。镶贴前弹出水平、垂直分格线，找好规矩。然后在湿润的底层上刷素水泥浆一道，再抹一层 2～3mm 厚 1∶0.3 水泥纸筋灰，或 3mm 厚 1∶1 水泥砂浆(掺 2%乳胶)黏结层，用靠尺刮平，抹子抹平。同时将锦砖底面铺在木垫板上，缝里撒灌 1∶2 干水泥砂，并用软毛刷刷净底面浮砂，薄薄涂上一层黏结灰浆，然后逐张拿起，清理四边余灰，按平尺板上口沿线由下往上对齐接缝粘贴于墙上。粘贴时应仔细拍实，使其表面平整。待水泥砂浆初凝后，用软毛刷将护纸刷水湿润，约半小时后揭纸，并检查缝的平直大小，校正拨正。粘贴 48h 后，用 1∶1 水泥砂浆嵌填缝，并用素水泥浆将其他小缝填平。待嵌缝材料硬化后，用稀盐酸溶液刷光，并随即用清水冲洗干净。

3. 铝合金饰面板的施工

铝合金饰面板常用的固定方法有两大类：一类是将饰面板用螺钉拧到型钢或木骨架上；另一类是将饰面板卡在特制的龙骨上。其施工工艺是：放线→固定骨架的连接件→固定骨架→安装铝合金板→收口构造处理。

(1)放线

就是将骨架的位置弹到基层上，以保证骨架施工的准确性。放线最好一次放完，如有差错，可随时进行调整。

(2)固定骨架的连接件

骨架的横竖杆件是通过连接件与基层固定，而连接件可与基层结构的预埋件焊接，亦可打设膨胀螺栓。要求连接件固定牢固，位置准确，不易锈蚀。

(3)固定骨架

骨架应预先进行防腐处理，安装位置要准确，结合要牢固，横杆高程一致，骨架表面要平整。

(4)安装铝合金饰面板

板的安装要牢固、平整、无翘起、卷边等现象。板与板之间的间隙一般为10～20mm。用橡胶条或密封胶等弹性材料处理。安装完毕后，在易于被污染的部位，要用塑料薄膜覆盖保护；易被碰撞的部位，应设安全栏杆保护。

(5)收口构造处理

系指饰面板安装后对水平部队部位的压顶，端部的收口，伸缩缝、沉降缝的处理，以及两种不同材料交接处的处理。

4. 塑料饰面板的施工

塑料饰面板品种繁多，现就聚氯乙烯塑料板的饰面施工做一简单简介。

(1)基层处理

基层必须垂直、平整、坚硬、整洁，不宜过光，不应有水泥浮浆；如有麻石，应先用乳胶腻子修补平整，再用乳胶水溶液涂刷一遍，以增强黏结力。

(2)粘贴方法

粘贴前，基层表面应按分块尺寸弹线预排。胶黏剂宜用脲醛、聚酯酸乙烯、环氧树脂等，也可用氯丁胶黏剂，以保证黏结强度。涂胶时应同时在基层表面和饰面板背面涂刷，胶液不宜太稀或太稠，应涂刷均匀，无砂粒等杂物。涂胶后，当用手触试胶液，感到黏性较大时，即可进行粘贴。粘贴时要挤压密实，以防空鼓、翘边；粘贴后应采取临时措施固定，同时将挤压在板缝中多余的胶液刮除，否则胶干结后难以清除。对硬厚型的硬聚氯乙烯饰面板，当用木螺钉和垫圈或金属压条固定时，木螺丝的钉距一般为400～500mm。在固定金属压条时，应先用钉将饰面板临时固定，然后加盖金属压条，塑料板储存和运输时，应严禁暴晒、高温或撞击，已损坏的板，如缺棱少角或裂缝严重，一般不应使用。

第二节　油漆及刷浆、裱糊工程

一、油漆工程

1. 建筑工程中常用的油漆

(1)清油

清油又称鱼油、熟油，干燥后漆膜柔软，易发黏。多用于调厚漆和红丹防锈漆，也可单独涂于金属、木材表面或打底子及调配腻子。

(2)厚漆

厚漆又称铅油，有红、白、黄、绿、灰、黑等色。使用时需加清油、松香水等稀释。漆膜柔软，与面漆黏结性好，但干燥慢，光亮度、坚硬性较差。可用于各种涂层打底或单独作表面涂层，亦可用来调配色油和腻子。

(3)调和漆

调和漆分油性和磁性两类。油性调和漆的漆膜附着力强,有较高的弹性,不易粉化、脱落及龟裂,经久耐用,但漆膜较软,干燥缓慢,光泽差,适用于室外面层涂刷,磁性调和漆常用的有酯胶调和漆和酚醛调和漆等,漆膜较硬,颜色鲜明,光亮平滑,能耐水洗,但耐气候性差,易失光、龟裂和粉化,故仅用于室内面层涂刷。调和漆有大红、奶油、白、绿、灰、黑等色,不需调配,使用时只需调匀或配色,稠度过大时可用松节油或200号溶剂汽油稀释。

(4)清漆

清漆分油质清漆和挥发性清漆两类。油质清漆又称凡立水,常用的有酯胶清漆、酚醛清漆、钙酯清漆和醇酸清漆等。漆膜干燥快,透明光泽,适用于木门窗、板壁及金属表面罩光。挥发性清漆又称泡立水,常用的有漆片,漆膜干燥快,坚硬光亮,但耐水、耐热、耐气候性差,易失光,多用于室内木材面层的油漆或家具罩面。

(5)聚酯酸乙烯乳胶漆

这是一种性能良好的新型涂料和墙漆,适用于作高级建筑室内抹灰面、木材面的面层涂刷,亦可用于室外抹灰面。其优点是漆膜坚硬平整,附着力强,干燥快,耐暴晒和水洗,新墙面稍干燥即可涂刷。

此外,还有磁漆、大漆、硝基纤维漆(即蜡克)、耐热漆、耐火漆、防锈漆及防腐漆等。

2. 油漆涂饰施工

油漆工程施工包括基层处理、打底子、抹腻子和涂刷油漆等工序。

(1)基层处理

为了使油漆与基层表面黏结牢固,节省材料,必须对涂刷的木料、金属、抹灰层和混凝土基层的表面进行处理。

木材基层表面油漆前,要求将表面的灰尘、污垢清除干净,表面上的缝隙、毛刺、节疤和脂囊修整后,用腻子填补。抹腻子时对于宽缝、深洞要挤入压实,抹平刮光。砂磨时,不能磨穿油底,磨损棱角,但要打磨光滑。

金属基层表面油漆前,应除去锈斑、尘土、油渍、焊渣等杂物。

抹灰层和混凝土基层表面油漆前,要求表面干燥、洁净,不得有起皮和松散现象,粗糙的表面应磨光,缝隙和小孔应用腻子刮平。

(2)打底子

在处理好的基层表面上刷底子油一遍(可适当加色),并使其厚薄均匀一致,以保证整个油漆面色彩均匀。

(3)抹腻子

腻子是油料加上填料(石膏粉、大白粉)、水或松香水拌制成的膏状物。抹腻子的目的是使表面平整。对于高级油漆施工,需在基层上全部抹一层腻子,待其干后用砂纸打磨,然后再抹腻子,再打磨,直到表面平整光滑为止,有时,还要和涂刷油漆交替进行。腻子磨光后,表面清理干净,再涂刷一道清漆,以便节约油漆。

(4)涂刷油漆

油漆涂饰施工的方法有刷涂、喷涂、擦涂、揩涂及滚涂等多种。

刷涂是用棕刷蘸油漆涂刷在物件的表面上。其优点是设备简单,用油省,不受物件大小形状的影响;但工效低,不适于快干性和扩散性不良的油漆施工。

喷涂是用喷雾器或喷浆机将油漆喷射在物体表面上,喷射时每层往复进行,纵横交错,一次不能喷得过厚，需分几次喷涂，以达到厚而不流。要求喷嘴均匀移动，离物面距离控制在250～350mm，速度为10～18m/min，气压为0.3～0.4MPa，用大喷枪时应为0.5～0.7MPa。此法优点是工效高，漆膜分散均匀，平整光滑，干燥快。缺点是油漆消耗量大，需要喷枪、空气压缩机等设备，施工时还应有通风、防火、防爆等安全措施。

擦涂是用棉花团包布蘸油漆在物面上擦涂几遍，待漆膜稍干后再连续转团揩擦多遍，直到均匀擦亮为止。此法漆膜光亮、质量好，但费工、效率低。

揩涂仅用于生漆的施工，它是用布或丝团浸油漆的物体表面上来回左右滚动，反复搓揩，以达到漆膜均匀一致。

滚涂系用羊皮、橡皮或其他吸附材料制成的滚筒滚上油漆后，再滚于物面上。此法漆膜均匀，可使用较稠的油料，适于墙面滚花涂饰。

在整个涂刷油漆过程中，油漆不得任意稀释，最后一遍油漆不宜加催干剂。涂刷中，应待前一遍油漆干燥后方可涂刷后一遍油漆。

3. 油漆涂饰的质量要求

油漆工程质量验收应待漆面结成牢固的漆膜后进行，表17-2和表17-3所列即为涂刷混色油漆和清漆的质量要求。

混色漆表面质量要求 表17-2

项次	项目	普通漆	中级漆	高级漆
1	脱皮、漏刷、反锈	不允许	不允许	不允许
2	透底、流坠、皱皮	大面不允许	大面和小面明显处不允许	不允许
3	光亮和光滑	光亮均匀一致	光亮、光滑均匀一致	光亮足，光滑无挡手感
4	分色裹楞	大面不允许，小面允许偏差3mm	大面不允许，小面允许偏差2mm	不允许
5	装饰线、分色线平直（拉5m线检查，不足5m拉通线）	偏差不大于3mm	偏差不大于2mm	偏差不大于1mm
6	颜色、刷纹	颜色一致	颜色一致，刷纹通顺	颜色一致，无刷纹
7	五金、玻璃等	洁净	洁净	洁净

注：①大面是指门窗关闭后的里、外面；②小面明显处是指门窗开启后，除大面外，视线所能见到的地方；③设备、管道喷刷银粉漆，漆膜应均匀一致，光亮足；④涂刷无光乳胶漆、无光漆，不检查光亮。

清漆表面质量要求 表17-3

项次	项目	中级油漆	高级油漆
1	漏刷、脱皮、斑迹	不允许	不允许
2	木纹	棕眼刮平、木纹清楚	棕眼刮平、木纹清楚
3	光滑和光亮	光亮足、光滑	光亮柔和、光滑无挡手感
4	裹楞、流坠、皱皮	大面不允许，小面明显处不允许	不允许
5	颜色、刷纹	颜色基本一致，无刷纹	颜色一致，无刷纹
6	五金、玻璃等	洁净	洁净

二、刷浆工程

刷浆工程是将石灰浆、大白粉浆、可赛银浆、聚合物水泥浆等刷涂或喷涂在抹灰层或物体的表面，以起到保护和美化装饰的效果。

1. 常用刷浆材料及配制

(1)大白粉浆

大白粉浆是由滑石、矾石或青石等精研成粉，加水过淋而成的碳酸钙粉末。

(2)石灰浆

石灰浆是用石灰或石灰膏加水搅拌过滤而成，在其中加入石灰用量 5%的食盐或明矾可防止脱粉，在其中加入耐碱性颜料即配成色浆。石灰浆属低档饰面材料，适用于室内普通墙及顶棚刷浆工程。

(3)可赛银浆

可赛银浆粉由碳酸钙、滑石粉颜料研磨后加入胶而成。颜色有粉红、中青、杏黄、米黄、浅蓝、深绿、蛋青、天蓝、深黄等。可赛银浆膜的附着力、耐水性、耐磨性均比大白浆强，适用于墙面及顶棚刷浆。

(4)干墙粉

干墙粉是一种含有胶料的高级刷墙粉。配制时，按 1∶1 加温水拌成奶浆，待胶溶化后再加适量水调成适当浓度，过筛 1～2 次即可使用，适用于墙面及顶棚粉刷。

(5)白水泥石灰浆

白水泥石灰浆是在石灰中掺入白水泥、食盐和光油，加水调制而成。配制按水泥∶石灰∶食盐∶光油＝100∶250∶25∶25。适用于室外墙面粉刷。

(6)聚合物水泥浆

在水泥中掺入有机聚合物(如 107 胶、白乳胶、二元乳液)和水调制而成。适用于外墙刷浆。

2. 刷浆施工

刷浆之前基层表面必须干净、平整，所有污垢、油渍、砂浆流痕，以及其他杂物等均应清除干净。表面缝隙、孔眼应用腻子填平，并用砂纸磨平光。刷浆前的基层表面应当干燥，局部湿度过大部位，应采取措施烘干。浆液的稠度，刷涂时宜小些，采用喷涂时，宜大些。

小面积刷浆采用扁刷、圆刷或排笔工具刷涂。大面积刷浆宜用手压或电动喷浆机进行喷涂。刷浆次序先顶棚，后由上而下刷(喷)四面墙壁，每间房屋要一次做完，刷色浆应一次配足，以保证颜色一致。室外刷浆，如分段进行时，应以分格缝、墙面的阳角处或水落管处等为分界线。最后一遍刷浆或喷浆完毕后，应加以保护，不得损伤。

三、裱糊工程

1. 裱糊材料及要求

裱糊工程就是将臂纸、墙布用胶黏剂裱糊在结构基层的表面上。裱糊工程常用的材料有普通壁纸、塑料壁纸、玻璃纤维墙布、无纺墙布及胶黏剂。

2. 裱糊施工

(1)塑料壁纸的裱糊

①基层处理

裱糊前，应将基层表面的灰砂、污垢、灰疙瘩和尘土清除干净，有磕碰、麻面和缝隙的陪位应用腻子抹平抹光，再用橡皮刮板在墙面上满刮腻子一遍，干后用砂纸磨平磨光，并将灰尘清扫干净。涂刷后的腻子要坚实牢固，不得粉化、起皮和裂缝。常用腻子为乙烯乳胶腻子。石膏板基层的接缝处和不同材料基层相接处应糊条盖缝。

为防止基层吸水过快而影响壁纸与基层的黏结效果，用排笔或喷枪在基层表面先涂刷1～2遍1：1的107胶水溶液作底胶进行封闭处理，要求薄而均匀，不得漏刷和流淌。

②弹垂直线

为使壁纸粘贴的花纹、图案、线条纵横连贯，在底胶干后，根据房间大小、门窗位置、壁纸宽度和花纹图案的完整性进行弹线，从墙的阳角开始，以壁纸宽度弹垂直线，作为裱糊时的操作准线。

③裁纸、闷水和刷胶

壁纸粘贴前应进行预拼试贴，以确定裁纸尺寸，使接缝花纹完整、效果良好。裁纸应根据弹线实际尺寸统筹规划，并编号按顺序粘贴，一般以墙面高度进行分幅拼花裁切，并注意留有20～30mm的余量。裁切时要用尺子压紧臂纸，刀刃紧贴尺边，一气呵成，使壁子边缘平直整齐，不得有纸毛和飞刺现象。

塑料壁纸有遇水膨胀，干后自行收缩的特性，因此，应将裁好的壁子放入水槽中浸泡3～5min，取出后把明水抖掉，静置10min左右，使纸充分吸湿伸胀，然后在墙面和纸背面同时刷胶进行裱糊。

胶黏剂要求涂刷均匀，不漏刷。在基层表面涂刷胶粘剂应比壁纸宽20～30mm，涂刷一段，裱糊一张，不应涂刷过厚。如用背面带胶的壁纸，则只需在基层表面涂刷胶黏剂。

④裱糊壁纸

以阴角处事先弹好的垂直线，作为裱糊第一幅壁纸的基准；第二幅开始，先上后下对称裱糊，对缝必需严密，不显接茬，花纹图案的对缝必须端正吻合。拼缝对齐后，再用刮板由上往下抹压平整，挤出的多余胶黏剂用湿棉丝及时揩擦干净，不得有气泡和斑污，上下边多出的壁纸用刀切削整齐。每次裱糊2～3幅后，要吊线检查垂直线，以防造成累积误差，不足一幅的应裱糊在较暗或不显眼的部位。对裁纸的一边可在阴角处搭接，搭缝宽5～10mm，要压实，无张嘴现象。阳角处只能包角压实，不能对接和搭接，所以施工时对阳角的垂直度和平整度更严格控制。大厅明柱应在侧面或不显眼外对缝。裱糊到电灯开关、插座等处应剪口做标志，以后再安装纸面上的照明设备或附件。壁纸与挂镜线、贴脸板和踢脚板等部位的连接也应吻合，不得有缝隙，使接缝严密美观。

⑤清理修整

整个房间贴好后，应进行全面细致的检查，对未贴好的局部进行清理修整，要求修整后不留痕迹，然后将房间封闭予以保护。

(2)玻璃纤维布和无纺墙布的裱糊

玻璃纤维布和无纺墙布的裱糊工艺与塑料壁纸的裱糊工艺类似，但应注意以下几点。

①基层处理

玻璃纤维墙布和无纺墙布布料较薄，盖底力较差，故应注意基层颜色的深浅和均匀程度，防止裱糊后色彩不一，影响装饰效果。若基层表面颜色较深或相邻基层颜色不同时，应满刮石膏腻子，或在胶黏剂中掺入适量白色涂料(如白色乳胶漆等)。

②裁剪

裁剪前应根据墙面尺寸进行分幅，并在墙面弹出分幅线，然后确定需要粘贴的长度，并应适当放长 100～150mm，再按墙布的花色图案及深浅选布剪裁，以便同幅墙面颜色一致，图案完整。裁布场所要清洁宽敞，用剪刀剪成段时，裁边应顺直，剪裁后应卷拢，横放储存备用，切勿直立，以免玷污或碰毛布边，影响美观。

③刷胶黏剂

胶黏剂地调配量以当天用完为限。玻璃纤维布和无纺墙布无吸水膨胀现象，故裱糊前勿需用水湿润。粘贴时墙布背面不用刷胶，否则胶黏剂容易渗透到墙布表面影响美观。

④裱糊墙布

在基层上用排笔刷好胶黏剂后，把裁好成卷的墙布自上而下按对花要求缓缓放下，墙布上边应留出 50mm 左右，然后用湿毛巾将墙布抹平贴实，再用活动裁纸刀割去上下多余布料。阴阳角、线角以及偏斜过多的部位，可以裁开拼接，也可搭接，对花要求可适当放宽，但切忌将墙布横拉斜扯，以免造成整块墙布歪斜变形甚至脱落。

(3)裱糊工程的质量标准和检验方法

裱糊工程的质量标准和检验方法可参见表 17-4。

裱糊工程质量标准及检验方法 表 17-4

	质量要求				检验方法
保证项目	壁纸、墙布必须黏结牢固，无空鼓、翘边、褶皱等缺陷				观察或用手轻触检查
基本项目	项次	项目	等级	质量要求	观察检查
	1	裱糊表面	合格	色泽一致，无斑污	
			优良	色泽一致，无斑污，无胶痕	
	2	各幅拼接	合格	横平竖直，图案端正，拼缝处图案、花纹基本吻合，阳角处无接缝	
			优良	横平竖直，图案端正，拼缝处图案、花纹吻合，距离 1.5m 处正视不显拼缝，阴角处搭接顺光，阳角处无接缝	
	3	裱糊与挂镜线、踢脚板交接	合格	交接紧密，无漏贴，不糊盖需拆卸的活动件	
			优良	交接紧密，无缝隙，无漏贴和补贴，不糊盖需拆卸的活动件	

注：检查数量，按有代表性的自然间抽查 10%，过道按 10 延米、厂房、礼堂等大间按两轴线为一间，不少于 3 间。

本章小结

(1)抹灰工程的种类按使用材料和装饰效果不同，可分为一般抹灰和装饰抹灰两大类；按工程部位不同，则又可分为墙面抹灰、顶棚抹灰和地面抹灰三种。

(2)饰面板(砖)工程，就是将预制的饰面板(砖)铺贴或安装在基层上的一种装饰方法。

(3)大规格的饰面板安装的工艺有湿法工艺、干法工艺和 G·P·C 工艺。

(4)油漆工程施工包括基层处理、打底子、抹腻子和涂刷油漆等工序。

(5)油漆涂饰施工的方法有刷涂、喷涂、擦涂、揩涂及滚涂等多种。

复习思考题

17-1　试述抹灰工程的分类，常用抹灰材料及其质量要求。

17-2　一般抹灰施工包含哪些主要内容？

17-3　装饰抹灰常用的饰面有哪些？各有什么特点和不足？

17-4　饰面安装工程中常用的饰面材料有哪些？各有哪些特点？

17-5　干法施工工艺与湿法施工工艺有哪些不同点？

17-6　建筑工程中常用油漆的种类有哪些？各有哪些特点？

17-7　刷浆施工之前应采取哪些措施来保证刷浆质量？

17-8　裱糊工程常用材料的种类有哪些？

附图

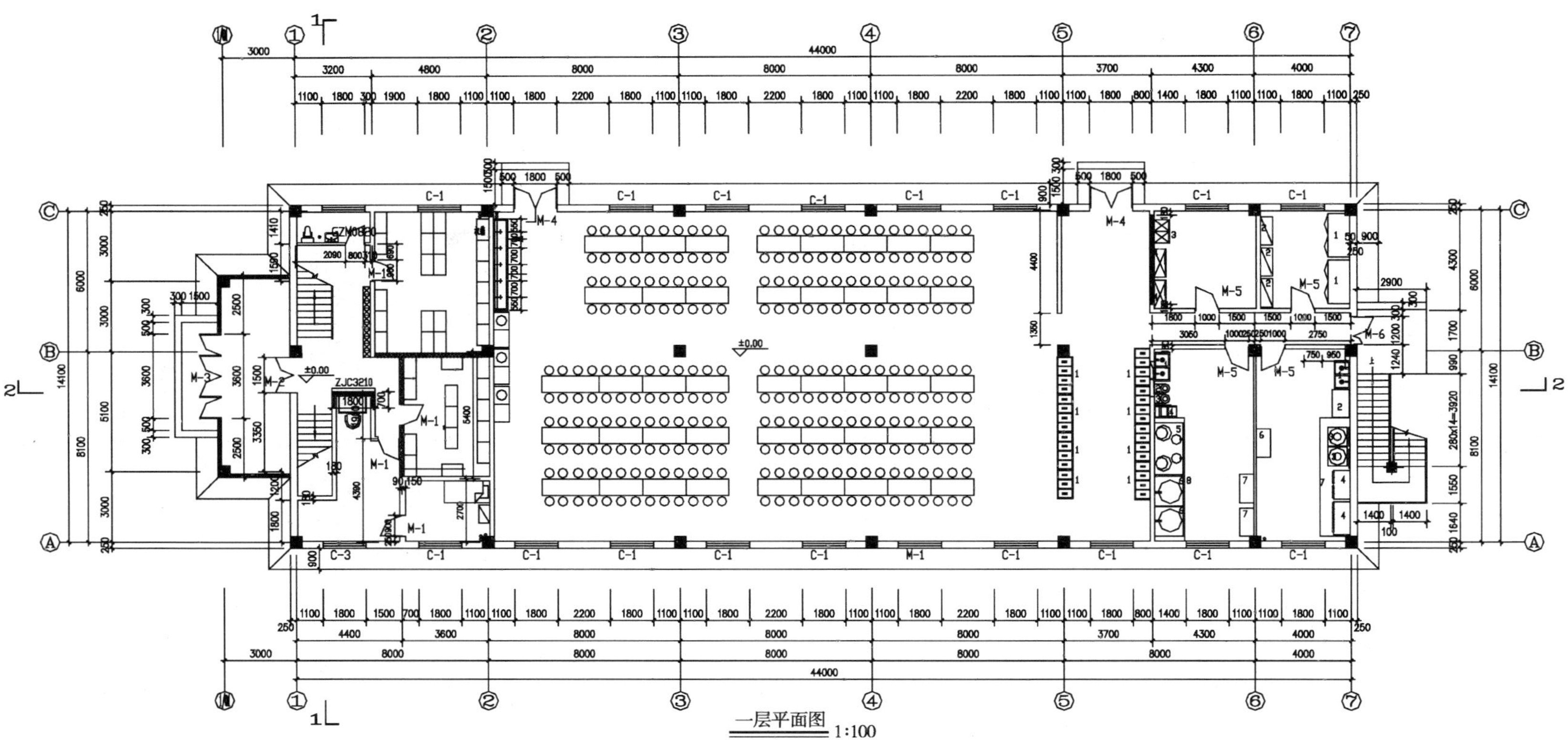

一层平面图 1:100

a)

附图 1

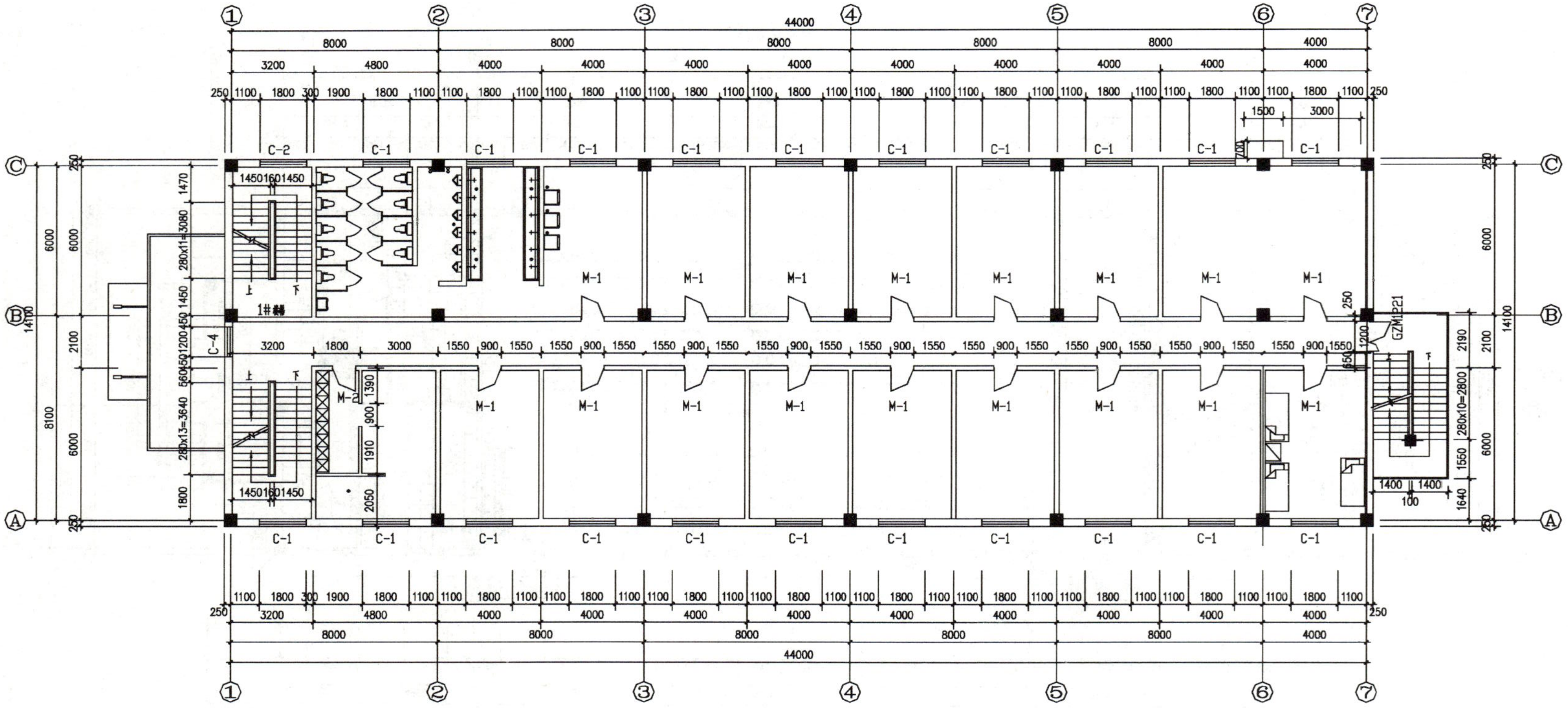

标准层平面图 1:100

b)

附图 1　一层及标准平面图(单位尺寸：mm)

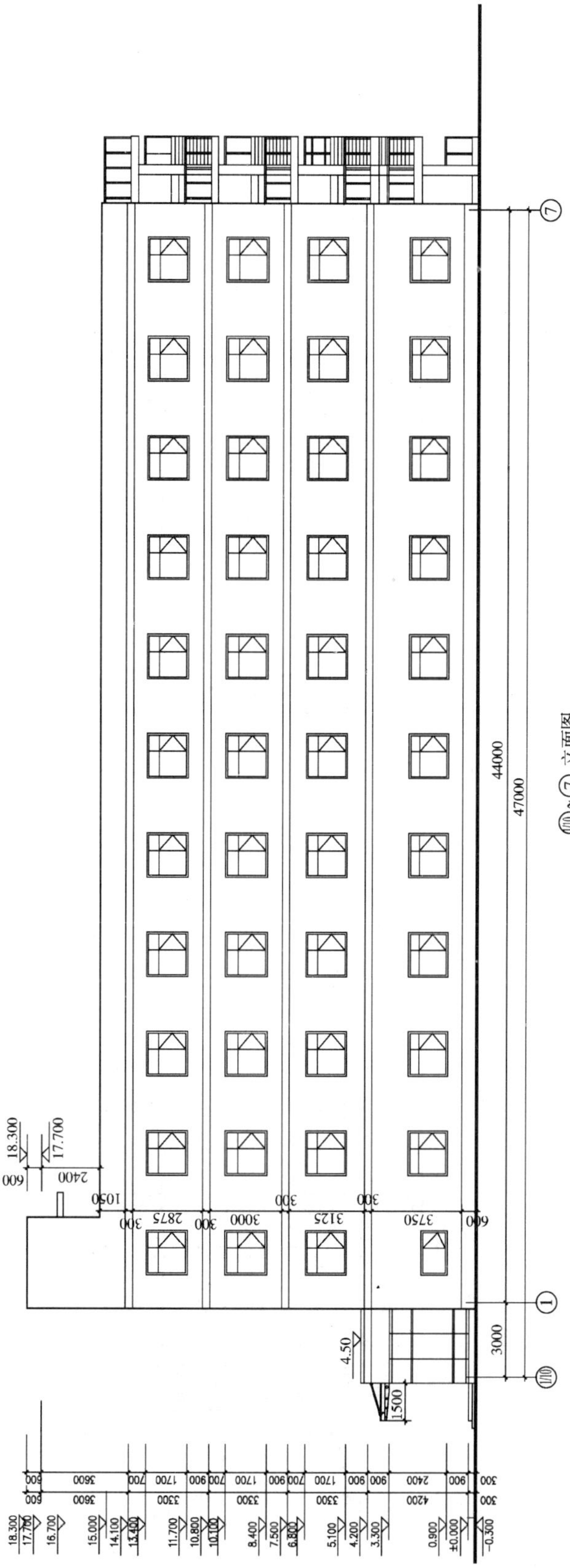

1/10~⑦立面图

a)

附图 2

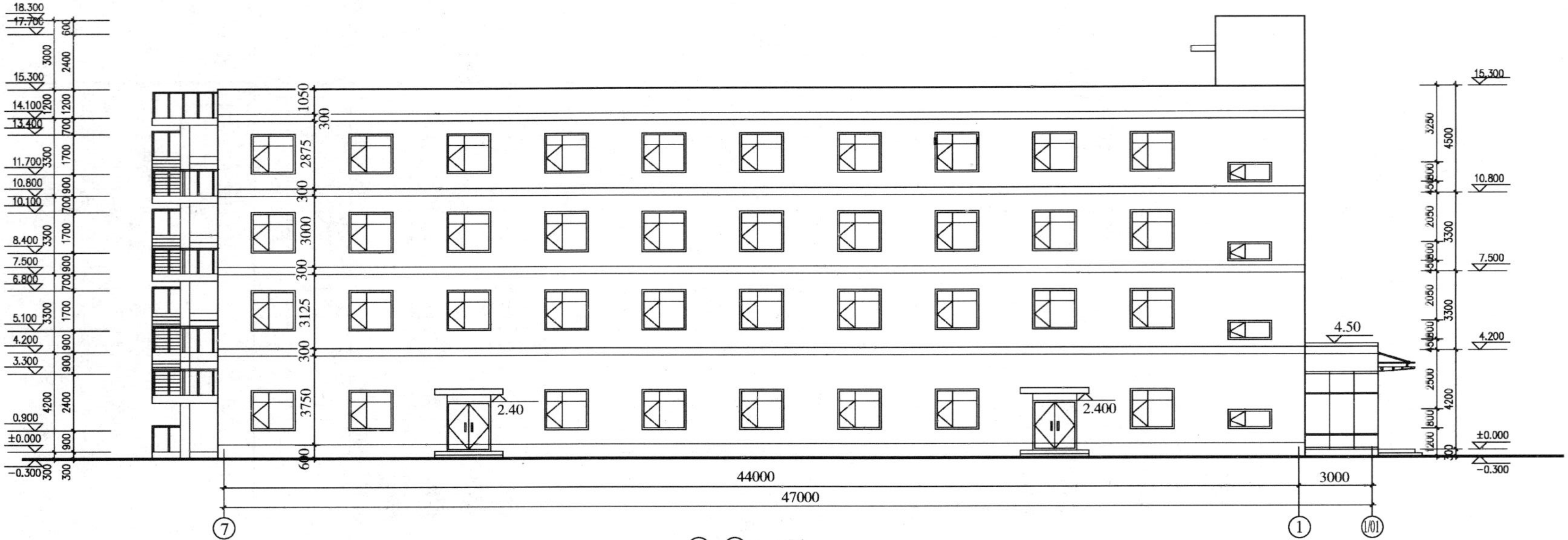

⑦~(1/01) 立面图

b)

附图 2　立面图 (单位尺寸：mm)

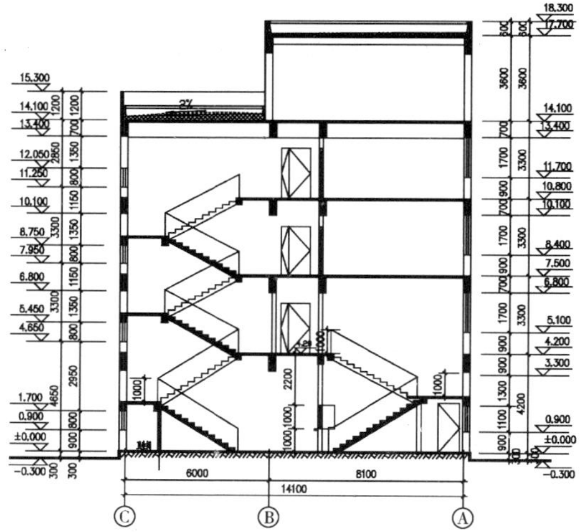

1-1 剖面图

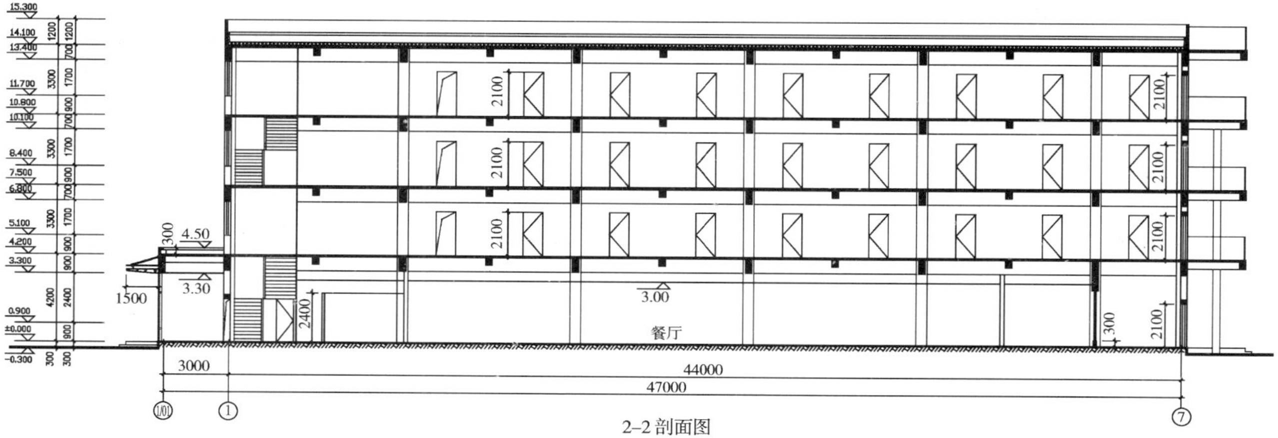

2-2 剖面图

附图 3　剖面图（单位尺寸：mm）

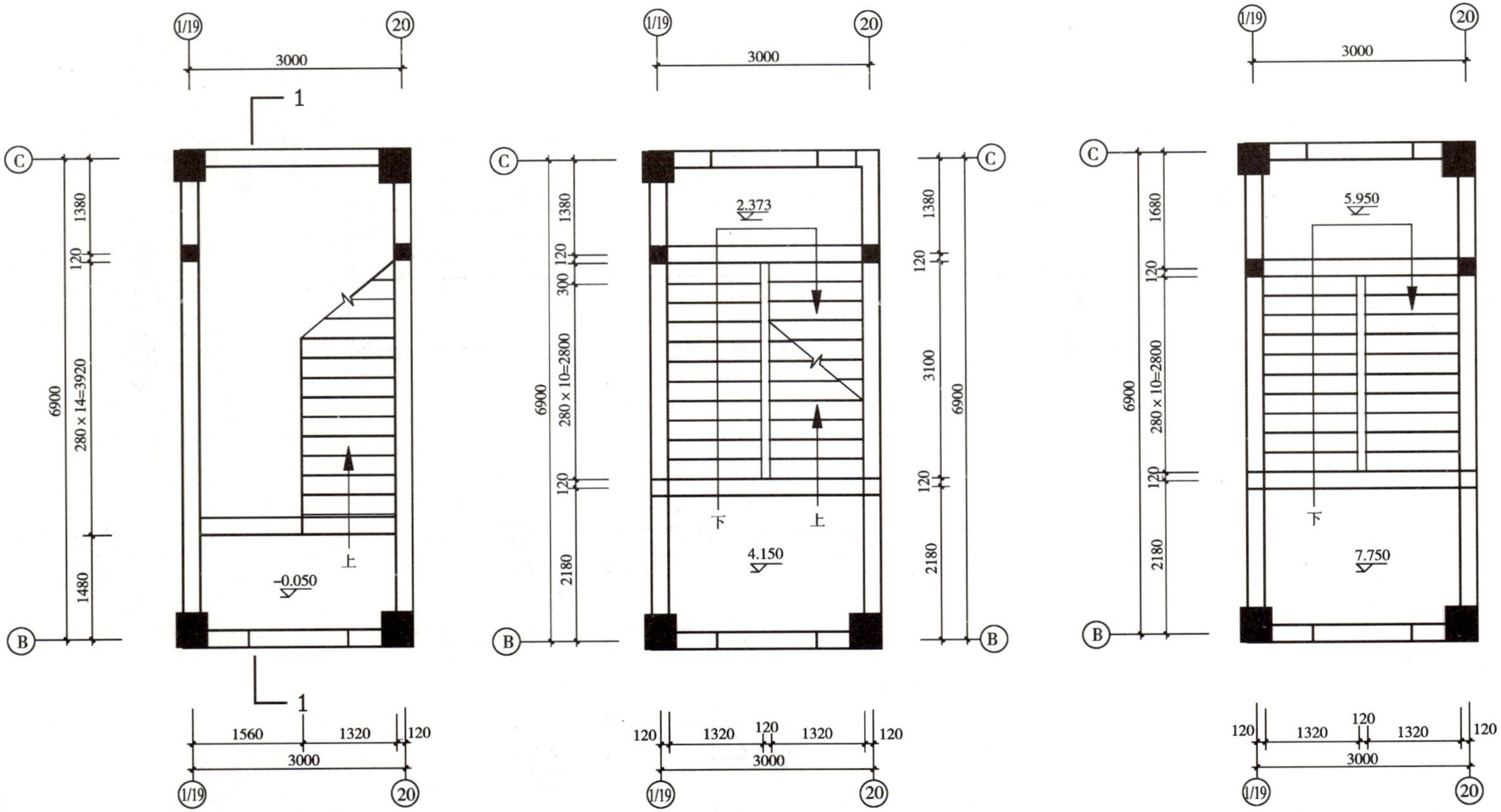

底层结构平面图　　二层结构平面图　　顶层结构平面图

附图 4　楼梯平面图(尺寸单位：mm)

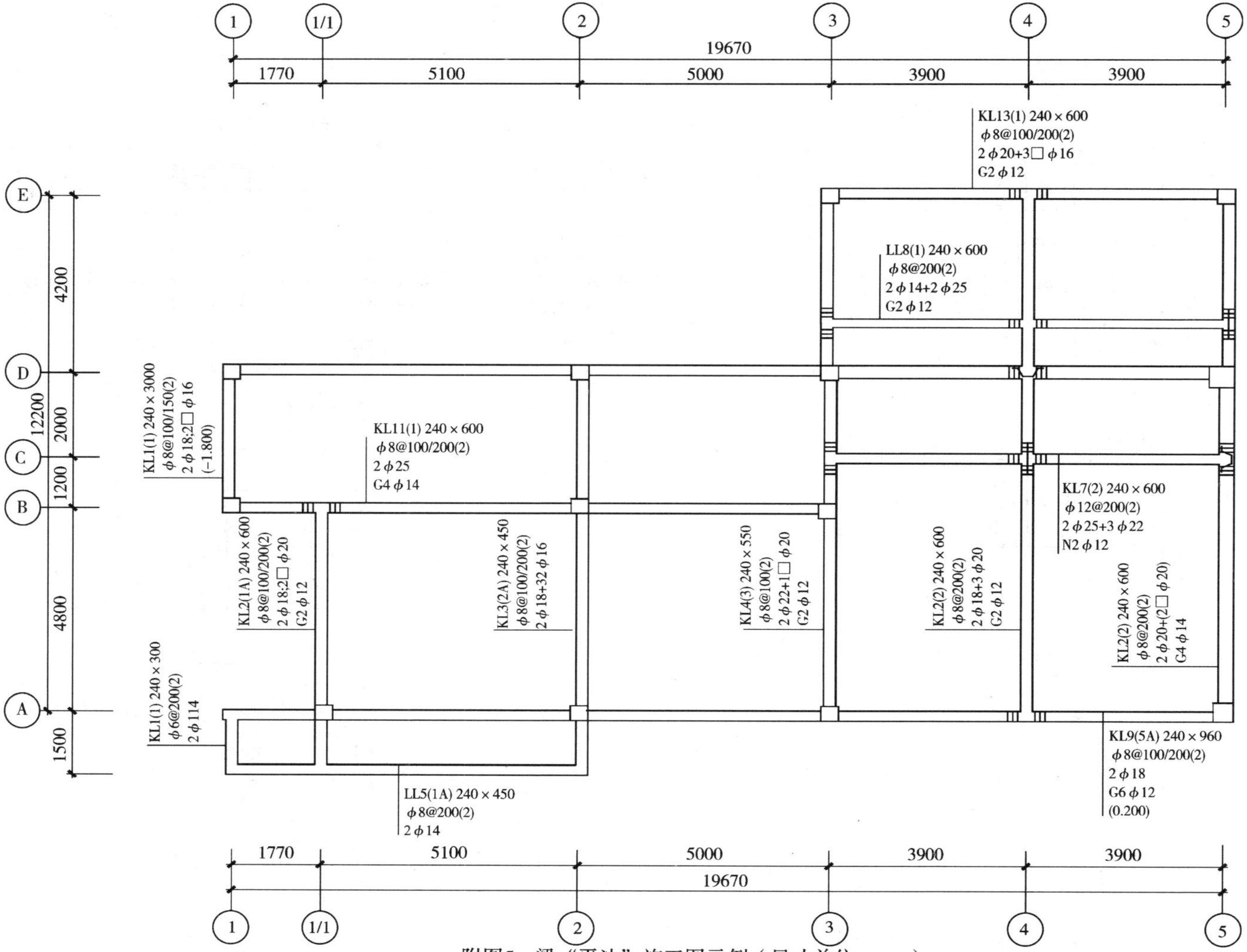

附图5　梁“平法”施工图示例（尺寸单位：mm）

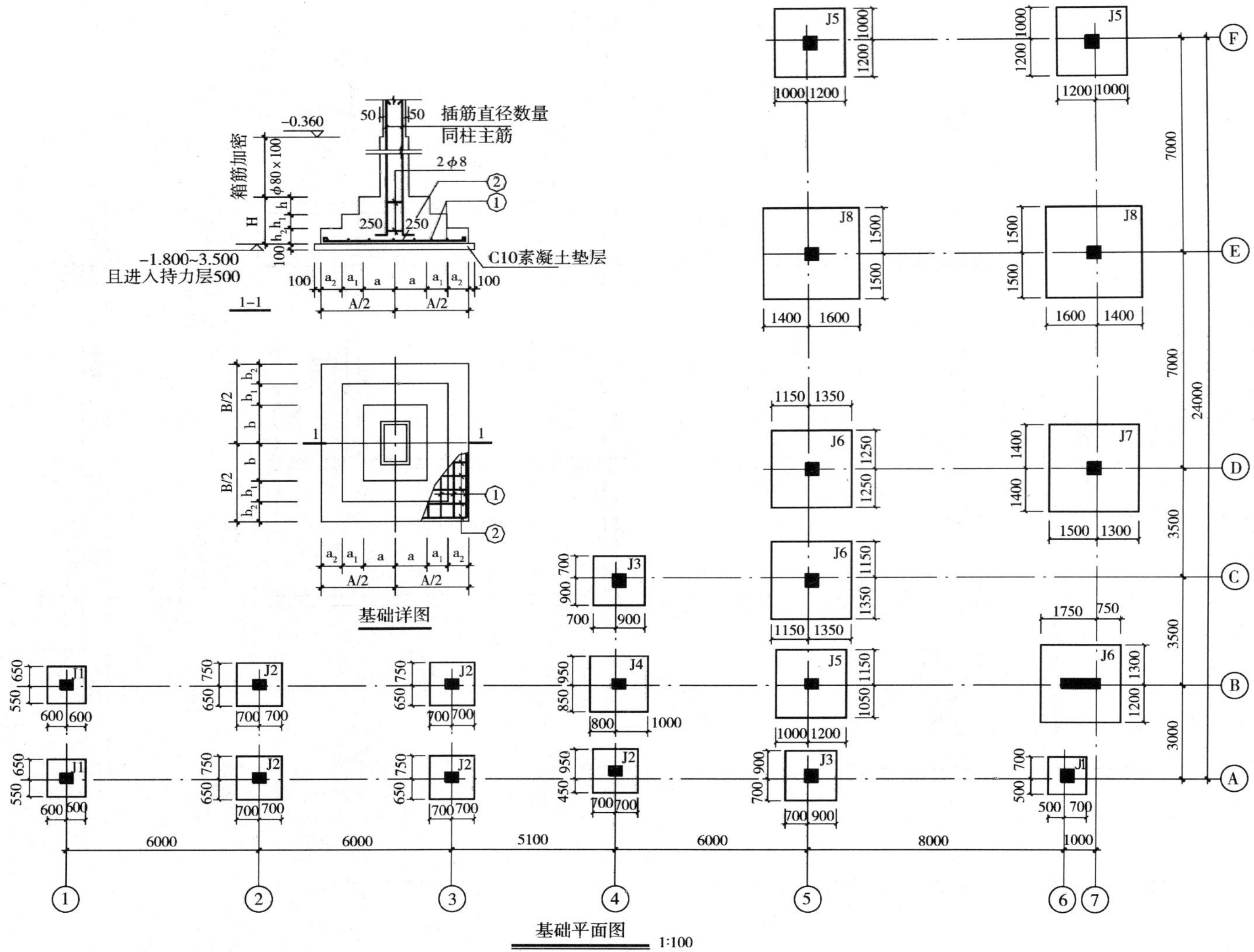

附图6 钢筋混凝土独立基础施工图示(尺寸单位：mm)

《建筑工程概论》课程教学计划

教学计划表 表1

学分：2	**讲课学时：44** **其他学时：2**

先修课程或预备知识：具备“工程制图”、“工程力学”等方面的知识。

课程性质及作用：《建筑工程概论》是给水排水、暖通、燃气、建筑机械、建筑管理、建筑电气、建筑会计、水利水电、路桥、市政、房地产经营与管理等土木类专业的基础课程，又是建立建筑工程基本概念、基本内容、基本知识的专业基础课。

本课程主要实现两个目标：一是使学生入学开始就较全面地了解建筑工程所涉及领域的内容、方法、成就和发展情况，从学科概论的视角了解建筑工程的综合性、社会性及其在技术、经济与管理方面的统一性，初步构建专业基础；二是为学生提供一个清晰和逻辑的工程学科的基本概念和方法，在进行工程教育的过程中，初步树立专业思想和工程方法。

课程目标：

1. 了解建筑发展史，建筑物的分类及分级；
2. 描述各种建筑材料物理力学特点及使用；
3. 描述建筑工程中各部件作用及构造要求；
4. 说明建筑施工图及结构施工图表达内容、规范做法及重要性；
5. 建筑工程施工中主体工程、防水工程和装饰施工的方法，工艺流程及质量控制。

单元教学目标

第一部分　绪论

I. 建筑概论

1. 说明建筑发展史；
2. 掌握建筑的分类方法及具体分类；
3. 掌握建筑物的等级区分；
4. 说明具体建筑施工中的基本建设程序。

第二部分　建筑材料

I. 建筑材料的基本性质

1. 描述建筑材料的物理性能；
2. 描述建筑材料的力学性能。

II. 基本建筑材料

1. 说明建筑工程中各种基本建筑材料的分类，应用范围；
2. 说明建筑工程中各种基本建筑材料的物理力学性能。

III. 防水、保温与吸声材料

1. 描述沥青的性质及应用范围；
2. 描述各种常用保温、吸声材料的概念；
3. 描述各种常用保温、吸声材料的应用范围。

IV 装饰材料

1. 说明装饰材料的功能与选用；
2. 说明装饰材料的装饰性能；
3. 说明常见装饰材料。

续上表

第三部分　建筑构造

I. 基础与地下室

1. 描述地基与基础的基本概念及分类；
2. 说明各类常见地基基础类型；
3. 说明地下室防潮防水构造要求。

II. 墙体

1. 说明墙体的作用及分类；
2. 描述砖墙的砌筑方法及主要墙体厚度；
3. 说明隔断与隔墙的构造要求。

III. 楼板与地面

1. 描述钢筋混凝土楼板的种类、特点及构造要求；
2. 描述地面的类型及地坪与地面的构造；
3. 说明阳台的构造要求、排水及雨篷的构造。

IV. 楼梯与台阶

1. 描述楼梯组成、形式及坡度；
2. 描述钢筋混凝土楼梯的构造要求；
3. 说明台阶与坡道的构造要求。

V. 屋顶

1. 描述屋顶的功能、组成与形式、分类与常用坡度；
2. 描述平屋与坡屋顶的构造。

VI. 门窗

1. 描述门窗的作用、分类及尺寸要求 ；
2. 说明门、窗的构造。

VII. 变形缝

1. 描述伸缩缝的设置及构造要求；
2. 描述沉降缝的设置及构造要求；
3. 描述防震缝的设置及构造要求。

VIII. 高层建筑简介

1. 说明高层建筑的特点；
2. 说明高层建筑的结构类型和结构体系。

第四部分　建筑识图

I. 建筑施工图

1. 识别建筑总平面图；
2. 识别平面图、立面图、剖面图、详图。

II. 墙体

1. 识别钢筋混凝土结构图；
2. 识别结构基础图。

第五部分　建筑施工

I. 主体工程施工

1. 描述各类主体工程的施工工艺；
2. 描述各类主体工程性质及分类；
3. 描述各类主体工程的技术要求。

II. 防水工程施工

1. 描述各类防水工程的施工工艺；
2. 说明各类防水工程的质量技术要求；

III. 装饰工程施工

1. 描述各类装饰工程的施工工艺；
2. 说明各类装饰工程的质量控制要求。

教学方法：本课程以课堂讲授为主，并根据各校情况灵活安排参观实习、调查建材市场达到更直观的教学目的

教学手段：多媒体课件、施工图和建筑材料实物

《建筑工程概论》课时分配和目标 表2

章节或单元号	教学内容	教学时数			教学目标（写出知识点和技能目标）
		小计	讲授	实训	
	绪论	2	2		1.建筑发展史；2.建筑的分类及等级规定；3.基本建设的程序
第一章	**建筑材料的基本性质**	**2**	**2**		
第一节	建筑材料的物理性质	2	2	2	1.建筑材料的物理性质
第二节	建筑材料的力学性质				1.建筑材料的力学性质
第三节	建筑材料的耐久性				1.建筑材料的耐久性要求
第二章	**基本建筑材料**	**4**	**4**		
第一节	混凝土	2	2		1.混凝土分类与应用范围；2.混凝土的物理性质；3.混凝土力学性质；4.混凝土的变形
第二节	钢材	2	2		1.钢材的分类与应用范围；2.钢材的物理性质；3.钢材的学性质
第三节	其他建筑材料				1.木材；2.砌筑材料；3.石灰、石膏和水泥；4.砂浆
第三章	**防水、保温与吸声材料**	**2**	**2**		
第一节	沥青	1	1		1.石油沥青；2.改性沥青；3.沥青适用范围
第二节	绝热材料				1.建筑绝热的意义；2.绝热材料的基本要求；3.常用绝热材料
第三节	吸声材料	1	1		1.建筑吸声的意义；2.关于隔声材料的概念；3.常用吸声材料
第四章	**装饰材料**	**1**	**1**		
第一节	装饰材料的基本概念	1	1		1.建筑装饰材料的功能与选用；2.建筑装饰材料的装饰性
第二节	常见的装饰材料				1.涂料；2.木材与石材；3.陶瓷与玻璃；3.金属
第五章	**基础与地下室**	**3**	**3**		
第一节	概述	1	1		1.地基和基础的基本概念；2.基础的分类
第二节	常见基础类型	1	1		1.独立基础；2.条形基础；3.桩基础
第三节	地下室防潮、防水构造	1	1		1.地下室防潮、防水构造要求
第六章	**墙体**	**2**	**2**		
第一节	墙体的基本概念	1	1		1墙体作用；2.设计要求；3.分类
第二节	砖墙的构造要求				2.砖墙的主要材料的选用；3砌筑方法；3常用墙体厚度
第三节	隔墙与隔断	1	1		1.隔墙与隔断的构造要求
第七章	**楼板与地面**	2	2		
第一节	钢筋混凝土楼板	1	1		1.钢筋混凝土楼板的种类；2.钢筋混凝土的特点；3.构造形式。
第二节	地坪与地面				1地面的类型；3.地坪与地面的构造
第三节	阳台与雨篷				1.阳台的构造要求；2.阳台的排水；3.雨篷的构造要求
第八章	**楼梯与台阶**	**2**	**2**		
第一节	概述	2	2		1.楼梯组成；2.楼梯形式；3.楼梯的坡度
第二节	钢筋混凝土楼梯构造				1.现浇式钢筋混凝土楼梯；2.装配时钢筋混凝土楼梯；3.踏面、栏杆和扶手
第三节	台阶与坡道				1.台阶与坡道的构造要求
第九章	**屋顶**	**1**	**1**		

续上表

章节或单元号	教学内容	教学时数			教学目标（写出知识点和技能目标）
		小计	讲授	实训	
第一节	概述	1	1		1.功能与设计要求；2.屋顶的组成与形式；3.屋顶的分类与常用坡度；4.屋面防水
第二节	屋顶构造				1.平屋顶构造；2.坡屋顶构造
第十章	**门窗**	**2**	**2**		
第一节	概述	1	1		1.门窗的作用；2.门窗的分类；3. 门窗的尺寸要求
第二节	门窗构造	1	1		1.门的构造；2.窗的构造
第十一章	**变形缝**	**1**	**1**		
第一节	伸缩缝	1	1		1.伸缩缝的设置；2.伸缩缝的构造
第二节	沉降缝				1.沉降缝的设置；2.沉降缝的构造
第三节	防震缝				1.防震缝的设置；2.防震缝的构造
第十二章	**高层建筑简介**	1	1		
第一节	概述	1	1		1.高层建筑的发展及现状；2.高层建筑的特点
第二节	高层建筑结构体系				1.结构类型；2.结构体系
第十三章	**建筑施工图**	**2**	**2**		
第一节	建筑总平面图	1	1		1.建筑总平面图的识别
第二节	平面图、立面图、剖面图及详图	1	1		1.平面图；2.立面图；3.剖面图；4.详图
第十四章	**结构施工图**	**2**	**2**		
第一节	钢筋混凝土结构图	1	1		1.钢筋混凝土结构图的识别
第二节	结构基础图	1	1		1.结构基础图的识别
第十五章	**主体工程施工**	**10**	**10**		
第一节	土方工程	1	1		1.土方工程施工特点；2.工程性质及分类；3.常用施工方法
第二节	地基与基础工程	2	2		1.工程性质及分类；2.常用施工方法；3.基础工程质量要求；4.地基处理的常用方法
第三节	砌筑工程	2	2		1.砖砌体施工工艺；2.中小型砌块砌体施工工艺；3.砌筑工程的质量要求
第四节	钢筋混凝土工程	2	2		1.模板组成及分类；2.钢筋的加工、绑扎；3 混凝土的搅拌、运输、浇筑、振捣、养护工艺及质量要求；4.脚手架常用形式及要求
第五节	钢结构工程	2	2		1.钢结构连接方式；2.螺栓连接的施工方法；3.焊缝连接的施工方法；4.主体钢结构安装；5.钢结构连接的质量要求
第六节	结构吊装工程	1	1		1.常用起重机械及常用索具设备；2.结构吊装工程施工工艺；3.结构吊装方法；4.结构吊装工程技术要求
第十六章	**防水工程施工**	**3**	**3**		
第一节	卷材及沥青涂膜防水施工	2	2		1.卷材及沥青涂膜防水材料；2.卷材防水施工工艺；3.沥青涂膜防水施工工艺；4.卷材及沥青涂膜防水施工技术要求
第二节	水泥砂浆防水施工	1	1		1.水泥砂浆防水施工技术；2.水泥砂浆防水施工质量要求
第十七章	**装饰工程施工**	2	2		

续上表

章节或单元号	教学内容	教学时数			教学目标（写出知识点和技能目标）
		小计	讲授	实训	
第一节	抹灰工程、饰面安装工程	1	1		1. 抹灰工程及饰面安装工程使用工具、材料及施工工艺；2. 抹灰工程及饰面安装工程的施工质量要求
第二节	油漆及刷浆、裱糊工程	1	1		1. 油漆及刷浆工程和裱糊工程使用材料及施工工艺；2. 油漆及刷浆、裱糊工程的施工质量要求

课程教学说明

1. 本课程留出约5%的课时作为机动学时，以便各校和广大教师根据生产技术发展和不同地区的实际情况及时调整和更新教学内容，并为学生自主学习创造条件。

2. 本计划分层次提出了明确具体的教学要求，避免了“了解”、“熟悉”、“掌握”和“熟练掌握”等模糊性要求，更具可操作性和可观察性

参考文献

[1] 沈百禄.建筑施工专业知识.北京:机械工业出版社,2005.
[2] 孙犁.建筑工程概论.武汉:武汉理工大学出版社,2004.
[3] 宇仁岐.建筑施工技术.北京:高等教育出版社,2002.
[4] 陈守兰.建筑施工技术.北京:科学出版社,2003.
[5] 赵志缙,应惠清.建筑施工.上海:同济大学出版社,2004.
[6] 李书全.土木工程施工.上海:同济大学出版社,2004.
[7] 阎西康,张厚先,赵春燕.建筑工程施工.北京:人民交通出版社,2006.
[8] 应惠清.土木工程施工.北京:高等教育出版社,2004.
[9] 重庆建筑大学,同济大学,哈尔滨建筑大学编.建筑施工.北京:中国建筑工业出版社,1997.